"先进化工材料关键技术丛书"（第二批）编委会

编委会主任：

薛群基　中国科学院宁波材料技术与工程研究所，中国工程院院士

编委会副主任（以姓氏拼音为序）：

陈建峰　北京化工大学，中国工程院院士

高从堦　浙江工业大学，中国工程院院士

华　炜　中国化工学会，教授级高工

李仲平　中国工程院，中国工程院院士

谭天伟　北京化工大学，中国工程院院士

徐惠彬　北京航空航天大学，中国工程院院士

周伟斌　化学工业出版社，编审

编委会委员（以姓氏拼音为序）：

陈建峰　北京化工大学，中国工程院院士

陈　军　南开大学，中国科学院院士

陈祥宝　中国航发北京航空材料研究院，中国工程院院士

陈延峰　南京大学，教授

程　新　济南大学，教授

褚良银　四川大学，教授

董绍明　中国科学院上海硅酸盐研究所，中国工程院院士

段　雪　北京化工大学，中国科学院院士

樊江莉　大连理工大学，教授

范代娣　西北大学，教授

傅正义　武汉理工大学，中国工程院院士

高从堦　浙江工业大学，中国工程院院士

龚俊波　天津大学，教授

贺高红　大连理工大学，教授

胡迁林　中国石油和化学工业联合会，教授级高工

胡曙光　武汉理工大学，教授

华　炜　中国化工学会，教授级高工

黄玉东　哈尔滨工业大学，教授

蹇锡高　大连理工大学，中国工程院院士

金万勤　南京工业大学，教授

李春忠　华东理工大学，教授

李群生　北京化工大学，教授

李小年　浙江工业大学，教授

李仲平　中国工程院，中国工程院院士

刘忠范　北京大学，中国科学院院士

陆安慧　大连理工大学，教授

路建美　苏州大学，教授

马　安　中国石油规划总院，教授级高工

马光辉　中国科学院过程工程研究所，中国科学院院士

聂　红　中国石油化工股份有限公司石油化工科学研究院，教授级高工

彭孝军　大连理工大学，中国科学院院士

钱　锋　华东理工大学，中国工程院院士

乔金樑　中国石油化工股份有限公司北京化工研究院，教授级高工

邱学青　华南理工大学/广东工业大学，教授

瞿金平　华南理工大学，中国工程院院士

沈晓冬　南京工业大学，教授

史玉升　华中科技大学，教授

孙克宁　北京理工大学，教授

谭天伟　北京化工大学，中国工程院院士

汪传生　青岛科技大学，教授

王海辉　清华大学，教授

王静康　天津大学，中国工程院院士

王　琪　四川大学，中国工程院院士

王献红　中国科学院长春应用化学研究所，研究员

国家出版基金项目
NATIONAL PUBLICATION FOUNDATION

先进化工材料关键技术丛书（第二批）

中国化工学会 组织编写

高性能聚烯烃材料

High Performance Polyolefins

乔金樑 宋文波 郭梅芳 等 著

中国化工学会 CIESC

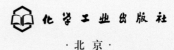

化学工业出版社

·北京·

内容简介

《高性能聚烯烃材料》是"先进化工材料关键技术丛书"（第二批）的一个分册。

本书在作者及其合作者几十年研究开发工作基础上，系统总结了高性能聚烯烃新产品开发和工艺技术创新的基础理论和生产技术。全书共八章，包括绪论、聚烯烃的微观结构及其表征方法、高压聚合工艺及其高性能产品、淤浆聚合工艺及其高性能产品、气相聚合工艺及其高性能产品、本体聚合工艺及其高性能产品、溶液聚合工艺及其高性能产品、聚烯烃的回收利用及其可持续发展。本书涉及国内外聚烯烃新材料开发的基础理论和生产技术最新进展，包括聚烯烃高性能新产品开发方法、高分子物理及微观结构表征、聚合工艺、加工技术等。本书还介绍了作者所在单位开发的几类聚烯烃原创新材料，可为我国聚烯烃产业从跟踪创新走向原始创新提供借鉴。

《高性能聚烯烃材料》适合材料、化工领域，尤其是聚烯烃领域的科研和工程技术人员阅读，也可供高等学校高分子、功能材料、化工、应用化学及相关专业师生参考。

图书在版编目（CIP）数据

高性能聚烯烃材料/中国化工学会组织编写；乔金樑
等著. —北京：化学工业出版社，2023.3
（先进化工材料关键技术丛书. 第二批）
国家出版基金项目
ISBN 978-7-122-43088-5

Ⅰ.①高⋯ Ⅱ.①中⋯ ②乔⋯ Ⅲ.①聚烯烃－功能
材料 Ⅳ.①TB34

中国国家版本馆 CIP 数据核字（2023）第 041016 号

责任编辑：李　玥　杜进祥　王　婧
责任校对：宋　玮
装帧设计：关　飞

出版发行：化学工业出版社（北京市东城区青年湖南街13号　邮政编码100011）
印　　装：中煤（北京）印务有限公司
710mm×1000mm　1/16　印张23¼　字数465千字
2023年9月北京第1版第1次印刷

购书咨询：010-64518888　售后服务：010-64518899
网　　址：http://www.cip.com.cn
凡购买本书，如有缺损质量问题，本社销售中心负责调换。

定　　价：198.00元　　　　　　　　　　　　　　版权所有　违者必究

作者简介

乔金樑，博士生导师，分别在中国科技大学、中国石化北京化工研究院和北京大学获得学士、硕士和博士学位，曾在英国和日本学习进修。退休前，是中国石化首席专家。曾任中国石化北京化工研究院副院长、聚烯烃国家工程研究中心主任、中国化学会高分子学科委员会副主任委员、中国化工学会石油化工专业委员会副主任、国家"973计划"项目首席科学家、国家"863计划"新材料领域专家委员会委员等，现任中国合成树脂协会副理事长兼聚烯烃分会会长、中国材料学会高分子材料委员会常务理事，是首批国家新世纪百千万人才工程国家级人选、中国化工学会首批会士。已从事聚烯烃等高分子新材料开发工作40年，取得多项创新成果。已获国内外授权发明专利400多件，发表SCI论文120余篇。获国家发明二等奖2项，国家科技进步二等奖1项，省部级科技奖17项，中国专利金奖一项、优秀奖三项，还获得中国化学会"化学贡献奖"、亚洲化学联合会"经济发展杰出贡献奖"、中国化工学会"侯德榜化工科学技术成就奖"、中国石油和化学工业联合会"赵永镐科技创新奖"和高分子成型加工"华锐成就奖"等。2011年受美国塑料工程师学会（SPE）邀请，成为在最权威聚烯烃国际会议做大会邀请报告的首位中国学者。

宋文波，教授级高级工程师，先后在北京化工大学取得化学工程专业学士和材料学专业硕士学位。中国石化高级专家，中国石化北京化工研究院首席专家，曾任中国石化北京化工研究院新产品开发所所长。长期从事聚烯烃相关技术研发工作，先后负责或作为技术负责人承担国家重点研发计划等国家项目3项，中国石化重大攻关项目及"十条龙"攻关项目10余项。获国内外发明专利授权140余件，国内外发表论文50余篇。第一完成人获国家技术发明二等奖1项，中国发明专利银奖1项，优秀奖2项，中国石油和化学工业联合会专利金奖1项，省部级科技一等奖7项，二等奖13项。获中国科协"求是"杰出青年成果转化奖，中国石化"突出贡献专家"，中国化工学会"侯德榜化工科学技术奖——创新奖"等。

郭梅芳，教授级高级工程师，分别在天津大学、北京化工大学和北京理工大学获得学士、硕士和博士学位，曾在英国学习进修。退休前，是中国石化高级专家，获中国石化直属机关"三八红旗手"、"中国石化突出贡献专家"称号。曾任中国石化北京化工研究院材料科学研究所副所长、中国石化高分子物理及表征重点实验室主任。一直从事高分子结构表征及高分子物理相关研究工作，将高分子物理及结构表征应用于聚烯烃新产品开发，取得多项创新成果。获国内外发明专利授权 110 多件，国内外发表论文 40 余篇。获国家技术发明二等奖 1 项，国家科技进步二等奖 1 项，省部级科技奖 8 项，中国专利银奖 1 项、中国专利优秀奖 2 项，中国石油和化学工业联合会专利金奖 2 项。

丛书（第二批）序言

材料是人类文明的物质基础，是人类生产力进步的标志。材料引领着人类社会的发展，是人类进步的里程碑。新材料作为新一轮科技革命和产业变革的基石与先导，是"发明之母"和"产业食粮"，对推动技术创新、促进传统产业转型升级和保障国家安全等具有重要作用，是全球经济和科技竞争的战略焦点，是衡量一个国家和地区经济社会发展、科技进步和国防实力的重要标志。目前，我国新材料研发在国际上的重要地位日益凸显，但在产业规模、关键技术等方面与国外相比仍存在较大差距，新材料已经成为制约我国制造业转型升级的突出短板。

先进化工材料也称化工新材料，一般是指通过化学合成工艺生产的、具有优异性能或特殊功能的新型材料。包括高性能合成树脂、特种工程塑料、高性能合成橡胶、高性能纤维及其复合材料、先进化工建筑材料、先进膜材料、高性能涂料与黏合剂、高性能化工生物材料、电子化学品、石墨烯材料、催化材料、纳米材料、其他化工功能材料等。先进化工材料是新能源、高端装备、绿色环保、生物技术等战略新兴产业的重要基础材料。先进化工材料广泛应用于国民经济和国防军工的众多领域中，是市场需求增长最快的领域之一，已成为我国化工行业发展最快、发展质量最好的重要引领力量。

我国化工产业对国家经济发展贡献巨大，但从产业结构上看，目前以基础和大宗化工原料及产品生产为主，处于全球价值链的中低端。"一代材料，一代装备，一代产业"。先进化工材料因其性能优异，是当今关注度最高、需求最旺、发展最快的领域之一，与国家安全、国防安全以及战略新兴产业关系最为密切，也是一个国家工业和产业发展水平以及一个国家整体技术水平的典型代表，直接推动并影响着新一轮科技革命和产业变革的速度与进程。先进化工材料既是我国化工产业转型升级、实现由大到强跨越式发展的重要方向，同时也是保障我国制造业先进性、支撑性和多样性的"底盘技术"，是实施制造强国战略、推动制造业高质量发展的重要保障，关乎产业链和供应链安全稳定、绿色低碳发展以及民生福祉改善，具有广阔的发展前景。

　　"关键核心技术是要不来、买不来、讨不来的"。关键核心技术是国之重器，要靠我们自力更生，切实提高自主创新能力，才能把科技发展主动权牢牢掌握在自己手里。新材料是战略性、基础性产业，也是高技术竞争的关键领域。作为新材料的重要方向，先进化工材料具有技术含量高、附加值高、与国民经济各部门配套性强等特点，是化工行业极具活力和发展潜力的领域。我国先进化工材料领域科技人员从国家急迫需要和长远需求出发，在国家自然科学基金、国家重点研发计划等立项支持下，集中力量攻克了一批"卡脖子"技术、补短板技术、颠覆性技术和关键设备，取得了一系列具有自主知识产权的重大理论和工程化技术突破，部分科技成果已达到世界领先水平。中国化工学会组织编写的"先进化工材料关键技术丛书"（第二批）正是由数十项国家重大课题以及数十项国家三大科技奖孕育，经过200多位杰出中青年专家深度分析提炼总结而成，丛书各分册主编大都由国家技术发明奖、国家科技进步奖获得者、国家重点研发计划负责人等担纲，代表了先进化工材料领域的最高水平。丛书系统阐述了高性能高分子材料、纳米材料、生物材料、润滑材料、先进催化材料及高端功能材料加工与精制等一系列创新性强、关注度高、应用广泛的科技成果。丛书所述内容大都为专家多年潜心研究和工程实践的结晶，打破了化工材料领域对国外技术的依赖，具有自主知识产权，原创性突出，应用效果好，指导性强。

　　创新是引领发展的第一动力，科技是战胜困难的有力武器。科技命脉已成为关系国家安全和经济安全的关键要素。丛书编写以服务创新型国家建设，增强我国科技实力、国防实力和综合国力为目标，按照《中国制造2025》《新材料产业发展指南》的要求，紧紧围绕支撑我国新能源汽车、新一代信息技术、航空航天、先进轨道交通、节能环保和"大健康"等对国民经济和民生有重大影响的产业发展，相信出版后将会大力促进我国化工行业补短板、强弱项、转型升级，为我国高端制造和战略性新兴产业发展提供强力保障，对彰显文化自信、培育高精尖产业发展新动能、加快经济高质量发展也具有积极意义。

中国工程院院士：

2023年5月

前言

聚烯烃材料具有综合性能优异、单体来源广泛易得的特点，并且密度小、加工温度低，对能源、水、粮食、健康和环境等影响人类可持续发展的要素均有重要影响，是人类美好生活不可或缺的重要材料。1938 年实现工业化以来，已大量替代其他材料，成为消费量最大的合成高分子材料。但是，由于发展速度过快，聚烯烃产业也面临许多挑战，主要包括白色污染、绿色发展和产能过剩等全球聚烯烃产业面临的共同挑战，也包括结构性过剩和原料成本高等我国聚烯烃行业面临的特殊挑战。这些挑战也是我国聚烯烃行业的重要发展机遇，而开发高性能聚烯烃产品是将挑战转化为机遇的重要途径。高性能聚烯烃包括性价比高且能替代其他材料的聚烯烃新产品、以废塑料或废弃生物质为原料制备的聚烯烃新材料和易回收的聚烯烃新材料等。这样的高性能聚烯烃材料可以使聚烯烃产业进入循环经济发展模式，使该产业得到持续稳定的健康发展。

由于分子结构和聚集态结构均十分复杂，控制聚烯烃微观结构是实现聚烯烃高性能化的核心，微观结构表征成为高性能聚烯烃开发过程的关键。高性能聚烯烃开发的驱动力是市场需求，市场需要的高性能产品或科学家认为市场可能需要的高性能材料首先需要通过高分子物理研究确定所需微观结构，再通过小试（催化剂和工艺技术）研究得到所需微观结构的样品，由微观结构表征确认后，进入中间试验阶段。中间试验产品加工成市场需要的制品后，经过微观结构表征和用户确认后，进入工业试验和市场开发阶段。最后，所开发的高性能新材料进入商业化开发阶段。只有满足市场需求的盈利产品才能真正实现商业化生产。显然，开发高性能聚烯烃新材料需要由高分子物理、微观结构表征、催化剂、聚合工艺、中间试验、成型加工、工业生产和市场开发等专业的技术人员组成技术团队，进行联合技术攻关。有时还需要单体制备和用户团队的技术人员参与。

本书作者所在单位中国石化北京化工研究院是我国最早从事聚烯烃技术开发的科研

机构，拥有开发高性能聚烯烃新材料所需的所有专业研究单元，并建立了开发高性能聚烯烃新材料所需要的团队，拥有我国唯一的聚烯烃国家工程研究中心，本书作者均在聚烯烃国家工程研究中心从事高性能聚烯烃新产品开发工作。本书系统总结了笔者及其同事在高性能聚烯烃材料开发方面的理论和应用研究成果，包括近30年来参加的聚烯烃相关"973计划"项目（1999年度的"通用高分子材料高性能化的基础研究"和2005年度的"聚烯烃的多重结构及其高性能化的基础研究"）、国家自然科学基金委联合基金集成项目（2020年度的"烯烃溶液聚合中的若干基础问题研究"）、国家科技攻关项目（2016年度的"高性能绿色抗菌环保合成树脂开发及应用"和2016年度的"高性能合成树脂先进制备技术及应用示范"）、中国石化科技攻关重大专项（2017年度的"高附加值合成树脂关键技术开发及应用"）等。本书中部分成果荣获2004年度国家科学技术进步二等奖，2007年度和2012年度国家技术发明二等奖，2011年度中国专利金奖，2013年度、2015年度和2021年度中国专利优秀奖，2010年度、2012年度、2016年度和2019年度中国石化科技进步一等奖等。在此基础上，作者还参阅了大量国内外科技文献，重点针对我国高性能聚烯烃材料开发中存在的短板和问题进行了分析和阐述，希望对从事高性能聚烯烃材料开发的科研和工程技术人员有所帮助，进而促进我国聚烯烃产业的健康发展。

本书共八章，由乔金樑、宋文波和郭梅芳负责全书的统稿、修改和定稿。第一章由乔金樑撰写；第二章由郭梅芳撰写；第三章由张龙贵撰写；第四章由周俊领撰写；第五章由宋文波和张雅茹撰写；第六章由宋文波撰写；第七章由韩书亮和宋文波撰写；第八章由蒋海斌撰写。

本书涉及许多合作者的工作，还参考了大量国内外同行撰写的书籍和发表的论文资料，浙江大学范志强教授对书稿提出了不少修改意见，在此一并表示衷心感谢！

由于本书作者水平有限，疏漏之处在所难免，敬请广大读者不吝指正。

乔金樑、宋文波、郭梅芳、张龙贵、
周俊领、蒋海斌、韩书亮、张雅茹
2022年11月于中国石化北京化工研究院

目录

第二章

聚烯烃的微观结构及其表征方法　　037

第三章

高压聚合工艺及其高性能产品 095

第六章

本体聚合工艺及其高性能产品　221

第七章
溶液聚合工艺及高性能聚烯烃产品   267

第八章
聚烯烃的回收利用及其可持续发展   315

第一章

绪　论

聚烯烃是消费量最大的合成高分子材料，也是环境最友好的合成材料之一，对能源、水、粮食、健康和环境等影响人类可持续发展的要素均有重要影响，是人类美好生活不可或缺的重要材料。2018 年全球消费聚烯烃 1.76 亿吨，约占塑料消费量的 71%，三大合成材料消费量的 52%。2019 年全球消费聚烯烃 1.80 亿吨，2020 年全球消费聚烯烃 1.83 亿吨。可以看出，尽管有疫情因素影响，聚烯烃消费量仍保持增长。但是，世界范围内聚烯烃产能增加过快，过剩趋势明显，严重影响了聚烯烃产业的健康发展。2019 年和 2020 年，国内消费聚烯烃分别为 6276 万吨和 6819 万吨，其中聚乙烯分别为 3329 万吨和 3762 万吨，聚丙烯分别为 2947 万吨和 3057 万吨。2020 年我国聚乙烯进口比例 48%，聚丙烯进口比例为 14%[1]。由于疫情期间消费数据很难准确反映我国高性能聚烯烃的市场需求，我们使用疫情前 2018 年的消费数据分析了我国高性能聚烯烃的市场需求。2018 年国内消费聚烯烃 5800 多万吨，其中聚乙烯 3163 万吨，进口约 47%；聚丙烯 2645 万吨，进口约 18%。在进口的 2000 万吨聚烯烃产品中，许多是国内还不能生产的"高端"聚烯烃。例如，溶液聚合生产的乙烯基弹性体和丙烯基弹性体，医学植入用超高分子量聚乙烯、高压聚合工艺生产的特种极性聚烯烃，茂金属催化剂制备的聚丙烯和特种聚乙烯，部分聚 1- 丁烯，乙烯与乙烯醇共聚物（EVOH），乙烯与羧酸盐共聚物、环状烯烃与乙烯的共聚物（COC）、聚 4- 甲基 -1- 戊烯等聚烯烃工程塑料。这些高端聚烯烃的国产化可以通过跟踪创新实现，更应该通过原始性创新实现跨越式发展。另外，我国是世界上最大的聚烯烃生产和消费国，但我国聚烯烃产业存在严重的结构性过剩问题，一方面是高端产品在大量进口，另一方面是通用产品产能开始过剩。显然，要保证我国聚烯烃产业健康发展，必须坚持走创新引领的产业发展之路。同时，为避免世界范围内产能过剩给聚烯烃产业带来的影响，也需要技术创新实现高性能化，扩大应用领域，使聚烯烃从过剩走向供不应求。然而，要实现聚烯烃在高性能化方面的技术创新，必须厘清在聚烯烃这个传统技术领域是否还有原始性创新的空间和可能。本书将对高端聚烯烃的创新机遇与途径进行深入探讨。

第一节
聚烯烃的发展史

古人云，以史为鉴知兴替。研究聚烯烃的科学和技术发展史对探讨其技术和产品的创新方向和可能性是十分重要的。

一、聚烯烃的定义和产业发展史[2]

聚烯烃通常是指聚丙烯和聚乙烯。广义的聚烯烃应该包括所有烯烃的均聚物和共聚物，例如，聚异丁烯（PIB）、乙丙橡胶（EPM）和 1,2- 聚丁二烯等。因此，第一个商业化的高分子量聚烯烃应该是聚异丁烯，1931 年用三氟化硼催化剂在低温条件下聚合而成。2017 年全球聚异丁烯的消费量超过 100 万吨。低分子量聚异丁烯主要用于燃油和润滑油的添加剂。1937 年丁基橡胶（IIR）问世，这种气体阻隔性十分优异的橡胶是在聚异丁烯分子链中共聚 2% 左右异戊二烯制得的，1943 年实现工业化。

第一个乙烯聚合物在 1869 年被合成出来，但不是固体，应该是低聚物。1930 年，杜邦（DuPont）公司采用金属有机催化剂在十分温和的条件下制备出第一个固体线型聚乙烯，产率很高。这应该是第一个高密度聚乙烯产品，但令人遗憾的是杜邦公司放弃了这个重要的发明，没能实现商业化。目前，业界公认第一个商业化的聚烯烃是低密度聚乙烯（LDPE）。

1933 年 LDPE 由英国的帝国化学工业（ICI）公司发明，1938 年实现了工业化。ICI 成功将 LDPE 用于电缆和薄膜，应该说是加工应用研究促进了 LDPE 的工业化。DuPont 公司后期购买了 ICI 的专利并进行了改进，1943 年还建立了 500吨级中试装置，但一直没有实现工业化。尽管 DuPont 公司后期将该技术转让给了美国联合碳化物（Union Carbide）公司，但一直没有放弃该技术，后来成功开发了乙烯与甲基丙烯酸的共聚物。这是一种高性能的工程塑料，也是 PET 的结晶成核剂，即著名的沙林（Surlyn）树脂。

第二个商业化的乙烯聚合物是高密度聚乙烯（HDPE）。1953 年美国菲利普斯（Phillips）公司采用其发明的铬系催化剂制备出了高结晶度的 HDPE 和聚丙烯（PP）。由于在呼啦圈等方面的成功应用，使 HDPE 率先实现了工业化。1953年 10 月，齐格勒（Karl Ziegler）也制备出了 HDPE，并在 3 周后向德国专利局提交了专利申请。采用齐格勒发明的催化剂，1955 年实现了 HDPE 工业化生产。

第三个商业化的乙烯聚合物是线型低密度聚乙烯（LLDPE）。1957 年 DuPont公司首先申请了一个 LLDPE 专利，但一直没有进行大规模工业化生产。直到1978 年，Union Carbide 公司发明了 Unipol 工艺才真正创造了线型低密度聚乙烯这个产品的名称，并开始了大规模的工业化生产。

显然，催化剂的原创发明使聚乙烯成功实现商业化，但加工应用研究和聚合工艺开发也起到了不可或缺的作用。从图 1-1 可以看出，经过几十年的发展，用高压法生产的聚乙烯产品比例越来越低，低压法生产的聚乙烯产品比例越来越高。

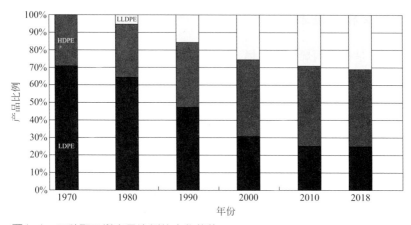

图1-1　三种聚乙烯产品比例的变化趋势

HDPE—高密度聚乙烯；LDPE—低密度聚乙烯；LLDPE—线型低密度聚乙烯

聚乙烯实现商业化不久，聚丙烯就实现了工业化。1954 年，纳塔（Giulio Natta）率先将丙烯聚合成等规聚丙烯，并在 1957 年实现商业化。目前，聚丙烯已成为产量仅低于聚乙烯的第二大合成高分子材料。聚 1- 丁烯（PB-1）也是在 1953 年被合成出来的，并在 1971 年实现了工业化。

由于齐格勒 - 纳塔（Ziegler-Natta）催化剂及其聚乙烯和聚丙烯等聚烯烃材料对人类发展的重要贡献，1963 年，齐格勒和纳塔共同获得诺贝尔化学奖。

二、聚烯烃的产业化现状

经过几十年的发展，聚乙烯已成为全球产量最大的合成高分子材料，2020 年产能超过 1.2 亿吨（见表 1-1）。聚乙烯的产业集中度较高，10 个主要生产企业的产量接近总产量的 50%。聚丙烯的产业化情况类似于聚乙烯，2020 年产能超过 9000 万吨，是全球产量第二大合成高分子材料产品，10 个主要生产企业的产量接近总产量的 40%（见表 1-2）。

表1-1　2020年全球PE产能及主要生产企业[7]

排名	公司名称	产能/（万吨/年）	占比/%
1	埃克森美孚	1062	8.4
2	陶氏杜邦	981	7.7
3	中国石化	834	6.6
4	利安德巴塞尔	596	4.7
5	阿布扎比国家石油	592	4.7
6	沙特阿美	564	4.4

排名	公司名称	产能/（万吨/年）	占比/%
7	中国石油	515	4.0
8	伊朗国家石化	388	3.0
9	英力士	335	2.8
10	台塑集团	272	2.1
11	其他公司	6551	51.6
12	总产能	12690	100

表1-2　2020年全球PP产能及主要生产企业[8]

排名	公司名称	产能/（万吨/年）	占比/%
1	中国石化	676	7.5
2	利安德巴塞尔	573	6.3
3	中国石油	315	3.5
4	沙特阿美	305	3.4
5	阿布扎比国家石油	298	3.3
6	印度信实工业	289	3.2
7	道达尔	275	3.0
8	埃克森美孚	257	2.8
9	台塑集团	240	2.6
10	中国神华集团	187	2.1
11	其他公司	5636	62.3
12	总产能	9051	100

　　由于聚烯烃产品结构复杂，开发高性能产品技术难度很大，需要长期的大规模投入。只有较大规模企业才能集中人力、物力和财力，实现高性能产品的产业化。经过不断兼并重组，形成的主要聚烯烃生产企业已经成为高性能聚烯烃的创新主体[3-6]。

第二节
高性能聚烯烃的制备原理

一、高性能聚烯烃的微观结构

　　影响聚烯烃高性能化的主要因素是其微观结构，因此，深入理解聚烯烃结构与性能的关系是实现聚烯烃高性能化的关键。本书第二章将对聚烯烃的化学结构、分子结构、凝聚态结构及其表征方法进行详细的阐述，在此仅针对高性能聚烯烃的开发强调如下几点。

（1）聚乙烯和聚丙烯仅存在化学意义上的均聚物，从目前产品微观结构角度分析，不存在均聚物。聚乙烯催化剂通常具有齐聚功能，在乙烯聚合过程中会自动产生 α- 烯烃参与聚合。因此，可以说不外加 α- 烯烃也难以制备达到理论密度的高密度聚乙烯。因此，目前商业化的聚乙烯均为无规共聚聚乙烯。聚丙烯则存在无规结构，目前还不能制备不含无规结构的 100% 规整度的等规聚丙烯。无规结构单元与共聚单体对聚丙烯的微观结构起类似作用，因此，所谓"均聚聚丙烯"实际上是等规和无规丙烯结构单元的无规共聚物。可以看出，除抗冲聚丙烯是多相结构外，聚烯烃商业产品均为无规共聚物，且抗冲聚丙烯的连续相也是无规共聚物。所以，所有聚烯烃均为无规共聚物或与无规共聚物相关。本书作者认为这是开发高性能聚烯烃最关键的理论认知，也是研究聚烯烃高性能化共性关键技术的基础。

（2）用 Ziegler-Natta 催化剂不能制备聚丙烯嵌段共聚物。经过长期对聚丙烯微观结构的深入研究，早期被称为聚丙烯嵌段共聚物的抗冲聚丙烯实际上是聚丙烯与乙烯 / 丙烯无规共聚物的多相结构混合物。任何改善聚丙烯与乙烯 / 丙烯无规共聚物界面性能的方法均可提高抗冲聚丙烯的性能。

（3）用配位聚合方法制备的聚烯烃比自由基聚合和缩合聚合得到的聚合物分子量分布都宽。宽分子量分布使聚烯烃在加工性能方面具有明显的优势，但也带来许多性能方面的问题，影响了聚烯烃高性能化的实现。传统的配位聚合催化剂，如 Ziegler-Natta 催化剂，会将共聚单体和无规结构主要共聚在小分子组分，使聚烯烃的很多性能劣化。例如，气味（VOC）大、可溶出物含量高、迁移物含量高、聚合物发黏、聚乙烯系带分子和缠结分子含量降低（造成应力开裂问题）等等。因此，控制共聚单体及无规结构在分子链间的分布是聚烯烃高性能化的关键，也是实现聚烯烃高性能化的共性关键科学问题。虽然单活性中心催化剂可以使聚烯烃的分子量分布变窄，共聚单体分布均匀，但加工性能会劣化。因此，单活性中心催化剂不适合制备所有的高性能产品，不是聚烯烃开发的最终目标。对许多高性能产品，需要开发可将共聚单体及无规结构共聚在高分子量组分的宽分子量分布聚烯烃的催化剂和聚合工艺技术。

二、聚烯烃的结构调控

影响聚烯烃性能的主要因素包括聚烯烃的化学结构、分子结构和凝聚态结构。化学结构相对固定，调控空间不大；分子结构变化较多，带来凝聚态结构的多样性，给聚烯烃高性能化带来挑战和机遇。聚烯烃的主要产品是无规聚乙烯和聚丙烯，而传统催化剂生产的聚烯烃分子量分布较宽，并且共聚单体和无规结构主要分布在低分子量组分，使聚烯烃性能劣化。因此，聚烯烃高性能化结构调控的主要方向是使共聚单体和无规结构向高分子量组分移动，如图 1-2 所示。

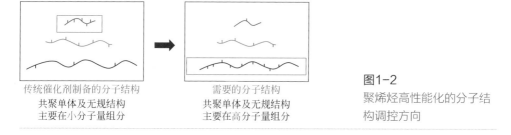

传统催化剂制备的分子结构　　　需要的分子结构
　共聚单体及无规结构　　　　　共聚单体及无规结构
　主要在小分子量组分　　　　　主要在高分子量组分

图1-2
聚烯烃高性能化的分子结构调控方向

实现共聚单体和无规结构向高分子量组分移动的主要方法包括：

（1）使用适宜的共聚单体。例如，用 1- 丁烯替代乙烯作为共聚单体制备无规聚丙烯，可使更多的共聚单体共聚在大分子组分，使透明聚丙烯的可溶出物含量大幅度降低，双向拉伸聚丙烯（biaxially oriented polypropylene，BOPP）薄膜的加工温度下降，用于珠粒发泡聚丙烯的性能大幅度改善。

（2）采用高性能聚乙烯和聚丙烯催化剂，可使更多的共聚单体和无规结构共聚在高分子量组分。不同类型催化剂制备的无规共聚聚丙烯共聚单体在分子链间的分布如图 1-3 所示。

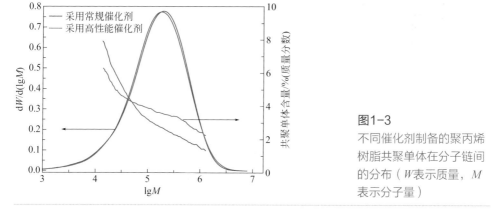

图1-3
不同催化剂制备的聚丙烯树脂共聚单体在分子链间的分布（W 表示质量，M 表示分子量）

（3）通过采用多反应器、改变外给电子体种类、选择合适的共聚单体和外给电子体加入位置和加入工艺等聚合方法，也可使共聚单体主要共聚在高分子量组分。

高性能聚烯烃的制备方法

一、高性能聚烯烃的开发过程

高性能聚烯烃的开发过程如图 1-4 所示。由于分子结构复杂，控制聚烯烃微观结构是实现聚烯烃高性能化的核心，微观结构表征成为高性能聚烯烃开发过程的关键。通常情况下，根据市场需求，首先通过高分子物理研究提出所需聚烯烃树脂的微观结构，再通过小试（催化剂和工艺技术开发）研究得到所需微观结构的聚烯烃样品，由微观结构表征确认后，进入中间试验阶段。中间试验产品加工成市场需要的制品后，经过微观结构表征和用户确认后，进入工业试验和市场开发阶段。最后，所开发的高性能新产品进入商业化开发阶段。只有满足市场需求的盈利产品才能真正实现商业化生产。

图1-4
高性能聚烯烃的开发过程

上述研究过程适用于所有高性能高分子新材料的开发。但是，聚烯烃微观结构复杂且共聚单体及无规结构在分子链间的分布对产品性能影响很大，高性能产品开发还必须进行结构分级和高通量试验。结构分级十分重要，将在本书第二章进行详细介绍，本章只进行简述。

经过多年的努力，我国已建立了完整的高性能聚烯烃新材料开发体系，促进了我国聚烯烃产业的快速发展。我国高性能聚烯烃开发体系的建立特别受益于国家对基础研究、技术开发的重视和"产学研用"的合作机制。国家发展和改革委员会（原国家计委）于 20 世纪 90 年代批准在中国石化北京化工研究院（以下简称北京化工研究院）建立了我国唯一的聚烯烃国家工程研究中心，使我国的聚烯烃研究机构具备了包括催化剂、工艺、材料加工改性等小试、中试及高分子物理和表征等全面的研究和开发能力。该中心组建了我国第一个聚烯烃微观结构表征实验室，建成国内第一套制备型升温淋洗分级装置，系统研究了共聚单体和等规结构在分子链间的分布及其对聚烯烃性能的影响，提出了"共聚单体和等规结构分布是聚烯烃高性能化的共性关键科学问题"。通过控制共聚单体和等规结构分布开发并产业化了多种原创及高性能聚烯烃新材料，不仅替代了进口，还实现了向发达国家的出口，为我国聚烯烃产业从跟踪创新向原始创新的转变做出了重要贡献。最近 20 年，该工程研究中心共取得省部级及以上科学技术奖励 126 项，包括国家科学技术奖 6 项和中国专利奖多项（含金奖 1 项，银奖 2 项）。共申请国内外发明专利 3800 多件（其中，涉外 1050 件），获授权 2253 件（其中，涉外 623 件）。在国内外销售研发的催化剂 6000 多吨，生产了约 1.6 亿吨聚烯烃树脂。开发的新产品（包括 G 树脂、抗菌防霉聚丙烯树脂、高熔体强度高抗冲聚丙烯树脂、直接聚合法耐高击穿电压聚丙烯树脂等 4 个原创的新产品）产量超过 1000 万吨，大大替代了进口产品。2021 年国家发展和改革委员会对已经建立的 90 多个国家工程研究中心进行了重新认证，首批纳入新序列管理的国家工程研究中心共 38 家，聚烯烃国家工程研究中心不仅成功入选，且在评估中成绩名列前茅。这充分说明聚烯烃行业在国家经济建设中的重要地位，以及该中心在我国聚烯烃技术发展中的不可或缺。

1999 年和 2005 年国家科技部连续两次批准设立了聚烯烃方面的"973 计划"项目，即国家重点基础研究发展计划项目。"973 计划"项目由大学、研究院及企业的科研和工程技术人员共同承担，是"产学研用"创新体系在聚烯烃技术创新方面的重要实践。该项目由杨玉良院士牵头，企业界的科研人员提出技术需求，学术界的高水平学者从高分子物理的基础研究入手，从理论上对聚烯烃的结构与性能关系进行了深入研究。企业界技术人员又将基础研究的成果应用于工业生产，取得了许多创新成果，并实现了商业化，促进了我国高性能聚烯烃产业的发展。例如，通过系统研究乙烯在聚丙烯分子链间分布对高速双向拉伸聚丙烯（BOPP）树脂拉伸稳定性的影响，提出了高速 BOPP 树脂拉伸稳定性的分子结构模型，设计了满足高速拉膜工艺所需聚丙烯树脂的分子链结构，突破了国外公司"高速 BOPP 树脂等规度必须小于 96%"的技术限制[9]，产业化了等规度≥98%的高速高强度 BOPP 树脂，全面替代了进口产品，促进我国 BOPP 树脂年产能从不足 30 万吨发展到 800 万吨以上，获国家科学技术进步二等奖。在此基础上北京化工研究院还发明了用外给电子体替代乙烯调控聚丙烯等规结构分布新方法，制备出多种传统方法难以制备的高性能聚丙烯树脂[10]。其中，均聚高速 BOPP 树脂突破了"高速 BOPP 树脂必须共聚少量乙烯"的传统共识，在世界上首创了大分子量组分低规整度、小分子量组分高规整度的均聚聚丙烯树脂产品。该方法不仅适合制备高速均聚 BOPP 树脂，也是制备低 VOC 聚丙烯和低可溶物含量聚丙烯的重要方法。采用该方法还可制备均聚、无规和抗冲高熔体强度聚丙烯树脂。该技术已成为我国新一代聚丙烯工艺的核心技术，已在 20 套工业装置上成功应用，获国家技术发明二等奖。第二个聚烯烃方面的"973 计划"项目通过基础研究，设计并产业化了共聚单体在乙烯分子链间合理分布的高性能聚乙烯压力管材树脂（PE100），不仅使我国摆脱了依赖进口的局面，还实现了向发达国家的出口。

二、聚烯烃的分子结构分级[11-22]

共聚单体在分子链间的分布对聚烯烃产品性能有重要影响，研究平均分子量、平均共聚单体含量等对开发高性能聚烯烃的意义不大，甚至有可能误导开发者。因此，必须对其进行结构分级才能合理研究其结构与性能的关系。

聚烯烃结构分级方法主要包括：按分子链的组成进行分级的升温淋洗分级（TREF）法、结晶淋洗分级（CEF）法和结晶分析分级（CRYSTAF）法等基于结晶的分级法和基于色谱的分级法；按分子量进行分级的基于溶解度的溶剂梯度淋洗分级法；以及将按组成分级的方法与按分子量分级的方法（包括测量分子量分布的凝胶渗透色谱法）联用的交叉分级方法。

升温淋洗分级法包括分析型升温淋洗分级（A-TREF）法和制备型升温淋洗分级（P-TREF）法。制备型升温淋洗分级法的操作分为两步。第一步是冷却制样：将加热溶解的聚合物稀溶液装入填充有惰性载体的柱中，缓慢降温，使聚合物从溶液中结晶析出；第二步是淋洗分级：向柱内注入溶剂，并采用梯度升温控制系统温度，收集不同温度下的淋洗级分，各级分干燥后再进行组成和分子量分布等的相关分析表征。A-TREF 与 P-TREF 具有相同的分离原理，是将 P-TREF 法中的淋洗过程进行在线分析，得到 TREF 曲线。两者主要差异有三个方面：①一次分离的样品量不同，P-TREF 样品量通常在 2～20g，A-TREF 样品量通常小于 100mg；②级分的后处理及分析过程不同。P-TREF 通过沉淀、过滤及干燥，回收级分，经过离线分析得到级分的结构信息；而 A-TREF 在分离柱后面直接连接浓度等检测器，在线提供级分的结构信息；③分离一个样品的耗时有显著的差异。两者都是通过降温将聚烯烃结晶沉积在柱子内惰性填料的表面，然后对柱子引入溶剂并升高柱温淋洗级分。A-TREF 降温和升温速度快，分级一个聚乙烯样品大约需要 14 个小时，聚丙烯样品大约需要 9 个小时。但 P-TREF 由于分离的样品量大，填充柱几何尺寸大，为了保证柱内温度的均匀性以及更接近结晶和溶解的平衡状态，采用更慢的降温速率结晶，淋洗阶段一般都采用梯度升温的控制程序，在每个阶梯温度停留较长时间（通常大于 16 个小时）才开始淋洗，实验时间一般需要 2 ~ 4 周。常规操作条件下，P-TREF 的分离效果优于 A-TREF，级分样品的离线分析也能提供比 A-TREF 更丰富的结构信息。

结晶分析分级法是依据与 TREF 同样的原理，将加热溶解的聚合物稀溶液缓慢降温，聚合物从溶液中缓慢结晶析出，结晶过程中在线测定不同温度下聚合物溶液的浓度，经微分处理转换为结晶分布曲线，从而得到聚合物分子链结构的信息，分析聚合物的组成，得到 CRYSTAF 曲线。该方法速度较快，但各聚烯烃级分在溶液中结晶需要的时间不同，且需要很长时间才能平衡。如果结晶时间太短会产生很大误差。热分级（DSC）法可分为多步降温结晶（SC）法和逐步自成核退火热分级（SSA）法。通过对样品按设计好的热处理过程进行热分级，可以得到与 TREF 和 CRYSTAF 类似的分级结果。这些方法均应考虑聚烯烃分子链达到平衡状态所需要的时间，并防止聚烯烃在高温和溶液中的降解。

分子量分级技术常用的是溶剂梯度分级（SGEF）法，即将聚烯烃溶液经降温沉淀在加有填料的柱子中。然后，在一恒定温度下，通过向柱子中加入不同比例的良溶剂和不良溶剂的混合溶剂。随着良溶剂比例的增加，依次淋洗，实现不同分子量的分级。将不同分子量的级分再进行结构分级，即可实现交叉分级。交叉分级也可通过将 TREF 与凝胶渗透色谱（GPC）联用来实现。通过交叉分级可以得到分子量分布和结构分布更窄的样品，更有利于研究共聚单体和无规结构在分子链间的分布。

三、高通量方法用于高性能聚烯烃开发[23]

目前，高通量技术已经广泛应用于各类聚烯烃催化剂的开发、聚合工艺优化和高性能聚烯烃新产品的开发。高通量技术用于催化剂的创新明显加快了新型催化剂的开发速度，特别是单活性中心催化剂的开发速度。

国内外各大聚烯烃公司均已采用高通量技术进行催化剂和新产品的技术创新。陶氏、埃克森美孚、住友化学、北欧化工、杜邦等著名公司都引进了高通量技术进行催化剂及聚烯烃新产品开发。陶氏公司最早引入高通量技术进行催化剂研发，他们与西美克斯（Symyx）公司合作，采用高通量技术成功开发了 VERSIFY、INFUSE 等高性能聚烯烃弹性体。陶氏公司称，20 世纪 90 年代的聚烯烃新产品开发周期为 6 个月到 2 年；采用高通量技术，并结合陶氏提出的"聚烯烃产品分子模型"法，现在只要 1 ~ 3 个月即可完成，而且成功率从 40% 提高到 80%。

高通量技术也引起了国内聚烯烃公司及研发机构的关注。北京化工研究院分别从瑞士 Chemspeed 公司和美国 Freeslate 公司引进了三套聚烯烃高通量研发设备，用于聚烯烃催化剂的开发、催化剂快速聚合评价筛选及聚合工艺和产品开发研究，成为国内第一家拥有聚烯烃高通量装备的研发机构。采用高通量聚合评价技术进行合理的实验设计，可在 1 个工作日内完成多个条件的筛选试验，将催化剂研发人员平常需要 1 个月完成的聚合评价工作，在 1 ～ 2 天内完成，且实验结果呈现良好的规律性及可重复性。该方法特别适用于快速确定催化剂耐高温、最低助催化剂加入量等边界条件，以及确定催化剂、助催化剂与共聚单体的匹配条件等。北京化工研究院已在高通量研究手段帮助下开发出若干高性能聚烯烃催化剂，例如，高性能聚丙烯 HA 系列催化剂。该系列催化剂具有超高活性和共聚单体分布合理等诸多优势，已被广泛应用于高性能聚丙烯新产品的开发。例如，原创的直接聚合法耐高击穿电压膜用聚丙烯树脂等。

四、高性能聚烯烃制备用催化剂和聚合工艺

1. 高性能聚烯烃催化剂

催化剂是化学工业的灵魂，开发高性能催化剂更是实现聚烯烃高性能化的重要途径。聚烯烃工业的发展与催化剂技术进步息息相关。Phillips 催化剂和 Ziegler-Natta 催化剂发明之前，聚乙烯产量不大，人类也不能制备有实用价值的等规聚丙烯树脂；当 Ziegler-Natta 催化剂的活性较低时，聚丙烯只能采用淤浆聚合工艺生产，并且必须有脱灰步骤，流程长，成本高；间规聚丙烯更是在单活性中心催化剂问世后才能够生产；单活性中心催化剂还使聚烯烃弹性体（POE）和烯烃嵌段共聚物（OBC）的商业化成为可能。目前，采用催化剂生产的聚烯烃占聚烯烃总产量的 85% 以上。

Ziegler-Natta 催化剂和 Phillips 催化剂使聚烯烃成为消费量最大的高分子材料。目前，这些传统催化剂还在不断发展，促进了高性能聚烯烃产品的发展。例如，北京化工研究院在 20 世纪 80 年代开发的 N 型聚丙烯催化剂就是一种生产高性能聚丙烯的催化剂。该催化剂技术开创了我国聚烯烃相关专利技术向发达国家公司进行专利授权许可的先河。目前，这一技术的对外专利许可费仍名列我国对外专利技术许可费的前茅。以该催化剂技术为基础，北京化工研究院还开发了 BCE 和 BCL 等高性能聚乙烯浆液聚合催化剂。该类催化剂不仅在活性、粒形等方面具有优势，还可将更多的共聚单体聚合在高分子量组分，特别适合生产高性能 HDPE 产品。

在聚丙烯 Ziegler-Natta 催化剂的发展过程中，给电子体，包括内给电子体和外给电子体，一直起着重要的作用。传统的内给电子体是邻苯二甲酸酯类化合物，与聚氯乙烯（PVC）所用增塑剂结构相同。尽管只有百万分之几的含量（10^{-6} 级），仍被认为对人类身体有害。为此，聚烯烃生产者开发了多种非邻苯二甲酸

酯类内给电子体化合物，用于聚丙烯催化剂的制备。用这些内给电子体制备的催化剂不仅解决了聚丙烯对人类健康的潜在威胁，还促进了高性能聚丙烯的开发。例如，北京化工研究院开发的二醇酯类内给电子体成功替代了邻苯二甲酸酯类内给电子体，使我国成为少数几个拥有不含邻苯二甲酸酯的聚丙烯催化剂知识产权的国家，可向外国公司进行专利授权许可。采用该给电子体，北京化工研究院还开发了世界上活性最高的聚丙烯催化剂，聚合活性超过 20 万倍 /g 催化剂，并且烷基铝的添加量可以大幅度降低。采用这个创新的催化剂，并使用具有我国特色的高纯 MTO 丙烯原料，中国石化在世界上首创了用本体聚合工艺直接制备耐高击穿电压膜用聚丙烯树脂，制备的聚丙烯薄膜强度和击穿电压均高于用传统工艺生产的进口产品，已在国内外大量应用。

与传统的 Ziegler-Natta 催化剂和 Phillips 催化剂相比，单活性中心催化剂（包括茂金属、非茂金属和后过渡金属催化剂）可以制备分子量分布很窄的聚烯烃，部分解决了传统催化剂使共聚单体主要聚合在小分子量组分的问题。目前，工业化的单活性中心催化剂产品主要是茂金属催化剂，已成功应用于高密度聚乙烯、中密度聚乙烯、线型低密度聚乙烯、聚烯烃弹性体（POE）、环烯烃共聚物（COC）、聚丙烯、间规聚苯乙烯、乙烯/苯乙烯共聚物、烯烃嵌段共聚物等，产量最大的是线型低密度聚乙烯，其次是聚烯烃弹性体。用单活性中心催化剂还开发了多种其他高性能聚烯烃新材料。例如，乙烯与极性单体共聚物、具有极窄分子量分布的聚乙烯蜡和高端润滑油基础油等。在国内，中国石化开发的茂金属催化剂在齐鲁石化聚乙烯生产装置上成功实现工业化应用，所生产的 PE-RT 管材专用树脂占国内市场的 40% 以上。

2. 高性能聚烯烃的聚合工艺

尽管近年来聚烯烃聚合工艺没有出现重大创新，高性能聚烯烃产品主要通过传统聚合工艺生产，但在现有聚合工艺改进方面还是取得了不少突破。例如，北京化工研究院在丙烯聚合工艺技术方面，发明了"非对称外给电子体"技术，实现了用外给电子体调控聚丙烯无规结构在分子链间的分布，可生产多种现有聚合工艺所不能生产的高性能产品，已在环管和气相聚合工艺等多聚合反应器工艺装置得到广泛应用[10,24]。在气相聚乙烯方面，中国石化在传统气相聚乙烯工艺基础上进行了技术创新，将气、固二相反应体系改为气、固、液三相反应体系，可将更多的共聚单体聚合在大分子量组分，可生产多种高性能聚乙烯新产品。

目前，国内急需聚烯烃溶液聚合工艺技术和聚乙烯高压聚合工艺技术。我们进口量大且国内没有技术生产的主要聚烯烃产品多为这两个工艺生产。例如，聚烯烃弹性体和极性聚乙烯等。这些工艺技术均会在本书后续相关章节介绍。

五、高性能聚烯烃用助剂

聚烯烃用助剂主要包括抗氧剂、光稳定剂、结晶成核剂、抗静电剂、抗菌剂、卤素吸收剂等。其中，结晶成核剂可以显著提高聚烯烃的结晶速率、刚性、耐热性或韧性等性能，是重要的使聚烯烃实现高性能化的助剂。结晶成核剂主要包括聚丙烯 α 晶型结晶成核剂、聚丙烯 β 晶型结晶成核剂、聚丙烯透明成核剂和LLDPE 结晶成核剂等。

结晶成核剂一般价格很高且难以在聚烯烃中分散，实际加入量远高于实际需要，使用效率很低，提高了高性能聚烯烃的制备成本。如何改善结晶成核剂在聚烯烃中的分散性一直是业界研究的热点。北京化工研究院原创性地开发了纳米尺度橡胶粒子辅助塑料加工助剂分散技术 [3]。纳米尺度橡胶粒子主要包括丁苯橡胶、丁腈橡胶、羧基丁腈橡胶、丁苯吡橡胶、丙烯酸酯橡胶、硅橡胶、氯丁橡胶等全硫化橡胶粒子 [25,26]。其中，丁苯橡胶与聚烯烃相容性较好，将其与助剂复配后，可以协助助剂在聚丙烯中分散，提高助剂的使用效率，生产中可减少助剂的用量，降低高性能聚烯烃的制造成本。据此，北京化工研究院开发了一种低成本实现聚烯烃高性能化的新方法。目前，已大量用于工业化生产的这类助剂主要是使用纳米尺度丁苯橡胶粒子与市售成核剂复合制备的高效成核剂产品 [27]，例如，VP-101B 和 VP-101T 是典型的聚丙烯 α 晶型和 β 晶型成核剂，VP-801E 是 LLDPE 结晶成核剂。由于纳米橡胶粒子在聚丙烯体系中的优异助分散作用，使成核剂的用量大幅度减少，提高了成核剂的效率，降低了高性能聚烯烃产品的成本，广泛应用于汽车、家电和可回收地膜等方面。其分散原理如图 1-5 所示。

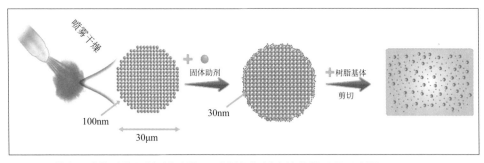

图1-5 纳米尺度橡胶粒子辅助塑料加工助剂在塑料中的分散原理示意图

抗菌剂可以赋予聚烯烃制品表面抗菌和杀菌的功能，阻止有害细菌在制品表面生长，对人体健康十分重要。抗菌剂可分为无机抗菌剂、有机抗菌剂、天然抗菌剂和高分子抗菌剂四种类型。这些抗菌剂有些常温下是液体，有些是固体。固体抗菌剂，特别是纳米尺度固体抗菌剂（例如纳米氧化锌）很难在聚烯烃中分散，可以采用图 1-5 所示的方法使抗菌剂均匀分散在聚烯烃树脂中；液体抗菌剂则需要采用图 1-6 所示的分散方法使之以纳米尺度分散在聚烯烃树脂中。由于此方法大幅度降低了抗菌剂的用量，0.1% ~ 0.5%（质量分数）的添加量就可达到优异的抗菌效果，可以直接与抗氧剂等一起加入聚烯烃树脂生产的造粒系统。中国石化已采用这样的新方法在世界上首创了抗菌防霉聚丙烯树脂新产品[28]。该抗菌树脂的制品不仅成本低，还大幅度改善了耐水洗性能。制品在室温水中浸泡 6 年以上、50℃水中浸泡 6 个月以上，抗菌效率仍≥99%，已成功用于洗衣机、地毯、无纺布等关乎人体健康的领域。用户的产品不仅占领了国内市场，还出口日本等发达国家。由于抗菌剂可以纳米尺度分散在聚丙烯中，中国石化还在世界上首创了无纺布用抗菌聚丙烯树脂，并在口罩、防护服等医用卫生材料领域应用。研究还发现，此类抗菌聚丙烯无纺布还可杀死病毒。

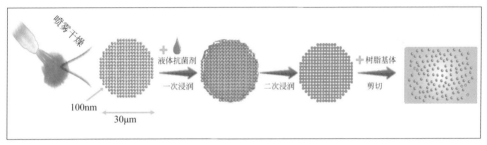

图1-6 纳米尺度橡胶粒子辅助液体助剂以纳米尺度在塑料中分散原理示意图

六、制备高性能聚烯烃制品的加工技术

加工技术是实现高性能聚烯烃商业化不可或缺的手段，也是实现聚烯烃高性能化的重要途径。其中，取向加工是实现聚烯烃高性能化的最重要手段之一，已经通过取向加工商业化的高性能聚烯烃制品包括超高分子量聚乙烯纤维、多层复合薄膜、双向拉伸聚丙烯薄膜、双向拉伸聚乙烯薄膜、机头拉伸片材和聚丙烯"木材料"等。另外，共混等聚烯烃改性技术也是实现聚烯烃高性能化的重要方法。汽车和家电制品使用了大量通过改性方法制备的高性能聚烯烃材料。

1. 超高分子量聚乙烯纤维

超高分子量聚乙烯纤维（UHMWPEF）通过将超高分子量聚乙烯树脂取向加工而成，又称高强高模聚乙烯纤维，是目前世界上比强度和比模量最高的纤维。

主要用于防弹衣和武器装备、绳缆、渔网和劳动防护等方面。超高分子量聚乙烯纤维还由于具有优异的导热性能，被广泛应用于"凉席"等方面。

2. 机头拉伸聚烯烃制品

这是一种提高聚烯烃产品性能的重要加工方法。这种方法是在一定温度下，使聚烯烃在很大压力下通过一个具有一定收敛角度的锥形口模，对材料进行拉伸取向的同时，在垂直拉伸方向通过压缩力对材料造成很大的塑性形变，从而使材料内部分子链及结晶结构沿拉伸方向高度取向。因此，力学性能可大幅提升。聚烯烃具有固相拉伸的先天优势，采用固相拉伸方法制备的聚烯烃制品强度高、韧性好，且易回收。通过固相拉伸得到的聚丙烯制品，弯曲模量可达 20GPa 以上，且低温下冲击韧性可达不断裂水平，很薄的透明片材就可防弹。与纺丝等自由拉伸相比，机头拉伸不仅可制备固定形状的制品，还可大幅度提高产品性能。例如，高性能聚丙烯行李箱和聚丙烯人造木材等制品已经实现了商业化生产[29]。

聚丙烯行李箱是由多层机头拉伸取向加工制成的聚丙烯编制片材经热压成型而制造的。由于该材料强度高，且具有弹性和抗冷热温差的特性，在受到碰撞之后拥有快速恢复的能力，是一种不怕摔的行李箱。另外，在同样强度下，该行李箱自身重量比其他材料制造的箱体轻很多，在运输中体现出轻巧方便的优势。

聚丙烯人造木材是聚丙烯复合材料经机头拉伸取向加工而成的聚丙烯复合材料型材，具有密度小、强度高、易加工、防水、防虫、免涂覆、易回收、抗菌防霉甚至阻燃等优异性能。目前，美国陶氏化学公司与美国木材公司建立的合资企业（Eovations 公司），已大量生产聚丙烯人造木材，年生产能力约 2.5 万吨。这些产品可以使用所有的木材加工设备和工具加工，已广泛应用于房屋的铺板、景观建筑和甲板等方面。与天然木材相比，聚丙烯人造木材外观更美观，性能更优异，只是价格太高。开发低成本聚丙烯人造木材生产技术，对于缓解聚丙烯产能过剩和保护森林资源具有重要意义。世界木材消费量（除造纸外）约 19 亿立方米，中国消费量为 6 亿立方米。按相对密度 0.8 计算，世界和中国的木材消费量分别为 15 亿吨和 4.8 亿吨，远大于全球塑料 2.5 亿吨的消费量。一旦低成本聚丙烯人造木材开发成功，不仅可大幅度减少森林的砍伐，还有可能使聚丙烯从过剩转为供不应求，进而促进整个聚烯烃产业的发展。

3. 单向和双向拉伸聚烯烃薄膜

单向和双向拉伸聚烯烃薄膜是指在成型过程中，通过对薄膜在单向或双向方向进行拉伸，使得聚烯烃大分子链及其结晶结构取向，并经热处理定型而制备的一类取向薄膜。经拉伸取向后，薄膜的性能得到了显著改善，如薄膜的拉伸强度提高、弹性模量增加、表面光泽度提高、雾度降低、阻隔性改善等。单向拉伸的超高分子量聚乙烯薄膜已被广泛应用于锂离子动力电池的隔膜，双向拉伸的聚丙烯（BOPP）薄膜已被广泛应用于各类包装膜、电容器膜和锂离子电池隔膜等方面。长期以来，由于聚乙烯的聚集态结构与聚丙烯有明显不同，双向拉伸聚乙烯（BOPE）薄膜很难制备，一直未能实现商业化。近年来，茂金属催化剂制备的聚乙烯已被成功应用于制备 BOPE 专用树脂，但由于成本较高，加工比较困难，影响了推广应用。最近，中国石化采用独创的聚合工艺，使用 Ziegler-Natta 催化剂制备的聚乙烯树脂成功开发了高性能 BOPE 专用树脂，已在中国的金田公司等企业成功应用，成品率达到 100%，有望使 BOPE 步 BOPP 后尘，在低温冷藏食品的包装等方面被广泛应用。与 PE 吹塑薄膜相比，双向拉伸工艺的拉伸倍率大、成型速度快、生产效率高，并且由该工艺制备的薄膜具有力学强度高、抗穿刺性能、抗冲击性能和光学性能优异、节能环保等优势。因此，BOPE 薄膜可以被广泛用于包装膜、重包装袋、真空热封膜、低温包装膜、复合膜、医药卫生用品、农用膜等方面[30,31]。

4. 多层复合薄膜

多层聚合物复合薄膜可由多达数千层取向的纳米尺度薄膜层层叠合而成，已广泛应用于包装、光学膜等方面。通过适当的材料组合，还可应用于界面散热、电磁屏蔽、催化、光学和生物医学等方面。施加剪切力场是制备多层聚合物复合膜的关键。具有特殊挤出模头的挤出系统中层压 - 倍增元件提供剪切力并控制多层聚合物复合材料的分层结构和形态。当聚合物熔体进入时，它们通过隔板被均匀地切成左右两部分。然后，这种聚合物熔体流过两个鱼尾通道。最后，这两种聚合物熔体在出口的叠加部分垂直熔合。显然，聚合物熔体在两个鱼尾通道中经历了变薄和变宽的过程。这种变形过程使聚合物熔体经历了双轴拉伸取向过程。层数增加将导致重复的层压倍增过程在水平方向上产生增强的剪切力场，使薄膜取向度增加。

多层聚合物复合薄膜的优异性能主要来源于特殊的多层结构形貌和多层界面效应。对于聚烯烃这样的半结晶聚合物，通过控制界面层之间的受限空间，可以有效地控制层状晶体生长方向。并且，随着层数的增加，界面效应大大增强。与界面相关的性质，如介电性能、阻隔性能、界面应力转移和抗穿刺能力等可得到极大的提高。四川大学郭少云课题组设计并研发了国际首台"万层级高分子微纳层叠共挤出装置"，能稳定挤出层数最高达 32768 层的聚合物复合薄膜，单层厚度可低至数十纳米。采用该装置，已经制备出综合性能优异的高隔声低密度复合材料、高强高韧复合材料、高导电高强度复合材料、高性能阻隔材料和高阻尼材料等。其中，高分子隔声复合材料成功满足了高速铁路对隔音、环保阻燃及轻量化的技术要求，每节车厢减重 100kg，已在高速列车、石油化工管道等方面获得应用[32]。

5．聚烯烃的物理和化学改性

虽然聚烯烃综合性能优异，但仍有很大的提升空间。通过物理和化学改性可大幅度改善聚烯烃的性能，扩大应用领域。例如，改性聚丙烯已广泛应用于汽车保险杠、仪表盘和家用电器等方面。聚烯烃改性可分为化学改性和物理改性，也称为前改性和后改性。

化学改性方法主要包括共聚合法、接枝改性法、交联改性法等；物理改性方法主要包括橡胶增韧、填料增强、长或短纤维制备复合材料等。已出版的相关专著对这些改性方法进行了详细介绍，本书将不涉及此方面内容。

值得指出的是，国际上的主要聚烯烃改性企业多为聚烯烃树脂生产企业。我国改性企业众多，但均无原料生产，对产品竞争力有很大影响。金发科技等聚烯烃改性企业开始建立自己的聚烯烃生产装置，对我国聚烯烃改性产品的技术进步和产业格局均会产生重大影响。

第四节
生物基聚烯烃

一、聚烯烃材料的碳足迹

据文献报道[33]，过去四十年全球高分子材料产量快速增加。如果这种趋势继续下去，到 2050 年高分子材料的温室气体排放量将达到全球碳排放总量的15%。2015 年传统塑料全生命周期温室气体排放的二氧化碳当量约为 18 亿吨（见图 1-7），到 2050 年将达到 65 亿吨。然而，如果尽可能多地应用可再生能源，进行回收利用，并加强战略管理，有可能使 2050 年的二氧化碳排放量与 2015 年的水平相当。此外，用生物质替代化石原料可以进一步减少排放并实现对当前水平的绝对减排。

2015 年排放的 18 亿吨二氧化碳当量相当于当年全球排放的 470 亿吨二氧化碳当量的 3.8%。二氧化碳排放当量值大部分产生于树脂生产阶段（61%），其次是加工成型阶段（30%），其余为后处理阶段。三个阶段的二氧化碳排放量分别为 10.85 亿吨、5.35 亿吨和 1.61 亿吨，总和为 17.81 亿吨。后处理分为填埋、回收再利用和焚烧，二氧化碳排放量分别为 1600 万吨、4900 万吨和9600 万吨。

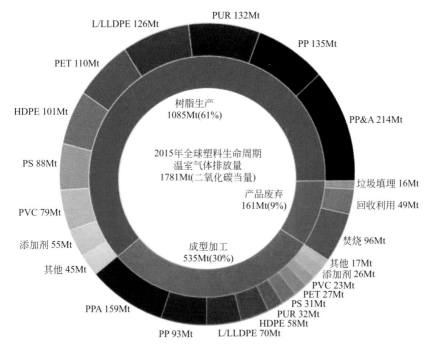

图1-7 2015年全球传统高分子材料在其生命周期内排放的二氧化碳当量（按生命周期阶段和塑料类型）

蓝色、橙色和绿色分别代表树脂生产、成型加工和产品废弃管理阶段。每个阶段的排放物通过塑料类型或产品废弃物处理方法分解，用相应颜色的不同深浅表示。图中缩写词含义详见文后"缩写符号表"

聚烯烃占世界高分子材料消费量的近50%，在生产和加工成型两个阶段中温室气体排放量为5.83亿吨，占高分子材料两个阶段总排放量的36%。其中，PP为1.35亿吨和0.93亿吨，HDPE为1.01亿吨和0.58亿吨，LDPE和LLDPE为1.26亿吨和0.7亿吨。

回收再利用，采用生物基原料，使用可再生能源生产和加工均可大幅度减少高分子材料温室气体排放量。在目前的能源结构下，化石燃料、玉米和甘蔗基塑料的温室气体排放量分别为每公斤塑料4.1公斤、3.5公斤和3.0公斤二氧化碳当量。如果使用100%可再生能源，每公斤塑料温室气体排放量将分别降至2.0公斤、1.4公斤和1.3公斤。显然，要减少聚烯烃材料的温室气体排放量，应该采用生物基原料，使用生物基等可再生能源进行聚烯烃生产和加工成型，并尽可能多地回收再利用。

二、生物基聚烯烃的产业化现状及发展前景

2019年生物基与生物可降解聚合物产量的总和为210万吨（未包括1376万吨天然橡胶），占3.5亿吨三大合成材料用量的0.6%，其中淀粉基产量最大，占

21.3%，约 45 万吨。其他可降解聚合物 PBAT（聚对苯二甲酸 -co- 己二酸丁二醇酯）、PBS（聚丁二酸丁二醇酯）、PLA（聚乳酸）、PHA（聚羟基脂肪酸酯）总量占 32.8%，约为 69 万吨。而生物基不可降解的塑料产量超过 93 万吨，其中，聚乙烯 25 万吨，聚丙烯约 2 万吨。各品种所占比例如图 1-8 所示[34]。

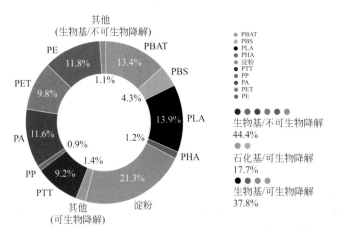

图1-8 2019年各品种生物基和生物可降解聚合物产量所占比例
图中缩写词含义详见文后"缩写符号表"

可以看出，由于成本太高，生物基聚乙烯和聚丙烯的产量不是很大。目前的生物基聚乙烯和聚丙烯单体采用玉米或甘蔗制糖，再发酵制乙烯，并由生物基乙烯制生物基丙烯。如果采用秸秆等废弃生物质制备乙烯和丙烯，生物基聚乙烯和聚丙烯的成本会大幅度下降，消费量也会大幅度提高。最近，本书作者团队在秸秆等废弃生物质制备乙烯和丙烯方面进行了一些探索研究，取得了一些有价值的结果。我们发明了一种可在微波辐照下产生等离子体的含碳多孔复合材料，在无氧条件下，表面温度可被加热到 1000℃ 以上，可使秸秆等废弃生物质裂解为氢气（H_2）、甲烷（CH_4）和一氧化碳（CO）等气体燃料。其产物组成如表 1-3 所示[35]。

表1-3 秸秆等废弃生物质裂解产物组成

产物		稻壳	稻秆	玉米秆	树枝
固相含量（质量分数）/%		29.7	25.5	22.0	18.7
液相含量（质量分数）/%		14.5	8.6	16.7	12.4
气相含量（质量分数）/%		55.8	65.9	61.4	69.0
气相组成（体积分数）/%	氢气	44.4	48.0	34.7	41.0
	甲烷	6.6	3.7	11.6	21.9
	一氧化碳	34.6	40.4	32.2	24.0
	二氧化碳	13.3	7.2	20.3	11.0
	其他	1.1	0.8	1.2	2.0

可以看出，四种废弃生物质的主要裂解产物均为 H_2、CH_4 和 CO。每吨稻秆和树枝可制备 600 公斤以上 H_2、CH_4 和 CO 的混合物。这对我们这样的生物质资源丰富且"缺气"的国家是很有意义的。除制备燃料气外，CH_4 和 CO 均可用于制氢，这样的"绿氢"对我国国民经济的可持续发展和实现碳达峰、碳中和也具有重要意义。另外，从下列反应式可以看出，这些产物还可制备生物基烷烃和生物基甲醇。

$$(2n+1)H_2 + nCO \longrightarrow nH_2O + C_nH_{2n+2}$$
$$2H_2 + CO \Longrightarrow CH_3OH + 102.5kJ/mol$$

生物基烷烃和生物基甲醇均可用于制备乙烯和丙烯，因此，该研究结果显示，大规模、低成本制备生物基聚烯烃是可能的。据统计，我国每年可利用的生物质资源高达 67 亿吨，全球年产量达到 1700 亿吨，废弃生物质的资源化利用对人类的可持续发展具有重要的战略意义。生物基聚烯烃的发展是人类资源化利用废弃生物质的重要组成部分。但是，必须指出的是，低能量密度生物质的资源化利用有很大难度。其中最重要的挑战是"50 公里"运输距离的限制，这样的限制使低能量密度生物质利用不能形成经济规模。只有分散制气，通过管道输运后集中使用才能使秸秆等低能量密度生物质真正实现规模化应用。我们开发的这项新技术有可能达成这样的目标。

第五节
甲醇和烷烃制烯烃及聚烯烃

除生物质外，煤和甲烷也可以用于制备甲醇。甲醇可以制烯烃，进而制备聚烯烃。乙烷和丙烷也可以经过脱氢制乙烯和丙烯，进而制备聚乙烯和聚丙烯。

一、煤制甲醇，甲醇制烯烃及聚烯烃

甲醇制烯烃（methanol to olefins，MTO）和甲醇制丙烯（methanol to propylene，MTP）是两个通过甲醇制烯烃的工艺，是以甲醇为原料，生产低碳烯烃的化工技术。

20 世纪 70 年代美国美孚（Mobil）公司在研究使用 ZSM-5 催化剂将甲醇转化为其他含氧化合物时，发现了甲醇制汽油（methanol to gasoline，MTG）反应。低碳烯烃是 MTG 反应的中间产物，因而 MTG 工艺的开发成功促进了 MTO 工艺的开发[36]。

UOP 公司和 Norsk Hydro 公司合作首先开发成功以 UOP 的 MTO-100 为催化剂的 UOP/Hydro MTO 工艺。国内的中科院大连化物所、中国石化、清华大学等亦相继开发成功 MTO 和 MTP 工艺，并实现了大规模的工业化应用。2019 年，我国甲醇制烯烃产能已达到 1360 万吨，约占我国乙烯和丙烯总产能的 20%。

二、甲醇基聚烯烃的特点及相关高性能聚烯烃的开发

由于甲醇制烯烃催化剂对杂质十分敏感，所得烯烃纯度高，杂质含量低，适合制备对杂质敏感的高性能聚烯烃，如低灰分聚烯烃、高等规聚丙烯和单活性中心催化剂制备的聚烯烃等。

茂金属聚乙烯和聚丙烯均已实现商业化。茂金属催化剂通常对杂质非常敏感，如果采用甲醇基烯烃制备聚烯烃，应该有显著的优势。例如，可减少催化剂及烷基铝的用量、等规度及分子量易于调控等。

低灰分聚丙烯已被广泛应用于电容器膜和锂电池隔膜。这类薄膜具有耐高击穿电压的特点，在锂电池隔膜、电动汽车和高压输电用电容器膜等方面应用越来越广泛。但我国没有生产技术和生产装置，长期依赖进口。传统的生产工艺是通过降低灰分含量提高电性能，通常采用低立构定向性的络合型催化剂先制备低等规度聚丙烯，然后用溶剂洗出灰分和无规物，所得产品灰分低，击穿电压高。但由于分子结构缺陷多，电性能仍有提高的空间。北京化工研究院设计了高规整性、小分子无规物含量低的高纯度聚丙烯树脂分子结构，采用原创的超高活性、高立构定向性聚丙烯催化剂和具有我国特色的 MTO 丙烯原料，首创了用现有生产装置直接制备具有高击穿电压的聚丙烯树脂生产技术。进口产品即使灰分低至 15mg/kg，击穿电压才能达到 1896kV，本项目产品灰分 30mg/kg，但击穿电压可达 2024kV，显著高于进口产品。该技术不仅生产的产品性能更加优异，生产过程也更加环保，且能耗大幅度降低。产品不仅成功应用于国内的锂电池和电容器企业，替代了进口产品，还实现了出口。

三、乙烷、丙烷和混合烷烃脱氢制乙烯和丙烯

乙烷广泛存在于天然气、油田伴生气及炼油炼厂气中，是制备乙烯成本最低的原料。美国、中东和南美均拥有丰富的页岩气和油田伴生气资源，建立了大批生产装置。乙烷制乙烯已实现工业化的技术是蒸汽裂解，乙烷氧化脱氢等新技术也在开发之中。我国没有丰富的乙烷资源，且进口可能性不大，不具备发展乙烷制乙烯的条件。与乙烷脱氢不同，国际市场丙烷资源丰富，我国已建立了多个丙烷脱氢制丙烯（PDH）工业生产装置。2019 年我国 PDH 产能已近 600 万吨 / 年，

还有近 800 万吨有望在 2024 年前投产。

另外，采用混合烷烃制乙烯和丙烯的工业化技术也已成熟。国内已建成二套混合烷烃制乙烯装置和多套混合烷烃制丙烯装置。原料多元化使高性能聚烯烃的生产更加容易实现，也有利于高性能聚烯烃的推广应用。例如，塑料改性企业可以用较小的投资生产所需要的高性能聚烯烃原料，对提高我国改性企业竞争力十分有利。

第六节
高性能聚烯烃开发面临的挑战与机遇

目前，世界聚烯烃产业的发展面临三大挑战，分别为"白色污染"的挑战、产能过剩的挑战以及"绿色"发展的挑战。中国还存在结构性过剩（一方面是通用产品产能过剩，另一方面是高性能产品大量进口）和原料成本高的挑战。只有应对好这五大挑战，才能确保我国聚烯烃产业的可持续发展。同时，中国的传统文化告诉我们，"危"中必有"机"，这五大挑战也是高性能聚烯烃的五大发展机遇。

一、塑料的白色污染及回收利用

微塑料与白色污染 [37] 已引起人们越来越广泛的关注。至 2015 年，全球共生产 83 亿吨高分子材料，其中 63 亿吨已被废弃，这些废弃物中只有 9% 被回收，12% 被焚烧，其余 79%（近 50 亿吨）被埋在垃圾填埋场中或散落在自然环境中。已报道的国内外研究结果显示，废弃的高分子材料微粒（俗称微塑料）已经对海洋、河流中的生物和饮用水造成污染，更有研究认为高分子微颗粒已进入人类的食物链。显然，解决废旧高分子材料的"白色污染"问题已是势在必行，而根本出路是使高分子材料产业进入"循环经济"发展模式 [38]。

高分子材料产业有两种"循环经济"发展模式，如图 1-9 所示。第一个是生物循环模式，即将废旧高分子材料作为废物，强调材料的可降解性；第二个是技术循环模式，即将废旧高分子材料作为资源，强调材料的可回收性 [39]。

生物循环模式目前产业规模不大，而技术循环模式中的物理循环已有相当大的产业规模，前面提到的 9% 回收利用基本是采用技术循环实现的。技术循环模式中的化学循环是通过化学回用，实现"单体→聚合物→再生单体→聚合物"的回收过程，每个循环都会生产出新的高分子材料，是被寄予厚望的发展模式。德国巴斯夫、美国埃克森美孚等全球约30家公司组成的塑料废旧物终结联盟主要是集中进行这方面的研究。该联盟希望通过国际合作，最大限度地减少废旧高分子材料被遗弃在环境中的总量，彻底解决废旧高分子材料，特别是废弃聚烯烃的污染问题[40]。

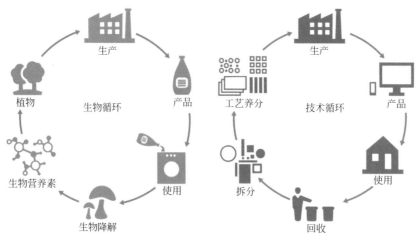

图1-9 高分子材料产业的两种"循环经济"发展模式

1．废旧聚烯烃的物理回用

废旧聚烯烃，特别是废旧聚丙烯非常适合物理回用。汽车行业所提倡的"汽车部件塑料化，塑料部件聚丙烯化"就是基于此原因。实际上，废旧聚烯烃的物理回用已经在广泛应用。物理回用目前存在的主要问题是分类成本太高。如果不慎混入其他材料会使回收材料的性能大幅度下降，使本来性能就会劣化的回收材料性能更差，甚至无法应用。例如，混入相容性差的材料会出现严重的相分离，造成材料力学性能劣化。因此，废旧聚烯烃物理回用的研究重点是如何使回收不需要分类。开发成本低、性能好的相容剂是重要的研究方向之一。此类相容剂的制备需要采用先进的接枝方法，以达到降低回用成本、使回收塑料的性能不降反升的目的[41]。

本书作者团队在基础研究结果启发下，发明了一种聚合物选择性加热接枝新方法，并据此开发了高于聚合物熔点的固相接枝法。采用该方法成功制备了马来酸接枝聚丙烯（PP-*g*-MA）和马来酸钠接枝聚丙烯（PP-*g*-NaMA），其反应原理及结果详见第八章。

2．废旧聚烯烃的化学回用

废旧聚烯烃的化学回用是指通过化学转化或者热转化，将废旧聚烯烃转变为液体或气体产物的过程。得到的液体或气体产物经过分离、精制后可再次成为高分子合成的原料。目前，化学回用主要包括化学分解法、热裂解法、氢化裂解法和微波分解法。从分子结构上考虑，废弃聚烯烃是一种制备聚合物单体的优质裂解原料，它们只含碳和氢元素，且氢含量（质量分数）高达14%以上。因此，化学回用被认为有非常好的发展前景。

与现用的石油、油田伴生气、页岩气、煤和生物质相比，虽然废旧聚烯烃的分子结构更适合裂解制备聚合物单体，但也存在明显的缺点，即废旧聚烯烃多为固体、资源分散且分类困难。目前成熟的技术是在800℃以下裂解制油，经济上不尽合理，难以大规模应用（高油价下应该会逐步趋于合理）。还没有成熟技术可以将废旧聚烯烃转变为可以聚合的单体。很多公司和科学家都相信催化裂解有望在较低温下将废旧聚烯烃裂解成单体等高附加值化工原料。但是，催化反应通常对杂质敏感，需要单一塑料品种，而塑料的分类成本太高。并且裂解催化剂怕氯、怕硅。这使我们不禁对废旧聚烯烃的催化裂解前景担忧。因为多数制品是多组分的，无法将制品分开，并且多数聚烯烃产品很难不含硅元素。

催化裂解是废旧聚烯烃化学回用的唯一出路吗？实际上，人们一直希望将目前制备聚烯烃单体的主要方法——轻烃高温蒸汽裂解法改为催化裂解，但至今没有看到成功的希望。800～900℃的蒸汽裂解法仍是轻烃制聚烯烃单体的主要方法。废弃聚烯烃化学回用能否通过高温（等离子体催化或非催化过程）裂解来实现呢？

本书作者团队发明了一种高分子基碳复合材料，用微波辐照该复合材料可以产生等离子体，在无氧条件下使之表面温度达到1000℃以上，从而将废旧聚烯烃降解为单体，有望使聚烯烃产业进入一种新的循环经济模式[42-44]。本书第八章将对研究进展做详细介绍。

二、碳中和及循环经济发展模式

根据本书作者团队的研究结果，我们提出了一个新的聚烯烃循环发展模式（见图1-10）。首先用秸秆等废弃生物质制合成气，合成气可以制甲醇或碳氢化合物，甲醇或碳氢化合物可以制备烯烃，烯烃所制备的聚烯烃使用后可以再次制备烯烃，进而制备聚烯烃。这样聚烯烃可以真正进入循环经济发展模式。需要指出的是这些过程均有能耗，要实现碳中和，必须使用"绿色"能源。

根据本书作者团队的研究工作进展[35]，生物基燃料可以采用图1-11的途径生产制备。太阳能、风能和潮汐能等均为可再生能源，可以驱动微波装置使废弃生物质变为氢气、甲烷、一氧化碳等可燃气体，这些可燃气体作为能源使用后变为二氧化碳和水，又可以在太阳能作用下变为生物质。这个过程仅需要少量化石能源，二氧化碳排放量不多。但是，这样的设想需要大量的试验和投入去证明其可行性。中国石化已经决定在扬子石化建立中试装置，以验证这一技术发明在废弃聚合物及其复合材料、废弃生物质和废弃油品等回收利用方面的可行性。

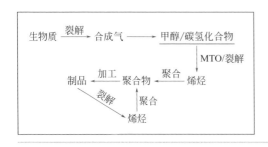

图1-10
聚烯烃循环发展新模式

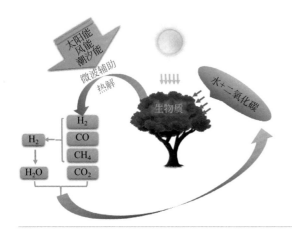

图1-11
生物基燃料循环过程示意图

三、产能过剩及结构性过剩

聚烯烃高速发展的历史告诉我们，要解决聚烯烃产能过剩的问题只能通过开发新技术，不断替代其他材料来实现。其中，通过取向加工制备"聚丙烯木材"应该是重中之重。另外，制备超润湿聚烯烃制品，实现在凉水塔、水库和南水北调工程等方面的应用，也可大幅度提高聚烯烃的消费量。聚烯烃产业的发展史已经证明，历次产能过剩都是暂时的，聚烯烃产业一定会在技术进步推动下不断找到新市场，得到越来越快的发展。

我国的结构性过剩也只能通过高性能化顶替进口、通过原创技术开发增加出口来解决。改革开放以来，我国聚烯烃产业得到高速发展，技术水平也大幅度提高。我们不仅有望通过"沉淀聚合替代溶液聚合""低压聚合替代高压聚合"等颠覆性技术创新来解决对进口产品的依赖问题，也有望通过"低成本木材""超润湿聚烯烃"等产品的创新来实现不断扩大出口的目标。

以上新技术都会在本书的相关章节进行详细介绍。

四、如何降低我国的烯烃单体成本

我国没有低成本的乙烷和丙烷，无论采用石脑油裂解、进口丙烷脱氢，还是煤化工制备乙烯和丙烯，成本都比较高。这不仅使我国在低成本产品方面缺乏竞争力，在高端产品的市场竞争中也处于不利的局面。如何通过低成本实现聚烯烃的高性能化是我们必须重点解决的问题。笔者所在单位通过与杨万泰院士合作，在降低我国乙烯和丙烯成本方面进行了一些尝试，取得了令人鼓舞的结果。

我国的炼油、乙烯和煤化工企业均有大量未被资源化利用的烷烃和烯烃混合物。烷烃和烯烃不能低成本分离，又不能直接作为乙烯裂解原料使用，造成资源浪费。如果新技术可以将这些混合烃按可聚合和不可聚合分离，不可聚合部分作为乙烯裂解原料使用，将大幅度降低我国乙烯裂解的成本，对我国低成本实现聚烯烃高性能化，提高我国聚烯烃产业竞争力十分重要。

杨万泰院士发明了自稳定沉淀聚合新方法[45]，本书作者团队与其合作，采用这个新的聚合方法发明了聚合分离新技术（见图 1-12）。采用聚合分离技术，有望降低我国聚烯烃，包括高性能聚烯烃生产的成本，提高我国聚烯烃产业的市场竞争力。

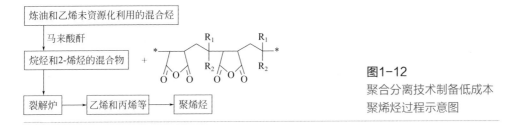

图1-12
聚合分离技术制备低成本
聚烯烃过程示意图

聚合分离新技术能否实现商业化的关键是所制备的马来酸酐与烯烃的交替共聚物能否被成功商业化应用。杨万泰院士团队和本书作者团队经过多年努力，发现了马来酸酐与烯烃交替共聚物的一些特殊性能。包括具有聚集诱导发光特点的光致发光性能、可耐 200℃ 以上高温的耐热性能、可以在水溶性与非水溶性之间相互转化的特性、可以容易具有抗菌功能的特点等。另外，聚合物产品为球形且粒径分布很窄，在 100nm 至 2μm 之间可控（见图 1-13）。这些特性使这种共聚物有广阔的市场应用空间，包括无甲醛木材黏合剂、水泥减水剂、树脂改性剂、抗紫外剂、荧光染料、白光 LED、可提高光合作用的聚乙烯大棚膜、防伪材料、耐高温纤维、发泡保温制品、耐高温涂料、聚烯烃薄膜开口剂和塑料成核剂等方面。另外，我们还发现，这种交替共聚物可以制备水溶性聚集诱导发光（AIE）材料，并且，光致发光的量子产率很高；一个共聚物分子可以有二个发光基团，一个激发光依赖，一个独立于激发光；还可以制备可产生三原色的变色纤维和制品；也有提高太阳能电池效率的可能。交替共聚物在聚烯烃中的应用也会促进聚烯烃的高性能化[46-51]。

图1-13　自稳定沉淀聚合法制备的马来酸酐与烯烃交替共聚物的形态

五、高性能聚烯烃的发展机遇与途径

经过多年的发展，高性能聚烯烃技术已得到快速发展，正在不断替代其他材料，使聚烯烃的市场占有率不断提高。但是，聚烯烃制品在力学性能、润湿性能、阻隔性能和耐热性能等方面还有很大的提升空间，给聚烯烃的高性能化提供了广阔的创新机遇。例如，低成本实现高性能化，提高聚烯烃的阻隔性能、抗菌防霉性能、熔体强度、极性和润湿性能，进一步减少可溶出物和气味，提高取向加工制品的性能并降低成本，降低聚烯烃基弹性体和工程塑料的成本，提高单组分聚烯烃的性能并进一步提高可回收性等。

结构性过剩也给我国科技工作者提供了特殊的创新机遇。例如，我国进口的合成树脂中，绝大部分是聚乙烯。其中，不乏我们没有技术，必须依赖进口的高端产品，主要是高压和溶液聚合两种工艺生产的产品。高压聚合生产的产品主要包括高压聚乙烯电缆料、EVA、EVOH、乙烯/不饱和酯共聚物和沙林树脂等，溶液聚合生产的产品主要包括乙烯基和丙烯基弹性体、特种茂金属聚乙烯树脂等。我国不得不进口的高性能产品还有医用超高分子量聚乙烯及板材、部分茂金属聚丙烯、丙烯基弹性体、部分聚1-丁烯等。这些产品的生产技术基本不能通过技术引进和合资等方式实现国产化，必须通过跟踪创新，甚至颠覆性创新来实现国产化。

1. 高性能催化剂和新聚合工艺是实现聚烯烃高性能化的主要途径

催化剂是实现聚烯烃高性能化的关键。传统催化剂制备的聚烯烃分子量分布宽，加工性能好。但共聚单体和无规结构主要聚集在低分子量组分，使之性能不佳。茂金属等单活性中心催化剂制备的聚烯烃克服了传统催化剂的缺点，共聚单体和无规结构分布均匀，但加工性能较差。如果开发成功新型催化剂，可以使共聚单体和无规结构主要分布在高分子量组分，且分子量分布很宽，将大幅度促进高性能聚烯烃的开发。例如，共聚单体主要共聚在高分子量组分的宽分子量分布无规共聚聚烯烃、低 VOC 聚烯烃等。在这种新型催化剂开发成功之前，单活性中心催化剂仍然是研究的主要方向。这类催化剂还可用于开发各种分子量的聚乙烯蜡、润滑油基础油和高密度航煤等。

2. 聚烯烃弹性体是聚烯烃的重要发展方向

乙烯基和丙烯基聚烯烃弹性体的应用越来越广泛，但必须采用溶液聚合制备。我国长期看空溶液聚合在聚烯烃树脂制备中的应用，不仅没有相关技术，也未引进新的生产装置，目前产品全部依赖进口。

乙烯基聚烯烃弹性体简称 POE（polyolefin elastomer），目前商业化的产品主要是乙烯与 1- 丁烯、1- 己烯或 1- 辛烯的无规共聚物。主要用于聚丙烯的增韧改性和太阳能电池膜等方面。我国不仅在跟踪创新方面投入很大力量，也在原始创新方面开展了工作。例如，通过催化剂创新，仅仅使用乙烯单体已成功制备了性能优异的聚烯烃弹性体，只要成本不高于乙烯与 1- 丁烯共聚物的成本，就有实现工业化的可能。

丙烯基聚烯烃弹性体是以丙烯为主的乙烯 / 丙烯共聚物，也是采用溶液聚合方法制备。该产品以埃克森美孚公司的威达美为代表，与其他聚烯烃材料相容性好，可改善聚烯烃的韧性、热封性、透明性等性能，在汽车、建筑、消费品、卫生用品和包装材料等领域被广泛应用。我国没有生产技术，产品全部依赖进口。

由于吴奇院士在高分子溶液理论方面取得了重大突破，我们可以在短时间内得到高分子溶液的相图[52]，使 POE 等弹性体可以不采用传统的溶液聚合方法，而采用沉淀聚合方法制备。这样可以避免溶液聚合高聚合温度对催化剂的限制和溶剂回收的高能耗。只要解决了聚合物脱除挥发分的关键技术问题，就可以低成本制备高性能聚烯烃弹性体产品。

3. 制备极性聚烯烃树脂和超润湿聚烯烃制品是实现高性能聚烯烃原始创新的重要机遇

极性聚烯烃主要包括乙烯与极性单体的无规共聚物（EVOH、EVA、乙烯 - 不饱和酯共聚物和乙烯与丙烯酸盐的共聚物等）、聚烯烃与极性单体的接枝共聚物（PE-g-MAH 和 PP-g-MAH 等）和 POE 与极性单体的接枝共聚物等。目前，乙烯与极性单体共聚物多采用高压方法制备，也可采用乳液聚合法制备高 VA 含量的 EVA。我国没有高压聚乙烯生产技术，引进的生产装置不能生产 EVOH、特种 EVA 和沙林树脂等，不得不全部依赖进口。近年来单活性中心催化剂的研究取得了重要进展[53]，有望通过低压聚合法生产目前只能用高压聚合法生产的极性聚烯烃产品，实现跨越式发展。

聚烯烃是疏水材料，超润湿聚烯烃制品目前没有成熟的制备方法。基于前面介绍的高于聚烯烃熔点的固相接枝新方法，可以实现在聚烯烃制品微孔中的接枝改性。通过毛细作用，已经实现了超润湿聚烯烃制品的制备。在具有微孔的聚丙烯片材表面进行接枝改性，已经成功制备了超亲水聚丙烯片材、超亲油聚丙烯片材和超双亲聚烯烃片材。超亲水聚丙烯片材在防止水蒸发、集水等方面有广阔的应用前景。还可以通过在聚丙烯中空纤维中接枝极性单体制备高水通量的聚丙烯超滤膜，有望替代目前广泛使用的聚偏氟乙烯超滤膜。

4．加工技术是实现聚烯烃制品高性能化的重要途径

加工技术，特别是取向加工技术是实现聚烯烃高性能化的重要途径。超高分子量聚乙烯纤维已被广泛应用，超高分子量聚乙烯挤出制品和锂离子动力电池膜的市场也在不断扩大。低缠结超高分子量聚乙烯树脂原料的制备可大幅度改善其加工性能，降低制品成本，有很好的市场前景。最近四川大学在超高分子量聚乙烯超薄薄膜方面取得的突破就是通过降低聚乙烯分子的缠结密度实现的[54]。双向取向的 BOPP 膜已被广泛应用，但 BOPE 的应用才刚刚起步。中国石化在独创的聚合技术基础上，已成功开发了低成本高性能 BOPE 原料，使 BOPE 有可能步 BOPP 后尘，逐步成为聚乙烯膜的主要制品。另外，采用机头拉伸制备的聚丙烯"木材"、行李箱、防爆材料等也有重要的应用价值。其中，低成本、阻燃聚丙烯"木材"市场前景广阔，应该是技术开发的重点。最近中国石化开发了透明高强度聚丙烯片材，可以防弹；高强度聚丙烯片材弯曲模量可超过 20GPa，有望取代部分工程塑料。在聚烯烃的加工技术中，注塑成型最难实现较大幅度的分子取向，而气辅成型是一种可使聚烯烃分子取向的加工方法，应加大开发力度。

5．高性能助剂是低成本实现聚烯烃高性能化的重要途径

添加结晶成核剂，包括增透成核剂、增刚成核剂、增韧成核剂等，是低成本制备高性能聚烯烃树脂的重要途径。但通常这些成核剂成本很高且难以在聚烯烃中分散，使添加量远超需求。任何使分散型成核剂容易分散的技术方法都会降低添加量，从而降低高性能聚烯烃的成本。抗紫外剂也是聚烯烃常用且成本高的助剂，提高分散性、降低制备成本也是重要的研究方向。北京化工研究院开发的通过纳米橡胶粒子改善助剂分散能力的方法已在聚烯烃中得到应用，有利于低成本

实现聚烯烃的高性能化。

聚烯烃添加剂也都存在向制品表面迁移从而影响制品性能的问题。例如，抗菌防霉剂由于向表面迁移速度过快使抗菌防霉聚烯烃制品不耐水洗。北京化工研究院以纳米橡胶粒子为载体开发的抗菌防霉剂克服了传统抗菌防霉剂的缺点，制备的抗菌防霉聚丙烯具有成本低、耐水洗和可以制备超细纤维的特点，已在洗衣机、地毯和无纺布等领域得到应用。

水滑石已在聚烯烃吸酸剂等方面得到广泛应用。作为聚烯烃助剂，水滑石还具有抗紫外线、光热转化、减缓助剂迁移、抑烟阻燃、保墒保温的功能，在聚乙烯滚塑料、地膜、农膜等方面有广泛的应用前景[55]。另外，水滑石还有帮助其他助剂分散的功能。

6．工程塑料化是聚烯烃高性能化的新途径

聚烯烃工程塑料的性能十分优异，但目前消费量不大，主要是成本太高。实现单体的低成本化和开发新的应用技术是聚烯烃工程塑料发展的主要方向。目前，聚烯烃工程塑料主要包括如下几种。

（1）聚 4- 甲基 -1- 戊烯（poly 4-methyl-1-pentene，PMP）：1966 年由英国 ICI 公司首先实现工业化，目前日本三井化学公司（Mitsui Chemicals，Inc.）是世界上的主要生产商，生产能力为 6000 吨 / 年。聚 4- 甲基 1- 戊烯的密度为 0.83g/cm³，是密度最小的热塑性树脂；聚 4- 甲基 -1- 戊烯的熔点为 240℃，可见光透过率达 90%，紫外线透光率优于玻璃及其他透明树脂。4- 甲基 -1- 戊烯单体由丙烯二聚制得，也可以作为其他聚烯烃的共聚单体。采用 Ziegler-Natta 催化剂就可将 4- 甲基 -1- 戊烯单体聚合成为聚合物。目前存在的主要问题是单体成本太高，需要在丙烯二聚催化剂方面取得突破，或有全新的制备思路和方法。

（2）聚环戊二烯（cyclic olefin polymers，COP）：由双环烯烃在催化剂作用下开环异位聚合，再进行加氢反应而形成的非晶态均聚物。具有高透明度、低折射率、低吸水、高刚性、高耐热、水蒸气气密性好等特性。聚双环戊二烯是一种性能优异的热固性工程塑料，其聚合反应方程式如下：

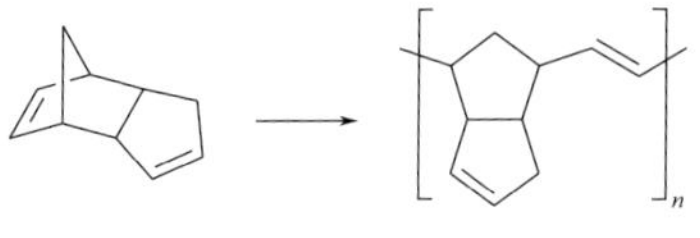

单体双环戊二烯是环戊二烯二聚而成，环戊二烯是石油化工副产物，成本不高。应加强新聚合方法和工艺的研究，降低聚合物成本。

（3）环烯烃共聚物（cyclic olefin copolymers with ethylene，COC）：是乙烯与降冰片烯的共聚物，具有优异的透明性和耐化学药品性，主要用于镜头、显示器、医疗、食品和药品包装等领域。COC 还可用于传统材料的改性，具有改善

水蒸气气密性、增加刚性、提高耐热性等优点。其聚合反应方程式如下：

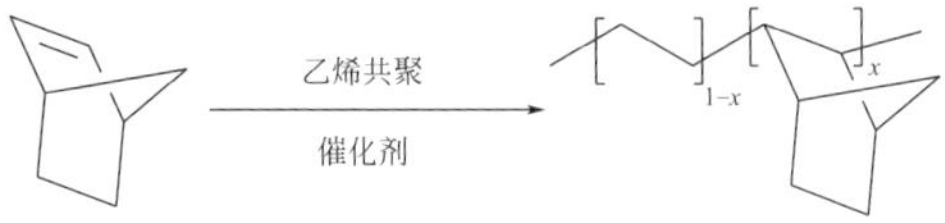

共聚单体降冰片烯的成本是影响其应用的关键，需要进行基础研究，大幅度降低成本，从而扩大应用范围。

（4）乙烯与丙烯酸盐的共聚物：以沙林树脂为代表，是乙烯/（甲基）丙烯酸锌盐、钠盐、锂盐等共聚所得的离子聚合物。杜邦公司是主要生产商。沙林树脂具有高的熔体强度、优异的低温抗冲击性、出色的抗磨损性能、耐刮擦性能、抗化学药品性能和透明性，主要应用于化妆品（瓶盖和容器等）、消费品（手柄、玩具、冰桶和地板等）、运动器材（高尔夫球壳、冲浪板、滑雪板表层、滑雪靴、滑冰靴和雪曲棍球头盔）等方面，在太阳能电池中也有很好的应用前景。沙林树脂在制鞋、浮标、户外照明、玻璃制品表面涂层等方面也被广泛应用。特别应该指出的是特种沙林树脂也是 PET 的结晶成核剂，是制备 PET 工程塑料不可或缺的重要助剂。高的聚合压力是该产品的发展瓶颈，可以通过开发低压聚合工艺实现跨越式发展。

（5）全加氢苯乙烯/共轭二烯嵌段共聚物（CBC）：由丁二烯和苯乙烯三嵌段或五嵌段共聚物加氢而制得，中国台湾聚合化学品股份有限公司于 2018 年实现了产业化，目前产能 5000 吨/年。CBC 成本低于 COC/COP，但具有与 COC/COP 相近的性能和应用领域。例如，具有高透明度、低折射率、低密度等性能，适宜作为光学材料使用。CBC 还可以采用电子束及 γ 射线辐照灭菌，可用于预灌装注射器等医卫材料。CBC 还可用于生物医疗检测耗材、半导体、5G 天线、车用雷达传感器等方面。CBC 材料已在医卫领域通过了美国、欧盟、日本等相关认证，有望实现对 COC/COP 环烯烃聚合物产品的部分替代。这是一类新产品，需要研究结构与性能关系和加工应用新方法。

7. 新技术开发仍是聚烯烃高性能化的重要途径

人类在可持续发展过程中面临许多挑战，主要包括能源、水、粮食和医疗健康等方面的挑战。聚烯烃在帮助人类应对这些挑战中发挥了重要作用。例如，高熔体强度聚丙烯及其制备的微孔材料可以减轻制品重量，降低能耗；EVOH 和 COC 等高阻隔聚烯烃材料可以提高食品的保质期，减少粮食的浪费；超轻高强度的多孔聚乙烯制品（特卫强等）、从软到硬的医用导管、抗菌聚烯烃材料等已在保护人体健康方面发挥了不可替代的作用；输水管道等在保证饮用水安全、防止渗漏浪费等方面发挥了重要作用。目前，我们仍然需要不断开发新技术，制备更高性能的聚烯烃材料，为人类应对能源、水、粮食和医疗健康等方面的挑战做出更大贡献。例如，超强超轻聚烯烃材料、水处理用聚烯烃超滤膜和聚烯烃集水、防止水蒸发材料、具有更高阻隔性的聚烯烃材料、用于医疗健康领域的超亲水聚烯烃材料等。

除开发人类可持续发展需要的材料外，我们还需要开发减碳和减少"白色污染"的聚烯烃新材料。例如，低成本生物基聚烯烃材料和单组分易回收聚烯烃材料等。

8．物理化学性能的在线测控在聚烯烃高性能化中不可或缺

由于聚烯烃结构复杂，除溶液聚合的部分性能外，绝大部分聚烯烃的物理化学性能均无法在线测量。例如，聚丙烯的分子量及其共聚物的乙烯含量，聚乙烯的分子量和密度（共聚单体含量）等均无法在线测量。某些性能的测试需要很长时间，例如，聚乙烯的密度需要 4 个小时以上的测试时间。不能在线测试，无法考虑 AI 控制等提高聚烯烃产品质量的问题，这是聚烯烃产业发展中的一个重大挑战，也是我们实现跨越式发展的机遇。

总而言之，从高分子科学和材料产业发展史可以看出，我们仍然有开发原创性聚烯烃新材料和新技术的机会。白色污染、绿色发展、产能过剩是全球聚烯烃产业面临的共同挑战。我国还存在结构性过剩和原料成本高的特殊挑战。这些挑战应该就是我们的主要创新机遇，也是我们聚烯烃高性能化的重点创新领域。

参考文献

[1] 我国高端聚烯烃技术集中于这三大方向 [J]. 国内外石油化工快讯（内刊），2021, 11:4.

[2] Mariam Al-Ali AlMa'adeed, Igor Krupa. Polyolefin compounds and materials, Fundamentals and industrial applications [M]. Berlin: Springer Group, 2016.

[3] Qiao J, Guo M, Wang L, et al. Recent advances in polyolefin technology[J]. Polymer Chemistry, 2011, 2: 1611-1623.

[4] 乔金樑. 聚烯烃材料的研究开发进展 [J]. 中国材料进展，2012, 31:33-37.

[5] 乔金樑，夏先知，宋文波，等. 聚烯烃技术进展 [J]. 高分子材料科学与工程，2014, 2: 125-132.

[6] 乔金樑，刘涛. 高分子材料和聚烯烃产业的创新机遇 [J]. 中国石化，2021, 2:41-43.

[7] 张鑫. 2020 年全球及中国聚乙烯供需现状分析，国内市场进口依赖度较高 [R/OL]. 华经情报网 (2021-09-10). https://www.huaon.com/channel/trend/747333.html.

[8] 2020 年全球及中国聚丙烯 (PP) 供给情况分析：中国聚丙烯产能、产量占比均超 30%[R/OL]. 产业信息网 (2021-09-23). https://www.chyxx.com/industry/202109/975749.html.

[9] 于鲁强，郭梅芳，张师军，等. 丙烯聚合物组合物和由其制备的双向拉伸薄膜：CN 200510004901.9[P]. 2005-1-28.

[10] 宋文波，郭梅芳，乔金樑，等. 高性能聚丙烯组合物的制备方法：CN200610076310.7[P]. 2006-4-20.

[11] Tang Y, Ren M, Hou L, et al. Effect of microstructure on soluble properties of transparent polypropylene copolymers[J]. Polymer, 2019, 183:121869（共 8 页）.

[12] 张京春，郭梅芳，黄红红，等. 丙烯 /1- 丁烯和丙烯 / 乙烯无规共聚物的表征及性能研究 [J]. 中国科学：化学，2014, 44:1771-1775.

[13] Huang H, Guo M,Wei D,et al. Direct comparison of IR and DRI detector for HT-GPC of polyolefifins[J]. Macromol Symp,2015, 356: 95-109.

[14] Huang H, Guo M, Li J, et al. Analysis of propylene-1-butene copolymer composition by GPC with online detectors[J]. Macromol Symp,2015,356:110-121.

[15] 郭梅芳，张京春，黄红红，等. 溶剂梯度淋洗法表征无规共聚聚丙烯管材专用树脂 [J]. 石油化工，2005, 2(34):173-175.

[16] 黄红红，张京春，郭梅芳. 扁丝级聚丙烯树脂微观结构表征 [J]. 合成树脂及塑料，2010, 27: 44-46.

[17] 张京春，郭梅芳. 表征聚乙烯化学组成分布的热梯度相互作用色谱技术的综述 [J]. 石油化工，2013, 42:463-467.

[18] 郭梅芳，魏东，刘荣梅. 丙烯 -α- 烯烃无规共聚物的结构表征进展 [J]. 合成树脂及塑料，2004, 4:68-71.

[19] 黄红红，魏东，郭梅芳. 结晶分级和分析型升温淋洗分级表征聚烯烃 [J]. 石油化工，2010, 39:1166-1170.

[20] 郭梅芳，董宇平，黄红红，等. 热水管材用乙烯 - 丙烯无规共聚树脂的结构表征 [J]. 高分子学报，2006, 1(2):177-179.

[21] 魏东，罗航宇，殷旭红，等. 用结晶分级仪快速表征聚烯烃树脂的分子链结构 [J]. 石油化工，2004, 33:1080 1082.

[22] 王重，李旭日，王良诗，等. TREF 在抗冲共聚聚丙烯研究中的应用 [J]. 高分子材料科学与工程，2008, 24:5-8.

[23] 张晓帆，王伟，张龙贵. 单中心催化剂及相应聚烯烃材料的研究进展 [J]. 2021, 37:141-149.

[24] 宋文波. 非对称加外给电子体调控聚丙烯分子链结构 [J]. 中国科学：化学，2014, 44:1749-1754.

[25] Wang J, Zhang X, Jiang L, et al. Advances in toughened polymer materials by structured rubber particles[J]. Progress in Polymer Science, 2019, 98:101160（共 29 页）.

[26] 乔金樑，魏根栓，张晓红，等. 全硫化可控粒径粉末橡胶及其制备方法和用途：CN00816450.9[P]. 2000-9-18.

[27] 梁明霞，张晓红，宋志海，等. 复合成核剂对聚丙烯结晶行为的影响 [J]. 高分子学报，2008, 10:688-695.

[28] 乔金樑，李杰，张师军，等. 一种抗菌热塑性塑料组合物及其制备方法：CN201110330602.X[P]. 2013-5-1.

[29] 高源，高达利，茹越，等. 聚丙烯自增强材料的制备及其结构性能 [J]. 石油化工，2020, 49:462-467.

[30] 施红伟，高达利，张师军，等. 一种聚乙烯组合物及其薄膜：CN201410584933.X[P]. 2018-4-10.

[31] 徐萌，任月明，高达利，等. 同步拉伸速率对双向拉伸聚乙烯薄膜结晶结构及性能的影响 [J]. 塑料科技，2020, 48: 1-4.

[32] Zhang X, Xuan Y, Wu Z, et al. Progress on the layer-by-layer assembly of multilayered polymer composites: Strategy, structural control and applications[J]. Progress in Polymer Science, 2019,89:76-107.

[33] Zheng J, Suh S. Strategies to reduce the global carbon footprint of plastics[J]. Nature Climate Change,2019,9:374-378.

[34] Science to enable sustainable plastics: A white paper from the 8th Chemical Sciences and Society Summit (CS3) [M]. London: UK • June, 2020.

[35] Liu W, Jiang H, Zhang X, et al. Less defective graphene aerogel and its application in microwave-assisted biomass pyrolysis to prepare H_2-rich gas[J]. Journal of Materials Chemistry A, 2019, 7:27236-27240.

[36] 黄格省，胡杰，李锦山，等. 我国煤制烯烃技术发展现状与趋势分析 [J]. 化工进展，2020, 39:3966-3974.

[37] LaShanda T, Korley J, Thomas H, et al. Toward polymer upcycling—adding value and tackling circularity[J]. Science,2021,373:66-69.

[38] 蒋海斌，张晓红，乔金樑. 废旧塑料回收技术的研究进展 [J]. 合成树脂及塑料，2019, 36:76-80.

[39] Lintsen H, Hollestelle M, Hölsgens R. The plastics revolution: How the Netherlands became a global player in plastics. the Netherlands: Foundation for the History of Technology[M]. Dutch Polymer Institute(DPI), 2017: 7-9.

[40] 陈启德，赵霞. 全球化企联盟向塑料废弃物宣战 [J]. 上海化工，2019, 44:49.

[41] 蒋海斌，张晓红，刘文璐，等. 微波辅助聚合物循环利用研究进展 [J]. 高分子学报，2022, 53:1032-1040.

[42] Jiang H, Liu W, Zhang X, et al. Chemical recycling of plastics by microwave-assisted high-temperature pyrolysis[J]. Global Challenges, 2020, 4:1900074（共 5 页）.

[43] Liu W, Jiang H, Ru Y, et al. Conductive graphene-melamine sponge prepared via microwave irradiation[J]. ACS Applied Materials & Interfaces, 2018,10:24776-24783.

[44] Xu G, Jiang H, Stapelberg M, et al. Self-perpetuating carbon foam microwave plasma conversion of hydrocarbon wastes into useful fuels and chemicals[J]. Environmental Science & Technology, 2021,55: 6239-6247.

[45] 陈冬，马育红，赵长稳，等. 自稳定沉淀聚合原理、方法及应用 [J]. 中国科学：化学，2020, 7:732-742.

[46] Ru Y, Zhang X, Song W, et al. A new family of thermoplastic photoluminescence polymers[J]. Polymer Chemistry, 2016,7:6250-6256.

[47] Ru Y, Zhang X, Wang L, et al. Polymer composites with high haze and high transmittance[J]. Polymer Chemistry, 2015,6:6632-6636.

[48] Hu C, Ru Y, Guo Z, et al. New multicolored AIE photoluminescent polymers prepared by controlling the pH value[J]. Journal of Materials Chemistry C: Materials for Optical and Electronic devices, 2019, 7:387-393.

[49] Guo Z, Ru Y, Song W, et al. water-soluble polymers with strong photoluminescence through an eco-friendly and low-cost route[J]. Macromolecular Rapid Communications, 2017, 38:1700099（共 8 页）.

[50] 胡晨曦，张晓红，乔金樑. 水热法制备非共轭聚集诱导发光聚合物及其在 Fe^{3+} 检测中的应用 [J]. 高分子学报，2021, 52:281-286.

[51] Hu C, Guo Z, Ru Y, et al. A new family of photoluminescent polymers with dual chromophores[J]. Macromolecular Rapid Communications, 2018, 39:1800035（共 6 页）.

[52] Wu C, Li Y. Universal scaling of phase diagrams of polymer solutions[J]. Macromolecules, 2018,51:5863-5866.

[53] Liao S, Sun X, Tang Y. Side arm strategy for catalyst design: Modifying bisoxazolines for remote control of enantioselection and related[J]. Acc Chem Res, 2014,47:2260-2272.

[54] Sun W, Yang K, Wang Z, et al. Ultra-high molecular weight polyethylene lamellar-thin framework on square meter scale[J]. Advanced Materials, 2022,34: 2107941（共 11 页）.

[55] 段雪，陆军，等. 二维纳米复合氢氧化物：结构、组装与功能 [M]. 北京：科学出版社，2014.

第二章

聚烯烃的微观结构及其表征方法

尽管聚烯烃仅由碳和氢两种元素构成，但它却是无数个不同分子量以及不同组成的大分子的混合物[1]。从分子链结构看，商业化的聚乙烯树脂产品几乎都是乙烯与 α- 烯烃的无规共聚物，即使是穿梭聚合制备的聚乙烯嵌段共聚物也是基于无规共聚链段的嵌段结构；商业化聚丙烯树脂产品主要是等规聚丙烯，等规聚丙烯除了丙烯与其他烯烃单体的无规共聚物外，即使是传统意义上的均聚物，由于分子链上存在"立体异构"以及"头 - 头"和"尾 - 尾"等"位置异构"构成的"无规结构单元"，从分子链结构角度也可以将其看作是"等规结构单元"和少量"无规结构单元"的无规"共聚"物。半结晶聚烯烃分子链含有的共聚单体单元和 / 或"无规结构单元"会破坏其中主要聚合单体键接的有序性，继而影响材料的结晶性能及使用性能。在这一方面，"无规结构单元"与共聚单体的作用类似，通常把它们统称为"缺陷结构"，由此也可以将大多数商业化聚烯烃产品的分子链看作是有序的结构单元与少量"缺陷结构"单元的无规"共聚"物。鉴于此，本节涉及的分子链组成既包括了由共聚单体带来的传统意义上共聚组成或化学组成，也包括了分子链上"立构缺陷"等异构带来的"共聚"组成。大多数聚烯烃树脂产品的组成在分子间的分布是不均一的，通过分级方法可表征聚烯烃"共聚"组成在分子间的分布[1]。高温凝胶渗透色谱法已经成为聚烯烃分子量分布的主要表征方法且已经趋于标准化，聚烯烃分级方法多样且远未标准化，但各种分级结果结合分子量及其分布的测量却已经能够向人们呈现聚烯烃分子链结构丰富的变化，帮助技术人员深入理解聚烯烃结构与性能的关系，设计聚烯烃产品的微观结构，开发和改进催化剂聚合性能及聚合工艺技术以调控聚烯烃分子链结构，最终制备出高性能聚烯烃产品。聚烯烃分子量及其分布和"共聚"组成及其在分子间的分布是聚烯烃材料分子链结构的两个主要方面，调控这两方面的分子链结构是实现聚烯烃高性能化的重要途径。本章将重点介绍相关的结构表征方法以及这两方面的结构特征对聚烯烃性能的影响。

第一节
分子量及其分布

既然聚烯烃是无数个不同分子量的大分子的混合物，那么其分子量只能取统计平均值。分子量统计平均值是聚烯烃分子量的最简单的表征参数，包括数均分子量、重均分子量、黏均分子量、Z 均分子量以及 Z+1 均分子量等[2]。分子量的每种统计平均值只能在一定程度上反映所测样品分子量的部分特征，比如数均分子量对小分子量组分的含量更敏感，重均、Z均分子量对较大分子量组分的含量更敏感，等等。不同的平均值及其比率在一定程度上可以表征聚烯烃样品的分子量分布特征，例如常用重均分子量与数均分子量的比值表征分子量分布宽度，用Z均分子量与重均分子量的比值表征分子量分布曲线的高分子量端拖尾部分的宽度。很明显，这些参数对分子量分布的表征都有局限性，尤其对于多峰或更特殊形式的分子量分布的产品，有必要采用完整的分子量分布曲线，才能全面了解聚烯烃产品的分子量分布特征。

凝胶渗透色谱法（gel permeation chromatography，GPC）已成为测量聚烯烃分子量及其分布的主要技术。场流分级技术（field-flow fractionation，FFF）向高分子量端拓宽了可测聚烯烃分子量的范围，也可用于测量聚烯烃特别是分子量较大的聚烯烃样品的分子量及其分布[3-5]。聚合物熔体流变性质与分子量及其分布密切相关，因此通过测量熔体流变性能能够间接地表征聚合物分子量及其分布。GPC和场流分级技术测量聚烯烃分子量分布时的取样量在毫克级，而流变测量的取样量至少在克级，因此流变测量的分子量多分散指数与GPC的测量结果常用来相互校验。

一、凝胶渗透色谱法

聚烯烃多为非极性半结晶材料，常温下很难在溶剂中溶解，在高温下制备的聚烯烃溶液一旦冷却至常温，大多数聚烯烃又会重新结晶或沉淀析出。因此采用GPC测量聚烯烃分子量时，从样品溶液制备到测量结束都需要在高温下进行。而高温氧化、溶液制备过程中的搅拌以及柱分离过程中的剪切都可能引起聚烯烃分子链的降解。在采用GPC测量聚烯烃分子量及其分布时，除了在配制的溶液中加入抗氧剂抑制高温降解外，还应尽量缩短聚烯烃在高温下的溶解时间并避免溶液承受剧烈的摇动或搅拌。精确控制每个样品的溶解时间和柱前等待的温度、溶液瓶充氮以及双温区进样系统等措施都可有效避免聚烯烃样品的降解[6]。本书作者团队的研究表明，对于分子量较大的聚烯烃样品，可通过比较不同溶解条件下测试的分子量分布曲线，确定既能将样品溶解完全，又不致引起明显降解的溶解条件[7]。

选择合适的浓度检测器对GPC准确测量聚烯烃分子量分布很重要。GPC测量聚烯烃分子量分布时常用的浓度检测器有红外吸光度检测器和示差折光检测器。由于溶液的折射率对温度变化敏感，恒温箱温度的波动容易造成示差折光仪的测量基线波动，使数据的重现性变差。另外，折光检测器在低分子量范围的检测信号容易受到溶剂中杂质的干扰，导致数均分子量以及低分子量端的测试信号的重现性较差。红外吸光度浓度检测器是通过聚烯烃C—H键在$2700 \sim 3000cm^{-1}$波数范围的红外吸收信号测量聚烯烃溶液的浓度，通过选择在这个红外波段透明的（无吸收的）溶剂可以避开溶剂对测量信号的影响。本书作者团队对两种检测器的对比试验表明，相对于示差折光仪，红外浓度检测器可显著改善 GPC 测试中浓度基线在测量过程中的波动[8]。

黏度检测器和光散射检测器（多角度或两角度）常分别用于在 GPC 柱分离后测量聚合物特性黏度和绝对分子量，可以省去柱校正。由于黏度检测器和光散射检测器的测量信号对大分子量组分的响应更为敏感，常使用这部分的测量信号比较同类聚烯烃产品中大分子量组分的含量[9]。在相同的分子量下，长支链支化聚合物比线型聚合物更紧密地收缩成无规线团，具有较小的流体力学体积、较小的回转半径和较低的特性黏度，因此可以采用同分子量下聚烯烃支化样品的特性黏度或回转半径与线型参比样品的差异来表征长支链支化程度[10-12]。

高温 GPC 测量的聚烯烃分子量分布数据的重现性并不总是令人满意。造成这种现象的原因较多，如取样量在毫克级，样品不均一就会造成微量取样的不一致，另外还有高温氧化及剪切降解的程度不同、测量过程中环境温度的波动、分离柱的使用时间及校正方法的差异以及数据处理时基线范围的选取等[13-15]都会影响所测量的分子量分布数据的重现性。如果不同实验室之间对同一个聚烯烃样品的 GPC 测试结果差异较大，则需要比对从样品溶液制备到数据处理的每一个操作细节。需要指出的是，对采用多反应器串联生产的多峰分布的聚烯烃树脂产品或粉料，有必要适当增加样品取样量或采用大容量样品瓶提升样品的代表性。

三氯苯仍是 GPC 测量聚烯烃分子量的常用溶剂。三氯苯沸点高，dn/dc 值相对较大，在 3.5μm 红外波段附近（2700～3000cm^{-1} 范围）透明（无吸收），因此适用示差折光检测器和红外检测器。长期以来研究人员一直在努力寻找更低毒性的溶剂用于 GPC 测量聚烯烃的分子量，Boborodea 等的研究表明，二丁氧基甲烷可用于 GPC 测量聚烯烃的分子量及其分布[16]。

快速 GPC 逐渐在聚烯烃行业得到应用，主要用于高通量实验以及测量聚烯烃交叉分级级分的分子量分布。快速 GPC 和常规 GPC 都是使用柱分离技术，依据分子体积排除的原理，使聚烯烃分子链按照流体力学体积实现分离。常规 GPC 测量过程中聚烯烃试样在柱子的保留时间大约为 40min，而快速 GPC 可将保留时间缩短至 10min 以内。快速 GPC 主要通过缩短柱长和／或提高流动相流速实现快速测量，不可避免会造成分辨率的下降，因此，使用快速 GPC 需要权衡提高测试速度和降低分辨率的利弊[17]。

二、场流分级技术

场流分级技术测量聚合物分子量及其分布通常采用正常分离模式（normal mode），将待测聚合物溶液经过一个没有固定相（非柱型）的扁平的通道，依据分子尺寸与分子链扩散速度的相关性，实现聚合物的分离。与 GPC 相比，场流分级无需固定相，因此具有减少样品的剪切降解、避免样品与固定相吸附、样品溶液无需过滤以及可分离分子量的上限高等优点[3-4]。非对称流动场流分级（asymmetrical flow field-flow fractionation，AF4）已经用于测量聚烯烃的分子量分布[4,5,18]。其中 AF4 的单通道液流被分成作为载流液的通道流和作为分离场的交叉流两部分，垂直于通道方向的交叉流会将溶液中的分子链无规线团拖向通道下板的聚集壁使得无规线团沿通道高度方向形成浓度梯度，以此作为无规线团扩散的驱动力。通道流的流速沿通道高度方向呈抛物线分布，分子量越小的分子链扩散速度越快，沿高度方向先扩散至通道的中间，更早被通道流带出通道，以此不同分子量的组分得以分离。在通道下板处采用半渗透膜为样品的聚集壁。由于目前很难制备足够小孔的半渗透膜，无法避免测量过程中小分子量组分随交叉流丢失，造成场流分级技术不适用于测量较低分子量的聚合物样品。以聚苯乙烯（PS）为例，场流分级技术目前还无法分离分子量小于 50000 的 PS 样品。但场流分级的分离通道中无填充物，可以突破 GPC 柱子固定相填料的孔径范围在分离超大分子量样品方面的局限，另外也可避免 GPC 柱子对高分子量分子链的剪切降解，Otte 等的研究表明，AF4 对超高分子量的 LDPE 和 HDPE 的测量效果要好于 GPC[19]。

三、流变学方法

聚烯烃熔体通常为假塑性流体，分子量分布越宽，随剪切速率的提高熔体黏度下降越快，即熔体剪切敏感性越强。聚烯烃熔体的这一流变现象已成为表征聚烯烃分子量及其分布的流变学方法。常用的有 Zeichner 和 Patel 提出的交点模量法（Zeichner-Patel 法）[20] 和 Yoo 提出的模量分割法（modulus separation，MS）[21]。交点模量法表征分子量分布的多分散指数为 PI=10^6/G_C，G_C（单位为 dyn/cm^2）是储能模量（G'）与损耗模量（G''）随剪切速率变化的曲线交点处的模量。模量分割法是采用在较低动态频率范围内测量的 G' 和 G'' 为相同数值时（模量特定值）所对应的频率之比表征样品的分子量分布，且可以选取不同的模量特定值。Yoo 对聚丙烯样品的研究表明，模量特定值选 5000dyn/cm^2 得到的流变多分散指数与 GPC 测量结果的相关性较好。模量分割法常用于采用交点模量法无法得到流变多分散指数的高流动性聚烯烃树脂分子量分布的表征。

流变学测量聚烯烃多分散指数的方法取样量大，样品代表性好，测量的聚烯烃分子量多分散指数 PI 常用来与 GPC 测量的分子量分布数据相互验证。上述两种流变法表征分子量分布的方法均基于线型聚丙烯树脂的流变性能测量，没有证据表明适用于长支链文化的聚烯烃树脂。

第二节
分子链组成及其分布

一、组成单元及其定量

1．共聚单体及短支链、立体异构、位置异构

共聚单体单元是聚烯烃分子链的组成单元。短支链（short chain branch，SCB）也常作为组成单元用于表征聚乙烯分子链的组成。对大多数聚乙烯树脂产品，短支链的含量与共聚单体的含量相当，例如，乙烯与 1- 己烯共聚，每共聚一个 1- 己烯就会在分子链上形成一个长度为 4 个碳的短支链。短支链含量通常用每 1000 个总碳原子含短支链的个数（SCB/1000TC）来表示，这里的 TC 指包括主链和短支链在内的总碳原子数。

聚丙烯等 α- 烯烃聚合物的分子链组成比聚乙烯复杂，其分子链组成单元包括共聚单体单元，还包括由不对称碳原子 C^*（—CH_2—C^*HR—）上的取代基 R 在空间取不同的相对位置形成的等规和间规结构单元。以聚丙烯为例，习惯上将分子链上相邻甲基位于分子链同侧的结构单元用 m 表示，称之为等规结构单元，相邻甲基位于分子链不同侧的结构单元用 r 表示，称之为间规结构单元。目前商业化聚丙烯树脂主要为等规聚丙烯，分子链的结构单元主要为等规结构，少量取代基随机位于分子链的另一侧形成的间规结构单元，事实上隔断了连续的等规长序列，被认定为等规聚丙烯的"立构缺陷"。常用核磁共振碳谱得到的二单元等规序列（m）、三单元等规序列（mm）以及五单元等规序列的含量（$mmmm$）来表征等规聚丙烯分子链上等规结构单元的含量；用分子链中少量的 r 结构形成的二单元序列含量（r）或三单元序列含量（rr）表征等规聚丙烯分子链上的"立构缺陷"含量，在常见的等规聚丙烯产品中，r 结构的含量很低，通常看不到五单元间规序列（$rrrr$）。需要指出的是，间规聚丙烯分子链的组成和等规聚丙烯相反，分子链的组成单元主要为间规结构单元，少量的等规结构单元或等规短序列会隔断连续的间规长序列，可被认定为间规聚丙烯分子链的"立构缺陷"。

如果将 α- 烯烃双键碳原子上带烷基的一侧定义为"头"，另一侧为"尾"，在丙烯等 α- 烯烃聚合过程中，单体单元主要以"头 - 尾"相连的方式聚合，但有时也会出现少量"头 - 头"或"尾 - 尾"相连的形式。这种"头 - 头"或"尾 - 尾"的结构称为"位置异构"。在破坏丙烯聚合单元等规或间规长序列方面，"位

置异构"形成的"区位缺陷"和"立体异构"形成的"立构缺陷"与共聚单体的作用类似，客观上都起到了破坏分子链规整性的作用，可将其一并看作聚丙烯分子链中的"缺陷结构"。

2. 红外吸收光谱定量

红外吸收光谱可用于快速定量聚烯烃的组成[22]。可以用聚丙烯在 998cm^{-1} 和 973cm^{-1} 两个谱带的吸光度比值 A（998cm^{-1}）/A（973cm^{-1}）表征聚丙烯分子链的等规度。但 998cm^{-1} 谱带对应的较长的 3_1 螺旋构象链段主要出现在晶区，而制样条件如熔融压片温度及冷却速率等会影响聚丙烯结晶度，因此有必要在相同制样条件下比对红外光谱测量的不同聚丙烯样品的等规度指数。本书作者团队的研究表明，如果采用红外光谱法想要获得代表性和重现性较高的等规度数据，则需要在一定的温度下对压片试样进行退火处理，并基于核磁共振波谱测量的等规度数据建立数学模型或标定曲线[23]。聚丙烯"头-头"和"尾-尾"结构的红外吸收谱带分别在 1030cm^{-1}［—CH(CH$_3$)—CH(CH$_3$)—］和 755cm^{-1}［—(CH$_2$)$_2$—］。

红外吸收光谱法可快速测量聚丙烯共聚物中的乙烯含量。单个乙烯插入分子链形成的结构［—(CH$_2$)$_3$—］，即使含量很低，在低频区 733cm^{-1} 左右也会出现特征吸收谱带，若出现两个以上的乙烯单元连排序列，在 721cm^{-1} 附近会多出一个特征谱带。需要注意的是，聚乙烯/聚丙烯树脂共混体系也会在相近的位置出现两个谱带，但其中的两个谱带各为尖锐的吸收峰，而丙烯/乙烯无规共聚物的两个谱带会有一定重叠，因此，一般情况下可以通过红外光谱鉴别乙烯/丙烯共聚物与聚乙烯/聚丙烯共混物[24]。用［—(CH$_2$)$_3$—］在 730cm^{-1} 附近谱带的吸光度可以定量聚丙烯无规共聚物中的乙烯含量，一般选用位于 4323cm^{-1} 的吸收峰作为内标峰，以消除样品厚度带来的误差。红外光谱也可用于快速测量丙烯/乙烯/1-丁烯三元共聚物的化学组成，其中 1-丁烯聚合单元的特征吸收谱带在 760cm^{-1} 附近，需要先通过 ^{13}C 核磁共振波谱测定标样的乙烯和 1-丁烯含量，为红外光谱的测量方法建立相应的标定曲线。

乙烯与 α-烯烃共聚时，分子链上会产生不同长度的短支链。这些短支链中—CH$_3$ 的摇摆振动在 700～900cm^{-1} 范围内有弱吸收峰，如 770cm^{-1}、899cm^{-1} 以及 784cm^{-1} 的谱带分别对应乙基（乙烯/1-丁烯共聚）、丁基（乙烯/1-己烯共聚）和己基（乙烯/1-辛烯共聚）侧基上的甲基摇摆振动吸收[25,26]，虽然这些吸收峰也可用于鉴别聚乙烯中共聚单体的类型或建立快速测量短支链含量的方法，但需要注意这些特征谱带基本都在样品红外光谱的"指纹"区，实际操作中需要鉴别和避免聚烯烃常用助剂的吸收峰或相邻其他峰的干扰，计算峰高或面积时基线的选取也要特别谨慎。

3. ^{13}C 核磁共振波谱定量

^{13}C 核磁共振波谱（^{13}C nuclear magnetic resonance spectroscopy，^{13}C NMR）是

定量聚烯烃分子链的共聚单体、立体异构、位置异构和链末端双键等结构单元含量的常用方法。常用 ^{13}C NMR 波谱中化学位移在 19.5 ～ 22.5 范围的甲基碳的信号定量聚丙烯的等规度或间规度[27]。如前所述，习惯上将等规聚丙烯分子链上相邻甲基位于分子链同侧的结构用 m 表示，相邻甲基位于分子链不同侧的结构用 r 表示，连续的 m 序列 $mmmm\cdots$ 则称为等规序列，连续的 r 序列 $rrrr\cdots$ 称为间规序列，虽然已经能归属一部分九单元序列的谱峰[28]，但人们还是常用二单元序列（ m 或 r ）、三单元序列（ mm 或 rr ）或五单元序列（ $mmmm$ 或 $rrrr$ ）的含量表征分子链的等规度或间规度。因为计算等规度时涉及的甲基碳具有相同的质子取代并具有相似的活动自由度，还可以利用核极化效应（nuclear overhauser effect，NOE）来提高核磁测量的信噪比（signal noise ratio，SNR）。Tiegs 等采用"谱带选择二维异核单量子相关谱（band-selective 2D heteronuclear single quantum coherence，band-selective 2D HSQC）"测量聚丙烯的等规度，在较短的时间内获得了与一维 ^{13}C NMR 近似的结果[29]。常见的等规聚丙烯分子链以等规序列为主，因此可将等规聚丙烯分子链上相邻甲基位于分子链不同侧的结构（短 r 序列）看作破坏等规序列的"缺陷结构"或无规单元。反之，间规聚丙烯则是以间规序列为主，短 m 序列则可以看作间规聚丙烯分子链上破坏间规序列的"缺陷结构"或无规单元。

^{13}C NMR 已广泛用于测定聚烯烃中共聚单体或短支链的含量[30]，测量结果可作为基准用于标定红外吸收光谱等其他定量方法。本书作者团队建立了溶液 ^{13}C NMR 基于短支链特征碳原子的化学位移差表征长度大于 6 个碳的短支链的新方法，结果表明 ^{13}C NMR 波谱可以分辨聚乙烯分子链上碳数小于 20 的短支链[31]（图 2-1）。在采用 ^{13}C NMR 测量聚烯烃共聚单体含量时，需要先进行 ^{13}C NMR 谱峰的结构归属，见图 2-2[32]。大多数商业化聚烯烃树脂的 ^{13}C NMR 谱峰结构归属可参考文献［30,32-39］。由于聚烯烃分子链上许多精细结构的峰重叠，在进行单体单元及单体单元序列含量的计算时，有必要将部分重叠的峰认定为集合峰，计量时直接采用集合峰的积分值，通过解联立方程得到各单体单元序列的含量[30,36]。可采用"单体分散度"（monomer dispersity，MD）来表征无规共聚过程中共聚单体单元形成长序列或"簇"的趋势[40]，例如，采用式（2-1）可计算乙烯 /1- 己烯无规共聚物中己烯的分散度 MD_H。MD_H 值为 100 表示分子链中的每个己烯单元都被乙烯单元隔离开了，MD_H 值小于 100 则表示己烯单元有连排序列。

$$MD_H = \frac{1}{2} \times \frac{[HE]}{[H]} \times 100 \qquad (2-1)$$

式中　MD_H——己烯分散度，% ；

　　[H]——己烯聚合单元的百分含量，% ；

　　[HE]——己烯 / 乙烯二单元聚合序列的百分含量，% 。

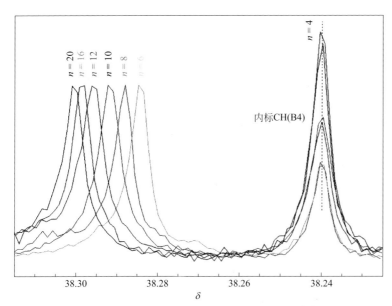

图2-1 模型乙烯/α-烯烃共聚物中叔碳的^{13}C NMR谱峰[31]

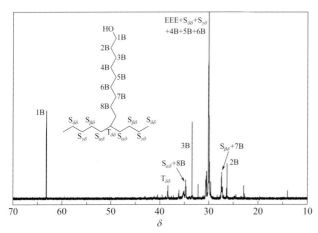

图2-2 一种乙烯与9-癸烯-1-醇无规共聚物的^{13}C NMR谱图的结构归属[32]

在聚丙烯^{13}C NMR谱图中可以分辨出少量的"位置异构"[28,41]。^{1}H NMR谱图可以较好地鉴别部分聚烯烃分子链中不同化学环境的双键上的氢[42]。

使用低温探头能显著降低核磁共振信号的噪声，提高测量的灵敏度，从而大大缩短^{13}C NMR波谱的测量时间，也使人们能够用NMR研究少至数十毫克的聚烯烃级分样品以及分子链内和链端的精细结构。大多数商业化聚烯烃树脂在超过120℃的条件下才能溶解，低温探头，尤其是可以在超过120℃条件下使用的

10mm 低温探头在聚烯烃 NMR 测试中将会获得越来越多的应用 [43]。

二、基于结晶的分级方法

聚烯烃分子链的结晶行为和分子链的可结晶序列长度有关。以等规聚丙烯为例，可结晶序列长度与分子链中的等规序列长度正相关，而等规序列长度则取决于分子链上的"缺陷结构"。聚烯烃分子链上常见的"缺陷结构"包括共聚单体共聚生成的共聚单元或短支链、"立体异构"导致的"立构缺陷"和"位置异构"导致的"区位缺陷"。一般来讲，聚烯烃分子链上的"缺陷结构"越多，可结晶序列长度越短，结晶温度和熔融温度越低，结晶度也越低，因此"缺陷结构"含量不同的聚烯烃分子链在降温过程中将在不同的温度从溶液中结晶沉淀，然后在升温过程中，又分别在不同的温度溶解，由此可实现相互之间的分离，这是结晶分级技术可用于表征聚烯烃分子链"共聚"组成分布的技术依据^[1]。升温淋洗分级（temperature rising elution fractionation，TREF）、结晶淋洗分级（crystallization elution fractionation，CEF）、结晶分析分级（crystallization analysis fractionation，CRYSTAF）是三个主要的基于结晶的聚烯烃的分级方法。

1. 升温淋洗分级

TREF 可以说是最早依据结晶性能对聚烯烃进行高效分级的技术。以乙烯与 α- 烯烃的共聚树脂为例，TREF 是在高温将聚乙烯样品溶解，然后以较慢的冷却速率使样品溶液先经历一个慢速结晶的过程，期间，样品逐渐从溶液中沉积在分离柱的填料表面。如果共聚单体 α- 烯烃的含量在分子链之间变化很大，含较少共聚单体的分子链可结晶的序列较长，结晶温度较高，在降温过程中将在较高的温度先结晶，形成晶粒先沉积在分离柱的惰性填料表面；反之，分子链上共聚单体含量越多，可结晶序列就越短，结晶温度越低，形成的晶粒就后沉积在分离柱的填料表面。样品的慢速结晶过程结束后，进入下一步升温过程。升温期间，向分离柱注入溶剂淋洗。在升温淋洗过程中，在较高温度结晶的那部分晶粒（含较少共聚单体）的熔点相对较高，在溶剂中的溶解温度较高，在较高的淋洗温度才能从分离柱子中被淋洗出来，因此，淋洗温度越高，淋洗级分的共聚单体含量越低；反之，分子链上共聚单体含量越高，级分的熔点和溶解温度较低，对应的淋洗温度也就越低。同理，等规聚丙烯样品的淋洗温度则对应其分子链中包括共聚单体在内的"缺陷结构"的含量，淋洗温度越高，意味着分子链上的"缺陷结构"越少。由于大多数用多活性中心 Ziegler-Natta 催化剂生产的等规聚丙烯树脂中还未能检出"位置异构"^[28]，对大多数商业化聚丙烯产品，分子链上的缺陷结构主要为"立构缺陷"和 / 或共聚单体单元。由此，升温淋洗过程中每个淋洗温度下淋洗级分的相对含量（质量分数）也就是每个对应组成的分子链的相对含量，级分的相对含量随淋洗温度变化的曲线也称为聚烯烃升温淋洗曲线，可用来表征聚烯烃分子链"共聚"组成的分布[44-46]。

TREF 淋洗温度经组成窄分布的标样标定后，升温淋洗曲线（淋洗级分质量分数或累积分数随淋洗温度的变化曲线）就可以转化为聚烯烃"共聚"组成的分布曲线。对于聚乙烯共聚物，可以用共聚单体含量分布窄的标样标定淋洗温度，将升温淋洗曲线转化为共聚单体含量或短支链含量的分布曲线。聚乙烯共聚组成就是传统意义的化学组成，因此聚乙烯升温淋洗曲线转换的共聚组成分布或短支链分布常被称为化学组成的分布。对不含共聚单体的等规聚丙烯，也可以用窄等规度分布的标样标定 TREF 淋洗温度，将升温淋洗曲线转化为等规度分布曲线。如果聚烯烃分子链上含有多种缺陷结构，例如聚丙烯共聚物分子链上除了共聚单体还含有"立构缺陷"等其他缺陷结构，由于不同的"缺陷结构"对聚烯烃结晶影响程度不同，通常难以建立标定曲线将淋洗温度转化为"共聚"组成。若要全面表征此类聚烯烃分子链"共聚"组成的分布，就需要应用制备型的升温淋洗分级仪（P-TREF），回收淋洗的级分，经沉淀、过滤和干燥去除溶剂后得到各个级分的样品，离线采用核磁共振和傅里叶红外光谱仪等仪器分析各级分样品的组成[47,48]（图 2-3）。对大多数商业化聚烯烃，只要分级级分的量足够，采用核磁共振方法可以很方便地测定其中的共聚单体、立构缺陷和位置缺陷的含量。需要指出的是，虽然理论上 TREF 的淋洗温度可以用标样标定，但由于理想的窄组成分布的聚烯烃标样较难获得以及诸多实验因素都可能影响聚烯烃结晶及溶解过程，人们通常较少看到由升温淋洗曲线转化的聚烯烃组成分布曲线，更常见的是淋洗级分质量分数随淋洗温度变化的曲线。由于分析型的升温淋洗分级（A-TREF）的样品结晶、淋洗和浓度检测实现了连续在线控制，人们看到的是一条连续的升温

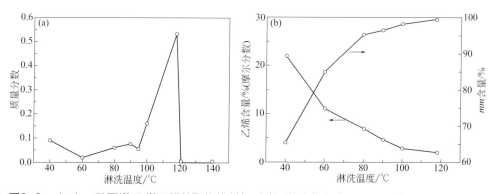

图2-3 （a）一种丙烯/乙烯无规共聚物的制备型升温淋洗曲线（级分质量分数分布）；（b）淋洗温度与等规三单元（*mm*）含量以及乙烯含量关系曲线[48]

淋洗曲线；P-TREF 常常是阶梯式升温和间歇淋洗，因此人们常常看到的是折线式的升温淋洗曲线。对等规结构单元为主的聚烯烃的升温淋洗，由于基本符合升温淋洗温度越高，分子链上的"缺陷结构"总含量或无规结构单元越少的规律（聚烯烃嵌段共聚物例外，见后文），通常也将 TREF 得到的升温淋洗曲线看作聚烯烃分子链规整性或等规度分布曲线，级分的淋洗温度越高，分子链规整性或等规度越高。

在聚烯烃树脂的升温淋洗分级过程中，通常将室温设定为降温过程的最低结晶温度，一般也是从室温开始升温淋洗，在升温淋洗开始时最先淋出的是降温过程结束后试样溶液中所有未结晶沉淀的分子混合物，通常称之为室温可溶级分或室温可溶物。

TREF 实验条件影响聚烯烃的淋洗温度和分级效果。采用慢速降温可减少共晶并使聚烯烃的结晶更稳定（避免在之后的升温淋洗过程中重结晶），可获得较好的分级效果。制备型 TREF（P-TREF）降温速率一般小于 2℃ /h[48-55]。Wild 早期的实验推荐 1.5℃ / h 的冷却速率，并指出较慢的降温速率可以避免分子量对分级效果的影响[56]。分析型 TREF（A-TREF）常用的降温速率在 0.1 ～ 0.5℃ / min。本书作者团队的研究结果[57] 表明，对于常见的聚乙烯树脂，应选用小于 0.1℃ /min 的降温速率，对于常见的聚丙烯树脂，可选用 0.2℃ /min 的降温速率。A-TREF 淋洗过程的升温速率通常为 0.5 ～ 5℃ /min。需要同时考虑 A-TREF 淋洗溶剂的流动速率、试样的浓度以及浓度检测器的灵敏度，调整优化升温速率。通常 A-TREF 淋洗溶剂流速为 0.5 ～ 2mL/min[1]，样品溶液的配制浓度一般为 2 ～ 4mg/mL。溶剂的性质会影响 TREF 的淋洗温度，但基本不影响 TREF 的分离效果，与样品相互作用强的淋洗溶剂可降低淋洗温度，反之则提升淋洗温度[58]。分离柱的填料可能影响分级结果，有发现表明某些填料例如镀金的颗粒用于聚乙烯样品的分级时，分辨率有明显的改进[59]。

聚烯烃级分的分子量在一定程度上影响升温淋洗的温度。Wild 的研究表明，在小分子量范围，TREF 淋洗温度随分子量增大快速升高，分子量大于 20000 以后，淋洗温度基本不再变化[56]。本书作者团队的研究结果[57] 表明，对于分子量过大的聚烯烃样品，在 TREF 分级过程中应采用更慢的降温速率，使样品的结晶趋于完善，如果升温淋洗曲线在高温端有明显的拖尾，有可能是不完善结晶的重结晶和 / 或级分分子量过大引起的溶解滞后，应进行更多的条件实验加以甄别。

TREF 的升温淋洗曲线可以帮助技术人员认识聚烯烃结构的多分散性、研究聚烯烃聚合机理以及催化剂性能。高分子物理研究人员可以利用制备型 TREF 得到结构均一的级分样品，研究聚烯烃复杂的结构因素对材料性能的影响。鉴于此，TREF 在聚烯烃工业界得到了广泛的应用，且被誉为聚烯烃分子链结构表征仪器中的"老黄牛"[46,60,61]。

2. 结晶淋洗分级

为了改进 TREF 的分辨率，Monrabal[62] 发明了结晶淋洗分级（CEF）。CEF 与 TREF 类似，也是在升温阶段进行级分的淋洗。与 TREF 不同的是，CEF 在降温结晶阶段采用了"动态结晶"方式，也就是在聚烯烃溶液降温结晶的同时向分离柱再推送少量流动的溶剂，使未结晶的样品溶液尽量在柱中填料的新表面上结晶。其结果是不同级分的晶粒在 CEF 柱内实现了一定空间距离的物理分离，从而改善了淋洗分级的分辨率。需要通过柱子自由体积、降温温度范围以及降温速度计算"动态结晶"过程中注入溶剂的流速以确保"动态结晶"步骤结束时，所有级分依然保留在柱子中。同比实验结果表明，CEF 的分辨率比 TREF 有显著改善（图 2-4），通过加长柱子并采用多重升降温步骤还可以进一步提升 CEF 的分辨率[63]。相同的测试条件下，CEF 比 TREF 还表现出更好的数据重现性[64]，快速测量时 CEF 良好的数据重现性使 CEF 可用于高通量研究。

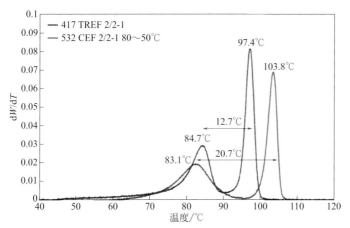

图 2-4　两个密度相近的茂金属聚乙烯混合物的 CEF 和 TREF 曲线比较[1]

冷却速率 2℃/min，加热速率 2℃/min，流动相流速 1mL/min；CEF 结晶过程中溶剂流速 0.4mL/min，升温淋洗的溶剂流速为 1mL/min

3. 结晶分析分级

如前所述，TREF 和 CEF 对聚烯烃的分级都需要经过慢速降温结晶和升温淋洗两个步骤，慢速降温结晶是 TREF 和 CEF 实现良好分级的前提，再经过升温淋洗最终实现级分的物理分离及其定量，实验流程较长。鉴于此，为了缩短聚烯烃组成分布的分析时间，Monrabal[65] 发明了结晶分析分级（CRYSTAF）。CRYSTAF 也是基于结晶分离原理，但 CRYSTAF 仅通过聚烯烃溶液的降温结晶过程即可完成聚烯烃的分级分析。在 CRYSTAF 分级过程中，样品不是在填充柱中结晶，而是在带搅拌的不锈钢容器中结晶，同时借助陶瓷过滤器从容器中抽取等量的少量溶液送至红外检测器测量滤液的浓度并记录取样时的温度，经过软件处理，得到对应结晶温度的级分的质量分数累计分布曲线，质量分数累计分布曲线的一阶导数 dW/dT 与温度的关系曲线就是样品的结晶分级曲线（图2-5）。聚烯烃结晶的过冷现象会造成同一组成的级分在 CRYSTAF 和 TREF 分级曲线中对应不同的分级温度，CRYSTAF 结晶温度也可以用窄分布标样校准转化为组成的分布曲线。与 TREF 类似，需要针对不同的共聚单体以及溶剂类型和冷却速率等实验条件分别建立校正曲线[58]。

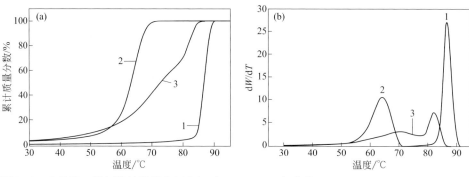

图2-5　几种聚乙烯树脂的结晶分析分级（CRYSTAF）曲线
（a）结晶累计分布曲线[66]；（b）结晶分级曲线
1—HDPE；2—LDPE；3—LLDPE

CRYSTAF 仅通过降温（结晶）过程就能实现聚烯烃样品的分级，与 TREF 和 CEF 相比，CRYSTAF 简化了分级分析流程，缩短了分级分析的时间，因此结晶分级曲线可用于聚烯烃分子链组成分布的快速表征[66]。CRYSTAF 相对 TREF 和 CEF 也简化了硬件配置。但是，TREF 或 CEF 的级分相互是完全分离的，能够在线连接其他检测器或离线进一步分析级分的组成，CRYSTAF 除在线获得的结晶分级曲线外，中途分离不出级分，最终只能分离出室温可溶物一个级分，对于含多种"缺陷结构"的聚烯烃样品，无法进一步了解不同"缺陷结构"的分布。

影响 TREF 分级效果的实验因素对 CRYSTAF 也有类似影响。低分子量分子链的端基对聚烯烃结晶的影响具有与短支链类似的效应，当数均分子量小于5000时，必须考虑分子量对 CRYSTAF 结晶温度的影响[67]。长支链对 CRYSTAF 分级结果的影响较小[67]。降温速率影响 CRYSTAF 的结晶温度和分辨率。随着降低冷却速率，CRYSTAF 结晶温度逐渐增高[58,68,69]。虽然使用较慢的降温速率能改善 CRYSTAF 分辨率，但分析时间过长。通常将 CRYSTAF 降温速率设置在 $0.2 \sim 0.5℃/min$ 之间。本书作者团队的研究结果[57]表明，对于常见的聚乙烯和聚丙烯树脂，CRYSTAF 可选用 0.1～0.2℃/min 的降温速率。较快的降温速率下，级分共晶会导致 CRYSTAF 分辨率下降，特别对于低结晶度组分含量相对高的样品，过多的共晶会使低结晶度级分含量的测试值显著低于实际的含量，其分辨率的下降更为显著，因此，必要时也可采用小于 0.1℃/min 的降温速率[70]。

三、基于色谱的分级方法

相互作用色谱或液相吸附色谱已成功用于聚烯烃的分级[71]。不同于基于结晶的分级方法仅能分级结晶度较高的半结晶聚烯烃，相互作用色谱可分级的聚烯烃不限于半结晶材料，也可用于分级结晶度较低或基本不结晶的聚烯烃弹性体。两种分级过程的差异主要包括：相互作用色谱采用与聚烯烃材料有相互作用的填充材料如碳材料作为柱分离的固定相，而结晶分级方法采用的是惰性填充材料；相互作用色谱需要选择合适的吸附促进溶剂和脱附促进溶剂，而结晶分级方法仅使用一种溶剂；结晶分级方法因为使用单一溶剂，常用的聚烯烃浓度检测器都可以使用，而溶剂梯度相互作用色谱（solvent gradient interaction chromatography，SGIC）的流动相为比例呈梯度变化的混合溶剂，使得 SGIC 可选择的浓度检测器非常有限（常用蒸发光散射浓度检测器）。目前已广泛用于聚烯烃分级的相互作用色谱有溶剂梯度相互作用色谱（SGIC）和热梯度相互作用色谱（thermal gradient interaction chromatography，TGIC）[1,71-73]。

1. 溶剂梯度相互作用色谱

SGIC 分级聚烯烃是在恒定的温度下，以梯度形式逐渐改变流动相的组成，通过吸附 - 解吸附机制分离不同组成的聚烯烃。聚烯烃分子链首先从不良溶剂或弱溶剂（也称为吸附促进溶剂，最常用的聚烯烃吸附促进溶剂是 1- 癸醇和正癸烷）的溶液中吸附到固定相上，然后以线性梯度增加流动相中强溶剂（也称为脱附促进溶剂）的比例，依次将不同组成的聚烯烃级分从固定相洗脱，常用的脱附促进溶剂为三氯苯。可以通过改变流动相溶剂种类、固定相材料、柱温或流动相组成变化的梯度来调整溶剂梯度相互作用色谱的分辨率。

使用多孔碳材料作为固定相，1- 癸醇和 1,2,4- 三氯苯的混合溶剂为流动相，在 160℃的操作温度下，可以将全同立构、间同立构、无规立构聚丙烯以及线型聚乙烯的混合物完全分离开[72]。SGIC 可以分级乙烯与 α- 烯烃的无规共聚物，共聚单体摩尔分数与 SGIC 的淋洗体积具有较好的线性关系[74]。采用碳基柱，用 1- 癸醇溶解样品，乙二醇单丁醚和 1,2,4- 三氯苯的混合溶剂做流动相，可以按照化学组成分级辛烯含量在 0～100%（摩尔分数）范围 [图 2-6（a）] 和丙烯含量在 0～100%（摩尔分数）范围 [图 2-6（b）、（c）] 的聚乙烯共聚物[75,76]。但同样条件下，SGIC 很难分离丙烯与低碳数 α- 烯烃的共聚物，如丙烯 /1- 丁烯、丙烯 /1- 己烯和丙烯 /1- 辛烯的共聚物。SGIC 可以分离丙烯与高碳数 α- 烯烃的共聚物，如丙烯 /1- 十四烯和丙烯 /1- 十八烯的共聚物，原因可能是高碳数 α- 烯烃形成的较长的短支链在石墨材料上有较强吸附的缘故[77]。采用同样的碳材料作为固定

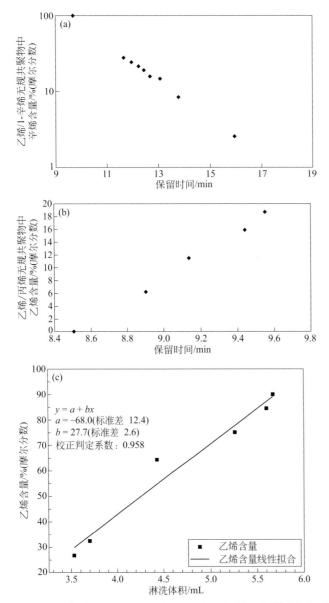

图2-6 （a）SGIC分级乙烯/1-辛烯无规共聚物[75]的保留时间与1-辛烯含量关系；（b）和（c）SGIC分级乙烯/丙烯无规共聚物[75,76]的保留时间或淋洗体积与乙烯含量关系

相，正癸烷和 1,2- 二氯苯（ODCB）的混合溶剂作为流动相，SGIC 可以分离和鉴别聚乙烯材料中的低分子量正构烷烃（$C_{40} \sim C_{160}$），无需任何预先的萃取和后处理，碳数检测上限优于传统的气相色谱[78]。Miller 等的实验表明，即使是丙烯和 1- 辛烯的共聚物也能够吸附在石墨柱子上，认为其主链的碳 - 碳键对其在石墨柱上的保留有显著的贡献[75]。Macko 等指出，SGIC 按照共聚组成对乙烯共聚物的分离机理可能是分子链上体积较大的短支链在空间上阻碍主链的聚乙烯链段和石墨表面形成紧密的相互作用，从而减小了相互的范德华作用力[79]。

　　SGIC 已经成为表征共聚物化学组成分布的有效方法，而且将聚烯烃分级的范围扩大到了无法用结晶技术分级的弹性体材料[75,76]。与结晶分级方法相比，SGIC 的分级时间明显缩短（前述的 SGIC 分离等规聚丙烯、间规聚丙烯、无规立构聚丙烯以及线型聚乙烯混合物的实验，从开始阶段的癸醇洗脱到混合溶剂梯度洗脱及后期柱子的恢复仅用了不到 50min 时间），但是 SGIC 的大多数溶剂组成及其梯度变化造成无法使用示差折光仪和红外浓度检测器测量级分的浓度以及无法连接黏度计和光散射检测器在线测量级分的特性黏度和分子量。如果采用二苯醚和 TCB 的混合溶剂，则可以应用红外浓度检测器，但信噪比太低[80]。在 SGIC 后面连接凝胶渗透色谱柱可以将聚合物与不良溶剂分离，从而可以使用常用的检测器测量聚烯烃级分的浓度、组成及分子量等[81]。这种在线同时测量 SGIC 级分的组成和分子量的方法还将有助于人们理解分子量和组成等不同结构因素对 SGIC 分级的影响并得出更准确的共聚单体分布数据，但实验装置复杂，操作难度较大，因此 SGIC 常用的浓度检测器依然是蒸发光散射检测器（evaporative light scattering detector，ELSD）。

2．热梯度相互作用色谱

　　TGIC 与 SGIC 类似，也是基于相互作用色谱的原理分级聚烯烃。TGIC 采用与 SGIC 相同的多孔石墨碳柱，但流动相不采用比例呈梯度变化的混合溶剂，仅使用单一溶剂通过改变柱温度分离不同组成的聚烯烃分子链。具体过程是在高温将聚烯烃溶液引入柱中，经降温过程使聚烯烃分子链吸附或锚定在固定相石墨的表面，当降温结束后，使用一定流速的洗脱溶剂，通过逐步升高温度洗脱目标样品的级分[82]。

　　TGIC 采用单一溶剂洗脱，分级聚烯烃时就可以使用许多已经商业化的聚烯烃浓度、组成以及分子量的检测器，例如红外检测器（IR）、光散射检测器（LS）和黏度检测器[83]。TGIC 能够避免聚烯烃结晶分级过程中的"共晶"现象，因此级分定量的准确度高于结晶分离技术，但对聚烯烃共聚组成的分辨率较结晶分离技术低，常规条件下，同一组级分之间 TGIC 洗脱峰温的差值大约为 TREF 淋洗峰温差值的一半[84]。

SGIC 对低聚物的分离效果优于 TGIC，因此 TGIC 与 SGIC 联合使用可以改进 TGIC 的分级效果[85]。无孔粒子作为固定相材料可以避免多孔碳材料的体积排除效应对化学组成分级的干扰，因此固定相材料使用无孔粒子表面包覆纳米石墨烯可以提升 TGIC 的分辨率[86]。吸附过程的冷却速率基本不影响 TGIC 脱附温度和色谱峰的宽度，但脱附过程的升温速率和流动相的流速会影响洗脱级分的峰温和峰宽[87]。TGIC 的冷却过程可采用同 CEF 类似的"动态结晶"方式，在降温过程中向柱中连续注入小流量的溶剂，减弱多层吸附，提高分辨率。

TGIC 已用于表征乙烯基弹性体[76,88]、链行走聚乙烯[89]、乙烯/1-辛烯共聚物[82,85]、氧化石蜡[90]等乙烯基共聚物的化学组成分布，TGIC 洗脱温度与聚乙烯的共聚单体含量呈线性关系（图 2-7）[76,82]。TGIC 是在高于聚烯烃结晶和熔融温度下对聚烯烃进行分级。采用变温 NMR 已确认聚乙烯分子链在石墨固定相的吸附温度（约为 140℃）显著高于其稀溶液在非石墨填料（惰性填料）中的正常结晶温度（90 ~ 80℃）[91]。Monrabal 等也指出 TGIC 能够分级聚乙烯共聚物缘于聚乙烯链段可以附着在固定相石墨材料非常平整的表面上，分子链上的短支链造成的空间位阻影响了聚乙烯分子链段与石墨表面的相互作用，从而可以依据相互作用的强度对不同共聚单体含量的聚乙烯分子链实现分离[92]。目前未见 TGIC 能按照等规度和共聚单体含量有效分级等规聚丙烯的报道，这可能是由于分子链上大量的甲基造成的空间位阻使得等规聚丙烯分子链与平面结构的柱填充材料的吸附较弱，使得 TGIC 的温度梯度不足以分辨等规聚丙烯分子链上的缺陷结构对吸附作用的影响。已经发现其他层状结构的柱填料硫化钼、氮化硼和硫化钨等作为 TGIC 的固定相也可以实现对聚乙烯共聚物较好的分级。Monrabal 强调在选择 TGIC 的固定相材料分级聚烯烃时，重要的是固定相吸附材料表面要具有原子级的平面（atomic level flat surface）[1,93]。

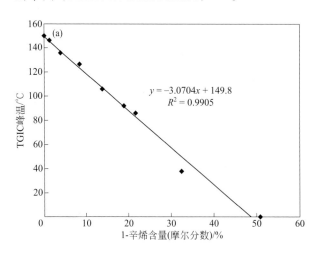

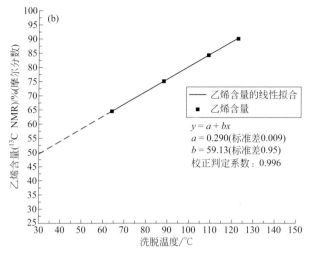

图2-7 乙烯/1-辛烯共聚物（a）[82]和乙烯/丙烯共聚物（b）[76]TGIC洗脱峰温与化学组成的关系

（a）超碳柱（100mm×4.6mm，粒径7μm），进样稳定温度140℃，冷却终温0℃，洗脱终温175℃，降温速度6℃/min，洗脱升温速度3℃/min，降温中溶剂流速0.03mL/min，洗脱溶剂流速0.5mL/min；（b）超碳柱，溶剂邻二氯苯，浓度1mg/mL，进样稳定温度160℃，冷却终温40℃，冷却速率20℃/min，洗脱溶剂流速0.5mL/min，升温速度2℃/min

四、基于溶解度的分级方法

利用高分子的溶解度对分子量的依赖性可以对聚烯烃按照分子量进行分级[94]。得到不同分子量的级分样品后，可以离线采用傅里叶红外光谱、核磁共振等方法测定各级分的组成，研究聚烯烃组成和分子量的相关性。

在基于溶解度的聚烯烃分级方法中，通常是通过改变溶解温度或溶剂的溶解能力对聚烯烃进行不同分子量级分的分离，常见以调整良溶剂与不良溶剂的混合比改变溶剂溶解能力为主，将改变温度和改变溶剂溶解能力结合使用，由此称其为溶剂梯度淋洗分级（solvent gradient elution fractionation，SGEF 或 SGF）。Hosoda 采用SGF 对一系列线型低密度聚乙烯及低密度聚乙烯样品进行了分子量的分级[95]，所采用的良溶剂为二甲苯，不良溶剂为乙基溶纤剂（乙二醇单乙醚），良溶剂与不良溶剂体积比的变化范围在 0.7 ～ 2.2，先在高温配制聚乙烯的二甲苯溶液，通过降温将聚合物沉积至沙子的表面，然后将附着聚乙烯的沙子装填到柱子中，采用不同体积比的混合溶剂在 120℃淋洗，每个样品可获得 17 ～ 18 个级分，级分的分子量分布在 1.1 ～ 1.7 之间。溶剂梯度淋洗法还可以结合温度变化，改善分离效果。Hsieh 等采用 SGF 对一个分子量分布为 3.52 的乙烯 /1- 己烯共聚物进行了分子量分级[96]，采用的良溶剂为 1,2,4- 三氯苯，不良溶剂为丁基溶纤剂（乙二醇单丁醚），在 130℃

采用50:50混合溶剂将样品溶解，然后将溶液导入玻璃珠填充的柱中通过慢速降温至40℃使聚合物沉积在柱中，首先注入100%不良溶剂，在40℃淋洗出第一个级分（定义为室温可溶物），然后升温至100℃，再注入100%不良溶剂淋洗出第二个级分，之后恒定温度110℃，逐渐增加良溶剂比例，淋洗相应的级分，包括最后升温至140℃用100%良溶剂淋洗的级分，共得到32个级分，完成了按照分子量对样品的有效分级。除40℃淋洗的级分分子量分布为1.8外，其余31个级分的分子量分布在1.07～1.38之间，大多数级分的分子量分布在1.1～1.2。目前和GPC联用的滤波式在线红外组成检测器通过测量—CH$_3$—与—CH$_2$—的红外吸光强度之比能有效地表征聚乙烯无规共聚物中α-烯烃共聚单体含量和聚丙烯无规共聚物中乙烯或1-丁烯共聚单体含量随分子量的变化（见本节第六部分），但难以在线测量聚丙烯的立体异构随分子量的变化，另外由于不同碳数的短支链红外吸光系数不同，现有在线红外组成检测器还无法准确测量含两种及以上短支链的聚乙烯样品（如低密度聚乙烯）中不同短支链含量随分子量的变化。因此采用SGF基于溶解度的分子量分级方法更适合需要同时了解共聚单体和立体异构在不同分子量分子间分布的场合，如聚丙烯和聚1-丁烯等无规共聚物的分子链组成多分散性的表征[97-99]。本书作者团队用SGF方法分别对丙烯/乙烯无规共聚物和丙烯/1-丁烯无规共聚物进行了分子量分级，通过级分的离线分析同时呈现了聚丙烯无规共聚物中1-丁烯单元以及"立体异构"在分子间的分布（表2-1）[100]。表2-1的［B］为级分中1-丁烯单元所占的摩尔分数，［r］为级分中立体异构所占的摩尔分数。

在实施基于溶解度的分子量分级方法时，与TREF等分级方法类似，需要先将聚烯烃样品在惰性填料柱中形成薄层沉积物，以便能在尽可能短的时间溶出各个级分。填充TREF柱的玻璃微珠、海沙等都可以作为SGF的惰性填料使用。半结晶的聚烯烃样品只有在高温下才能完全溶解，需要通过冷却降温到室温才能使聚烯烃样品从溶液中沉积到惰性填料表面，但对于大多数聚烯烃产品，室温下总是有未能沉积在填料表面的室温可溶级分。常见聚烯烃样品的室温可溶级分的平均分子量很低，但也包含一些不能结晶沉积的高分子量组分，因此这一级分（如表2-1的1#级分）与分子量分级得到的其他级分相比，分子量分布往往较宽。

表2-1　一种丙烯/1-丁烯无规共聚物的溶剂梯度淋洗法分子量分级数据[100]

项目	M_w	M_w/M_n	［B］（摩尔分数）/%	［r］（摩尔分数）/%
原样	23.8×10^4	5.29	4.9	2.6
级分1#（室温可溶物）	3.6×10^4	8.3	8.6	36.9
级分2#（100% EGBE）	6.3×10^4	2.74	7.1	2.6
级分3#（90% EGBE）	23.3×10^4	2.25	5.2	1
级分4#（80% EGBE）	34.7×10^4	2.32	3.6	0.6

注：EGBE—乙二醇单丁醚。

五、交叉分级方法

在高性能聚烯烃树脂产品的生产中，常常同时调控分子量和组成的分布，因此许多聚烯烃产品的分子链结构很复杂。比如按分子量分级的级分分子量分布很窄，但其中组成的分布可能很宽；或者按组成分级的级分组成分布很窄，但其中分子量分布可能很宽。有时仅按分子量分级然后测量级分的平均组成参数或仅按组成分级然后测量级分的平均分子量无法全面表征这些高性能聚烯烃产品的分子链结构，需要将两种分级方法组合在一起，对聚烯烃材料进行双变量（分子量和组成）分布的表征，这种组合分级方法常称为交叉分级（cross-fractionation）。表征数据通常以双变量（分子量和组成）分布的平面等高线图或三维的曲面图呈现（图 2-8 和图 2-9）[101,102]。鉴于分子链组成与淋洗温度或相互作用色谱的淋洗体积（或溶剂浓度梯度）的对应关系，组成坐标常以淋洗温度或淋洗体积标示，如图 2-8 中的 TREF 淋洗温度或图 2-9 中的 HPLC 淋洗体积（这里指 SGIC 淋洗体积）。分子量的坐标常直接以分子量标示，有时也以相应的体积排除色谱（size-exclusion chromatograph，SEC）的淋洗体积标示，如图 2-9 中的 SEC 淋洗体积。图 2-9 为一种模型混合物的交叉分级结果。模型混合物包括 iPP（等规聚丙烯）、aPP（无规聚丙烯）、sPP（间规聚丙烯）、PE（聚乙烯）和 E/P 共聚物（乙烯 / 丙烯共聚物，乙烯含量为 81.3%，质量分数），图中样品简称后面的数字为平均分子量。横坐标的 SEC 淋洗体积对应分子量，纵坐标 HPLC（采用 SGIC）淋洗体积对应分子链组成，ELSD 信号强度对应各级分的含量。SGIC 首先将 iPP、aPP、sPP 及不同共聚单体含量的聚乙烯分离，在线连接 SEC 测量各级分的分子量及其分布[102]，级分含量由蒸发光散射检测器在线测量。

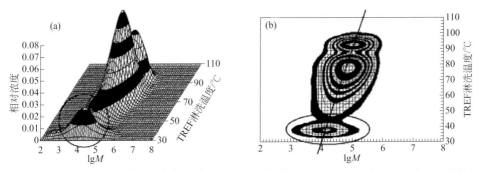

图2-8　TREF-GPC交叉分级得到的一种LLDPE树脂产品的双变量（分子量和共聚单体含量）分布曲面图（a）和等高线图（b）（图中温度为TREF淋洗温度，较高的TREF淋洗温度对应较低的共聚单体含量。左图圆圈示了室温可溶物部分；右图斜线标示了TREF级分的重均分子量和淋洗温度的关系）[101]

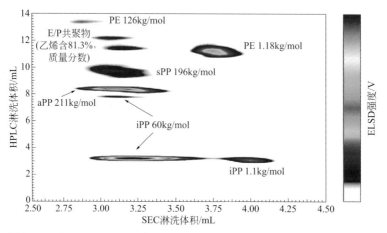

图2-9 采用SGIC-SEC交叉分级得到的一种聚烯烃模型混合物的双变量分布（分子量和"共聚"组成）等高线图[102]

聚烯烃的交叉分级可以有两种路径：首先进行组成分级，然后测量级分的分子量分布；或者首先进行分子量分级，然后再测量级分的组成分布；两种路径均可以实现双变量（组成和分子量）分布的表征。由于第二维度分级中的样品浓度通常至少会降低2个数量级，第一维度分级需要选择分离能力更强和分离效率更高的技术，也就是分辨率较高同时又能分离出较多级分样品供第二维度分级的技术。随着近年来结晶分级及相互作用色谱技术的快速发展，基于聚烯烃组成的分级能力越来越强，人们更倾向将其作为第一维度分级技术，而第二维度的分级则更多地采用 GPC 直接测量级分的分子量分布。目前 TREF-GPC、CEF-GPC、SGIC-GPC 以及 TGIC-GPC 等交叉分级的仪器已能够做到全程自动化操作[103,104]，其中 TREF-GPC 交叉分级最为常用。因为 TGIC 使用单一溶剂，仅用 TGIC 的石墨柱替换 TREF 的无机填料柱就可以在 TREF-GPC 组合分级仪器上进行 TGIC-GPC 交叉分级。在 SGIC 与 GPC 的组合中，GPC 能够将 SGIC 级分中的弱溶剂分离，因此可以使用红外光谱等适用单一溶剂的浓度检测器检测最终级分的浓度，能够克服 SGIC 使用混合溶剂对浓度检测器的限制。但聚丙烯级分在 GPC 的保留体积会因为 SGIC 使用的不良溶剂而变化，需要针对 SGIC 的弱溶剂调整 GPC 的柱校正[102,105]。在 GPC 测量级分的分子量分布时，SGIC 采用的弱溶剂的峰有可能部分覆盖级分的浓度峰，通过改变 GPC 柱的直径和固定相的孔尺寸以及提升 GPC 流动相的流速可以避免这一问题[106]。在 SGIC-GPC 交叉分级中，可以采用红外检测器同时测量聚烯烃级分的浓度和组成，能实现化学组成分布的测量，使得 SGIC 比较不同样品的组成分布时不必非得采用相同浓度梯度的混合溶剂[81]。交叉分级也可以先采用制备型 TREF 进行聚烯烃组成的分级，去除级分溶液中的溶剂后，再采用 GPC 测量级分的分子量分布，完成第二维度的分级[51,107-109]。还可以采用基于溶解度的分级方法按照分子量分级聚烯烃，得到窄分子量分布的级分后，再采用基于结晶或相互作用色谱的方法按照组成进一步对不同分子量分级。后两种方法在第一维度分级完成后，需要通过沉淀、过滤以及干燥过程获得级分样品，人工劳动强度较大。

六、GPC–红外吸收光谱联用

虽然基于溶解度的分级方法能够按照分子量分级聚烯烃，在得到不同分子量的级分样品后离线测量级分的平均组成，但分级操作比较麻烦，且需要通过沉淀、过滤和干燥过程回收级分，分析流程长，无法快速得到聚烯烃分子链组成随分子量变化的数据。随着聚烯烃组成在线红外检测技术的发展，在 GPC 色谱柱后面在线连接测量组成的红外检测器，就能快速了解聚烯烃组成（不同分子量级分的平均组成）随分子量的变化。

GPC 在线连接红外光谱检测主要有三种方式：① GPC 在线连接滤波式红外组成检测器。这种检测器应用多波段滤波器，具有较小的样品池体积，可连续获得聚烯烃溶液的—CH_2—与—CH_3 基团的红外吸光强度，经校正可将—CH_2—与—CH_3 基团的吸光强度之比转化为每 1000 个总碳原子所含甲基数（$CH_3/1000TC$，TC：分子链主链和支链的碳原子总数），$CH_3/1000TC$ 数值去除链末端甲基后可转化为相关聚烯烃样品的 SCB/1000TC 或共聚单体含量。滤波式红外组成检测器已在线用于表征乙烯分别与 1- 丁烯、1- 己烯和 1- 辛烯等 α- 烯烃的共聚产品以及丙烯与乙烯或 1- 丁烯的共聚产品的组成分布，可同时提供分子量分布曲线和短支链或共聚单体含量随分子量的变化曲线[110-113]。这种基于高度灵敏的汞镉碲（MCT）热电冷却感应单元发展的新型滤波式红外组成检测器，不需要液氮冷却，在常规的 GPC 测试条件下不必提高样品的溶液浓度，可将短支链测试误差保持在 1CH_3/1000TC 以下，能测量共聚单体含量较低的高密度聚乙烯中短支链的分布[111]。目前测量极性基团羰基的滤波式红外组成检测器也已经商业化，可用于GPC 在线分析乙烯 / 醋酸乙烯酯共聚物（EVA）及功能化聚烯烃共聚物中羰基含量和分子量的相关性[114]。② GPC 在线连接傅里叶红外光谱仪。DesLauriers 等将配有窄带 MCT 检测器（需要液氮冷却）的傅里叶红外光谱仪与 GPC 联用，分析聚乙烯共聚物中短支链（short chain branch，SCB，含量小于 10SCB/1000TC）随分子量的变化，对乙基或丁基支链的定量误差达到 ±0.5SCB/1000TC[115-117]。③在线连接转动的样品盘，将 GPC 的样品洗脱液沉积在旋转的锗皿上，锗皿的旋转角度与 GPC 的淋洗体积一一对应，待洗脱液溶剂挥发后可用傅里叶红外光谱仪测量在皿上沉积级分的组成。这种方式除了测量聚烯烃级分的组成外，还很容易鉴别出其他未知物及添加剂成分，应用显微红外技术还可进一步提升测量的灵敏度，但分析流程较长，且由于样品厚度的变化或需要建立参比标准，较难进行定量分析。

滤波式红外组成检测器通过测量—CH₃ 和—CH₂—的 C—H 键的红外吸光强度之比经过校正和计算得到聚烯烃共聚物中 CH₃/1000TC。对于乙烯与 α- 烯烃的共聚物，随着共聚单体 α- 烯烃含量增加或—CH₃ 的递增，相应的红外吸光强度之比 CH₃/CH₂ 表现出较明显的变化，因此滤波式红外组成检测器对聚乙烯分子链中短支链含量以及丙烯/乙烯无规共聚物的乙烯含量的测量效果较好。如前所述，测量误差可在 1CH₃/1000TC 以下。本书作者团队在研究丙烯/1- 丁烯无规共聚物中 1- 丁烯分布时，发现即使对于均聚聚丙烯与均聚聚 1- 丁烯，采用 GPC 联用红外组成检测器所测量的 CH₃/CH₂ 仅显现很微小的差异，说明 GPC 联用红外组成检测器很难测量丙烯/1- 丁烯无规共聚物中的丁烯含量随分子量的变化，因此建立了一个在线内标的校准方法并对红外检测器进行了优化设置，应用 GPC 连接滤波式红外组成检测器实现了丙烯/1- 丁烯无规共聚物中 1- 丁烯随分子量分布的表征（图 2-10）[113]，为 GPC 连接滤波式红外组成检测器表征丙烯/α- 烯烃的无规共聚物组成分布探索了一个新方法。

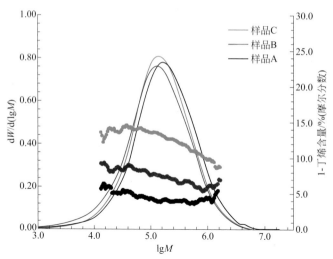

图2-10 GPC-IR5分析丙烯/1-丁烯无规共聚物共聚单体含量随分子量的分布[113]

第三节
聚烯烃分子链结构多分散性与实现高性能化的关系

如前所述，聚烯烃分子链结构多分散性主要包括分子量分布和 / 或分子间

"共聚"组成的分布，其中"共聚"单元主要包括分子链上的共聚单体单元和 /
或"立体异构"以及"位置异构"等结构单元，调控分子量分布和分子间"共聚"
组成的分布是实现聚烯烃高性能化的重要途径。本节将以部分聚烯烃高性能产品
为例，重点介绍聚烯烃分子量和"共聚"组成的多分散性对聚烯烃性能的影响。

一、低可溶物透明聚丙烯

透明聚丙烯主要采用无规共聚聚丙烯树脂添加透明助剂制备，无规共聚聚丙
烯分子链上的共聚单元作为"缺陷结构"缩短了聚丙烯分子链的可结晶序列长度，
减弱了分子链的可结晶性，降低了聚丙烯的结晶度，由此提高了聚丙烯的透明
性。通常主要采用 Ziegler-Natta 催化剂以及共聚乙烯来制备无规共聚聚丙烯。但
由于 Ziegler-Natta 催化剂的固有特性，共聚单体乙烯更倾向聚合在低分子量部分
（图 2-11）。这些低分子量高共聚单体含量的分子链在塑料制品加工条件下通常不
结晶，在制品加工和使用过程中会迁移到表面，易于被含脂肪或食用油的食品溶
出，在与食品药品接触场合使用，可能污染被包装物，人体不慎摄入会对健康产
生不利影响。因此，有关法规严格规定了聚丙烯在模拟油性食品的溶剂中可迁移
物含量和正己烷可萃取物含量（GB 4806.6—2016，GB 4806.7—2016）以及二甲
苯可溶物含量（美国联邦法规 21CFR 177.1520）。在制品的检验方法中通常规定
"可迁移物"的含量，在树脂原料的检验方法中通常规定"可萃取物"或"可溶物"
的含量。虽然由于测试方法的不同，相关标准中的"可迁移物"、"可萃取物"以
及"可溶物"在分子量和共聚组成方面存在少许的差异，但对其含量的规定实质

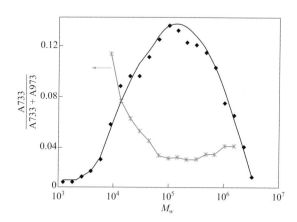

图2-11　无规共聚聚丙烯共聚单体乙烯含量随分子量变化曲线［采用体积排除色谱联用傅里
叶红外吸收光谱（FTIR）测量］[118]

A733 和 A973 分别为共聚物红外吸收光谱中波数733cm⁻¹和波数973cm⁻¹处的吸收峰面积
—×—：丙烯/乙烯无规共聚物中乙烯的相对含量随分子量变化曲线；—■—：分子量分布曲线

上都是限制低分子量高共聚单体含量的这一组分在食品接触聚丙烯中的含量。在聚丙烯材料研发及生产中，常常基于二甲苯可溶物含量控制聚丙烯中这一组分的含量，以"低可溶物透明聚丙烯"标示这一组分的含量更低因而食品接触安全档次更高的透明聚丙烯。

本书作者团队选用高立构定向性催化剂，采用 1- 丁烯单体与丙烯无规共聚，制备了低可溶物透明聚丙烯[119-124]。ZL201110336505.1 描述了一种丙烯 /1- 丁烯无规共聚物及其制备方法，所制备的丙烯 /1- 丁烯无规共聚物的二甲苯可溶物含量非常低，小于拟合线 $y=0.77+0.252x$（其中，y 为二甲苯可溶物的质量分数 $\times 10^2$，x 为丙烯 /1- 丁烯无规共聚物中 1- 丁烯的摩尔分数 $\times 10^2$）。聚丙烯无规共聚物中的 1- 丁烯相对于乙烯更多地分布在聚丙烯高分子量组分（图 2-12），且有更多的 1- 丁烯共聚单元进入聚丙烯晶体中，造成丙烯 /1- 丁烯无规共聚透明聚丙烯相对丙烯 / 乙烯无规共聚透明聚丙烯的可溶物含量更低[100]。丙烯 /1- 丁烯无规共聚物除了在很宽的 1- 丁烯含量范围具有极低的可溶物含量外，在与丙烯 / 乙烯无规共聚物透明性相当的情况下，材料的刚性更高[125]。由于丙烯 /1- 丁烯无规共聚物透明制品向表面的迁移物少，货架长期存放期间的制品依然能保持很高的透明性。丙烯 / 乙烯无规共聚物中乙烯共聚单元在电晕等表面处理过程中易发生交联造成电晕处理敏感度降低，丙烯 /1- 丁烯无规共聚物对电晕等表面氧化处理更敏感，更容易通过电晕提升材料的表面张力，有利于制品表面印刷装饰等[126]。

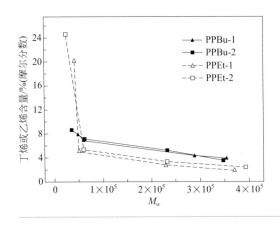

图2-12

几种透明聚丙烯共聚单体含量随分子量的分布[100]

PPBu：共聚单体为1- 丁烯；PPEt:共聚单体为乙烯（采用溶剂梯度淋洗方法分级，13C NMR 离线测量级分的共聚单体含量）

二、双峰和多峰聚乙烯

双峰或多峰聚乙烯指分子量和 / 或共聚单体含量呈现双峰或多峰分布的聚乙烯树脂产品。通常，双峰聚乙烯树脂的分子量分布呈现明显的双峰，且聚合制备时仅在生产较高分子量组分的反应器中加入 α- 烯烃共聚单体；多峰聚乙烯的分子量分布呈现两个以上的峰形且聚合制备时仅在制备中分子量和更高分子量组分的反应器加入 α- 烯烃共聚单体。市场常见的是双峰聚乙烯，双峰聚乙烯又多见于中高密度聚乙烯产品，其中 PE100 管材树脂就是典型的双峰聚乙烯。

PE100 是高密度聚乙烯承压管材树脂原料中的高端产品，被认为是第三代聚乙烯管材树脂[127]。与前两代聚乙烯管材树脂 PE63 和 PE80 相比，PE100 性能的提升主要在力学性能方面[128,129]。PE100 具有更高的抗静液压强度，在温度 20℃下外推 50 年使用寿命发生破坏时所承受的环应力等于或大于 10MPa。除此之外，PE100 还具有更优异的在低温冲击条件下抗快速裂纹扩展的能力（rapid crack propagation，RCP）以及在内部缺陷条件下抗慢速裂纹增长的能力（slow crack growth，SCG）。为适应无沙回填、非开挖施工等新的施工方式，聚乙烯生产商又开发了高耐慢速裂纹增长性能的 PE100 管材树脂，简称 PE100-RC，所加工的管材即使在有外部划伤和点载荷作用下依然能够满足 50 年使用寿命的要求。高耐慢速裂纹增长性能具体包括管材切口试验耐慢速裂纹增长时间 ≥8760h，锥体试验耐慢速裂纹增长 ≤1mm/48h，以及双切口试验耐慢速裂纹增长 >3300h[129,130]。

PE100 和 PE100-RC 优异的综合性能与其双峰分子链结构密切相关。其中的低分子量均聚组分主要赋予产品良好的加工性能（较低的熔体黏度）和高刚性，高分子量共聚组分主要赋予产品优异的抗裂纹扩展能力，从而使聚乙烯承压管材具有超过 50 年的长期使用寿命。一般来讲，均聚聚乙烯结晶度高，刚性高，可以在瞬间承受较高的压力，但材料耐慢速裂纹增长性能较差[131,132]。随着聚乙烯分子量增大，聚乙烯抗裂纹增长能力线性提高（图 2-13）。而通过将乙烯与 α- 烯烃共聚，可以使聚乙烯的抗裂纹扩展能力得到指数级的提升[133]（图 2-14），且只有将共聚单体共聚在较高分子量的分子链上才具有这一显著的效果。X. Lu 等发现，当聚乙烯共聚物的分子量低于 $1.5×10^5$ 时，通过共聚对聚乙烯抗裂纹扩展能力的提升并不显著，当分子量大于 $1.5×10^5$ 时，共聚聚乙烯抗裂纹扩展能力才表现出 5 个数量级的显著提高（表 2-2）[133,134]。承压聚乙烯管材长期使用过程中的破坏主要由裂纹扩展导致的脆性破坏引起[135-137]。因此，生产 PE100 很重要的一步是将共聚单体共聚在高分子量组分，以提高聚乙烯树脂的抗裂纹扩展能力。通常使用双反应器或多反应器工艺装置，仅在制备高分子量组分的反应器中加入共聚单体制备高性能双峰聚乙烯树脂。其中采用的催化剂多为 Ziegler-Natta 催化剂，通过改进 Ziegler-Natta 催化剂的共聚性能也可以使聚合的共聚单体尽可能多移向高分子量端以进一步提升 PE100 的抗裂纹扩展能力[138-141]。超高分子量组分影响聚乙烯管材的熔体弹性以及结晶行为，增加超高分子量组分含量可有效避免管道加工过程中由自重引起的下垂[142]。小分子量均聚组分也会影响由系带和缠结分子与片晶形成的网络的强度，进而影响双峰聚乙烯的耐裂纹扩展能力[143]。

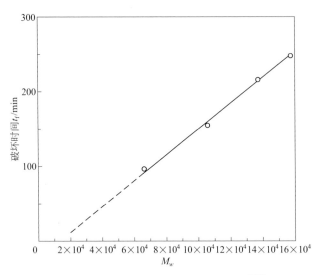

图2-13 聚乙烯分子量与抗裂纹破坏时间关系[133]

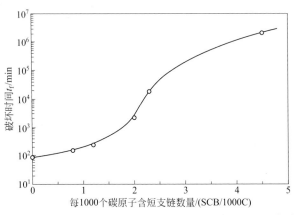

图2-14 聚乙烯含短支链数量与抗裂纹破坏时间关系[133]

表2-2 聚乙烯共聚物及其级分分子链结构与慢速裂纹扩展破坏时间[133,134]

样品	级分含量/%	特性黏度/（dL/g）	每1000个碳原子含短支链数量/（SCB/1000C）	分子量范围	t_f（1.8MPa）/min	t_f（1MPa）/min
F1	23.0	0.29	7.4	$10^3 \sim 3 \times 10^4$	0	0
F2	24.6	0.84	5.1	$3 \times 10^4 \sim 8 \times 10^4$	6.1	735
F3	18.5	1.53	3.3	$8 \times 10^4 \sim 1.5 \times 10^5$	7.0	5328
F4	20.4	2.70	1.9	$1.5 \times 10^5 \sim 4 \times 10^5$	3.6×10^5	—
F5	12.3	5.81	1.4	$4 \times 10^5 \sim 4 \times 10^6$	$> 5.2 \times 10^5$	—
原样		1.91	4.5	$10^3 \sim 4 \times 10^6$	2.5×10^5	—

采用双峰分子链结构设计的聚乙烯树脂不仅可用于加工 PE100 管材，还可用于加工高性能包装容器和薄膜。双峰聚乙烯加工的包装容器同时具备高刚性以及高抗环境应力开裂性能，即使显著减薄容器壁厚也能达到与常规聚乙烯容器同样的使用性能。双峰聚乙烯还可用于吹塑更宽幅更薄的高强度薄膜[144]。

常用两种方法表征双峰聚乙烯分子量和共聚单体的双峰分布：①使用 GPC 测量样品分子量分布，样品经 GPC 柱分离后，在测量每一段分子量级分浓度的同时，测量其中的短支链含量。通过在 GPC 分离柱后面连接滤波式红外组成检测器或连接配有窄带汞镉碲（MCT）检测器（需要液氮冷却）的傅里叶红外光谱仪可以实现同时测量聚乙烯样品每一段分子量级分的浓度以及短支链含量（见前述 GPC- 红外吸收光谱联用相关内容）。由于乙烯与 α- 烯烃的共聚物中每增加一个 α- 烯烃共聚单体，CH_3/CH_2 的红外吸光强度之比就会有较明显的变化，因此依据—CH_3 与—CH_2—的 C—H 键的红外吸收强度之比通过校正可以得到聚乙烯共聚物中 CH_3/1000TC，扣除链末端甲基后也可转化为每 1000 碳原子总数含短支链的数量（SCB/1000TC）[图 2-15（a）、（b）]或共聚单体的摩尔分数。需要结合聚合链引发和链终止机理扣除分子链末端甲基，这一点对计算小分子量级分的短支链或共聚单体含量尤为重要。也可以直接采用—CH_3 与—CH_2—的 C—H 键的红外吸收之比相对比较同一种共聚单体的多个样品的短支链或共聚单体随分子量的分布。②采用基于溶解度的分级方法对聚乙烯样品先进行分子量分级（见前述基于溶解度的分级相关内容），对级分溶液经沉淀、过滤和干燥得到不同分子量的级分后，再离线测量各级分的共聚单体含量。这种方法耗时较长，是否能够实现高分辨率的分子量分级取决于操作人员选择分级温度和/或混合溶剂的经验，

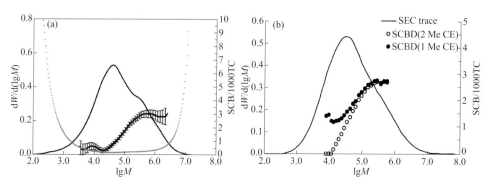

图2-15 （a）采用GPC-IR5（滤波式红外组成检测器）测量的一种商业化双峰高密度聚乙烯样品短支链随分子量的分布（校正链端甲基后）[112]；（b）采用GPC-FTIR（傅里叶红外光谱仪）测量的一种低分子量均聚聚乙烯和高分子量乙烯/1-辛烯共聚物混合物（1∶1）中短支链随分子量的分布（SEC trace：分子量分布曲线；SCBD：短支链分布；Me CE：链末端甲基，依据假设分别扣除1个链末端甲基和2个链末端甲基）[115]

但离线可采用核磁共振方法准确测量级分的共聚单体含量以及单体序列的含量，还可以有较多的级分样品用于通过其他分析手段如热分析、X 射线散射等进一步研究级分样品的微观结构，因此也常用于双峰或多峰聚乙烯样品的结构表征。

三、双峰和多峰聚丙烯

双峰或多峰聚丙烯指分子量和 / 或分子链组成呈现双峰或多峰分布的聚丙烯树脂产品。双峰或多峰聚丙烯树脂产品的分子量分布曲线很少显现出明显的双峰或多峰，常见的是双峰或多峰叠加后形成较宽的分子量分布。另外，聚丙烯分子链组成呈现的双峰或多峰分布不仅包括共聚单体的分布（通过在不同反应器或不同反应区域共聚不等量的共聚单体调控），也包括立构规整度的分布（通过改变不同反应器的催化剂的立构定向性调控）。制备双峰或多峰聚丙烯时，通常仅在生产高分子量组分的反应器中加入共聚单体或加入比生产小分子量组分的反应器中更多的共聚单体，或降低高分子量组分的等规度，调控聚丙烯分子链组成的分布。

双峰分子量分布的分子链结构设计可用于制备高熔体强度聚丙烯。其中的高分子量组分特别是超高分子量组分用于提高产品的熔体强度，小分子量组分用于降低产品黏度，使熔体在加工时依然有较好的流动性。本书作者团队在中国专利 ZL201180010274.3、ZL201010000974.1 和 ZL201010000975.6 提出了一种高熔体强度聚丙烯的结构设计（表 2-3、表 2-4）[145-147]：熔体流动速率（230℃ /2.16kg）为 0.2 ～ 10g/min，分子量分布 M_w/M_n=6 ～ 20，分子量（M）大于 5×10⁶ 级分的含量大于或等于 0.8%（质量分数），M_{z+1}/M_n 大于或等于 70。其中实施例的熔体流动速率接近常见用于挤出加工的聚丙烯树脂，但加宽了分子量分布（M_w/M_n、M_{z+1}/M_n），尤其是提升了 $M>5×10^6$ 级分的含量。产物具有很高的熔体强度，还具有优异的力学性能，适用于制备发泡制品、吹塑制品等加工过程对熔体强度有特殊要求的场合[148]。本书作者团队还将双峰分子量分布的分子链结构设计用于制备聚丙烯多相共聚物，即抗冲聚丙烯的连续相组分，结合橡胶相的分子链结构设计，显著提高了抗冲聚丙烯的熔体强度[149,150]，产品适用于加工高刚性高韧性尤其是高耐低温冲击性能的聚丙烯容器。

高速双向拉伸聚丙烯（BOPP）薄膜是采用高速双向拉伸工艺加工的一种聚丙烯透明薄膜，薄膜生产线牵引速度已高达 500m/min。BOPP 树脂原料不仅要适应高速拉伸不破膜，还要满足薄膜高挺度、厚度均匀、表面无晶点、低迁移物含量和少清辊等性能要求[151]。本书作者团队将双峰分子量分布和双峰"共聚"组成的分子链结构设计用于制备高速 BOPP 树脂[152,153]。ZL200510004901.9 在串联的两个聚合反应器中加入不同的分子量调节剂实现双峰（宽）分子量分布，仅在

表2-3 高熔体强度聚丙烯不同反应器聚合产物分析数据

序号	熔体流动速率/(g/10min)		特性黏数/(dL/g)		可溶物/%	
	R-340	R-350	R-340	R-350	R-340	R-350
实施例1	0.03	1.6	5.9	3.4	3.0	2.4
实施例2	0.08	2.7	5.3	2.8	4.4	2.8
实施例3	0.08	3.0	5.2	2.7	4.7	3.3
实施例4	0.08	3.9	5.1	2.4	5.0	2.6
实施例5	0.08	1.9	5.0	3.2	4.4	3.2

表2-4 高熔体强度聚丙烯的结构表征数据

序号	GPC								流变法
	$M_n/10^4$	$M_w/10^4$	$M_z/10^4$	$M_{z+1}/10^4$	M_w/M_n	M_{z+1}/M_n	1000<M<5万级分含量/%	M>500万级分含量/%	PI
实施例1	5.9	66.5	282.9	511.0	11.2	86.3	17.8	1.86	15.0
实施例2	4.4	51.5	24.3	512.1	11.1	115.5	20.9	1.14	9.3
实施例3	4.4	53.5	28.8	581.9	12.1	131.7	23.1	1.61	13.7
实施例4	3.2	49.6	229.3	481.8	15.6	151.9	22.0	0.98	8.6
实施例5	3.7	49.7	205.5	427.7	13.6	116.5	19.0	0.81	7.1
市售F280z（比较例）	4.4	43.3	166.2	385.8	9.8	87.7	—	0.46	4.6
市售T38F（比较例）	7.0	40.3	121.3	253.3	5.8	36.2	—	0.15	4.1

制备高分子量组分的反应器中加入少量乙烯共聚，使产物的可溶物含量更低，消除了更厚的片晶，提高了膜片的拉伸性能。另外采用高立构定向性 Ziegler-Natta 催化剂使产品的总体等规度保持在较高水平，所加工的薄膜的模量更高，厚度更均匀（表 2-5）。CN200610076310.7 在不具备共聚单体乙烯原料的情况下，采用非对称外给电子体技术降低高分子量组分的等规度，提高低分子量组分的等规度，同样可实现降低 BOPP 薄膜的可溶物含量和提高 BOPP 薄膜的拉伸速率等高性能目标[151,154,155]。

表2-5　BOPP薄膜性能一览表

项目	实施例1	实施例2	实施例3	实施例4	对比例1	对比例2
薄膜产品规格/μm	20	20	20	20	20	20
杨氏模量（纵/横）/MPa	2940/5280	2971/5991	2986/5019	2984/5578	2324/4087	1890/3767
拉伸强度（纵/横）/MPa	202/285	210/305	203/291	206/313	197/296	182/236
热收缩率（纵/横）/%	2.7/1.1	2.4/1.1	2.5/1.1	2.1/1	2.8/1.3	2.8/1.4
雾度/%	0.5	0.5	0.5	0.5	0.5	0.7
厚度偏差/%	+1～+1.5	+0.5～-4	+2～-3	+2～-3	+11.5～+5	+6～+5
平均厚度偏差/%	+1.2	-2	-0.8	-0.8	+8	+5.5

聚丙烯热水管材通常在承压状态下输送热水，对材料的耐热性能、刚性和韧性，尤其对所加工的管材在长期静液压状态下的耐破坏性能有较高的要求。双峰分子链结构设计可赋予聚丙烯热水管材优异的性能，小分子量组分可改进这种低熔体流动速率聚丙烯树脂的熔体流动性，而将共聚单体更多共聚在高分子量组分，可以显著延长管材在静液压状态下的破坏时间[156]，提升管材的长期使用寿命。CN95196221.3[157] 提出了一种聚丙烯反应器组合物的制备方法，混合物中一个共聚物组分的分子量较高（熔体流动速率约 0.01 ～ 0.03g/10min），共聚单体乙烯含量为 3.8% ～ 4.0%（质量分数），另一个共聚物组分的分子量较低，共聚单体含量较低，最终组合物的熔体流动速率控制在 0.21 ～ 0.34g/10min，共聚单体含量在 3.2% ～ 3.6%（质量分数）。组合物的刚韧性能、恒定载荷下耐环应力开裂时间以及管材在静液压条件下的破坏时间较参比样品有明显的提升。采用双峰共聚单体分布还可加宽聚丙烯注拉吹加工（ISBM）温度窗口，同时保持制品具有更好的光学性能[158]，可以降低聚丙烯热封薄膜的起始热封温度，减少薄膜的可溶物含量[159]。

双峰分子量分布和 / 或双峰共聚组成分布用于聚丙烯连续相或分散相的分子链结构设计，可提升聚丙烯多相共聚物（抗冲聚丙烯）诸多性能。例如，双峰分子量分布的分子链结构设计用于制备聚丙烯多相共聚物连续相组分，可提升多相共聚聚丙烯的刚韧平衡性（图 2-16）[160]；以丙烯均聚物和丙烯 / 乙烯无规共聚物的组合物作为多相共聚聚丙烯的连续相，可提高连续相的软化温度，从而能够抑制食品包装薄膜在蒸煮过程中橡胶分散相尺寸的变化，显著降低薄膜蒸煮后雾度上升的程度[161]；本书作者团队的研究表明，分散相由丙烯/乙烯无规共聚物组分和聚乙烯组分构成时形成的包藏结构可改进抗冲聚丙烯的抗应力发白性能[162,163]。

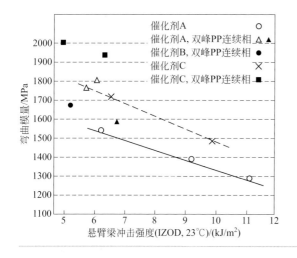

图2-16
连续相分子量双峰分布对聚丙烯多相共聚物的刚韧性的影响[160]

　　GPC联用红外吸收光谱可用于快速测量双峰和多峰聚丙烯分子量以及共聚单体乙烯和1-丁烯随分子量的分布，能够同时获得分子量分布曲线和共聚单体含量随分子量变化的曲线。如果未针对共聚单体含量对红外检测器作校正，也可用甲基和亚甲基的红外吸收之比随分子量的变化相对比较不同聚丙烯样品中同一种共聚单体的分布。由于现有与GPC联用的红外检测器还难以在线定量聚丙烯分子链的立体异构，如果需要了解聚丙烯中共聚单体和立体异构含量随分子量的变化，可采用基于溶解度的分级方法，对样品首先进行分子量分级，级分溶液经沉淀、过滤和干燥去除溶剂后，采用红外吸收光谱或^{13}C核磁共振波谱离线测量级分的立体异构和共聚单体含量。

　　如前所述，等规聚丙烯分子链上少量的共聚单体和立体异构以及位置异构作为分子链上的"缺陷结构"会破坏分子链上丙烯单元有序的等规排列。不同"缺陷结构"的作用类似，分子链中"缺陷结构"数量越多，可结晶的聚丙烯等规序列长度越短，所生成的片晶越薄，聚丙烯的熔融温度越低（图2-17）[164]，在基于结晶的分级过程中，对应TREF或CEF的升温淋洗温度以及CRYSTAF的结晶温度也就越低。也正是基于此，TREF等结晶分级技术可用于等规聚丙烯分子链组成多分散性的表征。事实上，等规聚丙烯分子链上"缺陷结构"越多，也意味着聚丙烯分子链的等规度越低。如果不聚焦于表征不同种类"缺陷结构"的分布，通过TREF或CEF升温淋洗曲线可快速了解聚丙烯分子链等规度的分布。例如，采用 TREF 对不同 BOPP 树脂的分级表明，高速 BOPP 树脂的分子链等规度分布更均匀[165]；对无规共聚聚丙烯管材样品的分级发现，高性能聚丙烯管材树脂在中等淋洗温度的级分含量明显高于对比样品，说明更均匀的分子链等规度分布有利于提升聚丙烯管材的性能[166]。但对于具有多相结构的抗冲聚丙烯，由于"分散相"和"橡胶相"分子链组成显著不同，常常还需要采用制备型 TREF 分级并结合 GPC、红外光谱、核磁共振波谱及 DSC 分析级分微观结构，帮助研究抗冲聚丙烯分子链结构与多相结构以及产品性能的关系[167,168]。

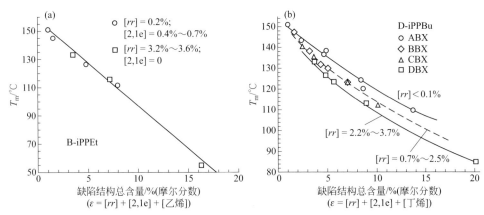

图2-17 等规聚丙烯无规共聚物分子链"缺陷结构"含量对熔融温度的影响[164]

（a）共聚单体为乙烯；（b）共聚单体为 1-丁烯
ABX、BBX、CBX、DBX 代表聚合性能不同的催化剂（立构定向性和位置异构）；[乙烯]、[丁烯] 分别为乙烯、1-丁烯共聚单体含量；[rr] 为立构缺陷的含量；[2,1e] 为区位缺陷含量；iPPEt 为等规聚丙烯（共聚单体为乙烯）；iPPBu 为等规聚丙烯（共聚单体为 1-丁烯）；T_m 为熔融温度

四、烯烃嵌段共聚物

陶氏化学公司基于链穿梭聚合技术，在单一反应器内进行连续溶液聚合，制备了可结晶和无定形链段交替的烯烃嵌段共聚物（olefinic block copolymer，OBC）。典型的烯烃嵌段共聚物分子链由低共聚单体含量的可结晶乙烯/1-辛烯共聚嵌段（硬嵌段）与高共聚单体含量的无定形乙烯/1-辛烯共聚嵌段（软嵌段）组成。分子链上具有性能悬殊的不同链段使得烯烃嵌段共聚物表现出与平均组成近似的无规共聚物或混合物迥然不同的性质[169,170]。同样的辛烯含量，烯烃嵌段共聚物比常见乙烯/1-辛烯无规共聚物具有更高的熔点和更低的玻璃化转变温度（图 2-18）[171]，这使得烯烃嵌段共聚物在高温仍具有高弹性，是一种性能特殊的热塑性弹性体材料。

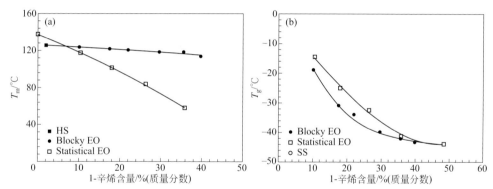

图2-18 烯烃嵌段共聚物和无规共聚物的熔点、玻璃化转变温度随共聚单体含量的变化曲线[171]

HS：与硬段组成相同的无规共聚物；SS：与软段组成相同的无规共聚物；Blocky EO：乙烯/1-辛烯嵌段共聚物；Statistical EO:乙烯/1-辛烯无规共聚物

　　烯烃嵌段共聚物中共聚单体在分子链内的分布不是统计学上的无规分布，是分段分布的。嵌段共聚是一种通过调控分子链内共聚单体分布实现聚烯烃高性能化的有效途径。如果对样品做升温淋洗（TREF）分级，分子链上高结晶度的链段决定 TREF 的淋洗温度。但由于同一根分子链还带有无定形的高共聚单体含量的共聚链段，这一级分的共聚单体含量就会显著高于相同的淋洗温度下无规共聚聚乙烯级分的共聚单体含量（图 2-19）[172]。因此用无规共聚聚乙烯作参比，采用 TREF 分级并在线或离线测量级分的共聚单体含量可以鉴别烯烃嵌段共聚物。Colin L. P. Shan 等利用这一现象，建议了"嵌段指数"的计算方法[172]，嵌段指数反映了 OBC 的 TREF 淋洗温度与共聚单体关系偏离常见无规共聚物的程度，可以用来表征 OBC 分子链中共聚单体嵌段分布的程度。

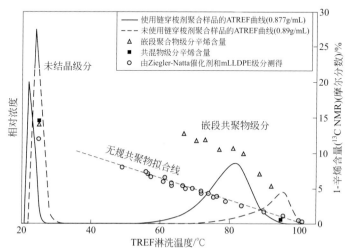

图2-19 OBC与无规共聚物的共聚单体含量分别与TREF淋洗温度的关系[172]

第四节
凝聚态结构的表征

聚烯烃材料的性能不仅取决于分子链结构，还与分子链的凝聚态结构密切相关。聚烯烃分子链的凝聚态结构不仅包括晶胞、片晶、球晶等各级结构的尺寸、形状、取向及其分布等，还包括结晶区与非结晶区的相对比例、"连续相"与"分散相"的相对比例以及不同相区的界面等。这些凝聚态结构特征不仅受控于分子链结构，也可通过温度、剪切及添加加工助剂等后加工条件进行调控，直接影响聚烯烃制品的性能。因此，聚烯烃凝聚态结构的表征对研究聚烯烃分子链结构与性能的关系以及通过调控聚烯烃凝聚态结构实现聚烯烃高性能化均有重要的意义。本节将简要介绍几种常用的表征聚烯烃凝聚态结构的技术。

一、X射线散射

X射线散射（X-ray scattering）技术可用于解析聚烯烃的晶胞结构，确认聚烯烃的晶型，测量聚烯烃片晶厚度、长周期、结晶度以及晶体的取向等有关参数[173-182]，其中小角X射线散射（small-angle X-Ray scattering，SAXS）得到的长周期散射强度随方位角的分布曲线和广角X射线衍射（wide-angle X-Ray diffraction，WAXD）得到的不同晶面衍射数据的极图分析可用于表征聚烯烃材料中晶体在空间的取向分布[174-178]，利用WAXD和SAXS数据还可以分析聚烯烃材料中的残余应力[179-181]和空洞结构[182]。X射线散射技术是非破坏性分析技术，能够实现在不同的外场条件下，例如不同的温度或压力下原位研究聚烯烃形态结构的演化过程。X射线光源可分为实验室光源和同步辐射光源。

WAXD可以鉴别聚烯烃的多晶型，并能定量计算不同晶型的相对含量。等规聚丙烯和间规聚丙烯的广角X射线衍射（WAXD）数据分别见表2-6和表2-7[183]。可采用WAXD得到的α晶型的（130）$_\alpha$和γ晶型的（117）$_\gamma$两个峰的相对强度计算聚丙烯中γ晶型的相对含量[184]；用β晶型的（110）$_\beta$峰高与α晶的3个主要衍射峰$[（110）_\alpha$、（040）$_\alpha$和（130）$_\alpha]$的峰高之和的比率计算聚丙烯β晶型的相对含量[185,186]。依据间规聚丙烯晶型Ⅰ的（020）晶面在$2\theta \approx 16°$的强衍射峰和晶型Ⅱ的（110）晶面在$2\theta \approx 17°$的强衍射峰可以鉴别间规聚丙烯这两种晶型。可采用间规聚丙烯晶型Ⅰ的（211）晶面在$2\theta \approx 18.8°$和（020）晶面在$2\theta \approx 15.8°$的衍射峰强度的相对变化（两个峰衍射强度之比）表征间规聚丙烯晶型Ⅰ中分子链排列的有序度[187]。由WAXD数据，采用下式可计算聚1-丁烯的晶型Ⅰ相对晶型Ⅱ的含量：

$$f_1 = \frac{I(110)_I}{I(110)_I + RI(200)_{II}} 100$$

式中，$I(110)_I$ 是聚 1-丁烯晶型Ⅰ的（110）晶面在 $2\theta \approx 9.9°$ 处的衍射峰强度；$I(200)_{II}$ 是晶型Ⅱ在 $2\theta \approx 11.9°$ 的衍射峰强度；R 取 $0.36^{[188]}$。

表2-6　等规聚丙烯 α、β、γ 晶型的主要布拉格反射的衍射角（2θ）、晶面间距离（d）和米勒指数（hkl）（Ni 过滤 CuKα 射线，λ=1.5418Å）

等规聚丙烯 α 晶型			等规聚丙烯 γ 晶型			等规聚丙烯 β 晶型		
（hkl）$_\alpha$	$2\theta/(°)$	d/Å	（hkl）$_\gamma$	$2\theta/(°)$	d/Å	（hkl）$_\beta$	$2\theta/(°)$	d/Å
110	14.2	6.25	111	13.8	6.40	110	16.1	5.51
040	17.1	5.18	113	15.0	5.89	101	16.5	5.37
130	18.6	4.76	008	16.7	5.30	111	21.1	4.21
111	21.1	4.21	115	17.2	5.15	201	23.1	3.85
$\overline{1}$31,041	21.9	4.06	022	18.3	4.83	210	24.7	3.61
150,060	25.7	3.46	117	20.0	4.42	300	28.0	3.18
141,200,210	27.2	3.28	202	21.2	4.19	211	28.3	3.16
$\overline{1}$51	27.9	3.20	026	21.9	4.06			
220	28.5	3.13	119	23.3	3.81			
			206	24.3	3.66			
			0012	25.2	3.53			
			1111	26.9	3.31			
			220	27.5	3.23			
			0210	27.7	3.23			
			222	27.9	3.20			
			224	28.8	3.10			

表2-7　间规聚丙烯晶型Ⅰ、Ⅱ、Ⅲ主要的布拉格反射的衍射角（2θ）、晶面间距离（d）和米勒指数（hkl）（Ni 过滤 CuKα 辐射，λ=1.5418Å）

间规聚丙烯晶型Ⅰ			间规聚丙烯晶型Ⅱ			间规聚丙烯晶型Ⅲ		
（hkl）$_I$	$2\theta/(°)$	d/Å	（hkl）$_{II}$	$2\theta/(°)$	d/Å	（hkl）$_{III}$	$2\theta/(°)$	d/Å
200	12.2	7.25	200	12.3	7.20	020	16.3	5.45
020	15.9	5.57	110	16.9	5.26	110	18.2	4.88
211	18.9	4.70	201	17.1	5.18	021	23.7	3.75
220,121	20.6	4.31	111	20.7	4.29	111	25.8	3.45
221	23.5	3.79	002	24.0	3.70			
002,400	24.5	3.63	400	24.8	3.59			

WAXD 可用于测量半结晶聚合物的结晶度，得到的结晶度是质量结晶度。X

射线衍射强度曲线中尖锐的衍射峰来自晶区的衍射，宽的弥散峰来自无定形区的衍射。一般用峰拟合的方法将衍射强度曲线中晶区和无定形区相应的信号分离，计算结晶度。常用的计算公式如下：

$$X_{\text{X-ray}} = \frac{I_{\text{C}}}{I_{\text{C}} + KI_{\text{a}}}$$

式中，I_{C} 是晶区衍射峰的总面积；I_{a} 是无定形区的弥散峰的总面积；K 为校正因子。在采用广角 X 射线衍射数据计算结晶度的过程中，研究者们提出了多种数据处理方法，包括不同的分峰方法和采用不同的 K 值，需要根据所研究的体系选择适合的方法[189]。

小角 X 射线散射广泛用于高分子凝聚态结构的表征[190]，可用于测定半结晶聚烯烃的片晶厚度、界面层厚度、长周期等。长周期是沿片晶法线方向相邻片晶之间的非晶区（包括无定形区和界面）厚度和片晶厚度之和。半结晶聚烯烃的晶区和非晶区的电子密度有差异，造成 X 射线在小角度散射。如果片晶厚度和长周期均匀分布，则有散射干涉现象，散射强度曲线会呈现较锐利的峰；如果片晶厚度和长周期分布不均匀，散射曲线仅出现肩峰。由 SAXS 数据计算长周期有三种方法：Bragg 方法、Lorentz 修正法以及相关函数法[191]。采用 Bragg 方法和 Lorentz 修正法可直接计算长周期，再结合半结晶聚烯烃的结晶度数据可计算片晶的厚度。相关函数法是由一维电子密度相关函数（沿片晶表面法线方向）计算半结晶聚烯烃的片晶厚度、界面层厚度和长周期等参数[192]。相关函数法和 Porod 法可用于计算结晶聚合物过渡层的厚度。赵辉等的研究表明，修正的 Porod 定律是计算结晶聚合物的过渡层厚度的有效方法之一[193-195]。片晶的取向显著影响聚烯烃薄膜的力学性能和阻隔性能[196,197]，由 SAXS 数据，根据 Herman's 取向方程，可以得到片晶的取向因子 f[174,198]：

$$f = \frac{1}{2}(3\langle \cos^2 \phi \rangle - 1)$$

$$\langle \cos^2 \phi \rangle = \frac{\int_0^{\frac{\pi}{2}} I(\phi) \sin \phi \cos^2 \phi \mathrm{d}\phi}{\int_0^{\frac{\pi}{2}} I(\phi) \sin \phi \mathrm{d}\phi}$$

式中，$\langle \cos^2 \phi \rangle$ 为取向参数；$I(\phi)$ 为随方位角变化的片晶的散射强度。

二、小角激光光散射

小角激光光散射法能够有效地测量光学显微镜难以辨认的小球晶尺寸，通过光散射形成的图案可推测球晶的完善程度和取向等[199-201]。在对聚烯烃薄膜类样品观测时，由于薄膜表面的凹凸结构会对入射光产生较强的散射，需要将白油充分浸润薄膜的两个表面后再进行光散射观测（图 2-20）。图 2-20（b）的"四叶瓣"结构并不是互成 90° 的夹角，而是约 65° 的夹角，说明该薄膜的球晶存在一定的择优取向。球晶尺寸可通过下式计算得到：

$$R = \frac{4.09\lambda}{4\pi\sin\dfrac{\theta_{m}}{2}}$$

式中，R 是球晶尺寸；λ 是入射激光的波长；θ_{m} 是入射光与最强散射光之间的夹角（其正切为散射图案正中心到四叶草花瓣的最亮处的距离除以试样到检测器底片的垂直距离）。

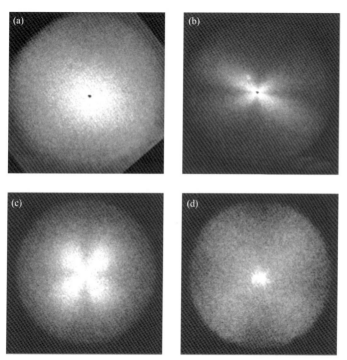

图2-20　三种聚乙烯薄膜的光散射图案（HV）[200]
（a）中未消除薄膜表面结构的干扰

三、电子显微镜

扫描电子显微镜（scanning electron microscope，SEM）和透射电子显微镜

（transmission electron microscope，TEM）常用来观察半结晶聚烯烃材料的形态结构[202-204]。SEM 采用聚焦的高能量电子束对样品表面进行线扫描，样品表层经电子束轰击后会产生二次电子、背散射电子以及 X 射线等，由相应的探测器收集后可以用来对材料表面成像，最常用的是二次电子的成像。由于扫描的电子束会穿透样品一定深度，二次电子在一个类似梨状的区域产生，又由于二次电子能量较低，只有接近表面的二次电子可以逸出被探测器接收，因此表面起伏处逸出的二次电子数会显著多于表面平坦的地方，由此形成反差对材料表面形貌成像（图 2-21）。原子序数高的元素会产生较多的二次电子，因此在样品表面的无机填料以及部分含金属元素的助剂常表现出较强的反差。由于原子序数高的元素可以造成更多的背散射电子，因此背散射电子可用来对原子序数相差较大的化学成分成像。另外样品表层受电子束轰击后可释放出与组成元素相关的特征 X 射线，收集并分析这些特征 X 射线，可确认材料表面的元素以及元素的分布。

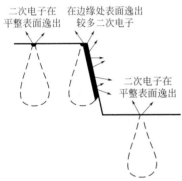

图2-21　样品表面起伏对二次电子逸出影响[204]

　　采用环境扫描电镜可直接观察样品表面，或者对样品表面溅射薄薄一层导电金属后，可采用常规扫描电镜观测聚烯烃粉粒、纤维以及块状制品的尺寸、形状和表面的形貌等。对不易分散的粉粒可以配成悬浮液，借助超声波可帮助其分散。可以采用低温超薄切片机切削出光滑的表面，用刻蚀的方法消除一部分组分，形成扫描电镜可以成像的表面形貌，借以推测内部的结构。例如，可采用高锰酸钾溶液刻蚀抗冲聚丙烯样品表面，然后用扫描电镜观察抗冲聚丙烯橡胶相形态。本书作者团队[162]采用这种方法观测了一种混配了高密度聚乙烯的抗冲聚丙烯材料的形态结构，由刻蚀后的表面所观察到的凹坑结构推测分散相为明显的芯-壳结构，且随着高密度聚乙烯的加入，分散相沿流动方向形成了更大程度的取向（图 2-22）。采用这种方法，也可以观测到在分散相内部包含的聚乙烯的片晶（图 2-23），通过高锰酸钾刻蚀样品表面，还可以同步观测到抗冲聚丙烯基体相的片晶[205]。

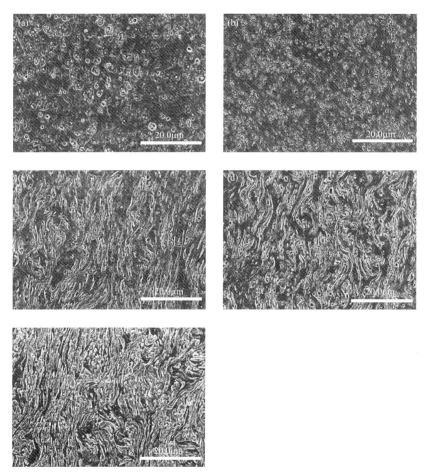

图2-22 一种抗冲聚丙烯改性材料分散相形貌的扫描电镜照片[162] [水平方向为样品厚度方向，垂直方向为熔体流动方向，（a）～（e）HDPE含量（质量分数）分别为5.0%、11.5%、20.6%、30.0%、40.0%，高锰酸钾溶液刻蚀]

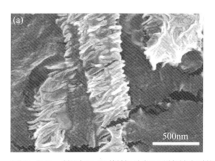
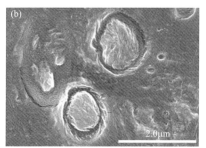

图2-23 抗冲聚丙烯橡胶相形貌的扫描电镜照片[162]
（芯-壳结构，高锰酸钾刻蚀）

TEM 是将有一定孔径角和强度的高能量电子束平行地投影到样品上，试样各微区的厚度、原子序数、晶体结构或晶体取向不同造成了穿过试样可用于成像的电子束强度不同，因而在接收荧光屏上显现出暗亮的差别，借此可表征试样的特征结构。TEM 的分辨率主要受电子束波长以及光学成像系统所限制，如果采用极短波长的电子束，加速电压在 100～200kV，可达到的极限分辨率为 0.2～0.3nm。由于电子束穿透样品的能力很弱，因此 TEM 样品常常是很薄的薄片。TEM 常通过质厚衬度（质量厚度衬度）成像，质量厚度为薄片试样的下表面单位面积以上的柱体的质量。质量厚度数值较大的部分对电子的吸收散射作用强，造成电子散射到光栏以外的要多，对应图像的暗区；反之，质量厚度数值小的部分则对应图像的亮区。半结晶聚烯烃材料的晶区和非晶区的质厚差异很小，通过染色方法增加质厚衬度，能够更清晰地观察到晶区和非晶区的形态结构。常用的染色试剂有氯磺酸/四氧化锇、氯磺酸/醋酸双氧铀和四氧化钌。四氧化锇或醋酸双氧铀染色需要用氯磺酸对样品预处理，非晶区的材料首先与氯磺酸作用，然后与四氧化锇发生反应，最终提高非晶区的质量厚度，使非晶区与晶区在成像时可产生较大的反差。图 2-24 是采用氯磺酸/四氧化锇对高密度聚乙烯的超薄样品染色后，用透射电镜得到的质厚衬度像，图中亮色的条纹是侧立（edge-on）片晶的像[204]。可以看到这个高密度聚乙烯样品生成了大量的较长的片晶。需要注意的是，图像中模糊的区域来自于平躺（flat-on）的片晶。四氧化钌染色是利用四氧化钌在晶区和非晶区的扩散渗透能力不同，将四氧化钌渗透到非晶区，从而增加非晶区的质量厚度。图 2-25 为聚丙烯样品经较高温度下等温结晶和此后的降温过程所生成的两组不同厚度的片晶经四氧化钌染色后的透射电镜照片，借助钌化合物染色提高了图像衬度[206]。

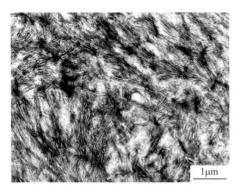

1μm

图2-24 透射电镜观察到的高密度聚乙烯相结构[204]
[超薄切片，氯磺酸/四氧化锇染色，亮区为片晶，暗区为非晶区（无定形区）]

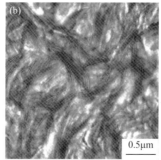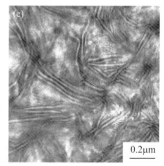

图2-25 聚丙烯样品片晶的透射电镜照片[206]

（将PP样品修整为梯形块，浸入RuCl$_3$的次氯酸钠水溶液数小时，然后在低温下超薄切片，侧立的片晶为条形亮色）

对于半结晶的聚烯烃材料，透射电镜另一个常用的成像方法是衍射衬度成像。晶区的有序结构对电子束有较强的衍射，从而在成像时与非晶区（无定形区）可形成明暗反差，样品不用染色，超薄切片可直接用于电镜观察。衍射衬度成像可以避免超薄切片制样时刀痕等人为缺陷的干扰，另外还可得到电子衍射图案，推测晶胞结构以及片晶的择优取向。用 γ 射线辐照聚乙烯样品，可以造成非晶区的分子链段发生交联，利用这一特性对聚乙烯样品在不同的温度辐照，部分较薄的片晶先熔融且经辐照发生了交联，降温过程中便不再结晶，使得样品中只留下了还未熔融的较厚的片晶，再通过染色可以观察到样品中不同厚度的片晶并了解其熔融过程。

四、原子力显微镜

原子力显微镜（atomic force microscope，AFM）是采用机械探针扫描样品表面，利用探针与样品的相互作用探测样品的形态结构。不同于电子显微镜对测试环境的苛刻要求，原子力显微镜可以在不同的温度以及真空、液体等环境条件下探测样品的结构，且能够提供纳米级的分辨率。原子力显微镜可获得样品表面高度的分布，得到样品表面的三维形貌。在针尖扫描过程中可以采集悬臂梁的挠度、震动频率或相位等参数的变化探测样品局部的特性，如摩擦力、附着力、刚度、热性能、电性能和磁性能等。可以说原子力显微镜同步结合了表面成像和材料微区性质的探测。

原子力显微镜的成像模式主要有接触模式、非接触模式和敲击模式。接触模式的针尖与样品表面始终接触，横向分辨率高，可用来做高分辨甚至原子级成像。但由于扫描过程中针尖与样品表面的相互作用力较大，容易划伤样品，因此较少用于聚烯烃的形态表征。非接触模式的针尖始终不接触样品表面，不损伤样品表面，适用于软物质样品，但往往需要在真空或溶液环境中操作，限制了常规条件下的应用。在聚烯烃形态表征中，最常用到的是敲击模式，敲击模式结合了接触模式分辨率高和非接触模式对样品损害小的优点，针尖周期性敲击样品表面，通过采集微悬臂振动的驱动相位角和实际相位角之差，可探测样品表面的材料组成的变化。探针悬臂梁的振幅、悬臂梁的刚度、样品的刚度和附着力、针尖的形状、针尖对样品的穿透力以及样品的黏弹性等许多因素都会影响到敲击模式中针尖和样品的相互作用，对结果的分析需要仔细辨析这些因素的影响[207-209]。

采用 AFM 在敲击模式下可以观察到聚烯烃片晶的形态，要求样品表面尽可能平整，一般不需要染色或刻蚀。可通过溶液旋涂或用云母等表面平整的模片热压制备 AFM 的样品，在一定的温湿度条件下进行探测，因此 AFM 能用于在高分辨率下原位研究片晶的生长过程[210-213]。AFM 也可用于观察聚烯烃本体的结构，可通过冷冻切片暴露内部结构，得到平整的表面后，直接在原子力显微镜下观察。图 2-26 是本书作者团队采用原子力显微镜在敲击模式下观察到的聚丙烯釜内合金中分散相的形态，其结果表明，即使抗冲聚丙烯的乙烯含量和橡胶相含量（以二甲苯可溶物含量计）接近，橡胶分散相的形态也可能会有明显的差异[163]。

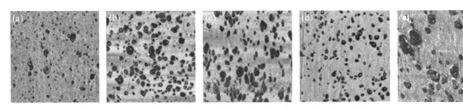

图2-26 抗冲聚丙烯多相结构的原子力显微镜照片[163]
（采用 DI Nano Scope Ⅲa. 敲击模式，图像扫描范围20μm×20μm。注射模塑制样，−50℃经超薄切片暴露本体结构）
（a）样品1：乙烯含量5.1%，二甲苯可溶物含量15.0%；（b）样品2：乙烯含量11.6%，二甲苯可溶物含量26.6%；
（c）样品3：乙烯含量11.9%，二甲苯可溶物含量26.2%；（d）样品4：乙烯含量5.6%，二甲苯可溶物含量16.6%；
（e）样品5：乙烯含量9.0%，二甲苯可溶物含量20.8%。各组分含量皆为质量分数

五、同步辐射光源

高亮度的同步辐射光源给科学研究带来了高空间分辨、高能量分辨和高时间分辨[214]。在实际的塑料制品加工过程中，聚烯烃树脂常常经数秒即可由熔体冷却成型为制品，由于实验室所用的光源（X 射线、红外线等）强度有限，常用的光学探测器无法在极短时间内获得足够的测量信号跟踪聚烯烃形态的快速演变，需要利用高亮度的同步辐射光才能原位跟踪聚烯烃形态在接近实际加工条件的环境中的演化[215-217]。

利用同步辐射光源研究聚烯烃形态结构演变，需要在光源地搭建合适的实

验装置，组建实验站。例如，将狭缝毛细管流变仪与同步辐射 X 射线散射装置组合［图 2-27（a）］[218]，在瞬态剪切条件下（剪切持续时间 0.2 ～ 0.25s）测量了等规聚丙烯在 145℃下的黏度和形态结构的变化。使用的 SAXS 和 WAXD 分别采用了 Pilatus 1M 探测器和 Pilatus 300K 探测器，探测器在 1s 内拍摄了 30 帧图像。实验发现，当（表观）剪切速率≥400s⁻¹ 时，在剪切期间就生成了纤维晶。图 2-27（b）为剪切速率为 400s⁻¹（剪切持续时间 0.25s）时聚丙烯形态在 0.40s 期间的演变图像。由图可以看到纤维晶在剪切开始后 0.23s 开始生长。将吹膜装置和同步辐射光源的小角和广角 X 射线散射（SAXS 和 WAXD）相结合［图 2-28（a）］[219]，通过 SAXS 和 WAXD 观察到聚乙烯在挤出吹膜过程中从挤出模口至霜线的上部有四个不同结构特征的区域［图 2-28（b）］。在 I 区，聚乙烯缠结网络经冷却和拉伸生成了前体和晶体结构。之后，在 I 区和 II 区的交界处形成了可变形的晶体交联网络，在 II 区的流动进一步使晶体交联网络变形，从而生成高取向的晶体。

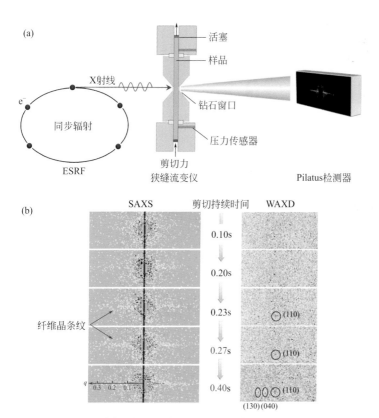

图2-27 原位同步辐射X射线散射装置与狭缝毛细管流变仪组合示意图（a）和等规聚丙烯（M_w=365kg/mol，M_w/M_n=5.4）在剪切期间和剪切后的SAXS和WAXD图（b）[218]

（145℃，剪切速率为400s⁻¹，剪切持续时间0.25s，剪切结束后的时间用红色数字标记，纵向为流动方向）

随着区域Ⅱ结晶度的增加，可变形晶体交联网络在霜线（Ⅱ区和Ⅲ区交界）处转变为不可变形的结晶骨架，从而稳定了气泡并阻止了膜泡的进一步变形。在Ⅲ区和Ⅳ区，结晶速度变慢，结晶逐渐填满结晶骨架以及样品的全部。实验还发现，增加牵引比不影响可变形晶体交联网络形成时的临界结晶度（大约2.5%），但牵引比的变化影响霜线处的结晶度。由此，Zhang等指出临界结晶度主要由聚乙烯分子参数控制，而霜线处的结晶度则由加工参数和聚乙烯分子参数共同决定。微调Ⅱ区的结构演变有可能提高聚乙烯吹塑薄膜的力学和光学性能[219]。

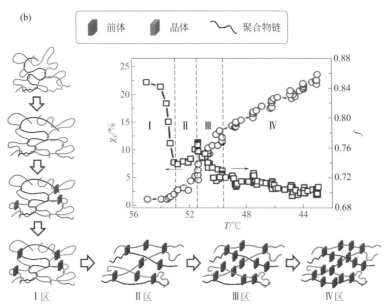

图2-28　原位同步辐射X射线散射装置与吹膜仪组合示意图（a）和聚乙烯吹膜过程中结构的演变（b）[219]

借助高亮度的同步辐射光能够使 X 射线束聚焦为直径低至 100nm 的光斑（微区同步辐射 X 射线衍射），从而实现对微晶高空间分辨的原位测量[220]。

同步辐射红外显微技术可用于研究聚烯烃的化学组成在材料中的分布。与使用白炽光源比较，使用同步辐射光的红外信噪比可高出 3 个数量级[221,222]，同步辐射红外显微分析可实现更高的空间分辨率，并用于红外信号较弱的场合（如较薄的样品）的分析。

参考文献

[1] Monrabal B. Polyolefin characterization: Recent advances in separation techniques[M] //Kamininsky W. Polyolefins:50 years after Ziegler and Natta I, polyethylene and polypropylene. Berlin Heidelberg: Springer-Verlag, 2013: 203-251.

[2] 何平笙. 新编高聚物的结构与性能 [M]. 北京：科学出版社，2009: 538-581.

[3] 罗春霞，侯家祥，张龙贵，等. 场流分离技术在聚合物相对分子质量分布及微粒分布测定中的应用 [J]. 石油化工，2012, 41(1): 9-18.

[4] Malik M I,Pasch H. Field-flow fractionation: New and exciting perspectives in polymer analysis[J]. Progr Polym Sci, 2016,63:42-85.

[5] Mes E P C, de Jonge H, Klein T, et al. Characterization of high molecular weight polyethylenes using high temperature asymmetrical flow field-flow fractionation with on-line infrared, light scattering, and viscometry detection[J]. J Chromatogr A, 2007, 1154: 319-330.

[6] Monrabal B, del Hierro P, Roig A. Improvements in the sample preparation of polyolefins to prevent polymer degradation prior to GPC/SEC and CEF analysis//Proceedings 4th international conference on polyolefin characterization[C].Houston, 2012.

[7] 郭梅芳. 用于热水管材的丙烯 - 乙烯无规共聚 (PPR) 树脂结构多分散性的表征 [D]. 北京：北京理工大学，2005.

[8] Huang H, Guo M, Wei D,et al. Direct comparison of IR and DRI detector for HT-GPC of polyolefins[J]. Macromol Symp, 2015, 356: 95-109.

[9] Yau W. Examples of using 3D-GPC-TREF for polyolefin characterization[J]. Macromol Symp, 2007, 257: 29-45.

[10] Suárez I, Coto B. Determination of long chain branching in PE samples by GPC-MALS and GPC-VIS: Comparison and uncertainties[J].European Polymer Journal, 2013,49:492-498.

[11] Pathaweeisariyakul T, Narkchamnan K, Thitisuk B, et al. Methods of long chain branching detection in PE by triple-detector gel permeation chromatograph[J]. J Appl Polym Sci, 2015, 132(28): 42222.

[12] Cangussu M E,de Azeredo A P, Simanke A G, et al. Characterizing long chain branching in polypropylene[J]. Macromol Symp, 2018, 377: 1700021.

[13] Luruli N. Repeatability and reproducibility of sample preparation and analysis in high-temperature SEC[R] // Phase 1: IUPAC SEC/GPC round robin project report. IUPAC Secretariat, Research Triangle Park, USA, 2010: 1-45.

[14] Bruessau R J. Experiences with interlaboratory GPC experiments[J]. Macromol Symp, 1996,110:15-32.

[15] D'Agnillo L, Soares J B P, Penlidis A. Round-robin experiment in high-temperature gel permeation chromatography[J]. Journal of Polymer Science. Part B: Polymer Physics, 2002,40: 905-921.

[16] Boborodea A, Mirabella F M, O'Donohue S. Characterization of low-density polyethylene in dibutoxymethane by high-temperature gel permeation chromatography with triple detection[J]. Chromatographia,2016,79: 971-976.

[17] Popovici S T,Schoenmakers P J. Fast size-exclusion chromatography -theoretical and practical considerations[J]. J Chromatogr A, 2005,1099: 92-102.

[18] Otte T, Brüll R, Mackoa T, et al.Optimisation of ambient and high temperature asymmetric flow field-flow fractionation with dual/multi-angle light scattering and infrared/refractive index detection[J].Journal of Chromatography A, 2010,1217:722-730.

[19] Otte T, Pasch H, Macko T, et al. Characterization of branched ultrahigh molar mass polymers by asymmetrical flow field-flow fractionation and size exclusion chromatography[J]. J Chromatogr A, 2011,1218:4257-4267.

[20] Zeichner G R, Patel P D. A comprehensive evaluation of polypropylene melt rheology[C]. Montreal: Second World Congress of Chemical Engineering, 1981.

[21] Yoo H J. MWD determination of ultra high MFR polypropylene by melt rheology[J]. Adv Polymer Technol, 1994, 13(3): 201-205.

[22] Andreassen E. Infrared and Raman spectroscopy of polypropylene[M] //Karger-Kocsis J. Polypropylene: An A-Z reference. Germany: Kluwer Academic Publishers,1999:320-328.

[23] 张雅茹，于鲁强，杨芝超. 红外光谱法测定聚丙烯的等规度 [J]. 石油化工，2014, 43(11): 1331-1335.

[24] Hagemann H, Snyder R G, Peacock A J. et al. Quantitative infrared methods for the measurement of crystallinity and its temperature dependence: Polyethylene[J]. Macromolecules, 1989, 22: 3600-3606.

[25] US-ANSI. Test Method for Methyl(Comonomer)Content in Polyethylene by Infrared Spectrophotometry: ASTM D6645-2001[S].

[26] Blitz J P, McFaddin D C. The characterization of short chain branching in polyethylene using Fourier transform infrared spectroscopy[J]. Journal of Applied Polymer Science, 1994,51:13-20.

[27] 洪定一. 聚丙烯—原理、工艺与技术：第四章　结构与性能 [M]. 北京：石油化工出版社，2011.

[28] Busico V, Cipullo R. Microstructure of polypropylene [J]. Progress in Polymer Science, 2001,(3):443-533.

[29] Tiegs B J, Sarkar S,Condo A M, et al. Rapid determination of polymer stereoregularity using band-selective 2D HSQC[J]. ACS Macro Lett, 2016,5:181-184.

[30] Randall J C. A review of high resolution liquid [13]Carbon nuclear magnetic resonance characterizations of ethylene-based polymers[J]. J Macromol Sci Rev Macromol Chem Phys, 1989, 29(2&3):201-317.

[31] Hou L, Fan G, Guo M, et al. An improved method for distinguishing branches longer than six carbons (B_{6+}) in polyethylene by solution ^{13}C NMR[J]. Polymer,2012, 53:4329-4332.

[32] Hou L, Wang W, Sheng J, et al. Synthesis and ^{13}C-NMR analysis of an ethylene copolymer with 9-decen-1-ol[J]. RSC Advances, 2015, 5: 98929-98933.

[33] Grant D M, Paul E G. Carbon-13 magnetic resonance. Ⅱ. Chemical shift data for the alkanes[J]. J Am Chem Soc, 1964, 86: 2984-2990.

[34] Cheng H. ^{13}C NMR analysis of ethylene-propylene rubbers[J]. Macromolecules, 1984, 17:1950-1955.

[35] Sahoo S K, Zhang T, Reddy D V,et al.Multidimensional NMR studies of poly(ethylene-co-1-butene) microstructures[J]. Macromolecules, 2003, 36: 4017-4028.

[36] Seger M,Maciel G. Quantitative ^{13}C NMR analysis of sequence distributions in poly(ethylene-co-1-hexene)[J]. Anal Chem, 2004, 76: 5734-5747.

[37] Liu W, Rinaldi P L, McIntosh L H, et al. Poly(ethylene-co-1-octene) characterization by high-temperature multidimensional NMR at 750 MHz[J]. Macromolecules, 2001,34: 4757-4767.

[38] Qiu X, Redwine D, Gobbi G, et al. Improved peak assignments for the ^{13}C NMR spectra of poly(ethylene-co-1-octene)s[J]. Macromolecules, 2007, 40: 6879-6884.

[39] De Pooter M, Smith P B, Dohrer K K, et al. Determination of the composition of common linear low density polyethylene copolymers by ^{13}C-NMR spectroscopy[J]. J Appl Polym Sci, 1991, 42: 399-408.

[40] Hsieh E T, Randall J C. Monomer sequence distributions in ethylene-l-hexene copolymers[J].Macromolecules, 1982, 15:1402-1406.

[41] Zhou Z, Stevens J C. Klosin J, et al. NMR study of isolated 2,1-inverse insertion in isotactic polypropylene[J]. Macromolecules, 2009, 42: 2291-2294.

[42] Busico V, Cipullo R, Friederichs N,et al. ^{1}H NMR analysis of chain unsaturations in ethene/1-octene copolymers prepared with metallocene catalysts at high temperature[J]. Macromolecules, 2005, 38: 6988-6996.

[43] Zhou Z, Kümmerle R,Stevens J C,et al. ^{13}C NMR of polyolefins with a new high temperature 10mm cryoprobe[J], J Magnetic Resonance, 2009,200: 328-333.

[44] Wild L. Temperature rising elution fraction. Separation techniques thermodymamics liquid crystal polymers[M]. Berlin Heidelberg: Springer-Verlag, 1991.

[45] Wild L, Blatz C.Development of high performance tref for polyolefin analysis[M] //Chung T C. New advances in polyolefins. New York: Plenum Press,1993:147-157.

[46] Xu J,Feng L. Review article:Application of temperature rising elution fractionation in polyolefin[J]. European Polymer Journal, 2000, 36:867-878.

[47] Kakugo M, Miyatake T, Mizunuma K, et al. Characteristics of ethylene-propylene and propylene-1-butene copolymerization over $TiCl_3 \cdot \frac{1}{3} AlCl_3$-$Al(C_2H_5)_2Cl$[J]. Macromolecules,1988, 21(8): 2309-2313.

[48] Liu Y,Bo S, Zhu Y,et al. Studies on the intermolecular structural heterogeneity of a propylene-ethylene random copolymer using preparative temperature rising elution fractionation[J]. Journal of Applied Polymer Science, 2005, 97: 232-239.

[49] de Goede E, Mallon P, Pasch H. Fractionation and analysis of an impact poly(propylene) copolymer by TREF and SEC-FTIR[J]. Macromol Mater Eng, 2010, 295:366-373.

[50] Xue Yanhu, Fan Yandi, Bo Shuqin, et al. Characterization of the microstructure of impact polypropylene alloys by preparative temperature rising elution fractionation[J]. European Polymer Journal, 2011, 47: 1646-1653.

[51] Cheruthazhekatt S,Pijpers T F J,Harding G W,et al. Multidimensional analysis of the complex composition of impact polypropylene copolymers: Combination of TREF, SEC-FTIR-HPer DSC, and high temperature 2D-LC[J]. Macromolecules, 2012,45:2025-2034.

[52] Wang W-J, Kolodka E, Zhu S,et al. Temperature rising elution fractionation and characterization of ethylene/octene-1 copolymers synthesized with constrained geometry catalyst[J].Macromol Chem Phys, 1999,200: 2146-2151.

[53] Xu J, Feng L, Yang S,et al.Influence of electron donors on the tacticity and the composition distribution of propylene-butene copolymers produced by supported Ziegler-Natta catalysts[J]. Macromolecules, 1997, 30: 7655-7660.

[54] Feng Y, Hay J N. The characterisation of random propylene-ethylene copolymer[J]. Polymer, 1998, 39(25):6589-6596.

[55] Morini G, Albizzati E, Balbontin G, et al. Microstructure distribution of polypropylenes obtained in the presence of traditional phthalate/silane and novel diether donors: A tool for understanding the role of electron donors in $MgCl_2$-supported Ziegler-Natta catalysts[J]. Macromolecules, 1996, 29:5770-5776.

[56] Wild L, Ryle T R, Knobeloch D C, et al. Determination of branching distributions in polyethylene and ethylene copolymers[J]. J Poly Sci: Poly Phys Ed, 1982, 20:441-455.

[57] 黄红红，魏东，郭梅芳. 结晶分级和分析型升温淋洗分级表征聚烯烃 [J]. 石油化工，2010, 39(10):1166-1170.

[58] Anantawaraskul S, Soares J B P, Wood-Adams P M. Fractionation of semicrystalline polymers by crystallization analysis fractionation and temperature rising elution fractionation[J]. Adv Polym Sci, 2005,182: 1-54.

[59] 琼 R，帕罗特 A，霍利斯 C，等，具有减少的共结晶的聚合物的色谱法：CN107923883B[P]. 2021-02-12.

[60] Ren M,Chen X, Sang Y, et al. Effect of heterogeneous short chain branching distribution on acceleration or retardation of the rate of crystallization from melts of ethylene copolymers synthesized with Ziegler-Natta catalysts[J]. Macromol Symp, 2015, 356:131-141.

[61] 王重，李旭日，王良诗，等．TREF 在抗冲共聚聚丙烯研究中的应用 [J]. 高分子材料科学与工程，2008, 24(6):5-8.

[62] Monrabal B. Method for separating and purifying crystallizable organic compounds: US 8071714B2[P].2011-12-06.

[63] Monrabal B, Romero L, Mayo N, et al.Advances in crystallization elution fractionation[J]. Macromol Symp, 2009, 282:14-24.

[64] Monrabal B, Sancho-Tello J, Mayo N, et al. Crystallization elution fractionation. A new separation process for polyolefin resins[J]. Macromol Symp, 2007, 257: 71-79.

[65] Monrabal B. Crystallization analysis fractionation: US5222390[P]. 1991-09-20.

[66] 魏东，罗航宇，殷旭红，等．用结晶分级仪快速表征聚烯烃树脂的分子链结构 [J]. 石油化工，2004, 33(11):1080-1082.

[67] Nieto J, Oswald T, Blanco F, et al. Crystallizability of ethylene homopolymers by crystallization analysis fractionation[J].Journal of Polymer Science. Part B: Polymer Physics, 2001, 39:1616-1628.

[68] Anantawaraskul S, Soares J B P , Wood-Adams P M. Effect of operation parameters on temperature rising elution fractionation and crystallization analysis fractionation[J]. Journal of Polymer Science. Part B: Polymer Physics, 2003,41:1762-1778.

[69] Somnukguande P, Anantawaraskul S, Soares J B P.Effect of chain microstructure and cooling rate on crystaf calibration curves: An experimental study[J]. Macromol Symp, 2012, 312: 191-196.

[70] Santonja-Blasco L,Monrabal B. Assessment of the cocrystallization of ethylene/1-octene copolymer blends by crystaf and TREF[J]. Macromol Symp, 2020, 390:1900123.

[71] Meunier D M, Wade J H, Janco M, et al. Recent advances in separation-based techniques for synthetic polymer characterization[J]. Analytical Chemistry, 2021, 93:273-294.

[72] Macko T, Pasch H. Separation of linear polyethylene from isotactic, atactic, and syndiotactic polypropylene by high-temperature adsorption liquid chromatography[J]. Macromolecules, 2009, 42:6063-6067.

[73] Brunel F, Boyron O, Clement A, et al. Molecular dynamics simulation of ethylene/hexene copolymer adsorption onto graphene: New insight into thermal gradient interaction chromatography[J]. Macromol Chem Phys, 2019, 220:1800496.

[74] Macko T, Brüll R, Alamo R G, et al.Analysis of different ethylene copolymers by interaction chromatography on a Hypercarb column[J]. Anal Bioanal Chem, 2011,399:1547-1556.

[75] Miller M D, de Groot W, Lyons J W, et al. Separation of polyolefins based on comonomer content using high-temperature gradient adsorption liquid chromatography with a graphitic carbon column[J]. J Appl Polym Sci, 2012,

123:1238-1244.

[76] Ndiripo A, Albrecht A, Monrabal B, et al. Chemical composition fractionation of olefin plastomers/elastomers by solvent and thermal gradient interaction chromatography[J].Macromol Rapid Commun, 2018, 39: 1700703.

[77] Macko T, Brüll R, Alamo R G, et al. Separation of propene/1-alkene and ethylene/1-alkene copolymersby high-temperature adsorption liquid chromatography[J]. Polymer, 2009,50: 5443-5448.

[78] Mekap D, Macko T, Brüll R, et al. One-step method for separation and identification of n-alkanes/oligomers in HDPE using high-temperature high-performance liquid chromatography[J]. Macromolecules, 2013,46: 6257-6262.

[79] Macko T,Brüll R, Zhu Y, et al. A review on the development of liquid chromatography systems for polyolefins[J]. J Sep Sci, 2010, 33: 3446-3454.

[80] de Groot A W, Gillespie D,Cong R, et al. Molecular structural characterization of polyethylene[M] //Spalding M A, Chatterjee A M. Handbook of industrial polyethylene and technology. Beverly, MA: Scrivener Publishing LLC,2017.

[81] Lee D, Li C P S, Meunier D M, et al. Toward absolute chemical composition distribution measurement of polyolefins by high-temperature liquid chromatography hyphenated with infrared absorbance and light scattering detectors[J]. Anal Chem, 2014,86:8649-8656.

[82] Cong R, de Groot A W, Parrott A, et al. A new technique for characterizing comonomer distribution in polyolefins: High-temperature thermal gradient interaction chromatography (HT-TGIC)[J]. Macromolecules, 2011,44: 3062-3072.

[83] 张京春，郭梅芳. 表征聚乙烯化学组成分布的热梯度相互作用色谱技术的综述 [J]. 石油化工，2013，42(4):463-467.

[84] Monrabal B,Mayo N,Cong R. Crystallization elution fractionation and thermal gradient interaction chromatography, techniques comparison[J]. Macromol Symp, 2012, 312:115-129.

[85] Ndiripo A,Albrecht A,Pasch H. Advanced liquid chromatography of polyolefins using simultaneous solvent and temperature gradients[J]. Anal Chem, 2020, 92(10): 7325-7333.

[86] Cong R,Cheatham M,Hollis C,et al. Fabrication of graphene-coated silica particles for polymer chromatography to quantify chemical composition distribution of polyolefin materials[J].Macromolecules,2021, 54: 7140-7146.

[87] Al-Khazaal A Z, Soares J B P. Characterization of ethylene/α-olefin copolymers using high-temperature thermal gradient interaction chromatography[J]. Macromol Chem Phys, 2014, 215: 465-475.

[88] Arndt J-H,Brüll R,Macko T,et al. Characterization of the chemical composition distribution of polyolefin plastomers/elastomers (ethylene/1-octene copolymers) and comparison to theoretical predictions[J]. Polymer,2018, 156:214-221.

[89] Plüschke L,Ndiripo A,Mundil R,et al. Unraveling multiple distributions in chain walking polyethylene using advanced liquid chromatography[J]. Macromolecules, 2020, 53:3765-3777.

[90] Ndiripo A, Pasch Harald. A multidimensional fractionation protocol for the oligomer analysis of oxidized waxes[J].Analytica Chimica Acta, 2018,1027:137-148.

[91] Mekap D, Malz F, Brüll R, et al. Studying the interactions of polyethylene with graphite in the presence of solvent by high temperature thermal gradient interactive chromatography, thermal gradient nuclear magnetic resonance spectroscopy and solution differential scanning calorimetry[J]. Macromolecules, 2014, 47: 7939-7946.

[92] Monrabal B, López E, Romero L. Advances in thermal gradient interaction chromatography and crystallization techniques for composition analysis in polyolefins[J]. Macromol Symp, 2013,330: 9-21.

[93] Brunel F, Boyron O, Clement A,et al. Molecular dynamics simulation of ethylene/hexene copolymer adsorption onto graphene: New insight into thermal gradient interaction chromatography[J]. Macromol Chem Phys, 2019, 220:

1800496.

[94] 何曼君，陈维孝，董西侠. 高分子物理 [M]. 修订版. 上海：复旦大学出版社，1999:191-194.

[95] Hosoda S. Structural distribution of linear low-density polyethylenes[J]. Polymer Journal,1988, 20(5): 383-397.

[96] Hsieh E T,Tso C C,Byers J D,et al.Intermolecular structural homogeneity of metallocene polyethylene copolymers[J].Journal of Macromolecular Science. Part B: Physics,1997,36(5): 615-628.

[97] Li P,Xue Y,Wu X,Sun G,et al. Microstructure characterization of one high-speed extrusion coating polyethylene resin fractionated by solvent gradient fractionation[J]. Journal of Polymer Research, 2018,25:113.

[98] Xue Y,Shi L,Liu W,et al. Solvent gradient fractionation of polybutene-1 resin and its molecular weight dependency of Form Ⅱ to Ⅰ transformation[J]. Polymer, 2020, 198:122536.

[99] 郭梅芳，张京春，黄红红，等. 溶剂梯度淋洗法表征无规共聚聚丙烯管材专用树脂 [J]. 石油化工，2005, 34(2):173-175.

[100] Tang Y, Ren M, Hou L, et al. Effect of microstructure on soluble properties of transparent polypropylene copolymers[J]. Polymer, 2019, 183:121869.

[101] Ortin A, Monrabal B, Sancho-Tello J. Development of an automated cross-fractionation apparatus (TREF-GPC) for a full characterization of the bivariate distribution of polyolefins[J]. Macromol Symp, 2007, 257:13-28.

[102] Ginzburg A,Macko T,Dolle V,et al. Characterization of polyolefins by comprehensive high-temperature two-dimensional liquid chromatography (HT 2D-LC)[J].European Polymer Journal, 2011, 47:319-329.

[103] Nakano S,Goto Y. Development of automatic cross fractionation: Combination of crystallizability fractionation and molecular weight fractionation[J]. J Appl Polym Sci, 1981, 26:4217-4231.

[104] Ortin A, Monrabal B, Sancho-Tello J. Development of an automated cross-fractionation apparatus (TREF-GPC) for a full characterization of the bivariate distribution of polyolefins[J]. Macromol Symp, 2007,257: 13-28.

[105] Lee D,Miller M D,Meunier D M,et al.Development of high temperature comprehensive two-dimensional liquid chromatography hyphenated with infrared and light scattering detectors for characterization of chemical composition and molecular weight heterogeneities in polyolefin copolymers[J]. Journal of Chromatography A, 2011, 1218: 7173-7179.

[106] Roy A,Miller M D,Meunier D M,et al.Development of comprehensive two-dimensional high temperature liquid chromatography×gel permeation chromatography for characterization of polyolefins[J]. Macromolecules, 2010,43: 3710-3720.

[107] Ren M,Chen X,Sang Y,Alamo R G. Comparative effects on recrystallization of melt-memory and liquid−liquid phase separation in Ziegler−Natta and metallocene ethylene copolymers with bimodal comonomer composition distribution[J]. Ind Eng Chem Res, 2020, 59:19260-19271.

[108] Wild L, Ryle T, Knobeloch D. Branching distributions in linear low-density polyethylenes[C]. Polymer preprint, Am Chem Soc, Div Polym Chem, Washington DC, 1982, 23:133.

[109] Vivillea P, Daoust D, Jonas A M, et al. Characterization of the molecular structure of two highly isotactic polypropylenes[J]. Polymer, 2001, 42:1953-1967.

[110] Bosch J V, Ortín A, Monrabal B. Development of a highly stable multiple wavelength IR detector for on-line GPC, CRYSTAF and TREF analysis[C]. Proceedings International GPC Symposium, 1998: 633-640.

[111] Ortín A, López E, Monrabal B, et al.Filter-based infrared detectors for high temperature size exclusion chromatography analysis of polyolefins: Calibration with a small number of standards and error analysis[J]. J Chromatogr A, 2012,1257:66-73.

[112] Ortín A, Montesinos J, López E, et al. Characterization of chemical composition along molar mass distribution in polyolefin copolymers by GPC-IR using a filter-based IR detector[J]. Macromolecular Symposia,2013,330:63-80.

[113] Huang H,Guo M,Li J,et al. Analysis of propylene-1-butene copolymer composition by GPC with online detectors[J]. Macromol Symp, 2015, 356:110-121.

[114] González T, López E, Monrabal B. Characterization of ethylene vinyl acetate copolymers by chemical composition distribution and molar mass distribution techniques[C].Presented at the 7th International Conference on Polyolefin Characterization (ICPC), 2018.

[115] DesLauriers P J, Rohlfing D C, Hsieh E T. Quantifying short chain branching microstructures in ethylene 1-olefin copolymers using size exclusion chromatography and Fourier transform infrared spectroscopy (SEC-FTIR)[J]. Polymer, 2002,43:159-170.

[116] Piel C, Albrecht A, Neubauer C, et al. Improved SEC-FTIR method for the characterization of multimodal high-density polyethylenes[J].Anal Bioanal Chem,2011,400:2607-2613.

[117] Albrecht A.Multidimensional fractionation techniques for the characterisation of HDPE pipe grades[J] //4th international conference on polyolefin characterization. Houston: 2012.

[118] Costa J-L. Molecular structure: Characterization and related properties of homo- and copolymers[M] //Karger-Kocsis J. Polypropylene an A-Z reference. Dordrech: Kluwer Publishers, 1999:503-510.

[119] 郭梅芳，宋文波，张丽英，等．一种丙烯无规共聚物：CN201110336505.1[P]. 2015-03-11.

[120] 宋文波，张丽英，侯莉萍，等．一种丙烯无规共聚物的制备方法：CN201110335576. X[P]. 2015-03-11.

[121] 唐毓婧，张丽英，魏文骏，等．一种聚丙烯组合物及其制备方法：CN201110336504.7[P]. 2015-02-11.

[122] 张丽英，胡慧杰，唐毓婧，等．一种食品包装容器及其制法：CN201110335567.0[P]. 2015-03-11.

[123] 宋文波，魏文骏，郭梅芳，等．一种丙烯 / 丁烯无规共聚物的制备方法及其应用：CN201010524685.1[P]. 2014-01-08.

[124] 乔金樑，夏先知，宋文波，等．聚烯烃技术进展 [J]．高分子材料科学与工程，2014, 30(2):125-132.

[125] 张京春，郭梅芳，黄红红，等．丙烯/1- 丁烯和丙烯 / 乙烯无规共聚物的表征及性能研究 [J]．中国科学：化学，2014, 44(11):1771-1775.

[126] Marega C, Marigo A, Saini R,et al.The influence of thermal treatment and processing on the structure and morphology of poly(propylene-1-butene) copolymers[J].Polymer international, 2001, 50: 442-448.

[127] Scheirs J, Böhm L L, Boot J C,et al.PE100 resin for pipe application: Continuing the development into the 21st century[J]. TRIP,1996,4 (12):408-415.

[128] GB/T 13663.1—2018 给水用聚乙烯 (PE) 管道系统 第一部分：总则 [S].

[129] GB 15558.1—2015 燃气用埋地聚乙烯 (PE) 管道系统 第一部分：管材 [S].

[130] GB/T 13663.2—2018 给水用聚乙烯 (PE) 管道系统 第二部分：管材 [S].

[131] Stephenne V, Daoust D, Debras G,et al. Influence of the molecular structure on slow crack growth resistance and impact fracture toughness in Cr-catalyzed ethylene-hexene copolymers for pipe applications[J]. Journal of Applied Polymer Science, 2001,82: 916-928.

[132] Paulik C, Spiegel G, Jeremic D. Bimodal polyethylene: Controlling polymer properties by molecular design[M] // Albunia A R,Prades F,Jeremic D. Multimodal polymers with supported catalysts,design and production. Springer Nature Switzerland AG, 2019:243-265.

[133] Lu X, Zhou Z, Brown N. A sensitive mechanical test for slow crack growth in polyethylene[J]. Polymer Engineering and Science, 1997, 37(11):1896-1900.

[134] Lu X,Ishikawa N,Brown N.The critical molecular weight for resisting slow crack growth in a polyethylene[J]. Journal of Polymer Science. Part B: Polymer Physics, 1996,34:1809-1813.

[135] Lu X, Wang X, Brown N. Slow fracture in a homopolymer and copolymer of polyethylene[J].Journal of

Materials Science,1988,23:643-648.

[136] Domínguez C, Robledo N, Paredes B, et al. Strain hardening test on the limits of slow crack growth evaluation in high resistance polyethylene resins: Effect of comonomer type[J]. Polymer Testing, 2020,81:106155.

[137] Cerpentier R R J, van Vliet T, Pastukhov L V, et al. Fatigue-crack propagation of high-density polyethylene homopolymers: Influence of molecular weight distribution and temperature[J]. Macromolecules,2021,54:11508-11521.

[138] 苟清强、杨红旭、俸艳芸、等. BCE 型催化剂的共聚合性能 [J]. 合成树脂及塑料, 2015, 32(6):1-3.

[139] 贾凡、黄庭、曹昌文、等. BCE-H100 催化剂制备的 PE100 级管材专用树脂的性能 [J]. 石油化工, 2019, 48(5):466-471.

[140] 马宝军、肖子文、张敏峰、等. BCE 催化剂在 PE100 管材专用树脂生产中的应用 [J]. 石油化工, 2017, 46(3):371-375.

[141] He X,Zha X,Zhu X,et al. Effect of short chain branches distribution on fracture behavior of polyethylene pipe resins[J]. Polymer Testing, 2018,68:219-228.

[142] Song S,Wu P,Ye M,et al. Effect of small amount of ultra high molecular weight component on the crystallization behaviors of bimodal high density polyethylene[J]. Polymer,2008,49: 2964-2973.

[143] Sun X,Shen H,Xie B,et al. Fracture behavior of bimodal polyethylene: Effect of molecular weight distribution characteristics[J]. Polymer, 2011, 52: 564-570.

[144] Böhm L L. The ethylene polymerization with Ziegler catalysts: Fifty years after the discover[J]. Angew Chem Int Ed, 2003, 42: 5010-5030.

[145] 宋文波、郭梅芳、张师军、等. 一种具有高熔体强度的丙烯均聚物及其制备方法: CN201180010274.3[P]. 2014-03-12.

[146] 郭梅芳、张师军、宋文波、等. 具有高熔体强度的聚丙烯及其制品: CN201010000974.1[P]. 2013-12-04.

[147] 宋文波、张师军、郭梅芳、等. 一种高熔体强度聚丙烯的制备方法: CN201010000975.6[P]. 2013-12-04.

[148] 郭鹏、吕明福、张师军、等. 一种聚丙烯发泡板材或片材的制备方法: CN201310268046.7[P]. 2014-12-31.

[149] 张师军、王良诗、刘宣伯、等. 一种高熔体强度的抗冲聚丙烯材料: CN201410602224.X[P]. 2016-06-01.

[150] 宋文波、乔金樑、张师军、等. 一种高熔体强度的抗冲聚丙烯材料及其制备方法: CN201410602798.7[P]. 2018-05-11.

[151] 刘宏伟、杨文、杨进华. 非对称外给电子体技术生产高速挤出 BOPP 薄膜专用树脂 [J]. 合成树脂及塑料, 2014, 31(6):1-5.

[152] 于鲁强、郭梅芳、张师军、等. 丙烯聚合物组合物和由其制备的双向拉伸薄膜: CN200510004901.9[P]. 2006-08-02.

[153] 宋文波、郭梅芳、乔金樑、等. 高性能聚丙烯组合物的制备方法: CN200610076310.7[P]. 2007-10-24.

[154] 宋文波. 非对称加外给电子体调控聚丙烯分子链结构 [J]. 中国科学：化学, 2014, 44(11): 1749-1754.

[155] 毕福勇、宋文波、于鲁强、等. 宽分子量分布、宽等规指数分布聚丙烯的制备及在高速 BOPP 中的应用 [J]. 塑料, 2015, 44(1):54-58.

[156] Deblieck R A C, van Beek D J M, Remerie K,et al. Failure mechanisms in polyolefins: The role of crazing, shear yielding and the entanglement network[J]. Polymer, 2011,52:2979-2990.

[157] 加斯克莱曼 P、卡尔巴斯 A K、马姆 B、等. 宽分子量分布的新聚丙烯组合物: CN95196221.3[P]. 2003-04-30.

[158] 奥默德森 E、杰斯克莱宁 P、瓦查德 M、等. 多峰聚丙烯聚合物组合物: CN200680043268.7[J]. 2008-11-26.

[159] 耶斯凯莱伊宁·皮尔约、马尔库什·加莱特纳、曼弗雷德·基希贝格尔、等. 包括丙烯无规共聚物的聚

合物膜：CN02813003.0[P]. 2009-07-22.

[160] Cecchin G,Morini G, Pelliconi A. Polypropene product innovation by reactor granule technology[J]. Macromol Symp, 2001, 173:195-209.

[161] Christelle G,Tonja S. Sterilisable and tough impact polypropylene composition: EP2176340B1[P]. 2008-06-08.

[162] Liu X, Miao X, Guo M, et al. Influence of the HDPE molecular weight and content on the morphology and properties of the impact polypropylene copolymer/HDPE blends[J]. RSC Adv, 2015,5: 80297-80306.

[163] Liu X, Guo M, Wei W. Stress-whitening of high-impact poly(propylene): Characterization and analysis[J]. Macromol Symp, 2012, 312: 130-138.

[164] De Rosa C,Auriemma F,de Ballesteros O R,et al. Crystallization behavior of isotactic propylene-ethylene and propylene-butene copolymers: Effect of comonomers versus stereodefects on crystallization properties of isotactic polypropylene[J].Macromolecules,2007, 40: 6600-6616.

[165] Liu Y,Bo S. Characterization of the microstructure of biaxially oriented polypropylene using preparative temperature-rising elution fractionation[J]. International Journal of Polymer Anal Charact, 2003, 8: 225-243.

[166] 郭梅芳，董宇平，黄红红，等. 热水管材用乙烯 - 丙烯无规共聚树脂的结构表征 [J]. 高分子学报，2006(1):177-179.

[167] Zhu H,Monrabal B, Han C C, et al. Phase structure and crystallization behavior of polypropylene in-reactor alloys: Insights from both inter-and intramolecular compositional heterogeneity[J]. Macromolecules, 2008, 41: 826-833.

[168] 郭宁，盛亮，马蓓蓓. TREF-GPC 联用技术在抗冲 PP 微观结构表征中应用 [J]. 现代塑料加工应用，2018, 30(5):38-41.

[169] Arriola D J,Carnahan E M,Hustad P D,et al. Catalytic production of olefin block copolymers via chain shuttling polymerization[J].Science,2006, 312:714-720.

[170] 方园园，于鲁强，李汝贤. 聚烯烃嵌段共聚物技术的研究进展 [J]. 石油化工，2014, 43(8): 861-869.

[171] Wang H P,Khariwala D U,Cheung W,et al. Characterization of some new olefinic block copolymers[J]. Macromolecules, 2007, 40: 2852-2862.

[172] Shan C L P, Hazlitt L G. Block index for characterizing olefin block copolymers[J]. Macromol Symp, 2007, 257:80-93.

[173] Tang Y,Guo M,Wang Q, et al. An in situ small-angle X-ray scattering study of propylene-butene and propylene-ethylene random copolymers during heating process[J]. Macromol Symp, 2012, 312: 139-145.

[174] 杜文杰，任毅，唐毓婧，等. 线性低密度聚乙烯薄膜撕裂性能和结构的关系 [J]. 高分子学报，2016, 7: 895-902.

[175] 唐毓婧，任敏巧，任毅，等. 高密度聚乙烯薄膜挺度与微观结构的关系 [J]. 石油化工，2018, 47: 464-470.

[176] 任敏巧，唐毓婧，施红伟，等. 单向和双向拉伸聚乙烯薄膜的晶体取向表征 [J]. 石油化工，2018, 47: 872-878.

[177] Tang Y, Ren M, Shi H,et al. X-ray pole figure analysis on biaxially oriented polyethylene films with sequential biaxial drawing[J]. Advances in X-ray Analysis, 2018,61: 38-45.

[178] Ren M,Tang Y,Gao D,et al. Recrystallization of biaxially oriented polyethylene film from partially melted state within crystallite networks[J]. Polymer,2020,191: 122291.

[179] 任敏巧，唐毓婧，施红伟，等. 单向和双向拉伸聚乙烯薄膜的残余应力分析 [J]. 石油化工，2019, 48(3): 261-266.

[180] Shi Y,Zheng C,Ren M,et al. Evaluation of principal residual stress and its relationship with crystal orientation and mechanical properties of polypropylene films[J]. Polymer,2017,123: 137-143.

[181] Ren M,Zheng C,Shi Y,et al. Residual stress measurement of high-density polyethylene pipe with two-dimensional X-ray diffraction[J]. Advances in X-ray Analysis, 2018,61: 17-24.

[182] Du W, Ren Y, Tang Y,et al. Different structure transitions and tensile property of LLDPE film deformed at slow and very fast speeds[J]. European Polymer Journal,2018,103:170-178.

[183] Auriemma F,De Rosa C, Malafronte A,et al. Solid state polymorphism of isotactic and syndiotactic polypropylene[M] //Karger-Kocsis J, Bárány T. Polypropylene handbook,morphology, blends and composites. Springer Nature Switzerland AG,2019:37-120.

[184] Turner-Jones A. Development of the crystal form in random copolymers of propylene and their analysis by DSC and X-ray methods[J]. Polymer, 1971,12:487-508.

[185] Turner-Jones A, Aizlewood J M, Beckett D R. Crystalline forms of isotactic polypropylene[J]. Makromol Chem,1964,75:134-158.

[186] Turner-Jones A,Cobbold A J.The β crystalline form of isotactic polypropylene[J]. Journal of Polymer Science. Part B: Polymer Physics, 1968,6:539-546.

[187] De Rosa C, Auriemma F, Vinti V. Disordered polymorphic modifications of form I of syndiotactic polypropylene[J]. Macromolecules,1997,30:4137.

[188] De Rosa C, Auriemma F, de Ballesteros O R ,et al. Crystallization properties and polymorphic behavior of isotactic poly(1-butene) from metallocene catalysts: The crystallization of form I from the melt[J]. Macromolecules, 2009, 42: 8286-8297.

[189] 莫志深, 张宏放, 张吉东. 晶态聚合物结构和 X 射线衍射 [M]. 第二版. 北京: 科学出版社, 2010.

[190] 吕冬, 卢影, 门永锋. 小角 X 射线散射技术在高分子表征中的应用 [J]. 高分子学报, 2021, 7:1-18.

[191] 朱育平. 小角 X 射线散射——理论、测试、计算及应用 [M]. 北京: 化学工业出版社, 2008: 165-166.

[192] 斯特罗伯 G. 高分子物理学——理解其结构和性质的基本概念 [M]. 胡文兵, 蒋世春, 门永峰, 等译. 北京: 科学出版社, 2009: 371.

[193] 赵辉, 董宝中, 郭梅芳, 等. 小角 X 射线散射结晶聚合物结构的研究 [J]. 物理学报, 2002, 5l(l2):2887-2891.

[194] 赵辉, 董宝中, 郭梅芳, 等. 小角 X 射线散射方法测定结晶聚合物的平均过渡层厚度 [J]. 核技术, 2002, 25(10):837-840.

[195] 赵辉, 郭梅芳, 董宝中. 小角 X 射线散射结晶聚合物过渡层厚度的测定 [J]. 物理学报, 2004, 53(4):1247-1250.

[196] 姚雪容, 任敏巧, 郑萃, 等. 聚丙烯流延膜厚度对结晶取向及力学性能的影响 [J]. 石油化工, 2020, 49(6):557-564.

[197] 苏萃, 任敏巧, 郑萃, 等. 线性低密度聚乙烯流延膜取向与阻隔性能关系研究 [J]. 高分子学报, 2021, 52(7):775-786.

[198] Roe R J. Methods of X-ray and neutron scattering in polymer science[M].New York: Oxford University Press, 2000:123-132.

[199] Mandelkern L. Relation between properties and molecular morphology of semicrystalline polymers[M] // Young D A. Organization of macromolecules in the condensed phase. Dis Faraday Soc, 1979, 68: 310-319.

[200] 郑萃, 姚雪容, 施红伟, 等. 典型工艺聚烯烃薄膜的雾度与其结构的关系 [J]. 石油化工, 2019, 48(8):811-818.

[201] 郑萃, 姚雪容, 史颖, 等. 结晶高分子薄膜的内部和表面结构及光学性能 [J]. 高分子材料科学与工程, 2018, 34(11):56-62.

[202] 郑鑫, 由吉春, 朱雨田, 等. 扫描电镜技术在高分子表征研究中的应用 [J]. 高分子学报, 2022, 1:1-22.

[203] Michler G H. Atlas of polymer structures, morphology, deformation and fracture structures[M]. Munich: Carl Hanser Verlag, 2016.

[204] Michler G H. Electron microscopy of polymers[M]. Berlin, Heidelberg: Springer-Verlag, 2008.

[205] Liu X, Miao X, Cai X, et al.The orientation of the dispersed phase and crystals in an injection-molded impact polypropylene copolymer[J]. Polymer Testing, 2020,90:106658.

[206] Jiang Z, Tang Y, Rieger J, et al.Two lamellar to fibrillar transitions in the tensile deformation of high-density polyethylene[J]. Macromolecules, 2010, 43:4727-4732.

[207] 王冰花，陈金龙，张彬. 原子力显微镜在高分子表征中的应用 [J]. 高分子学报，2021, 10: 1406-1420.

[208] Ivanov D A,Magonov S N. Atomic force microscopy studies of semicrystalline polymers at variable temperature[M] // Reiter G, Sommer J-V. Polymer Crystallization. Berlin: Springer,2003.

[209] Magonov S N. AFM in analysis of polymers[M] // Meyers R A . Encyclopedia of analytical chemistry. Chichester: John Willey & Sons Ltd, 2006.

[210] Hobbs J K, Humphris A D L, Miles M J. In-situ atomic force microscopy of polyethylene crystallization. 1.Crystallization from an oriented backbone[J]. Macromolecules,2001,34: 5508-5519.

[211] Poon B, Rogunova M, Hiltner A,et al. Structure and properties of homogeneous copolymers of propylene and 1-hexene[J]. Macromolecules, 2005, 38:1232-1243.

[212] Zhang B, Wang B, Chen J,et al.Flow-induced dendritic β-form isotactic polypropylene crystals in thin films[J]. Macromolecules, 2016, 49:5145-5151.

[213] Zhang B, Chen J, Liu B, et al. Morphological changes of isotactic polypropylene crystals grown in thin film[J]. Macromolecules,2017, 50:6210-6217.

[214] 赵小风，徐洪杰. 同步辐射光源的发展和现状 [J]. 核技术，1996, 19(9):568-576.

[215] Li L-B. In situ synchrotron radiation techniques: Watching deformation induced structural evolutions of polymers[J]. Chinese J Polym Sci, 2018, 36:1093-1102.

[216] Mao Y,Su Y,Hsiao B S. Probing structure and orientation in polymers using synchrotron small- and wide-angle X-ray scattering techniques[J]. European Polymer Journal,2016,81:433-446.

[217] Chen W,Liu D,Li L. Multiscale characterization of semicrystalline polymeric materials by synchrotron radiation X-ray and neutron scattering[J].Polymer Crystallization,2019, 2:e10043.

[218] Ma Z, Balzano L, van Erp T,et al. Short-term flow induced crystallization in isotactic polypropylene: How short is short?[J]. Macromolecules, 2013, 46:9249-9258.

[219] Zhang Q,Li L,Su F,et al. From molecular entanglement network to crystal-cross-linked network and crystal scaffold during film blowing of polyethylene: An in situ synchrotron radiation small- and wide-angle X-ray scattering study[J].Macromolecules, 2018,51:4350-4362.

[220] Su F, Zhou W,Li X,et al.Flow-induced precursors of isotactic polypropylene: An in situ time and space resolved study with synchrotron radiation scanning X-ray microdiffraction[J]. Macromolecules, 2014, 47:4408-4416.

[221] Ellis G J, Martin M C.Opportunities and challenges for polymer science using synchrotron-based infrared spectroscopy[J].European Polymer Journal, 2016, 81: 505-531.

[222] Ellis G, Santoro G, Gómez M A,et al.Synchrotron IR microspectroscopy: Opportunities in polymer science[J]. IOP Conference Series: Materials Science and Engineering, 2010,14: 012019.

第三章

高压聚合工艺及其高性能产品

烯烃高压聚合工艺主要指在高温高压反应条件及引发剂的作用下，乙烯均聚或者与其他单体共聚合生产聚烯烃树脂的工艺技术，是最早的聚乙烯工艺。虽然已经发展了将近一个世纪，但仍然具有不可替代的特征，是目前唯一的高支化度聚乙烯、乙烯与极性单体共聚物大规模生产的工业化技术。高压聚合工艺主要分为高压釜式法和高压管式法两种工艺，产品既有量大面广的通用产品，如低密度聚乙烯（LDPE）、乙烯/醋酸乙烯共聚物（EVA），也有难以替代的高附加值特种产品，如乙烯/丙烯酸（酯）类聚合物，乙烯/丙烯酸类单体/丙烯酸盐共聚物（离聚物），这些产品多用于制备薄膜、电缆、容器等，在包装、光伏、电网、医卫等领域广泛使用。本章将重点介绍相关的引发剂、工艺以及产品等方面的内容。

第一节
高压聚合工艺概述

一、高压聚合工艺发展史

高压聚合工艺是最早被应用于乙烯聚合工业的工艺技术。与许多重大发明一样，高压聚乙烯（LDPE）也是在非常偶然的情况下得到的。1933 年，英国帝国化学工业公司（ICI）的超高压反应科研小组在 140MPa、170℃下开展乙烯与苯甲醛的反应试验时，在反应器内壁上发现了少量白色蜡状物，科研人员将这些白色物质取出进行分析后，发现是由乙烯聚合而成的化合物，这就是最早的 LDPE。随后，科研人员进行了一系列研究，但未能取得显著进展。直到 1935 年，该技术才有进一步的突破，团队发现在只加入乙烯的情况下进行试验，能得到更多的聚乙烯。但在随后多次重复试验中，却并未得到之前的结果，无法制备出聚乙烯。经对比分析，发现之前实验时存在反应器泄漏的情况，团队针对泄漏这一特殊情况进行了认真研究，发现因意外漏气而进入反应器的氧气是成功制备聚乙烯的关键，随后 ICI 提出了以微量氧作为引发剂制备聚乙烯的方法[1]。

同期，荷兰阿姆斯特丹大学的 A. Michels 教授发明了 300MPa 的压缩机，这一装备技术的突破，使高压聚合技术的工业实施成为可能。ICI 于 1937 年完成连续釜式法生产高压聚乙烯的中试装置投产，并于 1939 年建成百吨级工业装置。同期，德国巴斯夫（BASF）公司的管式法高压聚乙烯装置也投入使用。

第二次世界大战后,美国的杜邦(DuPont)和联合碳化物公司(UCC)引进并改进了 ICI 的高压聚乙烯技术,并于 1943 年开始 LDPE 产品的生产。1952 年,随着反托拉斯法的实施,美国的伊士曼(Eastman)化工、陶氏化学、意大利的蒙特卡蒂尼(Montecatini)、荷兰的帝斯曼(DSM)以及日本的住友化学等公司先后开始了高压聚乙烯的生产。之后,随着产品应用技术的开发,LDPE 和乙烯/醋酸乙烯酯共聚物(EVA)等材料实现了快速发展,并且迅速成为最重要的高分子材料之一。直到 Ziegler-Natta 催化剂相关的配位聚合取得突破,可以在较低压力和反应温度下生产聚烯烃的工艺技术陆续开发出来,部分 LDPE 的市场才逐渐被其他聚烯烃产品替代。但到目前为止,高压聚合工艺技术仍然有旺盛的生命力,其中 LDPE 占据聚乙烯市场的近 1/3,而 EVA 则在极性聚烯烃产品中具有垄断性地位。

二、主要单体、引发剂及聚合物

1. 主要单体及共聚物

高压聚合工艺可以进行乙烯均聚,也可以实现乙烯与其他极性单体的共聚。其实丙烯等其他 α-烯烃在高压条件下也可以进行聚合反应。但是,由于丙烯容易形成低活性的烯丙基自由基,不容易得到高分子量产物,同时由于高压聚合工艺的成本高,所以聚丙烯等聚烯烃主要通过配位聚合进行工业化生产。目前工业上高压聚合主要生产四类聚烯烃产品,LDPE、EVA、乙烯/丙烯酸酯类共聚物以及其对应的离子聚合物,这些聚合物对应的共聚单体主要是不饱和羧酸酯、不饱和羧酸等,例如醋酸乙烯酯、丙烯酸甲酯、丙烯酸乙酯、丙烯酸丁酯、丙烯酸、甲基丙烯酸等,相应的共聚物为 EVA、乙烯/丙烯酸甲酯共聚物(EMA)、乙烯/丙烯酸乙酯共聚物(EEA)、乙烯/丙烯酸丁酯共聚物(EBA)、乙烯/甲基丙烯酸(EMAA)、乙烯/丙烯酸(EAA)等产品。以 EAA 或 EMAA 为基础聚合物,通过金属氢氧化物对共聚物中的酸性基团进行部分中和而制得的聚合物称为离子聚合物,这些聚合物具有特殊的性能和功能,具体内容详见本章第四节。

除了以上主要共聚单体外,可以参与乙烯高压共聚的单体还包括 α-烯烃、二烯烃、炔烃,以及一氧化碳(CO)、甲基丙烯酸缩水甘油酯(GMA)等,已经工业化的共聚物产品包括:住友化学公司的乙烯/甲基丙烯酸甲酯共聚物(EMMA),可以用于塑料改性和成型薄膜、片材及电线电缆,也可作为热熔胶使用;杜邦公司的 Evaloy 系列三元共聚物,如乙烯/BA/GMA、乙烯/VA/CO、乙烯/n-BA/CO 等,主要用于聚合物改性剂,可以增加对苯二甲酸乙二醇酯

（PET）的韧性和熔体强度。

2. 高压聚合引发剂

乙烯高压聚合工艺的原理是自由基聚合，相关的引发体系是高压聚合整个工艺的核心要素之一。常用的引发剂可以分为三类，第一类是纯氧或空气，第二类是空气和有机过氧化物的混合体系，第三类是有机过氧化物的混合体系[2]，不同的引发体系通常对应不同的反应控制过程、转化率以及聚烯烃材料的产品质量等。纯氧（或者含有氧气的空气）是最早的高压聚合工艺引发剂。如前文所述，它们是在偶然情况下发现的，但由于分子结构较为简单，可调节性较差，现在工业化装置使用较少。目前最常用的是有机过氧化物类引发剂及相关的复配体系。相较于纯氧或空气，该类引发剂可以提供更宽的温度选择范围，能更好地控制聚合物的结构与性质[3]。有机过氧化物的种类繁多，选择什么类型结构的化合物能满足高压聚合工艺，需要把握两个重点。一是采用的聚合方法、聚合过程和聚合条件下引发剂的分解速率，二是引发剂对聚合过程控制及产品性能的影响[4]。不同有机过氧化物的混合体系作为引发剂，更容易调节分解速率和对聚合过程进行控制，是最重要的引发剂体系，也是科研人员重点研究的引发剂体系。

自由基聚合的引发过程通常由两步反应组成，一是引发剂分解形成初级自由基的反应，二是初级自由基与单体反应形成单体自由基的化学反应，其中引发剂分解反应为吸热反应，通常活化能约为 105 ～ 150kJ/mol；初级自由基与单体反应为放热反应，通常活化能约为 20 ～ 34kJ/mol[5]。由此可见，引发剂的分解速率要明显慢于初级自由基与单体的反应，所以整个自由基聚合引发过程的快慢取决于引发剂的分解速率。对于在高压、高温条件下的一类聚合反应，必须充分考虑引发剂的分解速率以适应聚合速率以及单体在反应器中的停留时间等因素。为了更方便地研究引发剂的分解速率，研究人员以半衰期（$t_{1/2}$）作为定量分析引发剂分解速率的参数。引发剂的半衰期应该为单体平均停留时间的几十分之一至百分之一，所以引发剂在引发温度范围内的半衰期通常被控制在 0.05 ～ 1.00s，这是引发剂选择的一个重要标准[6]。引发剂分解的半衰期 $t_{1/2}$ 与分解速率常数 K_d 的关系为：

$$t_{1/2} = \frac{\ln 2}{K_d} \tag{3-1}$$

分解速率常数与温度则遵循 Arrhenius 经验公式：

$$\ln K_d = \ln A_d - \frac{E_d}{RT} \tag{3-2}$$

式中，A_d 为频率因子；E_d 为分解活化能；R 为摩尔气体常数；T 为反应温度。

所以根据分解活化能等参数可以计算出不同温度下的半衰期。表 3-1 中列出了适用于高压聚合的部分有机过氧化物[4,7-12]。

表3-1　高压聚乙烯的有机过氧化物引发剂[4,7-12]

引发剂名称	分子量	理论活性氧含量/%	1min半衰期温度/℃
过氧化二碳酸二仲丁酯	234.2	6.83	90
过氧化新戊酸叔丁酯	174.2	9.18	110
过氧化（2-乙基己酸）叔丁酯	216.3	7.40	130
过氧化乙酸叔丁酯	132.2	12.1	160
过氧化新癸酸叔丁酯	246.4	6.50	101
过氧化苯甲酸叔丁酯	194.2	8.23	170
过氧化二（3,5,5-三甲基己酰）	314.5	5.10	113
过氧化二碳酸二（2-乙基己酯）	346.5	4.62	91
过氧化异丁酸叔丁酯	160.2	10.0	133
过氧化-3,5,5-三甲基己酸叔丁酯	230.3	6.95	165
二叔丁基过氧化物	146.2	10.9	186

表 3-1 中给出 11 种过氧化物半衰期为 1min 时对应的温度，温度越高，说明其越稳定，越适合作为高温聚合的引发剂。例如过氧化新戊酸叔丁酯，半衰期为 1min 对应的温度为 110℃，其合适的引发温度为 150～190℃；过氧化（2-乙基己酸）叔丁酯半衰期为 1min 的温度为 130℃，其合适的引发温度为 180～220℃；过氧化 -3,5,5- 三甲基己酸叔丁酯半衰期为 1min 的温度为 165℃，其合适的引发温度为 210～240℃[3]。该表中的半衰期是在常压和较低温度下测量的数据，与实际高压聚合工艺的条件相差甚远，仅作为参考依据，并不能作为实际工艺操作数据。从公式（3-2）可知，随着反应温度的升高，引发剂的分解速率明显加快。同样，压力也会对引发剂的分解速率产生影响，Arrhenius 公式经压力修正后为：

$$\ln K_d = \ln A_d - \frac{E_d + pV}{RT} \qquad (3-3)$$

式中，p 为反应压力；V 为引发剂的活化体积（与分子的空间位阻相关）。由此可见，升高压力会使分解速率降低，稳定性升高。因此结合公式（3-1）～公式（3-3），可以计算出有机过氧化物在不同温度和压力下的半衰期，由此即可进行更有效的高压聚合引发剂的筛选。例如杨秀芳等[6]计算出二叔丁基过氧化物（DTBP）、过氧化 -3,5,5- 三甲基己酸叔丁酯（TBPIN）、过氧化（2-乙基己酸）叔丁酯（TBPEH）、过氧化新戊酸叔丁酯（TBPPI）等几种引发剂在不同温度、压力下的半衰期（表 3-2），为引发剂的复配使用提供了理论指导。

表3-2　不同压力条件下过氧化物的半衰期温度[6]

压力/MPa	半衰期/s	半衰期温度/℃			
		DTBP	TBPIN	TBPPI	TBPEH
1	0.01	308.47	273.72	255.27	223.08
	0.05	280.39	246.70	226.96	197.77
	0.10	269.12	235.87	215.68	187.65
	0.50	244.64	212.37	191.35	165.76
	1.00	234.76	202.91	181.60	156.95
255	0.01	318.13	280.65	263.90	232.29
	0.05	289.59	253.29	235.12	206.52
	0.10	278.13	242.32	223.66	196.21
	0.50	253.24	218.53	198.93	173.91
	1.00	243.20	208.95	189.03	164.94
218	0.01	316.72	279.64	262.64	230.95
	0.05	288.25	252.33	233.94	205.25
	0.10	276.82	241.38	222.50	194.97
	0.50	251.99	217.63	197.83	172.72
	1.00	241.97	208.07	187.95	163.78
25	1.00	235.59	203.50	182.33	157.74
	10.00	205.27	174.52	152.65	130.82
	120.00	173.94	144.64	122.34	103.18
	300.00	166.57	137.63	115.27	96.70

　　管式反应器和釜式反应器中的引发剂对高压聚合工艺过程的影响有所不同。在管式反应器中，反应器非常长，温度和压力通常不完全一样，因此一方面要根据反应器温度的变化趋势进行引发剂的合理选择与复配，另一方面，有时过氧化物的消耗也会反过来引起反应器温度的剧烈变化。但在釜式反应器中，由于反应是在相对平稳的条件下进行，所以引发剂对工艺过程的影响很小。

　　引发剂对聚合物性能的影响，更多地体现在其对聚合速率和温度的影响，进而影响材料的分子链结构和性能。例如引发剂对聚合物的支链形成有一定的影响，聚合物在链增长的过程中可能会发生回咬反应，即链末端自由基进攻邻近的几个碳原子从而发生的分子内链转移反应，进一步形成短支链结构，而分子内链转移主要受聚合速率和温度的影响。聚合速率影响单体浓度，单体浓度的降低会使分子内链转移的概率升高。但是，在高压聚合工艺中，一方面单体的转化率通常不会太高，另一方面因为是连续反应，所以聚合速率的影响可以忽略。从温度的角度看，温度越高，越容易达到分子内链转移所需的活化能，分子内链转移的概率也会随之升高。在压力、引发剂浓度、停留时间相同的条件下，聚合物的密度会随着温度的升高而降低。聚合物平均分子量不受引发剂的影响，但是通常会随着温度的升高而降低[4]。

引发剂在聚合过程中存在与聚合物反应的可能性，发生交联、解聚等反应，这些反应通常需要通过初级自由基发生二次裂解产生高能自由基。如图3-1所示，二叔丁基过氧化物会一步分解形成丁酰自由基，后者可能会发生二次裂解形成丙酮和甲基自由基[5]。甲基自由基没有叔丁基空间位阻的影响，更容易接触聚合物分子链发生反应。所以在高压聚合引发剂的选择上，可以进一步从这方面进行考察筛选，避免类似副反应的发生。

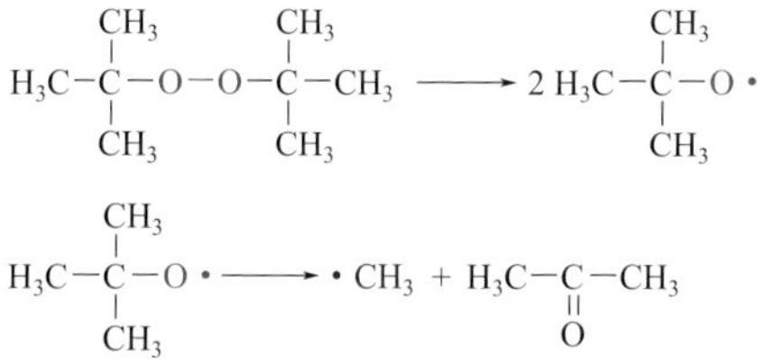

图3-1
二叔丁基过氧化物的二次
裂解示意图[5]

引发剂对聚合的影响，主要表现在引发剂的分解速率和其对聚合过程以及产品性能的影响等方面。另外还包括不同温度、压力下的半衰期的计算、引发剂复配技术等。合适的引发剂及引发剂体系可以提高高压聚合装置的产量、改善产品质量、减少分解反应，使反应更稳定，提高装置的灵活性以及减少过渡产品等。

三、主要生产工艺

烯烃高压聚合工艺主要包括釜式法和管式法，两种工艺除聚合反应器外，工艺流程大致相同，都是由乙烯压缩系统、引发剂系统、聚合反应器、闪蒸分离和挤出造粒系统等构成。管式法反应器结构简单，制造和维修方便，可以承受较高的反应压力，工业上单线生产能力也更大。釜式法反应器结构相对复杂，反应釜内有搅拌轴、挡板以及搅拌电机等，维修和安装都较困难，反应压力低于管式法反应器。

1. 高压管式工艺

图3-2为高压管式工艺流程图。管式反应器反应压力为1500～3500bar（1bar=10^5Pa），反应温度150～330℃，乙烯单程转化率可达35%。高压管式法的主流工艺有利安德巴塞尔（LyondellBasell）公司的Lupotech T、沙特基础工业（SABIC）公司的CTR工艺、埃克森美孚（Exxon Mobil）公司的管式工艺。

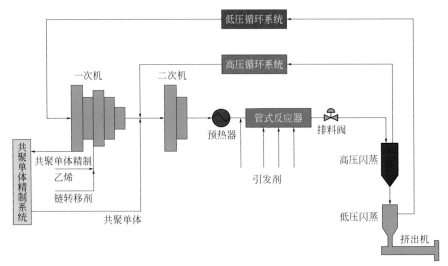

图3-2　高压管式工艺流程图

利安德巴塞尔公司的 Lupotech T 高压管式工艺技术的前身是巴斯夫的高压聚乙烯技术，于 1938 年成功实现高压乙烯聚合，1941 年开始管式法试生产。Lupotech T 工艺以过氧化物为引发剂，在进入反应器前乙烯预热到 150～170℃，反应压力为 2000～3100bar，通常聚合物的熔体流动速率为 0.15～4g/10min，密度为 0.917～0.934g/cm³。Lupotech T 工艺目前最大单套产能可达 45 万吨/年。Lupotech T 工艺可在较高转化率下生产乙烯基共聚物，可以生产醋酸乙烯酯（VA）质量分数高达 30% 的 EVA，也可以生产丙烯酸酯质量分数高达 20% 的共聚物。该工艺又具体分为 Lupotech TM 和 Lupotech TS 两种，其中 Lupotech TS 工艺只有一个单体进料点，适用于生产 LDPE，Lupotech TM 工艺有多个单体进料点，适用于生产 EVA 等共聚物。

DSM 公司于 1972 年建成第一套清洁管式反应器（CTR）的高压聚合工艺装置，设计产能为 6 万吨/年。2002 年 6 月，DSM 公司将该工艺技术随其石化资产一起出售给 SABIC 公司。CTR 工艺的一级压缩机出口压力高达 25MPa，聚合压力为 200～250MPa，且无脉冲，可保持恒压，反应热用于预热原料以进一步降低能耗，反应管直径保持恒定，有 4 个过氧化物注入点，乙烯转化率为 32%～40%。CTR 工艺使用混合过氧化物引发剂，这种引发剂与管式法常用的氧引发剂相比，可得到较高的单程转化率，反应管不易结焦，生产的 LDPE 等产品具有更好的光学性质，聚合产物内低聚物含量较少，可简化循环气的回收流程。CTR 工艺中反应器保持恒压，并且热传导效率高。基于这些特点，该工艺具有如下主要优点：①容易控制反应器的排料控制阀；有效降低循环疲劳现象，可降低投资和维护费用；②操作稳定、可靠，开工率高达 97%；③能耗低，乙烯转化率高达 40%；④停留时间短，产品牌号切换灵活，产品质量稳定。该工艺产品的熔体流动速率为 0.3 ～ 65g/10min，密度为 0.918 ～ 0.930g/cm³，适用于生产 VA 质量分数为 10% 的 EVA 共聚物，最大单线设计能力可达 40 万吨 / 年。

埃克森美孚公司开发的 LDPE 高压管式工艺占有一定的市场份额。国内燕山石化公司购买该技术建设的 20 万吨 / 年装置于 2001 年投产。埃克森美孚公司高压管式工艺与利安德巴塞尔公司的技术类似，采用排放阀作为脉冲阀，但正常操作时不使用，也是采用有机过氧化物作引发剂，设有加热反应管的脱焦系统，采用实时监控熔体性质的技术，质量控制稳定。该工艺的反应器设计灵活性很高，一个月内几乎可生产工艺许可的全部牌号产品，一年可多次转变牌号。即使这样频繁切换，仍能保持较高的生产效率，其中乙烯单程转化率可达 34% ～ 36%。装置可靠性高，虽然额定运转 8000h/ 年，但实际可运转 8400h/ 年。该工艺所生产 LDPE 产品的密度为 0.918 ～ 0.935g/cm³，熔体流动速率为 0.3 ～ 46g/10min。

2. 高压釜式工艺

高压釜式工艺的反应温度范围为 150 ～ 315℃，反应压力范围为 1200 ～ 3000bar，常用压力为 1200 ～ 2000bar，平均停留时间 20 ～ 40s，乙烯单程转化率在 20% 左右。釜式工艺运行成本相对更高，但其与管式工艺相比，更适宜生产高共聚单体含量的共聚物，因此两种工艺不能完全互相替代。高压釜式工艺有 ICI 高压釜式工艺、Enichem 釜式工艺、埃克森美孚公司的釜式工艺和利安德巴塞尔公司的 Luptoech A 高压釜式工艺。高压釜式工艺流程如图 3-3 所示。

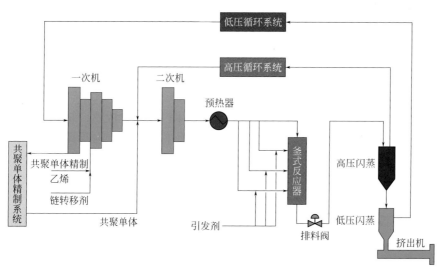

图3-3　高压釜式工艺流程图

ICI/SimonCarves 公司的高压釜式工艺是高压聚乙烯合成技术的先驱。正如前文所述，ICI 公司是世界上最早实现乙烯高压聚合的公司，因此其在高压聚合整体技术方面积累了丰富的经验。该工艺的反应温度为 200 ~ 300℃，反应压力 1000 ~ 3000bar。其他许多公司的工艺技术都是在 ICI 的基础上进一步优化、创新而来。

日本住友化学公司的工艺就是在 ICI 工艺的基础上开发出的双釜串联釜式工艺，反应釜之间增加换热器，使乙烯的单程转化率提高到 25% 左右。

20 世纪 80 年代末，意大利埃尼化工（EniChem）公司收购了原属法国阿托化学（原 CdF 化学）公司的高压釜式工艺，随后对其进行了一定改进后，实现了反应器大型化，目前工业化装置的反应器最大可达 3m³。该工艺采用 Ziegler-Natta 催化剂可以转换生产 LLDPE、极低密度聚乙烯（VLDPE）和 EVA 共聚物。

埃克森美孚公司的高压釜式工艺也有自己的特色，典型的反应器体积为 1.5m³，反应器具有较高的长径比，有利于生产质量类似于高压管式工艺的薄膜产品；压力范围很宽，可生产低熔体流动速率的均聚物和高 VA 含量的共聚物。并且，埃克森美孚公司还探索了在高压釜式反应器中使用茂金属催化剂，生产一些类似于常规配位聚合的聚乙烯产品，但并没有大规模工业化应用。

2008 年 8 月，利安德巴塞尔公司开发出制造特种 LDPE 和 EVA 共聚物的高压釜式工艺，称之为 Lupotech A 工艺。该高压釜式工艺主要用于高端产品的生产，如 VA 质量分数达 40% 的 EVA 黏合剂和密封剂，或具有独特性能的 LDPE 产品等。据称，Lupotech A 工艺生产的产品是对领先的 Lupotech T 高压管式工艺所涵盖的 LDPE 和 EVA 业务的补充。该技术采用以多区为特征的反应器设计以及独特的单体和引发剂注入系统，同时配置先进独特的搅拌系统，可实现整个反应器压力和温度分布的有效控制，从而获得高转化率以及对产品结构的有效控制。

四、产业发展的核心关键技术

高压聚合工艺经过近百年的发展，整体技术已经非常成熟，相关的产品主要包括 LDPE、EVA 以及 EMA 等乙烯和丙烯酸衍生物的聚合物及其进一步盐化后的离子聚合物。由于整个工艺是在高压高温下进行，对于安全性要求非常高，其中的核心关键技术是高压设备技术、引发体系以及产品应用开发等，技术主要由国外几家公司主导。

在高压设备技术方面，主要包括超高压压缩机、反应釜、高压换热器、聚合物出料阀等。由于高压聚合工艺的反应条件非常苛刻，且需要长时间高温高压下运行，设备的高度安全可靠性是制约生产企业的核心因素。不论是模试、中试还是工业化生产装置，用户对设备均有非常严格的要求，目前全世界仅有少数企业可以生产高压聚合工艺相关的设备。超高压压缩机是整个生产技术的核心设备之一，主要作用是为聚合反应提供满足自由基聚合所需要的压力条件，压缩机出口压力最高可达350MPa，在世界范围内，仅有苏尔寿的布克哈德和通用公司的新比隆两家生产厂可以生产。高压聚合反应器包括釜式反应器和管式反应器，其中釜式反应器更加复杂，包括反应器分区设计、电机、搅拌器、轴承、爆破片等。可以生产工业大型聚合反应釜的企业包括Uhde、BHDT等少数几家企业。在我国，高压压缩机、反应釜等均未实现国产化，相关的高压标准体系也没有，因此在设备方面，我国距离国际先进水平还存在较大的差距。

引发体系是影响聚合工艺和产品的重要因素，对反应过程、产品的支化结构、分子量及分布等有一定影响，前面已经进行详细的论述。目前工业化装置多采用复配引发剂，以尽量减少副反应，提升工艺稳定性和产品结构控制性。但由于全球高压的小试或者中试装置很少，因此研究团队也不多，引发体系的突破性创新很少，这也在一定程度上限制了高压技术的发展。

烯烃的高压聚合运行成本高，且存在安全隐患，部分产品已经被低压聚合工艺生产的高密度聚乙烯（HDPE）和线型低密度聚乙烯（LLDPE）所替代。但是由于其属于自由基聚合，根据反应机理，容易制备高支化度、高极性单体含量、无金属残留物等特点的烯烃聚合物，这些有特殊结构或组成的聚合物在许多领域是其他工艺目前还无法替代的。因此，高压聚乙烯仍然有旺盛的生命力，并且在未来会不断发展。高压聚乙烯典型的产品包括用于涂覆工艺和电缆料的LDPE，用于发泡、太阳能封装膜等领域的EVA，用于电缆屏蔽料和相容剂等领域的EMA等乙烯与丙烯酸酯共聚物，用于PET成核剂、涂覆层等领域的离子聚合物。随着烯烃聚合技术的不断进步，高压聚合工艺的部分特殊产品可能有一天会被低压聚合技术替代，但是随着高压模试和中试技术等的发展，高压工艺也可能创造出其他新产品，并不断拓展新的应用领域。

第二节
低密度聚乙烯

一、分子链结构与性能

低密度聚乙烯（LDPE）又称为高压聚乙烯，是由乙烯通过自由基聚合形成的同时具有短支链和长支链结构的高分子材料，目前主要通过高压工艺实现规模化生产。图 3-4 给出了 LDPE 的分子结构式和链结构的示意图。LDPE 中短支链结构由分子链内的链转移反应形成，每 1000 个碳原子内通常含有 15～35 个短支链；长支链由分子链之间发生链转移反应而形成，其长度可与主链相当。LDPE 的分子链中还会存在乙烯基和亚乙烯基等不饱和结构，这些不饱和基团的含量较少，通常每 1000 个碳原子内不足 1 个。LDPE 的支化程度与聚合工艺和反应条件密切相关，通常较高的聚合反应温度会促进支化结构的生成[13-16]。LDPE 的分子量一般在 10 万～50 万，分子量分布较宽，分子量及分布表征需要 GPC 等仪器，并且测量时间较长，因此工业上一般采用熔体流动速率作为产品质量的主要控制指标。

(a)

$-(CH_2-CH_2)_x-CH_2-CH(支链)-(CH_2-CH_2)_y-CH_2-CH(支链)-(CH_2-CH_2)_z-CH_2-CH(支链)-$

(b)

图3-4 LDPE的分子结构式（a）及链结构（b）的示意图

　　室温条件下 LDPE 为半结晶固体，其晶体结构与线型低密度聚乙烯（LLDPE）基本相同，在一定条件下可形成正交、单斜等晶型[13]，但测量的晶胞参数与 LLDPE 略有差别。LDPE 中支链的存在在一定程度上阻碍了结晶过程中分子链的折叠，因此结晶度较 HDPE 低，通常结晶度降为 30%～54%，密度在 0.91～0.94g/cm³ 范围内。链缠结和支化会使 LDPE 更容易形成一系列具有长度分布的离散可结晶序列，因此结晶所形成的片晶厚度分布较宽。LDPE 的熔融峰值温度约为 100～120℃，熔融范围较宽，可达约 40℃，熔融温度由低到高与片晶由薄到厚的熔融过程有关，熔融热焓值为 88～155J/g。LDPE 的玻璃化转变温度在 -120℃ 左右，耐低温性优异。0.45MPa 测试压力下 LDPE 的热变形温度为 40～45℃[14]。与其他非极性材料一样，聚乙烯仅通过分子间或分子内的振动或旋转来传导热量，因此 LDPE 的导热性较差，室温下热导率约为 0.33W/（m·K）。聚乙烯样品的热膨胀取决于两个因素，分别为有序（晶区）和无序（无定形区）区域的相对比例，以及晶区内分子链轴相对于测量的膨胀方向的取向，通常无序区域的膨胀行为明显大于晶区。LDPE 的线性热膨胀系数为 1.0×10^{-4}～2.2×10^{-4}℃$^{-1}$，随着结晶度的降低，热膨胀系数增加[13,16]。

通常的制样条件下，LDPE 的拉伸强度在 6.9 ～ 13.8MPa 范围内，拉伸模量为 170 ～ 250MPa，断裂伸长率为 300% ～ 600%，肖氏硬度为 44 ～ 50，并且具有良好的耐环境应力开裂性能。但是 LDPE 的抗蠕变和耐应力松弛性能较差，且随使用温度和应力的增加，抗蠕变和耐应力松弛性能将进一步劣化，因此通常不能将 LDPE 用于结构材料和连续承受高应力的场合 [13]。

LDPE 的主要光学特性由雾度、透明度和光泽度三个属性决定。雾度是制品的一种视觉表现，与样品内部微观尺度上的局部各向异性和表面粗糙度两种性质相关，是光散射的函数。通常雾度随结晶度和球晶尺寸的降低而降低，因此与 LLDPE 相比，LDPE 通常具有更低的雾度 [13]。透明度是非散射光透射的函数，未着色的 LDPE 薄膜非常透明，而较厚的膜则呈半透明状态。光泽度则取决于反射率，光泽度与表面光滑度直接相关，与表面雾度成反比。

与大多数非极性聚合物一样，LDPE 内不含可导电的自由电子，且其分子链中碳 - 碳键和碳 - 氢键的极性可忽略不计，更重要的是它的引发剂为有机化合物，不含金属元素。因此，它是一种良好的电绝缘体，并对电场表现出惰性。这种理想的电性能组合使 LDPE 成为绝缘和电场惰性的绝佳材料。通常用电阻率、介电常数、损耗因子、介电强度和电弧电阻等参数来表征材料的电特性。LDPE 的体积电阻率大于 $10^{16}\Omega\cdot cm$（温度 23℃、相对湿度 50%），其在 1MHz 下的介电常数是 2.25 ～ 2.35，在 1MHz 下的介电损耗因子约为 0.0005，损耗因子的数值随结晶度增加而降低。介电强度为绝缘体被击穿所施加的电压，也被称为击穿电压，10℃时 LDPE 的介电强度约为 7MV/cm[13,16]。

二、单体及引发剂

用于 LDPE 聚合的引发剂，最常见的类型有氧气或空气、有机过氧化物和偶氮类化合物。氧气或空气作为引发剂需要在较高的温度下（如 200℃以上）才能引发反应，并且可调控性不高，所以目前多被氧气 / 过氧化物或空气 / 过氧化物的混合引发剂体系所替代。有机过氧化物引发剂具有活性高、利于乙烯自由基反应等特点，可提高 LDPE 的产量和质量，目前工业上通常采用几种过氧化物的混合物作为先进 LDPE 生产技术的引发剂体系。偶氮类引发剂产生的自由基不易与溶剂和杂质反应，常温下较稳定，便于储存和运输。

LDPE 引发剂的活性大小与其分解速率常数和活化能有关。为了使聚合过程中自由基的形成速率与聚合速率相匹配，应根据聚合温度选择活性适当的引发剂。以过氧化物引发剂为例，自由基聚合引发速率 r_i 与引发剂分解速率 r_d 和引发效率 f 密切相关 [17]：

$$r_i = nfr_d \tag{3-4}$$

式中，$r_d=-dc_i/dt$，c_i 是引发剂浓度，t 为反应时间；n 表示由一个引发剂分子产生的自由基的最大数目。对于绝大多数单官能度过氧化物，n 等于 2。对于双官能度和三官能度引发剂，n 分别为 4 和 6。由以上公式可以看出，f 是引发剂分解的初级自由基中参与链增长的部分，剩余部分 $1-f$ 是指在除链增长和重组之外的反应中消耗的自由基。引发剂效率 f 是分析高压乙烯聚合引发动力学过程中的重要参数 [17,18]。以釜式反应器为聚合装置，当压力为 2000bar，温度高达 250℃ 时，二氧叔丁基过氧化物的引发效率可达 100%，而过氧化叔戊酸叔丁酯的引发效率为 42%，远远低于二氧叔丁基过氧化物，这主要是因为在过氧化物分解过程中，叔丁氧基自由基与瞬间产生的叔丁基自由基以及二氧化碳的笼内交叉歧化的结果 [17]。在 LDPE 的自由基聚合过程中，引发剂决定着聚合反应的控制过程、生产转化率和产品质量，引发剂的浓度与聚合温度影响着聚合反应的速率和产物的分子量。因此，引发剂的选择在 LDPE 的聚合生产中十分重要，常用过氧化物引发剂见表 3-1。

三、聚合反应及生产工艺

乙烯自由基聚合反应主要由链引发、链增长、链转移、链终止等基元反应组成 [5,19]。链引发反应是聚合反应速率的决定步骤，先由引发剂分解形成初级自由基，此过程可表示为：

$$R—R' \longrightarrow R\cdot + R'\cdot$$

随后初级自由基与乙烯单体反应，形成乙烯自由基：

$$R\cdot + CH_2{=}CH_2 \longrightarrow R—CH_2—CH_2\cdot$$

当链末端上的自由基与乙烯分子发生反应时，链增长反应就会进行。新引入的乙烯分子通过碳-碳共价键连接到链末端，一个未配对的电子被转移到新的链末端。

$$R—CH_2—CH_2\cdot + nCH_2{=}CH_2 \longrightarrow R—(CH_2—CH_2)_n—CH_2—CH_2\cdot$$

链增长反应为放热反应，速率极快，通常在几秒的时间内聚合度即可达到数千甚至上万 [5,19]。链末端的自由基很容易从聚合物主链中提取一个氢原子，导致在其原始位置终止生长，并在新位置继续增长，即发生了链转移反应。当分子链内发生自由基转移时，会形成短支链。连接相邻碳原子的化学键大致呈四面体排列，是以一种回咬的方式进行分子链内转移，可得到如甲基、丁基、戊基，以及 2- 乙基己基和 1,3- 二乙基支链等短支链，形成过程如图 3-5 所示。

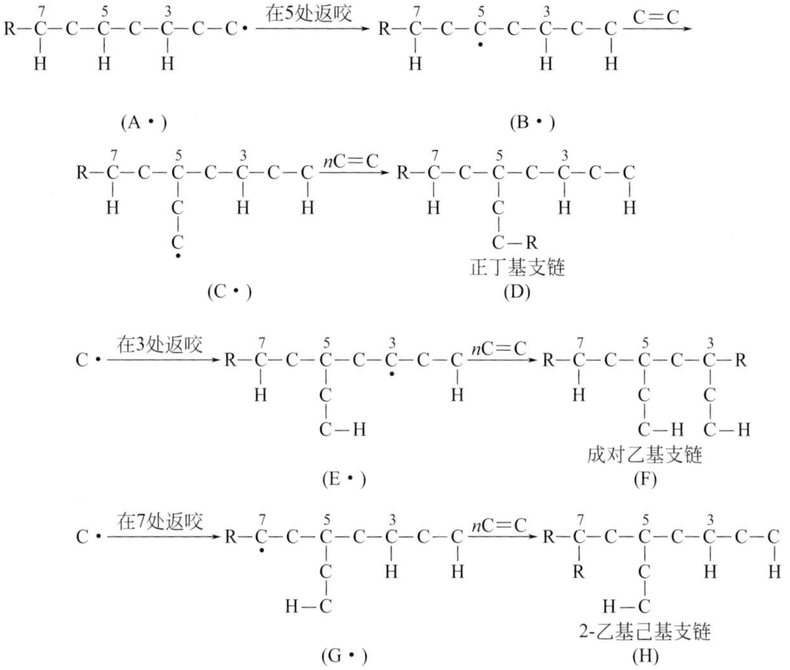

在5处返咬 ... 在3处返咬 ... 在7处返咬

R—C⁷—C—C⁵—C—C³—C—C· → R—C⁷—C—C⁵·—C³—C—C· (C=C) →
(A·) (B·)

R—C⁷—C—C⁵—C—C³—C—C· (nC=C) → R—C⁷—C—C⁵—C—C³—C—C·
(C·) 正丁基支链 (D)

C· 在3处返咬 → R—C⁷—C—C⁵—C—C³·—C—C (nC=C) → R—C⁷—C—C⁵—C—C³—C—R
(E·) 成对乙基支链 (F)

C· 在7处返咬 → R—C⁷·—C—C⁵—C—C³—C—C (nC=C) → R—C⁷—C—C⁵—C—C³—C—C
(G·) 2-乙基己基支链 (H)

图3-5 LDPE支链形成示意图（图中仅标示涉及链转移的氢，其他氢省略未标示）

当链转移反应发生在分子链间时，则产生长支链。长链支化的概率与分子链长度成正比，因此，长支链在较高分子量的 LDPE 中含量更高。自由基聚合的链终止反应可通过偶合终止或歧化终止实现，两个自由基的未成对电子相遇并结合形成共价键的终止反应称为偶合终止；一条分子链上的自由基夺取另一条分子链上的氢原子或其他原子而终止的反应称为歧化终止。

LDPE 的聚合反应在连续管式反应器或高压釜式反应器中进行[20]，操作温度高达 250℃，压力在 100～320MPa 范围内，通过转化率控制聚合放热（约 25kcal/mol）。高压管式法和高压釜式法都有工业化的 LDPE 产品生产，表 3-3 对比列出了两种工艺方法的特点。

表3-3 LDPE高压管式法和高压釜式法生产工艺的特点[20]

对比项目	管式法	釜式法
反应器形式及特点	①反应管内径为25～64mm，长0.5～1.5km，长径比大于12000∶1；②反应器结构简单，制造和维修方便，能承受较高的压力	①长径比2∶1～20∶1；②反应器中有搅拌轴、搅拌电机和挡板，维修、安装较困难
反应条件	压力为250～310MPa，温度为160～330℃	压力为110～200MPa，温度为150～300℃
引发剂	氧气、有机过氧化物	有机过氧化物

对比项目	管式法	釜式法
反应流体状态	近似于柱塞运动	近似完全混合
单程质量转化率	21%～35%（最高可达40%）	15%～21%
反应控制	很少发生分解反应，通过多点注入新鲜气体可促进反应进行	若操作失误，易发生分解反应；一旦发生分解反应，装置须停车检修
散热方式	进料冷却和夹套冷却	进料冷却
工艺特点	①反应温度、压力沿反应管的长度逐渐降低；②反应停留时间相对较长	①反应温度、压力均匀；②反应停留时间短，适用于生产小批量牌号，过渡料少
产品特点	光学性能好，适合加工成薄膜	含较多短支链和长支链，熔体强度较高，冲击强度较高
操作费用	低	高

　　高压管式法的反应器是非绝热反应器，LDPE 生产过程中，除了通过冷乙烯进料去除热量外，还通过反应器夹套中的冷却剂去除额外的热量。反应器夹套中的高压热水（120～180℃）通过预防 LDPE 结晶来防止反应器壁结垢。管式反应器通常在 200～310MPa 下运行，根据引发剂类型和注入位置不同，聚合循环的温度在 100～300℃较宽的范围内调整（图 3-6）[21]，乙烯的单程转化率约为21%～35%。管式反应器具有多个注入点，各种管式工艺的基本流程大致相同，仅在反应器进料点、分子量调节剂、引发剂及其注入位置、助剂注入方式、产品处理、返回乙烯的量和送出位置中一处或多处存在差异。管式反应器的结构简单，制造和维修方便，能承受较高的压力，所生产的 LDPE 产品光学性能好，适合加工成薄膜，大规模生产装置多采用管式法。德国利安德巴塞尔、美国埃克森美孚以及国内兰州石化、上海石化、茂名石化等公司都采用管式工艺生产 LDPE产品[16]。

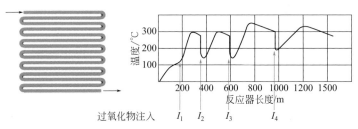

图3-6　管式反应器中聚合温度曲线示例[21]

　　高压釜式法的反应器是一个连续搅拌绝热反应器，内含一个促进混合的搅拌器，LDPE 生产时，依赖于热反应物与冷乙烯进料流的回混将聚合热随反应器的流出物一起除去，以保持反应稳定。高压釜通常在 120～240MPa 下运行，聚合时温度曲线如图 3-7 所示[21]，乙烯的单程转化率约为 15%～21%。釜式法所生产的 LDPE 产品长支链和短支链含量均较高，熔体强度高，韧性较好，适用于挤出涂层等方面。但该工艺方法成本较高，适合生产专用牌号及高附加值产品。德国的利安德巴塞尔、美国的埃克森美孚公司、意大利埃尼公司、日本住友化学等公司均具有釜式工艺 LDPE 生产装置，国内燕山石化、中天合创、北京华美聚合物有限公司等也建有釜式工艺 LDPE 生产装置[20]。

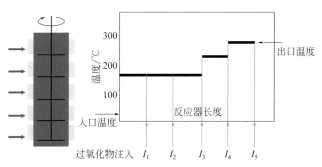

图3-7　釜式反应器中聚合温度曲线示例[21]

四、加工及应用技术

　　LDPE 分子结构中的短支链有效地降低了聚乙烯的结晶度，使其具有较低的熔点和较好的韧性；长支链赋予其高熔体强度和高剪切速率下相对低的黏度，这些流变特性使 LDPE 特别适合吹膜、挤出、注塑等加工生产工艺，其中电缆线材、涂覆料、薄膜等是 LDPE 主要的应用领域。

　　薄膜是 LDPE 最主要的应用形式，占其使用量的一半以上。LDPE 薄膜的生产工艺包括挤吹管膜法和流延法[16]，两种工艺均由供料、挤出、成膜、冷却、后处理等工序组成。挤吹管膜法工艺中，熔体通过环形模头形成管膜，在管膜中注入空气，被困在管内的恒定体积的空气使其膨胀形成膜泡，膜泡直径与模具直径之比即"吹胀比"是吹膜工艺中的重要控制参数[13,16]。适用于吹膜工艺 LDPE 的熔体流动速率范围为 0.05～2.0g/10min（190℃，2.16kg），分子量分布为 2～20。流延成膜过程中熔体通过平宽模头形成扁平的片状聚合物熔体，挤出的熔体经单轴拉伸并在冷却金属辊上淬冷成膜。LDPE 薄膜透明、触感柔软且韧性适中，但是薄膜易变形、抗蠕变性能差，使其不适用于高负荷或长时间低应力的应用场景。LDPE 薄膜的主要用途包括商业和零售包装，其他应用包括尿布背衬、收缩包装、干洗袋、建筑防潮层、农业地膜和温室棚膜等。

　　由于 LDPE 树脂中存在长支链，熔体强度较高，可用于挤出成型制备小直径的管材。挤出生产线的组成部分包括挤出机、口模、校准系统、冷却系统、牵引器、收卷装置以及辅助设备，挤出机螺杆的长径比通常为24∶1或更大。挤出成型过程中，LDPE熔体通过环形模具；然后牵伸系统将熔体管拉入校准单元，在校准单元中挤出物的尺寸被最终确定；与此同时熔体逐渐冷却；最后，牵引器将冷却后的产品拉入收卷装置。LDPE的挤出制品可用在气溶胶喷雾罐和触发喷雾瓶中，也可作为医用呼吸器中的波纹管使用。

涂覆料是LDPE的一类典型产品，其加工性能显著优于其他工艺聚乙烯产品。涂覆级LDPE可均匀成膜，具有良好的黏结性和热封性，可防水、防潮、强度高、韧性好。通常用熔体流动速率、密度和口模熔胀比三个参数[22]来表征涂覆级树脂的物理性质。熔体流动速率可表征材料的分子量大小并反映材料的加工性能；密度与结晶度相关，并且在一定程度上反映LDPE分子链的短支链支化程度。LDPE的短支链支化程度越大，密度越低，结晶度越低，韧性越好，热封温度越低；口模熔胀比可反映材料分子量分布的宽窄以及长支链支化程度，口模熔胀比越大，分子量分布越宽和/或长支链支化程度越高。LDPE涂覆料主要性能参数指标[22,23]：熔体流动速率6～8g/10min，密度0.915～0.921g/cm^3，口模熔胀比1.4～2.0。

LDPE涂覆层可通过挤出涂覆层压工艺生产，图3-8为生产线示意图[1]，其中电晕处理、火焰处理和臭氧处理等辅助设备用于增强涂层对基材的附着力，从而提高熔融聚合物涂层与基材的附着力。涂覆产品的典型应用领域包括：液体包装（牛奶和果汁）、柔性包装（食品、薯片、咖啡、调味品和冷冻食品）、糖纸（糖包和冰淇淋）、医疗包装、建筑产品（水分蒸气屏障、绝缘饰面、单层屋顶）等。

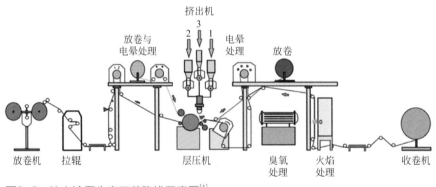

图3-8 挤出涂覆生产工艺路线示意图[1]

高压电缆料是另一个目前其他聚乙烯还难以替代的LDPE产品。通常通过挤出工艺制备电线电缆绝缘包覆层，即在连续线芯周围挤出同心的聚合物层。为提高绝缘包覆层的热机械性能，常常需要将LDPE交联，常用的交联工艺包括过氧化物交联和硅烷水交联[24,25]。经化学交联后，LDPE制品具有更高的耐电压等级和使用温度，室温直流击穿场强可达 500kV/mm，最高工作温度可达 90℃ [26]。UCC、北欧化工、陶氏化学、日本宇部兴产公司等国外公司是高压电缆绝缘树脂的主要生产企业，国内的燕山石化也能生产高压电缆绝缘树脂产品。典型 LDPE 电缆专用料的重均分子量为 9 万左右，端基双键含量约为 0.09[24,26]，交联成品料的凝胶含量可达 70% ~ 80%[27]。

线材涂层挤出所用的挤出机需配备十字形或偏置管状模头（图 3-9），导线通过芯轴中心的孔被牵伸出去。若涂覆层较薄，产品可直接在空气中冷却；若涂覆层较厚，则需要额外的水浴冷却，以使 LDPE 充分固化。

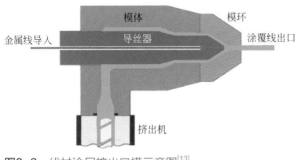

图3-9　线材涂层挤出口模示意图[13]

第三节
乙烯/醋酸乙烯酯共聚物

一、分子链结构及性能

乙烯/醋酸乙烯酯共聚物（EVA）是用量最大的极性聚烯烃，是最重要的聚烯烃品种之一，所用单体为乙烯和醋酸乙烯酯。EVA 树脂于 1960 年由美国杜邦公司采用高压法工艺实现工业化生产，商品名为 ELVAX™。EVA 的生产工艺包括高压连续本体聚合、溶液聚合、乳液聚合和中压悬浮聚合，但 95% 以上的 EVA 都是高压聚合工艺生产。

高压聚合生产的 EVA 分子链结构如图 3-10[13] 所示（其中，VA 表示醋酸酯基团），VA 在聚合物主链中随机分布，具体原因见聚合部分。EVA 中还含有短支链（主要是乙基和丁基）和长支链，类似于 LDPE 的支化特征，由于 EVA 中的酯基类似于短支链，因此 EVA 也可以看作是极性短支链和非极性短支链以及长支链构成的一类特殊聚乙烯产品。由于 VA 基团的极性特征，其通过色散力相互作用，趋于聚集，使得材料的性能显著不同于 LDPE。EVA 分子链的一个重要特征就是 VA 的含量，随着 VA 在大分子中所占比例的增加，EVA 通常可分为树脂（VA 含量为 1%～40%，质量分数）、弹性体（VA 含量为 40%～70%，质量分数）和乳液（VA 含量为 70%～95%，质量分数），适用于不同的应用领域。

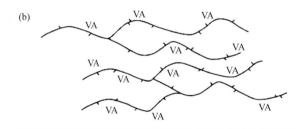

图3-10

EVA树脂的分子式（a）及分子链（b）结构示意图[13]

EVA 中醋酸酯基团的存在使分子链的空间位阻增大，导致其玻璃化转变温度（T_g）和结晶度与 LDPE 存在较大差别。EVA 的 T_g 随 VA 含量的增加而升高。醋酸酯支链对结晶的阻碍作用与 VA 的含量成比例。如表 3-4 所示，当 VA 的含量为 12%（质量分数）时，EVA 的结晶度可达 27.4%，熔融温度略低于 LDPE；随 VA 含量增加，EVA 的结晶度逐渐降低；当 VA 的含量高达 53%（质量分数）时，EVA 已无法结晶。VA 的含量在 5%～28%（质量分数）范围内，EVA 的结晶度随 VA 含量增加呈线性降低（图 3-11）。由于引入了氧元素，EVA 在给定的结晶度水平下比仅含有碳和氢元素的聚乙烯树脂具有更高的密度，密度数值在 0.92～0.94g/cm³ 范围内。EVA 树脂的熔体流动速率在 0.35～2500g/10min（190℃，2.16kg）范围内，具有良好的流变性能和可加工性。

表3-4　EVA的熔融温度范围和结晶度[28]

醋酸乙烯酯含量（质量分数）/%	熔融温度范围（由热分析仪器测得）/℃	结晶度（由XRD测定）/%
12.0	83～103	27.4
19.8	72～98	19.9
37.7	61～77	约8
52.9	41～44	非晶

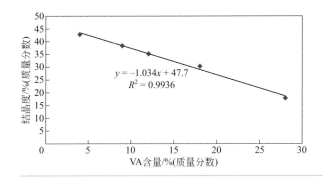

图3-11
EVA结晶度与VA含量的
关系[1]

EVA 树脂的模量和屈服强度在一定范围内随着 VA 含量的增加而降低，当 VA 的含量从 9%（质量分数）增加到 31%（质量分数）时，EVA 的弯曲模量从约 124MPa 降低到约 11MPa，屈服强度从约 6MPa 降低到约 2MPa[28]。在工业化的产品中，通常 EVA 的冲击强度和穿刺强度随着 VA 含量的增加而增加。与 LDPE 相比，VA 的掺入提高了 EVA 的弹性、耐环境应力开裂性、耐低温性能、光学透明性和热封性。除特殊情况外，EVA 的使用温度可低至 −40℃。随 VA 含量增加，EVA 的表面硬度降低[29]，VA 的含量从 7.5%（质量分数）增加到 40%（质量分数），样品的肖氏 A 硬度（ASTM D2240）从约 96 降至约 40。

极性基团的存在增加了 EVA 的分子极性，赋予其更大的黏性和附着力，使其与颜料、填料、阻燃剂等添加剂具有更好的相容性，且允许高含量的添加剂掺入。极性基团也导致 EVA 对化学品的耐受性降低，EVA 会被大多数有机溶剂和高浓度酸（例如＞30% 硝酸和＞50% 铬酸）侵蚀，随着 VA 含量的增加，EVA 的耐液体化学试剂性能降低。极性的 VA 基团还赋予了 EVA 更大的化学反应性，可作为反应性聚合物，通过辐照或过氧化物引发制备接枝和交联材料[30]。

由于 VA 基团的极性，EVA 介电性能低于 LDPE，VA 含量为 7.5%～28%（质量分数）的 EVA 的介电强度为约 0.2MV/cm。EVA 的体积电阻率随 VA 含量增加而降低，当 VA 含量从 7.5%（质量分数）增至 28%（质量分数）时，其体积电阻率[29] 从约 $2×10^{17}Ω·cm$ 降至约 $3×10^{14}Ω·cm$。这样的介电强度和体积电阻率数据使 EVA 适用于中低压、低频用电领域，但目前无法满足高频高压用电领域。

二、单体及引发剂

高压聚合工艺可实现乙烯和极性烯烃单体的自由基共聚，并且可以得到共聚单体含量非常高的极性聚烯烃产品。乙烯共聚物最早由英国帝国化学工业（ICI）公司合成，工作人员利用釜式反应器尝试将多种可聚合的有机单体与乙烯发生共聚反应，反应在高压（＞150MPa）、高温（＞170℃）和微量氧气

（0.01%～1%）或过氧化苯甲酰作为引发剂的情况下进行，最终合成了各种乙烯共聚物，并于1938年申请相关的专利。

乙烯单体中的杂质氧气和水对聚合影响较大，氧气会导致低温聚合时引发剂效率下降，高温下又使得引发反应难以控制。一定浓度的水会导致高压聚合过程中冷却器位置形成乙烯基水合物，易堵塞管道。甲烷、氢气等其他杂质只有在较高的浓度下才会使分子量控制出现问题，或是破坏聚合反应的正常进行。所以单体需要进行脱氧、脱水等精制处理，以保障工艺连续稳定运行和产品的质量稳定。

EVA生产所用的引发剂与LDPE等类似，偶氮化合物（如偶氮二异丁腈，AIBN）、过氧化二酰化合物（如过氧化二苯甲酰）、过氧酯、氢过氧化物和水溶性无机过氧化物（如过氧化氢、过硫酸盐）都可以作为高压聚烯烃的自由基引发剂[14]，相关的引发机理在前面已经进行较为详细的叙述，此处不再论述。

三、聚合反应及工艺

醋酸乙烯酯（VA）主要是在链增长阶段进入主链，极性的VA在其添加到链端时可形成稳定的中间过渡态，从而降低活化能，因此VA单体可优先于乙烯插入主链，实现链增长。VA与乙烯的竞聚率分别为1.09和1.07，几乎相等[16]，竞聚率乘积接近1，因此所形成的共聚物内乙烯与VA无规排列，即EVA是乙烯与VA的无规共聚物。共聚物中VA组分的含量几乎与进料时相同，且与转化率无关。

对于VA含量为1%～40%（质量分数）的EVA树脂产品，可采用高压连续本体聚合工艺生产。该工艺可通过釜式反应器或管式反应器实现，工艺原理与LDPE相似，只是增加了醋酸乙烯酯单体的进料系统和回收系统，因此许多生产厂家用LDPE的装置兼产EVA树脂。EVA的本体聚合工艺过程主要包括单体压缩、自由基聚合以及单体与共聚物的分离等工序。釜式聚合具有高速返混、原料混合均匀、反应温度均一等优点，单程转化率约为10%～20%，可用于制备VA含量较高的产品，VA的含量可高达40%（质量分数）。管式聚合所生产的EVA中VA的含量一般不大于30%（质量分数）。表3-5对比了由高压管式法和高压釜式法生产EVA产品的结构与性能特点[31]。

表3-5　高压管式法和高压釜式法生产EVA产品对比[31]

对比项目	管式法	釜式法
VA含量（质量分数）	1%～30%	1%～40%
分子量分布	较窄	较宽
支链密度及分布	支链密度低，分布不规则	支链密度高，分布均匀
单程转化率	约30%	约20%
产品应用	薄膜	发泡、涂覆、电缆等

对于 VA 含量为 40%～70%（质量分数）的 EVA 弹性体产品，主要的生产工艺包括改进型高压本体聚合工艺、中压乳液聚合工艺和中压溶液聚合工艺[31,32]。其中改进型高压本体聚合工艺适合生产 VA 含量为 45%～50%（质量分数）的 EVA 弹性体，乳液聚合工艺适合生产 VA 含量高于 45%（质量分数）的 EVA 弹性体，溶液聚合工艺具有反应速率及温度易控制、产物分子量分布较窄等特点，是最主要的 EVA 弹性体生产工艺。

按照高压聚合工艺的特点，EVA 乳液聚合工艺和溶液聚合工艺，已经不属于高压聚合工艺范畴，但作为 EVA 同类结构的产品，在此也进行简要介绍。与连续本体工艺相比，溶液聚合需要额外的溶剂去除和回收过程，因此在商业化生产中并不常用，主要用于生产 VA 含量为 40%～70%（质量分数）的 EVA 弹性体，已使用的典型溶剂是苯、甲苯、叔丁醇/水混合物和酯类（如乙酸甲酯）。溶液聚合工艺的压力和温度低于本体工艺，分别在 20～70MPa 和 30～150℃范围内。在这些条件下，VA 的链转移活性不明显，因此所生产的 EVA 产品的分子量较大。对于 VA 含量约为 70%～95%（质量分数）的 EVA 乳液产品，生产工艺为乳液聚合，聚合过程在高压反应釜内完成，先将 VA 加入至预聚合体系中，再通入乙烯，反应以 $K_2S_2O_8$ 或（NH_4）$_2S_2O_8$ 为引发剂，在 70～95℃、1～10MPa 下聚合，所得产品呈乳液状态[31]，可用作黏合剂、涂料、涂层等。

四、加工及应用技术

高压聚合工艺生产的 EVA 易于成型，可采用吹塑、发泡、挤出和注塑成型等方法进行加工，所用设备和加工技术与 LDPE 相同，只是加工温度需低于 LDPE。EVA 树脂的主要应用领域包括包装膜、农用膜、电线电缆、制鞋、太阳能光伏产业等。EVA 的应用领域与其中 VA 的含量和产品的性能密切相关[30]，如表 3-6 所示。

表3-6　不同VA含量的EVA的性能与应用领域[30]

VA含量（质量分数）/%	性能	主要应用领域
1～15	优异的柔韧性、透明性、抗冲击性能和低温性能	包装膜、农膜、注塑、电线电缆等
15～35	良好的耐酸碱性、抗冲击性能、耐应力开裂性和耐低温性能，与极性物质相容性良好	发泡鞋材、涂层、降凝剂
35～40	良好的光学性能和耐低温性	聚合物掺杂、涂料、热熔胶、油墨
40～70	良好的耐应力开裂性、耐低温性和耐油性	聚氯乙烯改性、汽车部件
70～90	良好的耐酸碱性、抗蠕变性和增塑性	涂料、涂层、黏合剂

薄膜是 EVA 最重要的应用形式，薄膜级树脂的 VA 含量一般在 1% ～ 15%（质量分数）。可通过挤出吹塑或流延方法将 EVA 加工成薄膜。EVA 的挤出吹塑成型可使用 LDPE 用挤出机及下游处理设备完成[16]，挤出温度比 LDPE 低20 ～ 40℃，不高于 230℃，吹胀比为（2 ～ 3）∶1。用于生产 EVA 薄膜的流延工艺设备与 LDPE 相同，挤出温度低于 230℃。EVA 薄膜具有优异的柔韧性、弹性和透明度，此类薄膜产品主要用于肉类包装、重型运输袋、一次性防护手套、农业棚膜。值得指出的是，EVA 膜适合在寒冷地区作为棚膜使用，其具有良好的保暖性且不易老化。近期，随着光伏产业的持续发展，对于封装材料的需求快速增加。EVA 具有耐候性、柔韧性、阻水性、透明性好等特点，并且存在极性基团，易于交联改性，提升抗蠕变性能和强度，已成为目前最主要的太阳能电池的封装膜原料。

发泡制品是 EVA 的另一个重要应用领域。EVA 发泡过程中需先将其与交联剂（如过氧化二异丙苯）、发泡剂（如偶氮二甲酰胺）及其他助剂（如氧化锌、硬脂酸）进行熔融共混，然后将共混物置于模腔中，在高温和压力作用下，发泡剂分解形成泡核，随着气体的膨胀，气泡体积不断增大。与此同时，EVA 发生交联反应，导致熔体强度增大。当气泡内部压力不足以突破 EVA 熔体对其的束缚力时，气泡尺寸趋于稳定，最终制品内形成稳定、均匀的泡孔结构[33,34]。EVA发泡材料可采用模压或注塑加工工艺成型，EVA 发泡制品具有柔软、弹性好、减震等优异的性能，广泛用于制备鞋底、隔音板、体操垫、密封型材等产品。

EVA 树脂还可以采用挤出成型方法，制备连续的管材、片材或涂层。挤出成型制备管材和片材时，通常机筒温度为 110 ～ 145℃，机头温度为 130 ～ 145℃。挤出涂层时，机头温度通常设置为 230℃，物料温度为 220 ～ 230℃。挤出成型的 EVA 管材制品可用于输血、压送血液、输送饮料和建筑用灰浆等。EVA 也可以挤出包覆在导线上[35]作为电缆皮层，再经交联处理制备的交联电缆可用于矿井、石油开采等特殊环境中。

EVA 树脂可通过注塑工艺成型，注塑设备主要是螺杆式注射成型机和柱塞式注射成型机，可与聚乙烯、聚苯乙烯等采用相同的设备，无需特殊的螺杆或柱塞结构。注塑料温控制在 170 ～ 200℃。注射成型的制品广泛应用于家用器具、玩具、汽车挡泥板、低温容器等方面。

VA 含量为 18% ～ 33%（质量分数）的高熔体流动速率（大于 50g/10min）的 EVA 可用于热熔胶领域[1]。EVA 基热熔胶由蜡和增黏剂配制而成，可用于包装箱和纸箱封口、标签、层压制品、书籍装订、家具和木材加工等。由于 EVA热熔胶的热稳定性和氧化稳定性较差，常常出现黏度快速上升、变黄和凝胶/炭化（这会堵塞涂抹器喷嘴）等现象，导致使用期限缩短。又由于 EVA 树脂的 T_g较高（T_g 约为 -30℃），EVA 基热熔胶也表现出较差的低温黏合性。

EVA 弹性体可用于聚乙烯 [36]、聚丙烯（PP）[37]、聚氯乙烯（PVC）[38] 和聚酰胺（PA）[39] 等塑料的增韧改性剂，通过熔融共混制备成增韧改性材料，再通过注塑、挤出等工艺制备成制品。

第四节
乙烯/丙烯酸及其衍生物类共聚物

一、分子链结构与性能

乙烯 / 丙烯酸甲酯共聚物（ethylene methyl acrylate，EMA）是乙烯和丙烯酸甲酯共聚得到的热塑性材料，是一种无规共聚物，结构如图 3-12 所示。商品化的 EMA 树脂中丙烯酸甲酯单体的含量通常为 8% ~ 24%（质量分数），也有高达 40% 的产品。丙烯酸甲酯共聚单体和乙烯单体共聚进入聚乙烯链中，同时也会生成通常存在于低密度聚乙烯（LDPE）中的支链，这些支链同样会改变树脂的晶体结构 [40]。

EMA 具有卓越的热稳定性、出色的柔韧性和弹性、突出的黏结性和低温热封性，通常被用作包装材料、医疗用品、聚合物改性剂、阻燃材料等。EMA 与其他树脂具有良好的相容性，常用作与低密度聚乙烯、聚丙烯、聚酯、尼龙及聚碳酸酯的共混组分，以提高这些树脂的冲击强度和韧性，增强热熔接性能，提高黏合性。EMA 可以添加超过 60% 的填料而不影响其弹性，因此还可以作为母料的基础树脂。此外，EMA 满足食品包装的要求，可作热封层及食品接触材料。

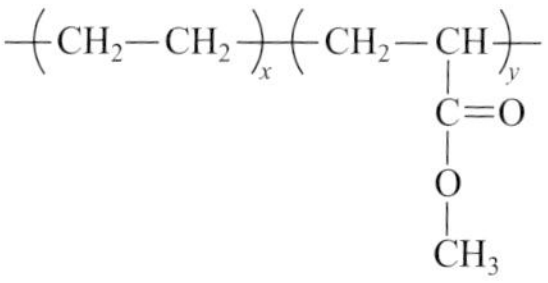

$$\left[CH_2-CH_2 \right]_x \left[CH_2-CH \right]_y$$
$$| \atop C=O \atop | \atop O \atop | \atop CH_3}$$

图3-12
乙烯/丙烯酸甲酯共聚物的结构

美国联合碳化物公司和陶氏化学公司于 1961 年首先用高压本体法生产了乙烯 / 丙烯酸乙酯共聚物（ethylene ethyl acrylate，EEA），一种乙烯和丙烯酸乙酯的无规共聚物（见图 3-13）。EEA 是韧性和挠曲性最好的聚烯烃材料之一，用于制造软管，如游泳池、农用和医用软管、真空吸尘器软管等。EEA 也可用于各种工业零件和日用品，如冰箱垫圈、缓冲垫、鞋类、表带、纺织物的代用品等。

乙烯 / 丙烯酸丁酯共聚物（ethylene n-butyl acrylate，EBA）是由乙烯和丙烯酸丁酯高压自由基共聚制得的无规共聚物，分子链结构示意图如图 3-14。EBA 在 -40℃仍具有优异的抗冲击性能，材料柔韧，可作为增韧剂；同时 EBA 的极性较强，与各种聚合物相容性好，可作为 PE、PP、PET、PA、PC、ABS、PC/PBT、PC/ABS 等的抗冲剂和相容改性剂[41,42]。

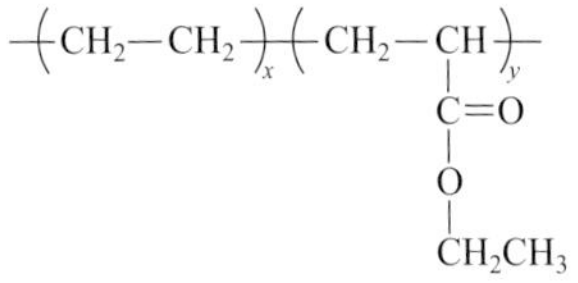

图3-13　乙烯/丙烯酸乙酯共聚物的结构 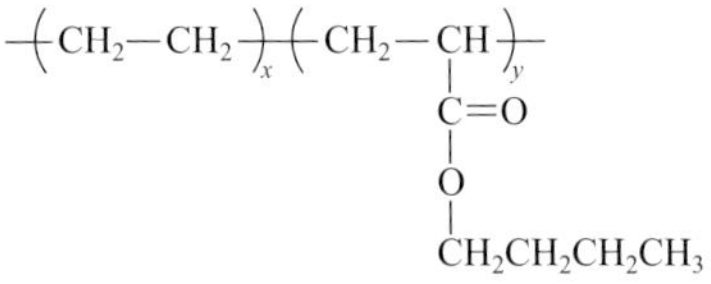　　图3-14　乙烯/丙烯酸丁酯共聚物的结构

　　烯烃离子聚合物的结构和性能比较特殊，其结构与性能、制备方法及应用等将在本节最后详细论述。

二、单体及引发剂

　　除了 EVA 外，其他的乙烯/极性单体共聚物的产量并不大，也主要由高压聚合工艺生产。常用的过渡金属催化剂会被丙烯酸酯等极性单体毒化，不能用于制备极性单体共聚物。目前已有很多报道，采用后过渡金属催化剂，通过溶液聚合制备了乙烯/丙烯酸酯类共聚物，但尚未实现产业化。丙烯酸酯类共聚物的引发剂与 EVA 类似，主要是过氧化物类以及偶氮化物类自由基引发剂，相关引发剂的引发过程以及主要种类在前面已经进行过叙述，本节不再进一步详述。相关的单体有丙烯酸甲酯、丙烯酸乙酯、丙烯酸丁酯、甲基丙烯酸、丙烯酸等。聚烯烃离子聚合物并不是乙烯和这些不饱和羧酸盐直接进行共聚，通常为乙烯/丙烯酸类共聚物进一步与氢氧化钠等反应后形成，因此其共聚单体仍然为不饱和酸。

三、聚合反应及工艺

　　乙烯和丙烯酸酯等极性单体的共聚动力学研究，无论对学术还是对工业生产都很重要，其高压共聚遵循经典的自由基共聚合机理，最重要的特征参数是两种单体的竞聚率 r_1 和 r_2。

　　乙烯和丙烯酸甲酯高压共聚反应的竞聚率[43]见表 3-7。二者的竞聚率差异超过一个数量级，乙烯的 r_1 远低于 1，因此单体混合物中丙烯酸甲酯的含量要低于目标共聚物中丙烯酸甲酯的含量。根据共聚理论，如果 $r_2 > r_1$，总反应速率会降低，在连续工艺中就要增加引发剂。乙烯和丙烯酸酯共聚要求有较高的引发剂用量，从而使得产物的分子量分布变宽[44,45]。EMA 的共聚反应在高压釜式反应器或高压管式反应器中均可进行，丙烯酸甲酯单体、乙烯气体和引发剂按照计量加入反应容器中，两种单体在 90～300MPa 压力和 150～250℃ 的温度下反应，在该过程中，乙烯和丙烯酸甲酯发生无规共聚，得到无规共聚物。共聚物和未反应的单体通过自动放料阀进入二级分离系统，由低压分离器出来的熔融产品经挤出机挤出、切粒和干燥后制得共聚物产品，未反应的单体分别由高、低压分离系统再进入压缩机[45]。

表3-7　乙烯（M_1）与丙烯酸甲酯（M_2）共聚合反应竞聚率[43]

项目	反应温度 /℃	反应压力 /atm[①]	竞聚率	
			r_1	r_2
1			0.05	8
2	150	820	0.12±0.03	13±5
3	130～152	1360	0.042±0.004	5.5±1.5
4	177～182	1190～1360	0.1	—
5	180～190	2040	0.1	—
6	231	1450	0.06	—

① 1atm=101.325kPa。
注：空白表示文献中未提供。

乙烯和丙烯酸乙酯的聚合反应及生产工艺与 EMA 类似，引发剂通常为氧或有机过氧化物[43]，两种单体在高温高压下进行共聚反应，也存在竞聚率差异较大的情况（见表 3-8），所以乙烯/丙烯酸乙酯共聚物（EEA）中丙烯酸乙酯的含量大于反应单体混合物中丙烯酸乙酯的含量，实际生产中必须对整个工艺统筹考虑。在连续搅拌反应器（CSTR）中进行共聚时，共聚单体的浓度保持动态平衡，如果要制备丙烯酸乙酯含量为 20%（质量分数）的共聚物，丙烯酸乙酯在进料中的含量通常为 4%（质量分数），而流出反应器的流体中丙烯酸乙酯的含量仅为 1.6%（质量分数）。在连续柱塞流反应器（CPFR）中进行共聚时，类似于实际的管式反应器，共聚单体沿反应器逐渐消耗。由于极性单体消耗速度快，不同阶段物料中的丙烯酸乙酯含量不同，制备得到的 EEA 是丙烯酸乙酯含量为 9%～38%（质量分数）的 EEA 树脂混合物[44]。

表3-8　乙烯（M_1）与丙烯酸乙酯（M_2）共聚合反应竞聚率[43]

项目	反应温度 /℃	反应压力 /atm[①]	竞聚率	
			r_1	r_2
1			0.04	15
2	180	2040	0.19±0.04	2.2±0.7
3	229～232	1450	0.1	—
4	200～250	1500～1700	0.09	—

① 1atm=101.325kPa。
注：空白表示文献中未提供。

EBA 是由乙烯单体和丙烯酸丁酯单体以氧或过氧化物为引发剂，在高压釜式反应器中经自由基共聚而成，制备过程的压力和温度与高压乙烯均聚相似。通过在一定范围内改变聚合压力和温度，可以在一定程度上调节聚合物的性质[43]。乙烯和丙烯酸丁酯高压共聚反应的竞聚率见表 3-9。

表3-9　乙烯（M_1）与丙烯酸丁酯（M_2）共聚合反应竞聚率[43]

项目	反应温度 /℃	反应压力 /atm[①]	竞聚率	
			r_1	r_2
1			0.03	4
2	70	1000	0.034±0.008	14±4
3	130～152	1360	0.052±0.007	—
4	163	1225	0.3	—
5	182	1450	0.2	—

① 1atm=101.325kPa。
注：空白表示文献中未提供。

M. Buback 等[46]研究了 130 ～ 225℃、1500 ～ 2500bar 压力下乙烯和丙烯酸丁酯的自由基共聚，给出了富含乙烯单体混合物的竞聚率数据，可用于在很宽的温度和压力范围内预估共聚物的组成（图 3-15）。

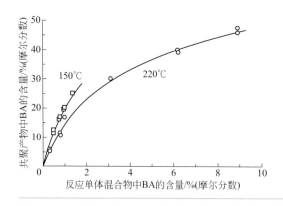

图3-15
BA在共聚物中的含量和在单体混合物中的含量图（压力为2000bar）[46]

四、加工及应用技术

乙烯/丙烯酸及其衍生物的共聚物结构与性能类似，加工性能存在一定差异。产品应用领域虽然有一定的重复性，但也有各自的重点应用领域。EMA 在高压聚乙烯共聚物中热稳定性最好，可以通过挤出涂层层压、吹塑/流延单层和多层共挤出薄膜、注塑、片材或型材挤出、吹塑和挤出发泡方式进行加工。EMA 通常是采用 LDPE 的挤出机和模具加工，可以在 310 ～ 327℃的熔体温度挤出涂层。

因此 EMA 和 LDPE 可互换使用涂层机和层压机，无需停机更换加热器、螺丝或模具。EMA 出色的热稳定性使其能够在高达 327℃的温度下进行挤压涂层、挤压层压和 / 或共挤压涂层或层压，而无需担心热降解问题。其他共聚物的热降解可能产生的腐蚀性物质会损坏螺杆、机筒、适配器、模具和冷却辊，并产生刺鼻气味。丙烯酸甲酯的极性使得 EMA 与取向聚丙烯等常用基材有极佳的黏附性，与表面覆盖高阻隔聚偏二氯乙烯（PVDC）材料的基材同样有很好的黏附性。

EMA 具有优异的热稳定性，与其他烯烃类聚合物的相容性极佳，常用于加工成由薄膜或涂层共挤出制成的软包装。表 3-10 所示 EMA 和最常见的共挤热塑性塑料具有极佳的相容性[40]，因此可以应用于多种聚合物共混物改性。在吹塑和流延单层薄膜挤出方面，EMA 可以直接使用 LDPE 的挤出生产线而不用改动，通常挤出温度比 LDPE 低 10 ~ 24℃，挤出流延膜片的厚度为 1.0mm 及以下（可至 25μm）。在吹膜工艺中，EMA 的膜泡稳定性较高，也容易进行加工。

表3-10　EMA 和其他聚合物的共挤出相容性[40]

聚合物	共挤出相容性	聚合物	共挤出相容性	聚合物	共挤出相容性
LDPE	G	PET	G	离聚物	G
HDPE	G	PETG	G	EVA	G
LLDPE	G	PVDC	G	EEA	G
PP	G	EVOH	F	EAA	G
PA6	P	PC	G		

注：G—很难分离或无法分离，F—用力可以分离，P—容易分离。

EEA 可以在为具有类似熔体流动速率的 LDPE 设计的挤出、中空吹塑和注塑等设备上进行加工，典型挤出的熔体温度约为 160℃，根据熔体流动速率和 EA 的含量，注塑温度范围为 140 ~ 200℃。EEA 与 LDPE、LLDPE、HDPE 和 PP 等聚烯烃具有良好的相容性，可用于调控共混材料的模量。通过添加 EEA，可以提高聚酰亚胺和聚醚等高模量聚合物的冲击性能。EEA 可用作多层薄膜中的粘接层，与其他聚合物掺混还可以改善低温韧性和耐应力开裂性。EEA 作为热熔胶具有高剪切破坏温度和低温韧性，与非极性基材有优良的黏合性。由 EEA 和炭黑制得的薄膜和管材可应用在对静电有严格要求的场合。EEA 中可以掺入各种填料，例如添加电导炭黑后可应用于电线电缆。

EBA 可用作薄膜或涂层，最常见的应用是作为热复合膜，用于冷冻食品和肉类包装。EBA 可采用共挤和挤出涂层工艺，用于生产复合膜、涂层面料 / 地毯等产品。可通过共混利用 EBA 对其他塑料进行增韧改性，也可用于制备工程塑料的色母料。作为胶黏树脂使用，EBA 可用于多层复合膜中 PA、PET、Al、PE、

PP 的黏结层和热封层。EBA 在 -40℃仍能保持优异的抗冲击性能，材料柔韧，且和各种聚合物相容性好，可用于改善 PA、ABS、PP 的韧性和低温性能。EBA 可应用于电缆料领域，其加工性能优于 EVA，热分解温度为 330℃，加工温度可高达 300℃。

五、烯烃类离子聚合物

美国杜邦公司于 20 世纪 60 年代开发的沙林树脂（Surlyn® ionomer resin）是含有金属离子的烃类聚合物，即离子聚合物，简称离聚物或离聚体（ionomer）[47]，其结构见图 3-16。离聚物同时具有交联烃类聚合物的固体性质和未交联烃类聚合物的熔体流动特性，当熔融和承受剪切应力的时候，离聚物表现出与线型的乙烯/极性单体共聚物基本相同的熔融加工性；而当冷却和没有剪切应力的时候，金属离子物理交联键再度形成，固化的共聚物再次表现出交联材料的性质。为了实现交联聚烯烃的固体性质和未交联聚烯烃的熔融加工性有效结合，制备离子聚合物共聚物的前驱体通常具有高分子量。基础树脂的分子量一般通过熔体流动速率间接表征，共聚物的熔体流动速率的范围通常为 1.0 ~ 100g/10min。由低分子量共聚物形成的离子聚合物可以作为性能优异的黏合剂和层压树脂。离子聚合物的性能变化很大程度上受到中和度（中和度 = 共聚物前驱体中被金属离子化合物中和的羧酸基团平均值 / 共聚物前驱体未被中和前的羧酸基团平均值）的影响，通常中和度达到 10% 以上，才能有效形成离子键交联网络，显著改变聚合物的性能。

离子聚合物的凝聚态结构一直是研究的重点。Longworth 等[48]通过小角散射（SAXS）研究发现，EMAA-Na 离聚物存在一个特有的小角度散射峰，认为是离聚物中的离子基团形成的一个单独的相。通常认为离聚物包含三个区域：聚乙烯形成的晶区、包含羧基和羧酸盐孤立基团的无定形区以及金属离子形成的离子簇区[49]，见图 3-17。金属阳离子和羧酸基团之间的离子缔合在聚乙烯骨架的无定形区形成纳米尺度的区域，这些区域与聚乙烯晶区间的相互作用，赋予了离子聚合物独特的性能，并可以通过改变酸度、阳离子类型和中和度进行调节。

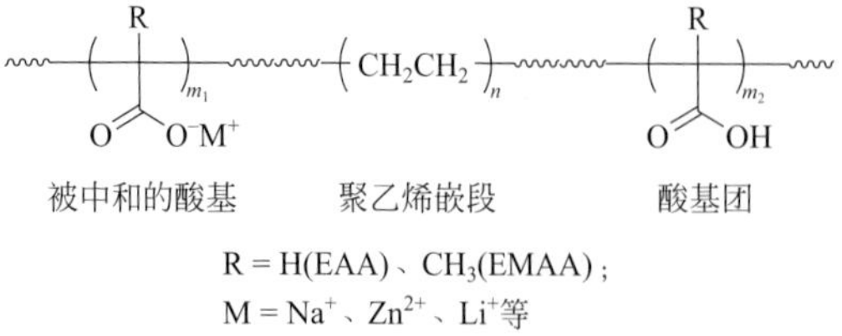

被中和的酸基　　聚乙烯嵌段　　酸基团

R = H(EAA)、CH₃(EMAA)；
M = Na⁺、Zn²⁺、Li⁺等

图3-16
离子聚合物的化学结构

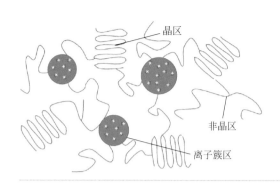

晶区

非晶区

离子簇区

图3-17
离子聚合物的结构模型[49]

离子聚合物中同时含有氢键和离子键，使其具有高拉伸强度、高模量和高韧性、低软化点、高透明度、低雾度、强耐磨性和耐油性等性质。

离子聚合物的生产工艺是以乙烯/甲基丙烯酸共聚物（EMAA）或乙烯/丙烯酸共聚物（EAA）等极性聚烯烃为基础聚合物（也称聚合物前驱体），通过与可离子化的金属化合物（如金属氢氧化物、金属盐等）反应得到离子聚合物，制备方法有以下几种：①熔融法，基础聚合物和金属化合物在反应型挤出机中熔融反应形成离子聚合物。该方法的优点是反应充分、均匀，且可实现连续化生产，缺点是反应较为激烈，对设备要求高，目前工业上生产沙林树脂主要是采用该方法；②溶液法，基础聚合物和金属化合物溶于同一溶剂中发生中和反应。J. Sun等[50]将乙烯/甲基丙烯酸共聚物溶于热四氢呋喃后和$ZnCl_2$反应，制备了锌离子中和的离子聚合物。溶液法的优点是可以定量反应，缺点是高温下使用极性溶剂，反应剧烈，且需要消耗大量的溶剂，成本较高。该方法适用于用溶液法制备的基础聚合物；③淤浆法，基础聚合物浸泡在金属化合物的溶液中发生反应，该方法的优点是反应条件温和，缺点是反应为异相反应，基本上只有聚合物表面的羧基发生了反应，因此反应程度不易控制；④将阳离子注入制备共聚物的聚合反应器中，聚合物仍然是熔融状态或在溶液中，目前还没有大规模的工业化应用[51]。

杜邦公司是生产离子聚合物的世界领先企业，其开发的Surlyn产品已经形成系列化，主要牌号见表3-11[52]。霍尼韦尔是另一家离子聚合物的主要生产企业，其产品命名为AClyn，主要牌号见表3-12[53]。

表3-11　杜邦公司的Surlyn树脂主要性能

牌号	金属离子种类	密度/（g/cm³）	熔点/℃	熔体流动速率/（g/10min）	硬度	雾度/%
1601	Na	0.94	98	1.3		
1601-2	Na	0.94	98	1.3		
1652	Zn	0.94	100	5.5		
1652SB	Zn	0.94	101	4.6		

牌号	金属离子种类	密度/（g/cm³）	熔点/℃	熔体流动速率/（g/10min）	硬度	雾度/%
1652SR	Zn	0.94	100	5.4		
1702	Zn	0.95	93	14		
1707	Na	0.95	90	0.9		
1857	Zn	0.94	87	4.25		
7940		0.94	91	2.6	68	4
8150	Na	0.97	84	4.5	65	1.3
8320	Na	0.95	70	1	36	26.6
8528	Na	0.94	93	1.3	60	6
8920	Na	0.95	90	0.9	66	4
8940	Na	0.95	94	2.8	65	5
8945	Na	0.95	88	4.5	65	
9020	Zn	0.96	85	1	55	7
9120	Zn	0.97	86	1.3	66	2.5
9150	Zn	0.97	82	4.5	63	3.2
9320	Zn	0.96	70	0.8	40	12.3
9910	Zn	0.97	86	0.7	64	6
9945	Zn	0.97	89	4	62	
PC-350	Na	0.96	88	4.5		

表3-12　AClyn产品的主要性能

类别	名称	硬度/dmm[1]	熔点[2]/℃	布洛克菲尔德黏度（190℃）/mPa·s
A—C 540	共聚物	2.0	104	163
AClyn 246A	100% Mg	1.0	95	7000
AClyn 272A	50% Na	1.2	105	1400
AClyn 276A	100% Na	1.1	98	70000
AClyn 293A	25% Zn	1.7	101	500
AClyn 295A	100% Zn	1.0	99	4500
A—C 580	共聚物	4.0	97	160
AClyn 201A	47% Ca	1.0	102	5500
AClyn 262A	50% Na	0.6	102	2800
AClyn 290	25% Zn	1.7	99	900
AClyn 291A	50% Zn	1.1	102	5500
A—C 5120	共聚物	11.5	84	113
A—C 285A	80% Na	0.6	82	110000

①dmm 是针入度的单位，表示 1/10mm。参考标准见 ASTM-D5。
②差示扫描量热法测量。

离子聚合物虽然具有离子交联的结构，但当加热到一定温度时，离子间的结合减弱，使其可以与通常的热塑性塑料一样，在模塑、挤塑等设备中进行加工。

聚乙烯离聚物可以加工成各种食品包装膜和涂层，也可通过注塑成型为相关制品，还可以作为增容剂和成核剂等用于聚合物的改性。

离子聚合物最主要的用途是包装薄膜，特别是外层包装。乙烯/丙烯酸盐共聚物可形成离子缔合，这种特殊的结构使得这些离聚物具有低热封起始温度和高熔体强度、透明度、刚性、韧性以及耐油和油脂性，适合作为含油脂类食品的包装材料。离子聚合物与低密度聚乙烯的共挤出薄膜，可用于重包装领域。把钠离子或锌离子用更加亲水的钾离子替代后，离聚物电耗散性能突出，可以与PE或PP等传统聚烯烃共混，赋予这些通用塑料永久性的抗静电性能。添加脂肪酸盐可显著改变离子聚合物的形态，增强离子强度，同时抑制聚乙烯结晶，形成具有高透气性的新型离聚物，在包装膜方面有重要的应用[54]。

离聚物也可以进行注塑加工，用于制作高尔夫球表层材料和保险杠材料等。离聚物高尔夫球具有良好的耐久性和耐低温开裂性，结构不易损坏[55]。在该类应用中发现锌离子离聚物的回弹性低，钠离子离聚物则易产生冷裂纹，而将以上两种离聚物经熔融共混后得到的材料实现了回弹性、硬度、柔软性的完美平衡[56]。因此，含有沙林树脂的高尔夫球在全世界得到广泛使用。

离子聚合物对各种金属箔具有良好的黏合性，可用作挤出涂层，制得的材料可作为牙膏、化妆品等的金属软管替代品。离子聚合物吹塑瓶可用于灌装各种油、化妆品和药物等。目前，这类特殊的聚合物也已开始用于太阳能电池的封装膜。

相容剂是离子聚合物的一个重要应用领域，由于既具有聚乙烯的主体结构，同时存在极性的离子基团，可用于共混改性领域。例如，PA6和聚烯烃是热力学不相容的聚合物，直接共混后，容易发生相分离，材料性能较差。采用沙林树脂作为PA6和聚烯烃的共混相容剂，可大幅减小分散相尺寸，显著提高共混物的力学性能、阻隔性能。Sinthavathavorn等[57]利用钠离子、锌离子和锂离子中和后的乙烯/甲基丙烯酸离聚物增容PA6和LDPE共混物，结果表明，加入离聚物增容剂后复合材料的拉伸性能提高，分散相尺寸减小，离聚物比酸类共聚物可以更有效地提高力学性能和热机械性能。总体来说，由不同金属离子中和的离聚物，增容效果相差不大。

离子聚合物的另一个重要用途是用于成核剂，可以提高PET等树脂的结晶速率，是目前最好的商业化PET成核剂。PET是一种具有优异力学性能的工程塑料，其缺点是结晶速率太慢，限制了在工程塑料中的应用。Yu等[58]研究了Surlyn树脂（乙烯/甲基丙烯酸钠离聚物，中和度为45%）和低分子量的AClyn树脂（乙烯/丙烯酸钠离聚物，中和度为80%）两种离聚物对PET结晶性能的影响。结果表明，AClyn树脂比Surlyn树脂能够更有效地促进PET成核，PET/AClyn和PET/Surlyn体系具有不同的成核机理：AClyn树脂具有更高含量的羧基和更高的中和度，分子间具有更强的相互作用，因此在 PET 熔体中无法溶解，以小颗粒形态分散在熔体中诱导异相成核；而 Surlyn 树脂可以溶解在 PET 熔体中，反应后形成离子链末端，最终离子簇起到了成核剂的作用。随后，他们又研究了具有不同金属离子的 AClyn 树脂对 PET 结晶的影响，发现 AClyn-Na 和 AClyn-Zn 均能显著提高 PET 的成核和结晶速率，AClyn-Na 的成核效果比 AClyn-Zn 稍微好一些。这是由于前者在 PET 熔体中的分散性可能更好一点。两种 AClyn 离聚物均不会导致 PET 的分子量严重降低，是用于 PET 结晶的良好成核剂[59]。

第五节
乙烯高压聚合工艺技术发展趋势

　　乙烯高压聚合工艺技术已经有近百年的历史，技术整体成熟度已经非常高，产品结构的特殊性也决定了未来很长一段时间内仍然不会被其他技术完全取代。乙烯高压聚合技术主要有三个发展趋势，一是装置的大型化和提高生产运行的安全稳定性，二是持续优化引发体系，三是调控产品的分子链结构，以更好地满足市场的高端需求。

　　装置大型化主要是反应釜的大型化。20 世纪 70 年代燕山石化引进住友的技术建设了年产能 6 万吨的生产装置，反应釜为 750L；而近些年引进的釜式法高压聚乙烯工艺，年产能均为 10 万～ 12 万吨 / 年，反应釜为 1500L。目前，最大的釜式反应器已达 2000L。管式反应器最初管径为 40 ～ 60mm，现在管径可以为 70 ～ 90mm，最大产量可达 40 万吨 / 年。装置的大型化可以提高生产能力，降低成本，提高高压聚乙烯工艺对于淤浆、气相聚乙烯等工艺的市场竞争力。在装置安全性方面，在信息化数据分析、在线产品分析和装置安全监控技术等方面将进一步得到强化。

　　引发剂是高压聚乙烯的核心关键技术。引发剂技术的发展，一方面是开发新型低温高活性引发剂，用于改善生产的经济性以及控制聚合物的分子结构；另一方面是复配引发剂技术，尤其是在管式工艺中，单一引发剂的引发效果远低于复配引发剂的引发效果。在选择引发剂复配组合时，需要根据反应器温度的变化趋势进行引发剂的合理选择。随着国内外中试装置建设数量的增加，科技人员将有机会更多地进行引发剂和装置结合的探索实验，加快引发体系的优化和完善。

　　高压聚乙烯工艺的特点是容易制备具有较多长短支链相结合的分子链结构，

以及可以得到高极性单体含量的聚合物。这些聚合物在高速涂覆、聚酯成核剂、耐磨涂层、相容剂等应用方面具有独特的优势。目前，这些产品的性能正在被不断优化。例如，SABIC 公司针对涂覆用 LDPE 的高端市场需求，通过优化分子量分布和长支链含量等分子链结构，开发了管式法涂覆用 LDPE 生产技术，产品在高速涂覆稳定性、颈缩程度等方面已接近传统釜式法生产的 LDPE 涂覆产品。未来，乙烯高压聚合产业需要根据市场需求，不断设计和生产具有特殊分子结构的新产品，以更好地满足市场的高端需求。

参考文献

[1] Spalding M A, Chatterjee A M. Handbook of industrial polyethylene and technology: Definitive guide to manufacturing, properties, processing, applications and markets [M]. Hoboken, New Jersey : Scrivener Publishing/Wiley, 2017.

[2] 吴飞. 有机过氧化物在高压聚乙烯生产中的应用分析 [J]. 石化技术，2001, 8(4): 199-202.

[3] 黄成义. 有机过氧化物在高压管式法工艺中的性能分析 [J]. 大庆石油学院学报，2008, 32(6): 79-82.

[4] 卢业强. 乙烯高压聚合中的过氧化物引发剂 [J]. 合成树脂及塑料，1988(01): 60-67.

[5] 吴飞. 有机过氧化物引发剂在高压聚乙烯的应用分析 [J]. 广州化工，2003, 31(4): 131-135.

[6] 杨秀芳，熊华伟，孙友真. 优化高压聚乙烯生产中的过氧化物配置 [J]. 石化技术，2012(1): 4-8.

[7] 钱晓敏. 有机过氧化物在高压聚乙烯生产中的应用 [J]. 金山油化纤，2000, 19(3): 17-21.

[8] 邹盛欧. 聚合引发剂有机过氧化物 [J]. 广东化工，2001(1): 5-9.

[9] Gonioukh A, Kohler G, Teuber T, et al. Continuous preparation of ethylene homopolymers or copolymers: US07737229B2[P]. 2010-06-15.

[10] Alexander W, Catherine B. High pressure LDPE for medical applications: EP2239283[P]. 2012-01-25.

[11] Lammens H A, Verluyten F K. Modifier control in high pressure polyethylene production: US20180244813A1[P]. 2018-08-30.

[12] 加兰 . j D A，格雷厄姆 M L. 含极性共聚单体的聚乙烯聚合物和聚合物组合物的制造方法：CN104203394B[P]. 2019-06-07.

[13] Peacock A. Handbook of polyethylene: Structures: Properties, and applications [M]. Kluwer Academic Publishers-Plenum Publishers, 2000.

[14] Harper C J. Modern plastics handbook[M]. New York: McGraw-Hill, 2000.

[15] Ebewele R O. Polymer science and technology[M]. Florida: CRC Press, 2000.

[16] 桂祖桐. 聚乙烯树脂及其应用 [M]. 北京：化学工业出版社，2002.

[17] Becker P, Buback M, Sandmann J. Initiator efficiency of peroxides in high-pressure ethene polymerization [J]. Macromolecular Chemistry and Physics, 2002, 203(14): 2113-2123.

[18] Dhib R, Al-Nidawy N. Modelling of free radical polymerisation of ethylene using difunctional initiators [J]. Chemical Engineering Science, 2002, 57(14): 2735-2746.

[19] 潘祖仁. 高分子化学 [M]. 第三版. 北京：化学工业出版社，2003.

[20] 邹丹. 高压法低密度聚乙烯工艺技术现状及进展 [J]. 石油规划设计，2016, 27(6): 6-9.

[21] Nowlin T E. Business and technology of the global polyethylene industry [M]. Hoboken, New Jersey : Scrivener Publishing/Wiley, 2014.

[22] 周兵. 不同高压聚乙烯工艺生产涂覆料性能差异探讨 [J]. 化工进展，2010, 29(4): 778-781.

[23] 王文燕，张德英，乔晓明，等. 涂覆级聚乙烯的加工性能研究 [J]. 精细石油化工进展，2011, 12(7): 35-37.

[24] 李维康，祝文亲，张翀，等. 高压直流电缆用低密度聚乙烯的结构与电气性能分析 [J]. 绝缘材料，2020, 53(7): 74-82.

[25] 周文博，高冰，王正平. 绝缘材料用交联聚乙烯的研发进展 [J]. 合成树脂及塑料，2022, 39(1): 79-81.

[26] 高凯，曾浩，左胜武，等. 高压电缆绝缘用 LDPE 分子结构与电气性能研究 [J]. 电线电缆，2021(6): 16-21.

[27] 李维康，张翀，闫轰达，等. 高压直流电缆用交联聚乙烯绝缘材料交联特性及机理 [J]. 高电压技术，2017, 43(11): 3599-3606.

[28] Salyer I O, Kenyon A S. Structure and property relationships in ethylene-vinyl acetate copolymers [J]. Journal of Polymer Science. Part A: Polymer Chemistry, 1971, 9(11): 3083-3103.

[29] Henderson A M. Ethylene-vinyl acetate (EVA) copolymers: A general review [J]. 1993, 9(1): 30-38.

[30] 金世龙，郑斌茹，历娜，等. 乙烯 - 乙酸乙烯酯共聚物接枝聚合物的合成、表征及应用新进展 [J]. 化工进展，2017, 36(10): 3757-3764.

[31] 陈博. 乙烯 - 醋酸乙烯酯共聚物的生产技术与市场分析展望 [J]. 广东化工，2013, 40(11): 87-90.

[32] 徐青. 乙烯 - 醋酸乙烯酯共聚物的生产技术与展望 [J]. 石油化工，2013, 42(3): 346-351.

[33] 陈丹青，陈国华. 高弹性 EVA 交联发泡材料 [J]. 塑料，2007, 36(5): 35-38.

[34] 冯绍华，刘忠杰，左建东，等. EVA 交联发泡技术及应用 [J]. 塑料科技，2003, 02: 9-11, 15.

[35] 金标义，吴长顺. EVA 在电缆行业的应用和发展前景 [J]. 电线电缆，2015, 02: 34-36.

[36] 豆鹏飞. 聚乙烯增韧改性研究 [J]. 橡塑技术与装备，2018, 44(12): 14-19.

[37] 张学东，刘浙辉，顾中华，等. PP/EVA-15 共混物的研究 [J]. 中国塑料，1996, 02: 12-18.

[38] 包永忠，李波. EVA 增韧改性聚氯乙烯合金的制备及性能 [J]. 塑料助剂，2019, 06: 28-32.

[39] 陈耀华. EVA 对尼龙 6 的增韧效果 [J]. 上海塑料，2000, 03: 19-20, 18.

[40] Baker G L, Buesinger R F. The ethylene methyl acrylate copolymer [J]. Journal of Plastic Film Sheeting, 1987, 3(2): 112-117.

[41] 查道鑫，姚跃飞，曹贤君. EBA 改性对聚碳酸酯增韧性能的影响 [J]. 浙江理工大学学报，2012, 29(06): 813-816.

[42] 赵梓年，李小科. LDPE/EBA 共混膜物理力学性能的研究 [J]. 塑料科技，2008, 36(12): 42-45.

[43] Ehrlich P, Mortimer G A. Fundamentals of the free-radical polymerization of ethylene [M]. Berlin Heidelberg: Springer, 1970.

[44] 威尔克斯 E S. 工业聚合物手册 [M]. 傅志峰，等译. 北京：化学工业出版社，2006.

[45] 张伟明，陈柏松，高式群. 乙烯 - 丙烯酸及其酯类共聚物 [J]. 合成树脂及塑料，1987(1): 46-50.

[46] Buback M, Busch M, Lovis K, et al. High-pressure free-radical copolymerization of ethene and butyl acrylate [J]. Macromolecular Chemistry Physics, 1996, 197: 303-313.

[47] E. I. du Pont de nemours and company. Ionic hydrocarbon polymers: US3264272[P]. 1966-08-02.

[48] Longworth R, Vaughan D J. Physical structure of ionomers [J]. Nature, 1968, 218: 85-87.

[49] Maki N, Tajitsu Y, Sasaki H. Development of a packaging material using antistatic ionomer. Part 2: Charge distributions of potassium ionomer[J]. Packaging Technology Science, 2007, 20(5): 309-313.

[50] Zhan S, Wang X, Sun J. Rediscovering surlyn: A supramolecular thermoset capable of healing and recycling[J]. Macromolecular Rapid Communications, 2020: 2000097.

[51] E. I. du Pont de nemours and company. Process of crosslinking polymers: US3404134[P]. 1968-10-01.

[52] SURLYN[TM] Technical Data Sheet. https://www.dow.com/en-us/search.html, 2021.2.

[53] 刘忠宾. AClyn 低相对分子质量离聚物的特性和应用 [J]. 塑料助剂，2004, 2 (44): 21-24.

[54] Morris B A. New developments in ionomer technology for film applications [J]. Journal of Plastic Film Sheeting, 2007, 23(2): 97-108.

[55] Sullivan M J, Melvin T, Nesbitt R D. Golf ball covers from ethylene-acrylic acid copolymer salts: US4911451[P]. 1990-03-27.

[56] Questor Corp. Golf ball cover compositions comprising a mixture of a ionomer resins: US3819768[P]. 1974-06-25.

[57] Sinthavathavorn W, Nithitanakul M, Magaraphan R, et al. Blends of polyamide 6 with low-density polyethylene compatibilized with ethylene-methacrylic acid based copolymer ionomers: Effect of neutralizing cations [J]. Journal of Applied Polymer Science, 2008, 107(5): 3090-3098.

[58] Yu Y, Yu Y, Jin M, et al. Nucleation mechanism and crystallization behavior of poly(ethylene terephthalate) containing ionomers [J]. Macromolecular Chemistry and Physics, 2000, 201: 1894-1900.

[59] Yu Y, Bu H. Crystallization behavior of poly(ethylene terephthalate) modified by ionomers [J]. Macromolecular Chemistry and Physics, 2001, 202: 421-425.

第四章

淤浆聚合工艺及其高性能产品

淤浆聚合工艺是生产高密度聚乙烯的主要方法。因采用惰性溶剂，催化剂和聚合产品不溶于溶剂呈淤浆状而得名。该方法聚合压力低，条件温和，易于操作，聚合反应通常在釜式或环管多反应器中进行。釜式聚合工艺主要有三井化学的 CX 工艺和利安德巴塞尔的 Hostalen 工艺，环管聚合工艺主要有英力士的 Innovene S 工艺和菲利普斯的 MarTECH™ 环管工艺。

第一节
CX 釜式工艺及其树脂产品

一、工艺特点

20 世纪 50 年代原三井油化（Mitsui Petrochemical Industries，Inc.，现为三井化学公司）率先推出淤浆聚乙烯间歇法工艺技术，开发出超高活性催化剂后，该公司又开发了连续法淤浆聚乙烯工艺，即 CX 工艺。低压淤浆 CX 工艺是生产高密度聚乙烯（HDPE）的重要生产工艺之一，目前全球约有 40 条生产线投用或在建，总产能超过 430 万吨 / 年。

CX 工艺为釜式工艺，以高纯度乙烯为主要原料，乙烯的单程转化率为 95% ～ 98%。采用己烷为聚合介质，共聚单体为丙烯和 1- 丁烯。该工艺采用 Ziegler-Natta 催化剂，通过调节反应器参数控制树脂的分子量和分布，进而调节树脂的性能。CX 工艺结合浆液外循环技术可以提高单线产量。采用离心分离干燥技术，能够脱出溶剂中的低分子蜡，产品异味小。典型的反应条件为 70 ～ 90℃，压力低于 1.03MPa。树脂产品密度范围为 0.930 ～ 0.970g/cm³，MFR 范围为 0.01 ～ 50g/10min[1]。CX 工艺流程见图 4-1。CX 工艺装置分为原料精制及进料单元、催化剂配制及进料单元、聚合反应单元、分离干燥单元、产品输送和储存单元、己烷回收单元和公用工程单元。CX 工艺根据不同操作工艺条件，采用并联 A 模式（两釜生产同样熔体流动速率的浆料）生产分子量分布窄的牌号；采用并联 B 模式（第一釜生产高熔体流动速率的浆料，第二釜生产低熔体流动速率的浆料）生产分子量分布中等的牌号；采用串联模式（第一釜生产高 MFR 值浆料，闪蒸后进入第二釜，第二釜生产低 MFR 值浆料）生产分子量分布宽的牌号，可生产高密度聚乙烯（HDPE）和中密度聚乙烯（MDPE）。

反应器系统通常由两至三台串联的反应器组成，允许每台反应器在不同的氢分压下操作，因而可控制产品的分子量及其分布，生产双峰聚乙烯产品（串联牌号），也可生产具有窄分子量分布的单峰HDPE树脂（并联牌号）[2]。乙烯、氢气、共聚单体和高活性催化剂进入反应器后，在淤浆状态下发生聚合反应。从反应器出来的聚合物淤浆，经过离心分离后，90%溶剂可直接循环至反应器。浆液经离心分离机固液分离后采用蒸汽转筒干燥器脱除聚合粉料中的残余溶剂，离心分离干燥后的粉料经过造粒得到需求树脂。CX工艺聚合热由釜内聚合介质的蒸发、夹套水的冷却和原料预热带走，其中己烷的挥发潜热撤除聚合反应热是CX工艺的主要撤热方式，该方式撤除了总聚合反应热的约70%[3]。

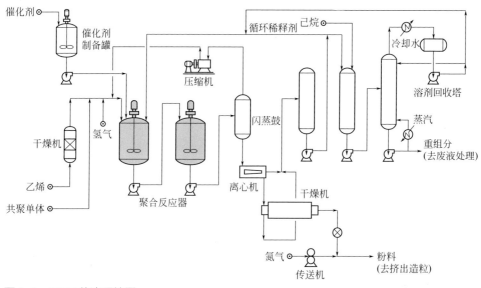

图4-1 CX工艺流程简图

CX工艺原料来源丰富，操作简单，反应条件温和，流程相对较短，可降低或避免较多复杂操作带来的装置生产不稳定性。另外，该工艺投资费用低，产品牌号切换容易，切换过程产生的过渡料少。该工艺的生产装置不仅装置利用率和时空产率较高，且绝大部分的生产原料可以循环使用，因而具有理想的经济性。生产过程中使用的溶剂己烷，对大部分牌号来说，50%～80%可直接循环使用，可减轻溶剂回收环节的负荷，降低能耗。另外，该生产装置三废少，可减轻无法回收利用的三废处理压力。CX工艺还有如下优势，一旦因断电等原因停车后不需倒空聚合物浆液即可重新开车，并且可以两年以上不需清理反应釜。采用单一催化剂体系即可生产双峰或多峰聚乙烯，适宜生产或开发高技术壁垒、高附加值的树脂牌号或新产品，可实现以较低投入获取更多价值。该工艺存在的问题是：单线产能较小。

二、高性能树脂产品

我国于 20 世纪 80 年代引进日本原三井油化淤浆法 HDPE 生产技术（CX 工艺），先后在大庆、扬子和燕山建立了三套 14 万吨 / 年的生产装置（大庆已改造扩产至 21 万吨 / 年），并在兰州建成了一套 7 万吨 / 年的装置（现已改造为 14 万吨 / 年），成为我国 HDPE 最主要的生产装置[1]。CX 工艺适用于生产双峰分布的高性能产品[4,5]，包括高分子量薄膜树脂，耐环境应力开裂性能高的吹塑和压力管牌号，还可生产单丝和高流动性注塑树脂。以扬子石化为例，采用 CX 工艺生产的产品牌号包括用作单丝和取向条带、一般包装薄膜及网，如渔网、绳索、布纱、包装绳等产品的高密度拉丝料 5000S[6]；用于薄膜、购物袋、包装袋、废物袋等产品的高密度薄膜料 7000F；具有较高的机械强度、较好韧性、抗蠕变性和耐环境应力开裂性能的大口径挤塑型耐压管材的高密度管材料 YEM-4803T；用于水管、煤气管的 PE100 级管材的高密度管材料 YEM-4902T；用于热水管、采暖管、地暖管等管材的高密度管材料 YEM-4705T；用于耐热管材产品的高密度管材料 L5050；用于中空产品的高密度吹塑料 5301B、5200B；以及用于摩托车前防护板及挡泥板、各种瓶盖等产品的高密度注塑料 5306J、2200J 等。

国内的 CX 工艺装置初期使用的是进口催化剂。进口催化剂能够生产管材等双峰树脂产品，但存在氢调敏感度不足、聚合物细粉多和低聚物多等问题，安全生产周期较短[7,8]。中国石化北京化工研究院（简称北京化工研究院）成功开发了具有自主知识产权的新型高效 BCE 系列催化剂，打破了淤浆法聚乙烯高效催化剂严重依赖国外进口的局面[9,10]。BCE 系列催化剂具有活性高、共聚好、氢调好、低聚物生成量少等特点，制备的聚合物堆积密度高、粒径分布窄、蜡含量少、细粉少，能够明显改善装置的长周期运行状况，降低物耗能耗，解决了长期困扰淤浆聚合工艺细粉多、低聚物多、运行周期短的技术难题。BCE 系列催化剂综合性能超过进口催化剂，在国内市场占有率超过 80%，在国外装置也获得广泛应用。采用 BCE 系列催化剂在 CX 工艺上能够生产拉丝料、注塑料、双峰管材、双峰膜料等多种聚乙烯牌号。相较于 Hostalen（ACP）、Innovene S、MarTECH™ ADL 等淤浆装置，国内的 CX 工艺装置产能较小，易于调节，适用于开发生产市场用量小但附加值高的特种 HDPE 产品，如氯化聚乙烯（CPE）专用料、锂电池隔膜专用料和超高分子量聚乙烯（UHMWPE）专用料等。

氯化聚乙烯（CPE）是由聚乙烯和氯气经取代反应制得的，可视为乙烯、氯乙烯和 1,2- 二氯乙烯三元共聚物。依据分子中氯含量的不同，CPE 可具有从软质塑料、弹性塑料、橡胶弹性体、硬塑料到不燃树脂的各种性能和广泛用途。特殊的分子结构赋予 CPE 优良的柔韧性、耐候性、耐臭氧、耐化学试剂性、耐寒性和阻燃性等特点，广泛应用于塑料门窗、PVC 管材与板材、防水卷材、防腐涂料、电线电缆以及橡塑复合材料等工业领域。根据制备 CPE 的高密度聚乙烯原料不同和产品的用途，又可以分为 A 型氯化聚乙烯专用料、B 型氯化聚乙烯专用料和 C 型氯化聚乙烯专用料。A 型氯化聚乙烯专用料主要用于生产抗冲改性型氯化聚乙烯，树脂分子量较高，具有较高的韧性和力学强度；B 型氯化聚乙烯专用料主要用于橡胶改性，树脂分子量较高且分布较宽；C 型氯化聚乙烯专用料用于生产阻燃改性型氯化聚乙烯，树脂分子量较低，熔体流动性好[11-13]。

　　针对市场需求，北京化工研究院开发了适用于生产各类高品质氯化聚乙烯专用料的新型 BCE-C 系列催化剂。扬子石化公司利用现有的 CX 工艺装置，通过产品分子结构和工艺方案设计，采用 BCE-C 催化剂开发了系列氯化聚乙烯专用树脂产品，成为国内最大的 CPE 用原料生产厂家。采用 BCE-C 系列催化剂制备的氯化聚乙烯专用树脂粒径分布集中、细粉含量和大颗粒含量显著减少、堆积密度高、装置能耗物耗降低、运行平稳，成功解决了国内的 CX 工艺装置没有筛分装置难以大规模生产氯化聚乙烯专用料的难题。BCE-C 催化剂以及生产的氯化聚乙烯专用聚合物粉料电镜照片如图 4-2 和图 4-3 所示。

图4-2　BCE-C催化剂SEM图

图4-3　BCE-C催化剂生产的粉料SEM图

　　扬子石化公司对氯化聚乙烯专用料进行了系列化开发，成功开发出包括高速挤出成型用塑改性 CPE 专用料 A 型料 YEC-5505T、YEC-5305T、YEC-5610T、YEC-5008T；用于橡胶改性用的高门尼黏度 B 型料 YEC-5515TH、YEC-5407T，中门尼黏度 B 型料 YEC-5410T，低门尼黏度 B 型料 YEC-5515TL 等；以及用于阻燃 ABS 改性的 C 型料 YEC-5706、YEC-5704 等牌号。其中 YEC-5407T 为扬子石化定制开发的用于氯化聚乙烯出口产品的专用差异化原料之一。部分牌号产品性能如表 4-1，分子量以及分布如表 4-2。相较进口同类商品，YEC-5407T 粒径更细，粒径分布更窄，蜡含量降低了 50% 以上。采用该聚乙烯树脂生产的氯化聚乙烯产品具有邵氏硬度低、拉伸强度和断裂伸长率更高的优点，主要用于高强度电缆和胶管及易加工 PVC 型材添加剂，氯化后约 70% 出口海外。YEC-

5515TH 为高强度矿用电缆用橡胶型氯化聚乙烯专用料，与进口同类产品相比，YEC-5515TH 具有粒径更细、粒径分布更窄、蜡含量低等特点，尤其是 YEC-5515TH 中蜡含量只有竞争牌号的 50% 不到，极大地改善了产品的可氯化性能，成为国内氯化聚乙烯市场上完全替代进口同类产品的王牌产品。工业化生产情况和对专用料的分析评价表明，专用料的常规物性达到进口同类原料的性能。用于 ABS 阻燃改性的 YEC-5706 粒度分布更窄，大颗粒及细粉含量都明显少于进口树脂，氯化更快、更均匀，效率更高。所开发的 YEC-5706 聚乙烯树脂有效地提升了 C 型氯化聚乙烯专用料的可氯化性能及氯化产品在白度、流动性和力学方面的性能，填补了多项国内空白，具有显著的经济效益和社会效益[14]。此外，国内多家企业生产的氯化聚乙烯专用料牌号，如燕山石化的 6800CP、大庆石化的 QL505P、抚顺石化的 FHL6050 等，已相继入市抢占市场。

表4-1　三种不同牌号的氯化聚乙烯专用料性能对比

项目	单位	YEC-5410T	YEC-5407T	YEC-5515TL
密度	g/cm³	0.955	0.955	0.957
堆密度	g/cm³	0.39	0.43	0.40
$MFI_{5.0kg}$	g/10min	1.5	0.66	1.6
$MFI_{21.6kg}$	g/10min	19	7.6	28
S值	—	12.7	11.51	17.5
熔点	℃	134.71	134.80	133.98
蜡含量	%	0.98	0.54	1.72
T_m	℃	134.71	134.80	133.98
T_c	℃	117.70	118.15	117.96
ΔH_m	J/g	209.90	206.27	213.63
X_c	%	71.88	70.6	73.16
MD	μm	163.3	169.3	135.9
SD	μm	60.14	64.2	46.96
CV	—	0.368	0.379	0.346
<125μm	%	29.92	15.80	45.42
>500μm	%	0.42	0.50	0
>800μm	%	0	0.00	0

注：S 值 = $MFR_{21.6kg}/MFR_{5.0kg}$；$X_c = \Delta H_m/\Delta H_m^{100}$，其中 ΔH_m^{100} 为 100% 结晶聚乙烯的熔融热熔，这里 ΔH_m^{100}=292J/g。

表4-2　三种不同牌号的氯化聚乙烯专用料 GPC 测试结果

样品	M_n	M_w	M_z	M_w/M_n	M_z/M_w
YEC-5407T	2.64	25.16	104.59	9.51	4.16
YEC-5410T	2.99	23.20	96.69	7.7	4.18
YEC-5515TL	1.44	22.58	169.32	15.69	7.50

特高分子量聚乙烯（very high molecular weight polyethylene，VHMWPE）是广泛应用于锂离子电池的 PE 隔膜专用料，该隔膜为液态锂离子电池的重要组成部分，在电池中起着防止正 / 负极短路，同时在充放电过程中提供离子运输电通道的作用，其性能决定了电池的界面结构、内阻等，直接影响电池的容量、循环性能以及安全性能等[15]。目前国内湿法锂离子电池隔膜生产所用主流原料其黏均分子量均控制在 50 万至 100 万之间，其中黏均分子量在 50 万左右的隔膜用特高分子量聚乙烯在市场上的使用量比例较高。国内市场上该类产品目前主要依赖进口，售价较高。扬子石化采用 BCE-C 催化剂经过工艺调整已经成功在 CX 工艺上开发出用于锂电池隔膜的特高分子量聚乙烯专用料 YEV-5201T、YEV-4500 等树脂牌号[16]。

超高分子量聚乙烯（ultra high molecular weight polyethylene，UHMWPE）是分子量大于 100 万的特殊聚乙烯品种。目前大部分商品化的 UHMWPE 均由 Ziegler-Natta 催化剂制备得到，具有普通聚乙烯和其他工程塑料无可比拟的耐磨、抗冲击、自润滑、耐腐蚀、耐低温、卫生无毒、不易黏附、不易吸水、密度较小等综合性能。在军事及安防领域、海洋产业、民用产品、工农业生产、矿业运输等领域应用广泛。目前，UHMWPE 产品的全球产量约为 25 万吨，而国内的市场需求超过 10 万吨。并且，国内外市场均处于快速增长期。现有 UHMWPE 的生产装置包括连续法淤浆生产装置和间歇法淤浆生产装置。三井化学的 CX 工艺装置为连续法淤浆生产工艺，具有生产能力高、粉料分离 / 干燥以及溶剂后处理简单等优点，非常适合生产市场需求较大的 UHMWPE 牌号。中国石化燕山石化公司是国内领先的 UHMWPE 生产厂家，使用三井化学 CX 工艺装置生产黏均分子量为 100 万～ 500 万的 UHMWPE 产品，可用于管材、板材、耐磨零件和纤维等领域。产品包括通用级 UHMWPE 专用料 MI-MIV、纤维级专用料 X-9300GK/9400GK、板材级专用料 B-0340GK/0440GK 等[17]。

第二节
Hostalen 釜式工艺及其树脂产品

一、工艺特点

Hostalen 工艺是 20 世纪 60 年代中期由德国 Hoechst 公司开发的、世界上第一套使用 Ziegler-Natta 催化剂的低压聚乙烯工业装置，为釜式工艺，经过持续优化改进，已成为全球应用最广泛、技术最先进的生产工艺之一。Hostalen工艺采用淤浆层叠技术，使树脂产品的加工性能和最终产品的机械性能完美结合。Hostalen ACP（Hostalen advanced cascade process）工艺是利安德巴塞尔（LyondellBasell）公司在两釜双峰技术上开发的三釜串联多峰技术，每个反应釜可单独调整聚合工艺，工艺流程参见图 4-4。自 2009 年 Hostalen ACP 工艺获得许可，每年生产近 130 万吨的树脂产品[18]。

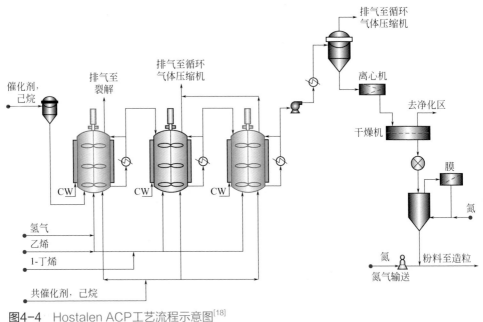

图4-4 Hostalen ACP工艺流程示意图[18]

    Hostalen ACP 工艺包含两个或三个能并联或串联操作的聚合反应器[19]，以乙烯为原料，己烷为分散介质，1- 丁烯为共聚单体，氢气来调节分子量，生产单峰、双峰和多峰高密度聚乙烯树脂产品。聚合压力在 0.5 ～ 1.0MPa，温度控制在 75 ～ 90℃，聚合反应为放热反应，聚合反应热通过外循环冷却器及聚合反应器外盘管夹套水撤出。根据不同牌号聚乙烯产品规格，反应器中分子量、分子量分布和聚合物密度通过催化剂浓度以及氢气浓度和聚合单体来控制。每个反应器停留时间为 1 ～ 3h。

    工艺装置包括催化剂制备和聚合反应单元、粉料处理单元、己烷精制和 1-丁烯回收单元及尾气处理单元，以及挤压造粒及粒料掺混单元等。聚合系统由带搅拌的釜式反应器及其外循环冷却器、沉降式离心机进料罐、悬浮液冷却器等构成。聚合反应器是连续搅拌罐式反应器（CSTR）类型，反应器淤浆通过搅拌器得到良好的混合，能够保证整个罐处于同一反应条件之下。决定反应器尺寸的主要变数是催化剂系统的时空产率，反应器容积必须选定好，以保证停留时间在给定时空产率下处于一个合适的范围之内。Hostalen 工艺设备设计为每年操作 8000h，其单线聚合能力能达到 40 万吨 / 年，单线装置能力只受造粒挤出机能力的限制。反应器可以采用并联或串联操作模式，并联模式用于生产相对窄分子量分布的注塑等单峰产品，催化剂和助催化剂都进料到两个反应器，两个反应器获得同样产品且都是直接出料至后反应器，不使用闪蒸罐。串联模式用于生产拥有双峰分子量分布且共聚单体限定分布在高分子量组分上的管材、膜料等双峰产品，两个反应器操作条件不同，第一反应器生成小分子量组分，而第二反应器生成高分子量组分。两种模式能获得同样的生产能力，并能在短时间内由一种模式切换至另一种模式。

固相催化剂经过重新悬浮后，通过催化剂进料泵输入装置，同时活化剂通过 TEAL 进料泵送入聚合反应器。聚合物浆液从反应器流入共用的后反应器，在此发生最终的聚合，降低单体损失，促使单体转化率高于 99%。随后泵入悬浮液接收罐，悬浮液离开接收罐后在沉降式离心机中分离出液态和固态组分。沉降式离心机是固体转鼓式离心机，根据聚合物和己烷之间密度的差异，依靠聚合物和己烷两种不同物质离心沉降速度的不同将二者分离，分离后将含有一些残留湿度的聚合物依靠重力送入氮气操作的流化床干燥器。利用流化床两腔间压差，实现粉料由一腔进入二腔的流动，并通过内置加热器和高温循环氮气，夹带走己烷湿气，实现对聚合物的干燥。干燥后的聚合物粉料溢流，通过振动筛，并由氮气风送系统直接输送至粉料净化区域，高温含湿氮气经净化罐底部进入，对聚合物粉料中残留的催化剂、活化剂进行失活，并进一步夹带走残留的己烷。净化完的聚合物粉料由两个旋转加料器下料到风送，再输送到粉料仓或造粒粉料仓。含有己烷和氮气的不凝气体组分则被输送到膜分离单元，干燥的氮气离开膜分离单元并在氮气加热器中被加热，随后作为脱附气体再次用于粉料净化罐。从膜分离单元排出的含有己烷和水的凝液，被送到废水处理单元的分离罐中。

己烷精制和 1- 丁烯回收单元的作用是将装置中产生的母液重新进行精制净化，回收己烷和 1- 丁烯，除去蜡、水和氧等杂质，再提供给装置循环使用。废水处理单元主要将装置产生的废水进行预处理，回收己烷；废气系统是将装置产生的废气经压缩机压缩后送至乙烯裂解装置或火炬系统。在乙烯聚合期间会产生低聚物，从己烷精制系统排出并送至蜡回收单元或用于蜡蒸馏的浆液蒸馏罐中。含己烷的蜡溶液在己烷蒸发器底部富集，这些底部产品经换热器泵入蜡闪蒸罐中移出蜡中的己烷，蜡中铝和钛组分的残留物则被蜡闪蒸罐中直接注入的少量蒸汽流所破坏。蜡依靠重力和液位控制从闪蒸罐排料到蜡净化罐中，进一步用蒸汽进行最后的处理，以确保大分子烃类物质从蜡中移除，并依靠泵安全地卸料到活动储槽中。从闪蒸罐排出的己烷蒸汽经冷凝、冷却、分离后被输送到母液罐中。

综上所述，Hostalen 工艺装置具有以下优势：①装置实用性高，操作形式灵活；②牌号切换周期短，过渡料较少，生产连贯性好；③催化剂活性高，催化剂稳定性好，产品质量容易控制；④反应器操作压力低，维修费用较低；⑤溶剂循环系统简单、可靠耐用。

Hostalen 工艺采用 Ziegler-Natta 催化剂，属于配位聚合，乙烯单体是具有 π-π 共轭体系的烯烃类单体，处于络合状态的钛铝活性中心，使乙烯单体双键上的电子云密度减少，从而打开乙烯双键，使乙烯单体不断在钛铝活性中心处聚合。除了催化剂和助催化剂，聚合反应同样需要氢气和 1- 丁烯。氢气用于调节聚乙烯的分子量，1- 丁烯用于调节聚乙烯的密度。

国内 Hostalen 工艺装置使用的进口催化剂具有较高的活性和氢调敏感性，但催化剂的共聚能力略低，在生产管材等牌号时容易在第二反应器结垢，通常生产 6 个月后必须对装置进行高温蒸煮以清除反应釜器壁和管线的结垢。进口催化剂的氢调性能过于敏感，在生产管材时容易导致第二反应器熔体流动速率波动较大，生产的管材存在晶点等问题；生产膜料时活性低、细粉多，长周期生产困难。BCE-H 催化剂是北京化工研究院开发的适用于 Hostalen ACP 工艺的高性能通用性催化剂，BCE-H 催化剂和进口催化剂综合性能相当，共聚性能、颗粒形态更优，低聚物和细粉更少。既可以生产单峰料，也可以生产双峰管材[20] 和膜料[21,22]，在国内外多套 Hostalen 工艺装置得到了广泛应用。

二、高性能树脂产品

Hostalen（ACP）工艺提供了一个非常宽的树脂产品组合，包括吹塑、注塑、拉丝料、膜料和管材料等，其密度范围为 0.940 ~ 0.965g/cm³。熔体流动速率范围为 2.2g/10min（$MFR_{21.6kg}^{190℃}$，高分子量的大型吹塑产品）至约 60g/10min（$MFR_{5kg}^{190℃}$，注塑牌号产品），如图 4-5 所示。相比于其他双峰 HDPE 工艺，Hostalen 工艺能根据 HDPE 市场需求来调整其产品操作弹性，产品的特性能通过选择合适的聚合工艺条件来获得最优化的平衡。

Hostalen 取向带牌号产品具有极高的机械强度，常用于水果和蔬菜的包装以及农业或建筑织物。Hostalen 单丝牌号产品常用于渔业和海上作业的绳索和纱线。Hostalen 注塑牌号产品众多，适用于瓶子或渔用板条箱、箱柜、盖子和罩子以及许多其他家庭用品。Hostalen 工艺生产的吹塑牌号产品成功应用于从小瓶到 5gal 以上的大罐、桶和 IBC 或民用燃油储罐。吹塑牌号产品具有优异的冲击强度、抗应力裂纹或耐化学试剂性能。同时具有优异的加工性能和高熔体强度以及良好的延展性和黏结性，能够满足吹塑工艺挤出和吹胀 / 黏结两个关键加工环节的要求。

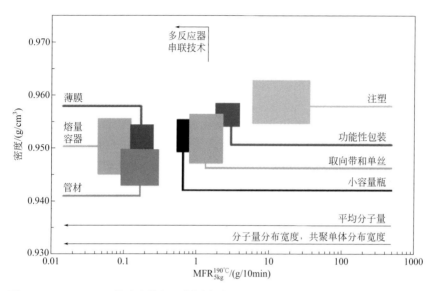

图4-5 Hostalen工艺生产的聚乙烯树脂产品

Hostalen 工艺生产的双峰 HDPE 产品的分子量分布显示两个峰值，其中高分子量部分保证了产品的力学性能，低分子量部分用于改善产品的加工性能。Hostalen 双峰牌号产品相比于单峰产品，硬度和耐环境应力开裂等性能有了显著提升。Hostalen 工艺生产的 PE80/PE100 管材具有优异的抗蠕变强度、耐慢速裂纹扩展和耐快速裂纹增长性能，其中 Hostalen CRP 100 得到了 "PE 100+ 协会" 认证。

Hostalen 膜料产品进一步体现了 Hostalen 双峰技术的优势，满足市场对膜料在加工性能、延展性、韧性、鱼眼和柔软特性的需求。HDPE 双峰薄膜料具有非常低的熔体流动速率（MFR）、高平均分子量、宽的双峰分子量分布和较低的短支链含量。除了优异的机械性能，双峰膜料树脂还具有优良的膜泡稳定性。Hostalen 工艺可生产一种用于特殊拉伸工艺的膜料，用于糖果包装。这种膜料有着良好的折叠性、缠绕性以及良好的表面性能。Hostalen 工艺还可以生产具有优异隔湿性能的高性能食品包装薄膜，密度更低（ 0.949g/cm³ ），分子量分布更窄（ $MFR_{21.6}/MFR_5=11$ ）。薄膜比较柔软且表面光滑、透明。在包装机械下，此膜料主要用于谷类食品的快速包装。

Hostalen ACP 工艺可以进行多峰聚乙烯树脂分子结构的精确设计和可控调节，产品的性能得到进一步提升，可以生产注塑产品和用于消费品的包装材料、用于燃气、饮用水和污水输送的管材、用于纺织业的单丝产品等高端树脂产品。采用 Hostalen ACP 工艺生产的聚乙烯树脂刚韧平衡性能达到更高水平，使得降低制品壁厚和重量成为可能，产品的低温抗冲性能得到改善，耐环境应力和抗化学试剂性能进一步提升，加工速度更快，加工更容易。相比于双峰产品，多峰树脂产品在具有较高强度的同时兼具较高的韧性或者较高耐应力开裂性能 [23]。另外，多峰膜料在提升机械性能的同时，加工性能方面也具有出众的气泡稳定性，适合薄膜产品的减薄。

北京化工研究院开发的 BCE-H100 催化剂已用在 Hostalen 工艺上生产 PE100 级管材 [24]。相比参比催化剂生产的树脂，采用 BCE-H100 催化剂生产的聚合物粉料颗粒形态好，细粉和大颗粒含量更低。两种树脂的扫描电镜照片和粒径分布见图 4-6 和图 4-7。参比树脂粉料的粒径主要分布在 63～400μm，平均粒径约为 170μm，细粉和大颗粒含量都较高（图 4-7 红色曲线），粒径小于 63μm 的细粉含量达到 6.2%（质量分数）。而 BCE-H100 催化剂生产的聚乙烯树脂粉料粒径集中在 125～400μm，平均粒径约为 210μm，细粉和大颗粒含量都较低（图 4-7 黑色曲线），粒径小于 63μm 的细粉含量较参比树脂减少约 66.2%，尤其是粒径小于 32μm 的细粉含量仅为 0.1%（质量分数）。在生产过程中，反应体系中大量的细粉易与低聚物黏附于反应器和输送管道的器壁，导致轴流泵功率上升和管道堵塞，影响装置的长周期运行。采用 BCE-H100 催化剂生产管材树脂时能克服上述问题，减少反应体系中细粉含量，使装置的长周期稳定运行状况得到改善，可大幅提高生产效率。

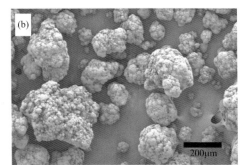

图4-6 两种树脂粉料的SEM照片
（a）BCE-H 树脂；（b）参比树脂[7]

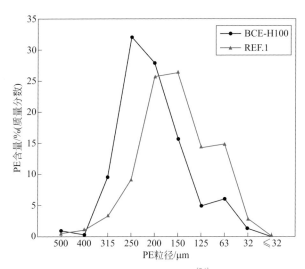

图4-7　两种树脂粉料的粒径分布图[24]

聚乙烯树脂的分子量及其分布对其加工性能和力学性能至关重要[25]。BCE-H100 催化剂生产的聚乙烯树脂和参比树脂产品的 GPC 曲线见图 4-8。可以看出，BCE-H100 催化剂生产的聚乙烯树脂为典型的双峰聚乙烯，其分子量分布（M_w/M_n）略宽于参比树脂。

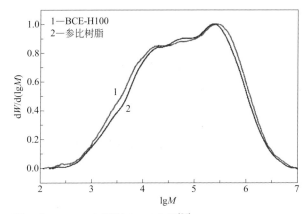

图4-8　HDPE树脂的GPC曲线[24]

BCE-H100 催化剂生产的聚乙烯树脂和参比树脂的力学性能见表 4-3。由表 4-3 可知，在密度和 MFR 相近的情况下，BCE-H100 催化剂生产的聚乙烯树脂的拉伸屈服应力、拉伸断裂标称应变、弯曲模量和简支梁缺口冲击强度等性能均优于参比树脂。这主要是由于 BCE-H100 催化剂生产的聚乙烯树脂含有更多的超高分子量组分，且共聚单体更多地插入大分子链段，导致系带分子含量和分子链缠结密度提高，从而使其力学性能得到改善。因此，采用BCE-H100催化剂生产的聚乙烯树脂生产的管材具备更优异的长期使用性能。

表4-3　两种HDPE树脂的力学性能[24]

项目	BCE-H100树脂	参比树脂
密度/（g/cm³）	0.949	0.949
熔体流动速率（190℃，5.0kg）/（g/10min）	0.21	0.22
拉伸屈服应力/MPa	22.1	21.7
拉伸断裂标称应变/%	700	550
弯曲模量/MPa	1140	1030
简支梁缺口冲击强度（23℃）/（kJ/m²）	26	23

聚乙烯树脂在高于临界剪切应力下从模具挤出时会发生表面熔体破裂，导致其加工性能不佳，表现为挤出管材表面呈粗糙、麻点、鲨鱼皮现象或其他变形[26]。上述两种树脂通过挤出加工生产的管材照片见图4-9。由图4-9可知，BCE-H100树脂生产的PE100级管材外观光泽度高，内外表面光滑且无明显缺陷，说明BCE-H100树脂具有更好的塑化性能和加工性能。参比树脂生产的管材外表面光滑，但内表面麻点多，说明参比树脂的加工性能较差。参比催化剂为预聚合催化剂，易出现催化剂结块、活性突变等问题；利用参比催化剂制备树脂时，第二反应器中氢气和乙烯的体积比极低，其微小的波动可能造成高分子量组分含量的较大波动，这些因素都将影响树脂参数的稳定控制，从而导致参比树脂的加工性能差、内壁麻点多。

图4-9　两种树脂生产的管材照片[24]
（a）BCE-H100树脂；（b）参比树脂

除管材外，BCE-H100催化剂也可以在Hostalen工艺上生产膜料、注塑料和拉丝料等聚乙烯产品。相比于参比催化剂，BCE-H100催化剂在生产膜料、注塑料和拉丝料时具有聚合活性高、聚合粉料粒径分布窄、细粉和大颗粒含量少等优势。如表4-4～表4-6所示，BCE-H100催化剂生产的聚乙烯树脂产品具有比参比树脂更优异的性能。

表4-4 聚乙烯膜料的性能

项目	BCE-H100树脂	参比树脂
密度/（g/cm³）	0.9571	0.9578
熔体流动速率（190℃，5.0kg）/（g/10min）	0.235	0.309
拉伸屈服应力/MPa	26.2	26.3
拉伸断裂应力/MPa	16.8	13.5
拉伸断裂标称应变/%	570	470
白度/%	77.1	71.0
大小粒/（g/kg）	0	3.1
色粒/（个/kg）	0	0
蛇皮拖尾粒/（个/kg）	0	8
鱼眼/（个/1520cm²）	0～1	2～3

注：具体数据源于工业生产。

表4-5 聚乙烯注塑料的性能

项目	BCE-H100树脂
密度/（g/cm³）	0.9580
熔体流动速率（190℃，5.0kg）/（g/10min）	7.8
拉伸屈服应力/MPa	25.1
简支梁缺口冲击强度（23℃）/（kJ/m²）	3.9
断裂伸长率/%	300
不规则颗粒/（g/kg）	0
色粒/（个/kg）	0
蛇皮拖尾粒/（个/kg）	0

注：具体数据源于工业生产。

表4-6 聚乙烯拉丝料的性能

项目	BCE-H100树脂
密度/（g/cm³）	0.9503
熔体流动速率（190℃，2.16kg）/（g/10min）	1.1
拉伸屈服应力/MPa	22.9
断裂伸长率/%	＞700
不规则颗粒/（g/kg）	0
色粒/（个/kg）	0
蛇皮拖尾粒/（个/kg）	0

注：具体数据源于工业生产。

Innovene S 环管工艺及其树脂产品

一、工艺特点

  Innovene S 工艺是英力士（INEOS）公司开发的淤浆双环管聚乙烯工艺，单线产能为 30 万～40 万吨 / 年，共聚单体为 1- 己烯，分散介质为异丁烷，可以使用铬系催化剂和 Ziegler-Natta 催化剂，生产单峰或双峰的中密度（MDPE）和高密度（HDPE）聚乙烯产品。该工艺采用平推流的环管反应器，反应压力和反应物浓度较高，反应速率快且易于撤除反应热，时空产率明显高于淤浆釜式聚乙烯工艺。该装置照片如图 4-10 所示。

图4-10 Innovene S装置照片

  Innovene S 工艺以低沸点的异丁烷为反应溶剂，与己烷为反应溶剂相比，不仅降低了低聚物组分在浆液的溶解度，还显著简化了生产的后处理流程。例如，反应浆液只需依次通过高压闪蒸釜和低压闪蒸釜即可实现固液分离、粉料干燥和反应溶剂回收，这显著优于采用己烷为反应溶剂的 CX、Hostalen 和 ACP 工艺。Innovene S 工艺的简要流程如图 4-11 所示。

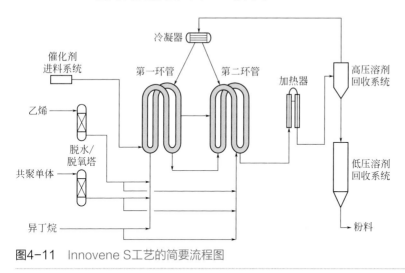

图4-11 Innovene S工艺的简要流程图

由于反应溶剂异丁烷和 1- 己烯的沸点差别较大，易于分离，所以该工艺使用 1- 己烯作为共聚单体，从而赋予了产品更为优异的耐环境应力开裂性能（ESCR），易于达到 PE100-RC 的产品标准。

国内该工艺所使用的 Ziegler-Natta 催化剂主要为北京化工研究院开发的 BCL-100 催化剂和英力士专利商提供的 MT 系列催化剂，所使用的铬系催化剂为上海立得催化剂有限公司提供的 NTR930 催化剂或英力士专利商提供的 EP30X 催化剂。该工艺能够生产中密度（MDPE）和高密度（HDPE）聚乙烯产品，涵盖吹塑、注塑、薄膜、拉丝和管材等领域，主要产品为管材料 PN049-030-122（LS）、中空料 HD5502XA 和注塑料 T60-800 等。

1. 催化剂和助催化剂

如前文所述，Innovene S 工艺可以使用铬系和 Ziegler-Natta 催化剂生产 MDPE 和 HDPE 产品。除上述催化剂外，国内企业也曾外购茂金属催化剂用于生产双峰瓶盖料，但此类产品与 Ziegler-Natta 催化剂生产的同类产品相比，生产成本较高，性能方面也无明显优势。

（1）铬系催化剂 铬系催化剂是指将无机铬或有机铬负载于惰性硅胶载体所形成的催化剂。此类催化剂的聚合活性相对较低，需要在较高反应压力和反应温度下进行聚合反应。而淤浆釜式聚乙烯工艺（CX、Hostalen）的反应压力不超过 1.2MPa，反应温度不超过 85℃，所以无法使用铬系催化剂生产。作为对比，淤浆环管聚乙烯工艺（Innovene S 和 MarTECH™ ADL）的反应压力通常大于 4.0MPa，反应温度通常大于 100℃，所以可以使用铬系催化剂生产 MDPE 和 HDPE 产品。

铬系催化剂在进入反应器之前，需要在干燥空气的气氛中焙烧数小时（最高温度可达 600 ~ 800℃），使催化剂活化。在活化过程中，硅胶载体中的游离水和结合水被脱除，且铬元素的价态从 +3 价提高至 +6 价（图 4-12）。

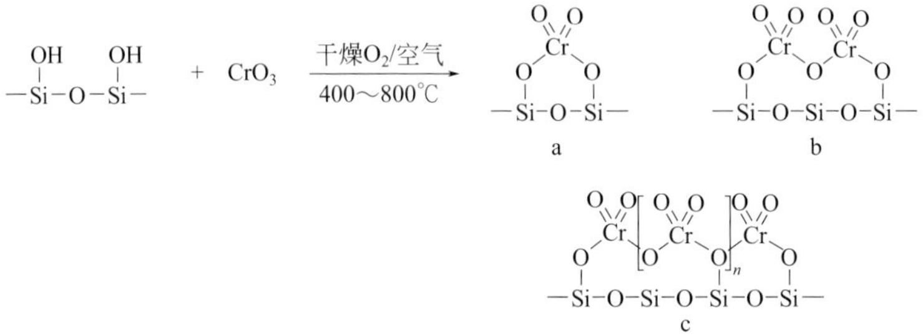

图4-12 铬系催化剂高温焙烧时的化学反应

已活化的铬系催化剂被输送至反应器之后，并不会立刻显现聚合活性，而是存在一个诱导期。在此期间，Cr^{6+} 被乙烯和异丁烷还原至 Cr^{2+}，并且生成甲醛和叔丁醇等副产物，如图 4-13 所示。

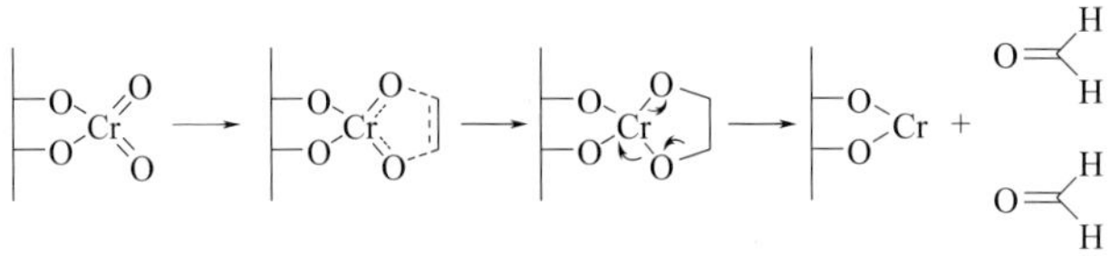

图4-13 铬系催化剂被乙烯还原时发生的化学反应

甲醛是聚合反应的毒物，必须将其脱除才能引发聚合反应。但脱除体系中的甲醛需要消耗一定时间，这使得铬系催化剂经历了一个无活性的诱导期（通常为 15 ~ 20min）。在诱导期结束后，聚合反应开始以近似线性的方式加速进行。

与 Ziegler-Natta 催化剂不同，三乙基铝对于铬系催化剂没有活化作用，且三乙基铝能够和铬系催化剂发生剧烈反应导致反应器结垢。因此，三乙基铝主要用于铬系产品开工之前的系统杂质脱除，但在开始引入铬系催化剂之前必须将三乙基铝脱除。

类似于其他聚烯烃催化剂，铬系催化剂在聚合时也发生链引发、链增长、链转移和链终止反应。其与 Ziegler-Natta 和茂金属催化剂的不同之处是，工业装置使用聚合温度而非氢气调控铬系聚合物的熔体流动速率，这是由于铬系催化剂聚合反应很少发生向氢气的链转移，而是以向乙烯单体或增长链自身的链转移为主。这种链转移方式导致铬系聚合物分子链末端基本以 C＝C 双键为主，这明显区别于 Ziegler-Natta 和茂金属聚合物，可作为铬系聚合物的特征标识。

尽管扩散常数和聚合速率常数较低，但上述含有 C＝C 双键链尾的分子链可继续参与聚合反应，从而在新生成的分子链中形成长支链，这是铬系聚合物的独有性质。长支链显著改善了铬系聚合物的流变性质，提高了熔体强度，有利于制备大口径管材和各种中空制品；也增强了熔体的剪切变稀效应，提高了产品的加工性能。

铬系催化剂能够实现乙烯和 1- 己烯的共聚反应，从而降低聚合物密度。因此，Innovene S 装置使用 1- 己烯调控铬系聚合产品的密度。

尽管铬系催化剂及其聚合产品具有突出优点，但由于 Cr^{6+} 金属组分具有很高的毒性，所以工业界一直在研究使用 Ziegler-Natta 或其他种类的催化剂替代铬系催化剂。

（2）Ziegler-Natta 催化剂　Innovene S 工艺所使用的 Ziegler-Natta 催化剂是指将氯化钛负载于氯化镁载体所形成的高效聚乙烯催化剂，具体包括英力士公司提供的 MT 系列催化剂和北京化工研究院开发的 BCL-100 催化剂。

Innovene S 工艺的聚合温度和压力较高，这使得 Ziegler-Natta 催化剂的聚合活性也相对较高。例如，在生产双峰管材料树脂时，Ziegler-Natta 催化剂在 Innovene S 工艺的反应器内停留约 2h，其聚合活性即可达到 30000g PE/g 催化剂；作为对比，Ziegler-Natta 催化剂在 ACP 工艺的反应器内停留约 9h，其聚合活性才超过 25000g PE/g 催化剂。

由于 Ti—P（P= 聚合物）增长链易于向氢气发生链转移，所以工业装置使用氢气调控 Ziegler-Natta 聚合物的熔体流动速率。通过调控两个反应器的氢气 / 乙烯浓度比，能够制备出分子量分布很宽的 Ziegler-Natta 聚合物。此外，Ziegler-Natta 聚合物的链端多为饱和结构，这明显区别于铬系聚合物。

Ziegler-Natta 催化剂能够实现乙烯和 1- 己烯的共聚反应，从而降低聚合物密度。因此，Innovene S 装置使用 1- 己烯调控 Ziegler-Natta 催化剂聚合产品的密度。

（3）助催化剂　Innovene S 工艺所使用的助催化剂为三乙基铝，可用于激发 Ziegler-Natta 催化剂的聚合活性。

聚乙烯催化剂的活性中心是缺电子的路易斯酸，路易斯碱性较强的毒物会优先与活性中心络合，从而阻止乙烯和 α- 烯烃的加成反应。三乙基铝作为强路易斯酸，可有效消除反应系统中的毒物，维持聚合反应正常进行。

2. 工艺流程简介

Innovene S 工艺包括原料供应和精制单元、催化剂活化单元、催化剂给料和反应单元、粉料脱气和输送单元、溶剂回收单元、挤出造粒单元、粒料均化及输送单元以及公用工程及辅助设施，上述单元的简要流程如图 4-14 所示。

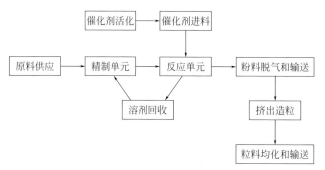

图4-14 Innovene S工艺单元的简要流程

（1）催化剂活化及催化剂进料单元 铬系催化剂需要在活化单元进行高温焙烧，从而脱除硅胶载体中的游离水和结合水，且将铬元素的价态从 +3 价提高至 +6 价。具体步骤包括：①先将外购铬系催化剂转移至活化器，随后按照催化剂活化牌号，加入干燥空气或精制氮气进行活化；②为了消除铬系催化剂对环境的影响，活化气体需脱除微小催化剂颗粒和可凝液体后，再于安全地点排放；③在活化程序的最后阶段，冷却下来的催化剂排放至铬催化剂移动罐（图 4-15中 D2003），然后在氮气保护下储存，供聚合单元使用。

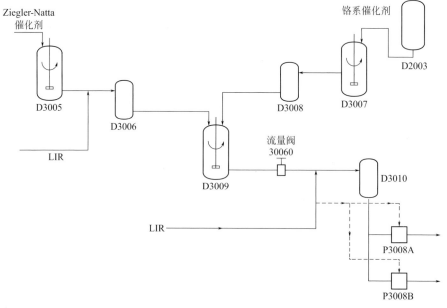

图4-15 铬系和Ziegler-Natta催化剂进料单元的示意图

活化步骤完成后，需要按照操作规程将已活化的铬系催化剂注入催化剂进料单元及反应器，具体步骤如图 4-15 所示。将 D2003 中的铬系催化剂通过氮气转移至 D3007，经缓冲罐 D3008 进行第一次无烯烃异丁烷（以下称 LIR）稀释，随后进入配制罐 D3009 进行第二次 LIR 稀释。稀释后的催化剂浆液通过 D3010 罐，由隔膜泵 P3008 输送至第一反应器（R3001）。

作为对比，外购的 Ziegler-Natta 催化剂浆液先注入 D3005，经缓冲罐 D3006 进行第一次 LIR 稀释，随后进入配制罐 D3009 进行第二次 LIR 稀释。稀释后的催化剂浆液通过 D3010 罐，由隔膜泵 P3008 输送至第一反应器（R3001）。

（2）反应单元 Innovene S 工艺的反应单元包括以串联方式连接的两套环管反应器（R3001 和 R3002），每个反应器都配有高功率轴流泵，使浆料能够在环管内高速循环。环管反应器夹套的有效换热面积和换热效率很高，可高效移除反应放热，维持浆液温度稳定。受装置撤热能力的影响，在相同生产规模下，淤浆环管反应器的体积明显小于淤浆釜式反应器。例如，Innovene S 装置只需 2 个 $97m^3$ 的反应器即可实现 30 万吨 / 年的产能，而相同产能的 Hostalen 装置则包含 3 个 $229m^3$ 的反应器和 3 套 $30m^3$ 的浆液外循环管线。

根据 Innovene S 工艺的设计要求，R3001 和 R3002 反应器的反应温度为 80 ～ 110℃、反应压力为 2.8 ～ 4.0MPa，这明显高于淤浆釜式反应器，有利于提高催化剂的聚合活性。生产可采用单峰或双峰操作模式。在采用单峰模式生产时，两个反应器直接连接且反应条件一致；在采用双峰模式生产时，两个反应器需要通过旋液分离器和中间处理罐连接且反应条件不同。

R3001 反应器内的浆液经轴流泵 P3001 进行循环，部分浆液先排放至旋液分离器 V3003，再经过淤浆加热器 E3004 提高温度，最后在中间处理罐 V3004 进行闪蒸。在闪蒸过程中，浆液中的轻组分（如 H_2 等）被优先脱除，H_2 浓度极低的闪蒸浆液被注入第二反应器（R3002）以满足高分子量 PE 组分的生产，如图 4-16 所示。

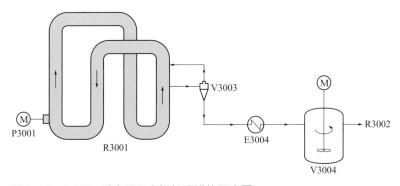

图4-16 R3001反应器及中间处理罐的示意图

上文所述的旋液分离器 V3003 是 Innovene S 工艺的重要浓缩设备，不仅能够将 R3001 反应器输出的反应浆液提浓，还可以将聚合物细粉和清液重新回流到 R3001 反应器。因此，V3003 可以降低 E3004 和闪蒸系统的负荷。如图 4-19 所示，V3003 采用切向入口及合理的液旋设计，使得反应浆液以涡流的形式在 V3003 内高速旋转，粉料粒子受离心力作用在 V3003 底部富集，而聚合物细粉和清液从 V3003 顶部返回 R3001 反应器。类似的旋液分离器 V3001A/B 也存在于 R3002 的出料系统，如图 4-17 所示。

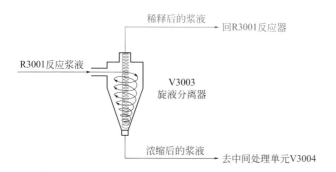

图4-17 V3003旋液分离器的示意图

如图 4-18 所示，R3002 反应器内的浆液经轴流泵 P3002 进行循环，部分浆液先排放至旋液分离器 V3001，再经过淤浆加热器 E3001 提高温度，最后在高压闪蒸罐 V4001 进行闪蒸。旋液分离器 V3001 的结构与 V3003 相同，可以降低溶剂闪蒸系统、溶剂后处理系统和闪蒸过滤器的负荷。

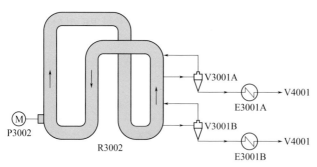

图4-18 R3002反应器及悬液分离、加热设备的示意图

由于己烯等共聚单体被注入到 R3002，这使得反应浆液溶有少量乙烯/己烯共聚形成的蜡状物。这些蜡状物能够在 V3001 和 E3001 内壁结垢，导致出料能力

降低甚至堵塞出料管线。因此，R3002 反应器具备 V3001A → E3001A → V4001 和 V3001B → E3001B → V4001 两套浆液出料系统，这有利于避免装置停车。

轴流泵是淤浆环管反应器的核心设备，停机事故会导致反应器内的浆液循环终止，粉料在反应器底部淤积结块。因此，操作人员需时刻关注轴流泵运行状态，如功率变化趋势和异响等。一种常见问题是：当装置使用 Ziegler-Natta 催化剂生产双峰管材时，乙烯/己烯共聚形成的蜡状物在 P3002 轴流泵缓慢结垢，导致轴流泵功率不断上升，并且逐渐逼近安全运行功率的上限。通常的解决方案是：在轴流泵功率达到警戒值之前，将 Ziegler-Natta 催化剂切换为铬系催化剂并且平稳生产一段时间，这有利于将蜡状物所形成的结垢逐渐剥离，从而恢复轴流泵的低功率运行，这也是 Innovene S 装置需要在 Ziegler-Natta 聚合产品和铬系聚合产品之间反复切换的原因之一。除上述解决方案外，也可以使用共聚性能优异的催化剂，例如北京化工研究院开发的 BCL-100 催化剂。中沙石化使用 BCL-100 催化剂生产 Ziegler-Natta 双峰产品时，生产周期可达 13 个月以上。这是由于 BCL-100 催化剂在 R3002 所生成的蜡状物浓度极低，不会在轴流泵缓慢结垢。除上述问题外，高速旋转的轴流泵还存在气蚀和泡点等问题，具体而言：轴流泵叶轮入口和叶轮出口之间的压力低于反应器压力，部分轻组分（乙烯、乙烷、氢气、氮气、甲烷等）的溶解度降低，可能从浆液中析出形成气泡。少量的气泡会冲击叶片造成气蚀，大量的气泡会导致搅拌效率降低，甚至造成反应器堵塞停车。因此，必须严格控制反应浆液中的反应物浓度，特别是乙烯和乙烷两种组分的总浓度不能超过 10%（摩尔分数）。

（3）粉料脱气和溶剂回收单元　异丁烷在标准大气压下的沸点仅为 −11.73℃，可通过闪蒸将反应浆液中的异丁烷和聚合粉料完全分离，这不仅降低了能耗，还显著简化了粉料分离、干燥和溶剂后处理等流程，明显优于采用己烷的釜式淤浆工艺（如 CX、Hostalen）。Innovene S 工艺的粉料闪蒸脱气单元如图 4-19 所示。

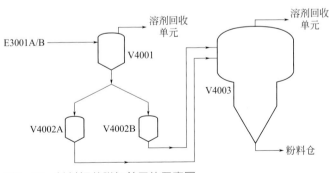

图4-19　粉料闪蒸脱气单元的示意图

反应浆液在 E3001 加热后，进入 V4001 进行高压闪蒸，绝大部分的异丁烷溶剂被闪蒸脱除。气相组分从顶部进入溶剂回收单元；固体组分先从底部出口进入 V4002，再进入 V4003 进行低压闪蒸。粉料在 V4003 的闪蒸停留时间为 2～3h，并且在氮气的吹扫下进一步脱除残留的异丁烷等烃类组分，可以得到烃含量很低的粉料产品。粉料从 V4003 底部通过粉料输送单元进入粉料仓及造粒单元。为了降低异丁烷单耗，氮气夹带的烃类组分从 V4003 顶部进入溶剂回收单元。

回收的异丁烷溶剂在 C5001 洗涤塔进行处理，塔顶蒸出的溶剂含有较少 1-己烯组分，被称为 LSR，可注入 R3001 反应器；塔底排出的溶剂含有较高 1-己烯组分，被称为 HSR，可注入 R3002 反应器。部分 LSR 被注入 C5002 洗涤塔再次处理，将乙烯、己烯等单体组分完全脱除，所得溶剂被称为 LIR，可用于配置催化剂浆液。

在使用 Ziegler-Natta 催化剂生产双峰树脂产品时，R3001 反应器通常被加入大量氢气，导致 Ti—P 生长链较早发生向氢气的链转移，生成乙烷、丁烷、己烷、辛烷、癸烷等偶数直链烷烃。所述己烷、辛烷、癸烷等烷烃的沸点较高，会逐渐在 HSR 中累积，影响最终产品的 VOC 等性质。因此，需要将部分 HSR 注入 C5004 洗涤塔进行处理，脱除沸点较高的烷烃组分。

（4）装置杀活　淤浆环管反应器的时空产率高，放热剧烈，一旦发生反应器故障或偏离操作极限都可能导致严重后果，如出料管线堵塞或粉料在环管反应器底部沉积结块。因此，必须配备杀活系统快速终止聚合反应。

Innovene S 工艺的杀活方式是向两个反应器分别注入一氧化碳和氮气（$CO+N_2$）的混合物。借助 CO 与活性中心的强烈络合作用，快速毒化 Ziegler-Natta 和铬系催化剂，使得聚合反应在短时间内停止（时间量级为秒）。在杀活完成后，通过反应单元、粉料脱气和溶剂回收单元的循环运转，可以将 CO 逐渐排出系统，24h 内即可具备装置重新开车的条件。

为了恢复轴流泵的低功率运行以及满足下游市场需求，Innovene S 装置需要在 Ziegler-Natta 聚合产品和铬系聚合产品之间反复切换。由于两类催化剂的性质和生产条件不同，在生产切换过程中，也需要先使用 CO 杀活停车，再重新将装置开车，这通常需要耗费 24～36h。为了减少杀活次数，提高装置产能，使用 Ziegler-Natta 催化剂生产全部树脂牌号是装置追求的目标。

二、高性能树脂产品

1. Innovene S 工艺专利商所提供的 PE 树脂牌号

Innovene S 工艺专利商提供了两种催化剂体系来生产聚乙烯树脂牌号，一种是铬系，包括 EP30X、GRANCE BC963；另一种体系是 Ziegler-Natta 催化剂，包括两种 MT2110 和 MT4510。英力士专利商提供的 HDPE 树脂粒料产品，密度范围为 937～964kg/m³，熔体流动速率范围为 0.2（HLMFR）～20（MFR）g/10min。树脂牌号包括吹塑料、薄膜料、拉丝料、管材料、注塑料、电缆电线料、旋转模料、非承压管及电缆导管料，具体如表 4-7 所示。

表4-7　Innovene S工艺可生产的部分树脂牌号

序号	用途	牌号	密度 /（kg/m³）	熔体流动速率 /（g/10min）	催化剂
1	薄膜料	J50-08	950±2	6.5±1.6（21.6kg）	Z-N
2	薄膜料	J44-20	944±2	20±4（21.6kg）	Cr
3	薄膜料	J38-20	939±2	20±4（21.6kg）	Cr
4	小吹塑料	HD5502S	954±2	0.2±0.04（5.0kg）	Cr
5	大吹塑料	HM5411EA	952±2	10±1.8（21.6kg）	Cr
6	电缆导管料	K38-20	939±2	0.85±0.18（5.0kg）	Cr
7	管材料	K-44-08-122	944±2	8.75±2.7（21.6kg）	Cr
8	管材料	PN-049-030-122	949±2	0.3±0.15（5.0kg）	Z-N
9	注塑料	T60-800	961±2	8.5±2.5（5.0kg）	Z-N
10	旋转模塑料	RMA-740	938±2	3.8±1.6	Z-N
11	拉丝料	A4009MFN1325	960±2	0.9±0.2	Z-N
12	电线及电缆保护套料	BPD4020	938±2	0.2±0.05	Cr

注：Z-N 表示 Ziegler-Natta。

薄膜料 J50-08 具有优良的可拉伸性、良好的挤压性和气泡稳定性、高的拉伸强度和硬度，以及优良的韧性，可应用于所有薄膜领域。薄膜料 J44-20 和 J38-20 具有优良的可拉伸性和高的硬度，可应用于薄膜、垃圾袋和商用袋、T恤口袋和衬垫，也是 LDPE 和 LLDPE 的理想混合配料。

小中空吹塑料 HD5502S 具有易加工，耐环境应力开裂能力、冲击强度和刚性良好的特点。HD5502S 主要用于制备 30L 容量以下的吹塑容器，可用于包装食用油、牛奶等食品，以及化学品。大中空吹塑料 HM5411EA 具有较高的耐环境应力开裂能力和熔体强度，以及良好的刚性，可用于制备 1～60L 容量的高性能吹塑容器，用于包装有侵蚀性的产品。

注塑料 T60-800 具有良好的刚性，符合 FDA 21CFR.1520 的要求，可应用于板条箱、再生料箱、硬质盖及一般用途。

管材料 PN049-030-122 是一种高密度乙烯 / 己烯共聚物，用于生产 PE100 级管材。管材料 K44-08-122 是一种高密度乙烯 / 己烯共聚物，用于生产饮用水管和工业、采矿用管。电缆导管 K38-20 是中密度乙烯 / 己烯共聚物，用于生产非承压的管材或管材、电缆的导管。

旋转模塑料 RMA 740 是一种实验性的窄分子量分布的中密度聚乙烯共聚物，专门设计用于转动压模，对热和紫外线稳定，可应用于水和化学品的储罐，农业、操场、循环池、人孔检查、排水储罐等领域。

拉丝料 A4009MFN1325 是一种高密度聚乙烯均聚物，主要用于加工单丝。

电线及电缆保护套料 BPD 4020 是一种中密度乙烯／己烯共聚物，这种材料具有优良的耐环境应力开裂性能和良好的低温性质，可作为有色电缆外套管的配料。为了最大限度保持机械性质及对热变形的阻力，此类产品的设计密度接近 MDPE 的上限。

尽管英力士专利商提供了较多树脂产品配方，但受到市场竞争和用户需求的影响，国内装置通常以生产 PE100 级管材料和小中空吹塑料为主，而其他树脂产品较少生产。

2. 高性能树脂牌号

淤浆环管聚乙烯工艺均使用 1-己烯作为共聚单体，所得乙烯／己烯共聚物分子链的系带和缠结分子较多，有利于提高双峰树脂产品的性能。在国内市场畅销的高性能管材料 XSC50（PE100RC）和 XRT70（PERT-Ⅱ）都以 1-己烯作为共聚单体。国内拥有 Innovene S 装置的企业利用具有自主知识产权的国产催化剂相继开发了多种高性能 HDPE 产品。

BCL-100 催化剂是北京化工研究院开发的新一代高性能乙烯淤浆聚合催化剂，适用于 Innovene S 工艺生产单峰或多峰树脂牌号[27]。BCL-100 催化剂具有活性高、颗粒形态规整、共聚性能优异等特点，能够使更多的共聚单体插入到高分子量分子链端，制备的双峰管材具有更优异的机械性能和加工性能[28]。采用 BCL-100 催化剂在 Innovene S 工艺能够实现高性能树脂牌号的长周期生产[29]，解决了进口催化剂在 Innovene S 工艺上共聚性能差、低聚物生成量多导致二反轴流泵堵塞、安全运行周期短[30]、负荷低等难题。采用颗粒形态优良的 BCL-100 催化剂制备得到的聚合物粉料流动性好、满足装置长周期安全运行的需求，装置运行周期可由进口催化剂的 25 天提高到 14 个月以上，生产负荷从进口催化剂的 34t/h 提高到 40t/h，生产负荷提高 17%。更为重要的是，与进口催化剂相比，使用 BCL 催化剂每吨树脂的乙烯、异丁烷、氮气单耗明显降低，造粒机和混炼机能耗也明显降低，有效降低了装置生产成本，节能增效显著。

中国石化利用 BCL-100 催化剂优异的共聚性能，结合 Innovene S 双峰工艺特点，成功开发了己烯共聚高性能新一代双峰耐应力开裂 PE100-RC 管材树脂 PRC100，产品通过了耐慢速裂纹增长性能大于 8760h 的行业认证标准，多项性能指标与进口产品相当，可用于非开挖管道领域。PE100-RC 树脂 PRC100 与 PE100 树脂 PN049-030-122 的力学性能测试结果见表 4-8。

表4-8　PE100-RC和PE100两种树脂的力学性能[31]

项目	PE100-RC	PE100
密度/（g/cm³）	0.948	0.950
MFR（190℃，5.0kg）/（g/10min）	0.23	0.21
拉伸屈服应力/MPa	22.2	23.0
拉伸断裂标称应变/%	507	599
弯曲模量/GPa	1.08	1.27
简支梁冲击强度（23℃）/（kJ/m²）	40.8	32.0
氧化诱导期（210℃）/min	82.2	37.5

注：PE100-RC 树脂牌号为 PRC100；PE100 树脂牌号为 PN049-030-122。

　　两种树脂的静液压强度及耐慢速裂纹增长性能测试结果见表4-9。由表4-9可见，超韧性管材专用树脂 PRC100 经过 8760h 的切口管实验后仍无破裂、无渗透，而 PN049-030-122 树脂的破裂时间仅为 3100h。8760h 无破裂、无渗透是 PE100-RC 管材专用料的重要特征性能[32]。

表4-9　静液压强度及耐慢速裂纹增长性能测试结果[31]

项目	测试标准	PE100-RC	PE100
静液压强度	20℃，12.4MPa，100 h 不破裂	通过	通过
	80℃，5.5 MPa，165 h 不破裂	通过	通过
耐慢速裂纹增长性能	80℃，0.92MPa，8760h 不破裂	8760h	3100h

注：PE100-RC 树脂牌号为 PRC100；PE100 树脂牌号为 PN049-030-122。

　　采用 BCL-100 催化剂开发的绿色环保钛系小中空树脂牌号 HD5502T[33]，具有无有毒金属、无塑化剂以及析出物含量低的特点。与传统铬系小中空树脂 HD5502W 相比较，其冲击强度提高了 35%，耐环境应力性能提高了 2.6 倍（性能测试结果见表 4-10），FDA 测试表明，50℃正己烷萃取量和 25℃二甲苯可溶物含量分别降低 25.6% 和 8.8%。通过了食品包装安全国家新标准和欧盟 RoHS 认证，填补了国内空白。

表4-10　两种树脂的力学性能[33]

项目	HD5502T	HD5502W
密度/（g/cm³）	0.958	0.955
MFR（190℃，2.16kg）/（g/10min）	0.19	0.20
拉伸屈服应力/MPa	27.3	28.6
拉伸断裂标称应变/%	529	＞700
简支梁冲击强度（23℃）/（kJ/m²）	14.7	10.9
耐环境应力开裂（ESCR）/h	84	32

第四节
MarTECH™ 环管工艺及其树脂产品

一、工艺特点

菲利普斯石油公司在 1961 年针对铬系催化剂生产高密度聚乙烯开发了菲利普斯单环管工艺。随后，法国道达尔公司（Total）和菲利普斯公司在菲利普斯单环管淤浆工艺的基础上共同开发了双环管淤浆工艺。2014 年菲利普斯环管工艺注册商标为 MarTECH™，包括 MarTECH™ 单环管反应工艺（MarTECH®SL，见图 4-20）和 MarTECH™ 先进双环管反应工艺（MarTECH®ADL，见图 4-21）。作为菲利普斯石油公司的继任者雪佛龙菲利普斯化学公司在全球 20 个国家授权 80 多个工厂，生产的聚乙烯树脂超过全球 HDPE 树脂总量的 20%，是用途最广泛、利润最高的聚乙烯生产工艺之一。

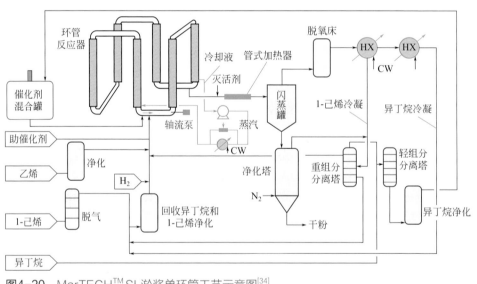

图4-20 MarTECH™SL淤浆单环管工艺示意图[34]

菲利普斯环管淤浆工艺以异丁烷为溶剂，乙烯和共聚单体己烯进行预热混合后进入环管反应器进行聚合，反应浆液通过轴流泵在回路中循环，冷却夹套带走聚合反应热。离开反应器的浆液经压降处理后进入闪蒸罐，轻组分和气体经顶部分离，聚合物靠重力从底部排出进入洗涤塔，氮气吹扫后送至造粒系统进行挤出造粒得到聚乙烯粒料[35]。工业用环管反应器直径在 0.4 ～ 1m 之间，通过增加环管反应器的体积，产率可以提高到两倍以上。浆液的流速是重要的参考指标，在较低浆液流速下会产生浓度梯度，使产品分子量分布变宽，还会导致细粉的产生、蜡积累、结垢、不稳定开车等问题[36]。较高的流速需要更快的传热、更好的湍流混合，在环管浆液高速流动时还能够有效消除反应器结垢现象。菲利普斯环管工艺能够提供较高的固含量，有效降低分离成本，同时采用高效催化剂缩短反应时间。环管工艺优势还包括反应温度均匀可控、高负荷、能够使用多种催化剂生产较宽范围的 HDPE 树脂产品。

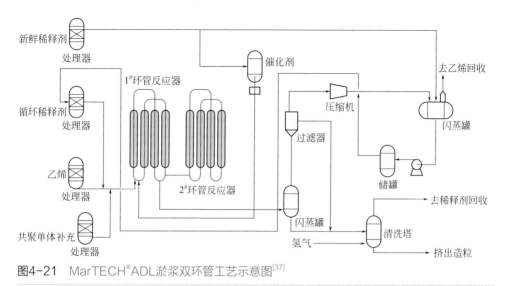

图4-21 MarTECH®ADL淤浆双环管工艺示意图[37]

双环管淤浆工艺（MarTECH®ADL）是将两个反应器通过串联的方式对乙烯进行聚合，生产单峰和双峰高密度聚乙烯产品。反应器是在 78 ～ 108℃温度和 4.2 ～ 4.4MPa 压力范围内进行操作。反应机组提供了两台反应器，环管反应器是 MarTECH®ADL 环管淤浆工艺的核心。聚合反应为放热反应，采用异丁烷稀释剂和反应器循环泵来使催化剂和聚合物处于湍流悬浮状态。稀释剂作为传热介质去除反应热。MarTECH®ADL 工艺在第一环管反应器中加入乙烯、催化剂、异丁烷和共聚单体 1- 己烯生产低熔体流动速率的乙烯共聚物组分，第一反应器产物进入第二反应器后加入乙烯、氢气生产高熔体流动速率的乙烯均聚物组分。从第二反应器流出的物料经闪蒸、干燥、挤出造粒得到双峰分布的 HDPE 和 MDPE 产品[38]。

工艺装置包括催化剂活化单元、催化剂进料和聚合反应单元、挤压造粒单元、精制单元、溶剂回收单元等。反应器系统是由两个六支座、管式回路反应器串联连接的，每台反应器都配备了聚合物浆料循环泵，并在垂直支腿上配有冷却夹套，以消除反应热。反应器冷却剂设备和控制是反应系统的关键部分，主要通过密闭回路循环水系统从反应器中除去聚合产生的反应热，防止系统中温度过高。

两台反应器通过连续的传输管线进行连接，连续输出阀从第二反应器排出聚合物浆料。从第二反应器流出的物料流经过闪蒸管线加热器流入闪蒸罐中，聚乙烯粉料与闪蒸罐中的闪蒸气体进行分离，闪蒸气体流入闪蒸气体旋风分离器中，聚合物粉料从闪蒸罐进入脱气仓中，再经旋转阀出口输送到挤压机进料罐或粉料仓中。从闪蒸气体旋风分离器出来的闪蒸气体进入闪蒸气体过滤器中，并通过闪蒸气体保护过滤器流入循环净化系统中。

MarTECH®ADL 双环管工艺的主要特点是采用先进控制系统，温度控制精确度高，在轴流泵作用下反应近似全混床，固含量高达 40% ～ 50%，单程转化率约为 96%，反应停留时间短，反应器体积小。此外，采用异丁烷作稀释剂，脱气比较容易，没有低分子蜡副产物，且采用较高的闪蒸压力，大部分单体和稀释剂的回收不需要压缩机，整个装置操作平稳，易实现长周期连续生产。此外，MarTECH®ADL 工艺还具有产品牌号切换及工艺调节灵活、产品转产期间过渡料少等特点 [38]。

MarTECH®ADL 双环管工艺可使用铬系催化剂、茂金属催化剂和 Ziegler-Natta 催化剂三种催化剂，配有单独催化剂进料系统。每种类型的催化剂有几种不同的等级，催化剂的选择决定了生产的聚乙烯树脂类型。

MarTECH®ADL 工艺采用 Chevron Phillips MT 齐格勒 - 纳塔型催化剂进行乙烯聚合时，以氢气作为分子量调节剂，有效地控制聚乙烯的熔体流动速率。通常，熔体流动速率约按 H_2/C_2 反应摩尔比的平方增长。此外，反应温度也通过经典阿伦尼乌斯机理（高温时增加的氢转移）改变其氢响应，间接对聚合物熔体流动速率产生影响。

但是，氢气会削弱初始催化剂活性，增强催化剂的失活率指数，一定程度上降低整体催化剂的活性。此外，高氢气浓度也会造成体系内乙烷化严重，部分乙烷在乙烯循环回路中逐渐富集并稀释单体，易造成催化剂活性降低、单体和氢气消耗量增加等副作用。

Chevron Phillips MT 齐格勒 - 纳塔型催化剂能生产的聚合物树脂密度（或结晶度）由通过共聚作用插入线型聚合物链的短支链（SCB）的数量来控制。在高密度聚乙烯淤浆工艺中，聚合物密度通过调节反应器共聚单体与乙烯摩尔比来进行调整。

在齐格勒-纳塔型催化反应中，聚合物熔体流动速率（或平均分子量）也对其密度具有较大的影响。众所周知，对于均聚物，密度会随着聚合物熔体流动速率的增加而逐渐增加。除此之外，聚合反应中的其他工艺参数对聚合物密度的影响极其微小。

二、高性能树脂产品

MarTECH®ADL 工艺可用于生产密度在 0.944 ～ 0.970g/cm³ 的 HDPE 产品。我国最早引进淤浆环管工艺技术的企业是上海金菲石油化工有限公司，该装置于 1998 年建成投产，主要生产 PE80 管材和中空料 HHM5502 等产品。随着道达尔公司的 MarTECH®ADL 技术对外转让，国内宁夏宝丰能源集团股份有限公司（30 万吨 / 年）、中化泉州石化公司（40 万吨 / 年）和中科炼化（湛江）公司（35 万吨 / 年）引进该技术并都已经投产。环管淤浆工艺以 1- 己烯为共聚单体，采用铬系催化剂、茂金属催化剂和 Ziegler-Natta 催化剂生产的高性能聚乙烯树脂已广泛用在膜料、管材料、注塑料和吹塑料等领域（见表 4-11）。

表4-11　环管淤浆工艺产品方案及规格

产品牌号	用途	共聚单体	催化剂	单/双峰	密度/（kg/m³）	熔体流动速率（HLMFR）/（g/10min）
HD 6081	注塑	1-己烯	Z-N	单峰	962	7～9
HHM3802	PE 80 本色管材	1-己烯	Cr	单峰	932	0.16～0.24
TRB-432	PE 100 本色管材	1-己烯	Z-N	双峰	949	7.0～11.0
M2310	膜	1-己烯	茂金属	单峰	923	0.65～1.15
32ST05	膜	1-己烯	茂金属	双峰	932	0.4～0.6
TR-131	膜	1-己烯	Cr	单峰	938	0.16～0.24
HD 55110	膜	1-己烯	Z-N	双峰	955	（9.0～13.0）
BM 593	吹塑	1-己烯	Z-N	双峰	959	0.15～0.4
55060	吹塑	1-己烯	Z-N	双峰	955	（3.0～7.0）
5502	吹塑	1-己烯	Cr	单峰	954	0.25～0.45

注：Z-N 表示 Ziegler-Natta。

HD 6081 牌号适合作注塑料，用来生产非碳酸饮料瓶盖、提桶和条板箱以及通用注塑产品，具有良好的感官性能、刚性和加工性能。

TRB-432 牌号为乙烯与 1- 己烯共聚物的双峰高密度聚乙烯，具有优异的长期静液压强度、抗慢速裂纹扩展能力、抗快速裂纹扩展能力和卓越的低温韧性。特别适用于饮用水和工业管道等领域。

HD 55110 牌号为钛系催化剂生产的具有卓越加工性能的双峰膜料高密度聚乙烯。具有厚度可控、凝胶含量低、薄膜韧性与刚性组合优异、耐穿刺性增强等优势。HD 55110 牌号专用于生产各种厚度的高机械强度的吹塑薄膜制品，在高产出下具备优异的厚度控制和膜泡稳定性，适用于制备各类薄膜及超薄膜，例如垃圾箱衬袋、垃圾袋、保护膜、卷轴膜、手提袋等；也可与线型低密度聚乙烯、低密度聚乙烯混合和共挤出，制备大型塑料袋、床垫袋、厚度减少增强器等；还可用于沥青膜、仿纸薄膜等。其特点和应用领域见图4-22。

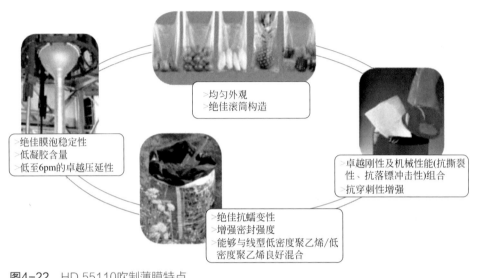

>均匀外观
>绝佳滚筒构造

>绝佳膜泡稳定性
>低凝胶含量
>低至6pm的卓越压延性

>卓越刚性及机械性能(抗撕裂性、抗落镖冲击性)组合
>抗穿刺性增强

>绝佳抗蠕变性
>增强密封强度
>能够与线型低密度聚乙烯/低密度聚乙烯良好混合

图4-22 HD 55110吹制薄膜特点

BM 593 是具备卓越刚性和耐环境应力开裂性（ESCR）的高密度聚乙烯（HDPE）树脂，适用于生产化妆品液体、家用和工业包装用吹塑产品。

HDPE 55060 是具有优异耐环境应力开裂性（ESCR）和刚性的高密度聚乙烯吹塑树脂产品，使用于制备运输危险品的吹塑制品，如开顶桶和简便油桶等，还可用于与食品接触的应用。

HHM TR-131 是采用铬系催化剂以 1- 己烯为共聚单体生产的高密度薄膜料。HHM TR-131 制备的膜产品具有柔软感好、优异的韧性、良好的抗冲击强度和耐撕裂性能，可以用作背心袋、购物袋、垃圾袋等。HHM 5502B 为铬系催化剂生产的吹塑树脂牌号，用于轻质吹塑容器，具有优异的刚性和可循环使用性。还可用于冰柜和冷却器、家用和工业化学品容器、食品包装和药品包装等。

M 2310 EP 是第二代茂金属基线型低密度聚乙烯，以 1- 己烯为共聚单体。与常规线型低密度聚乙烯及第一代茂金属基聚乙烯相比，M 2310 EP 的加工产出率高，挤出压力低，并且膜泡稳定及厚度均匀。M 2310 EP 适用于市场要求具备优越的光学性质及抗冲击性（即便是在低温下）和密封强度的场合，尤其适用于线型低密度聚乙烯或低密度聚乙烯共混和共挤出方面。

32ST05 也是用茂金属生产的一种特别设计的聚乙烯吹膜专用树脂，具备优异的加工性和韧性 - 刚性平衡性能，能够用于多层薄膜的制备，具有薄膜厚度减薄的潜力。

参考文献

[1] 宁英男，范娟娟，毛国梁，等. 釜式淤浆法生产高密度聚乙烯工艺及催化剂研究进展 [J]. 化工进展，2010, 29(2): 250-254.

[2] 洪定一. 塑料工业手册：聚烯烃分册 [M]. 北京：化学工业出版社，1999: 509-518.

[3] 张师军，乔金樑. 聚乙烯树脂及其应用 [M]. 北京：化学工业出版社，2011: 50-51.

[4] 张敬梅，郭子芳，陈伟，等. BCE 催化剂制备双峰 PE 的研究 [J]. 合成树脂及塑料，2005, 22(6): 1-3.

[5] 郭子方，殷大斌，周俊领，等. 乙烯淤浆聚合 BCE 催化剂生产双峰聚乙烯树脂的工业应用 [J]. 石油化工，2008, 37(9): 937-940.

[6] 张勇，郭子方，周俊领. 乙烯淤浆聚合 BCE 催化剂的工业应用 [J]. 石油化工，2008, 37(3): 283-287.

[7] 屋敷恒雄，南修治. 固体钛催化剂组分、含该组分的乙烯聚合催化剂和乙烯聚合工艺：CN 1140722A[P]. 1997-01-22.

[8] 郭子方. 乙烯淤浆聚合 Ziegler-Natta 催化剂的研究进展 [J]. 石油化工，2009, 38(4): 453-457.

[9] 郭子方，张敬梅，陈伟，等. 新型高效淤浆工艺聚乙烯催化剂的制备及其催化性能 [J]. 石油化工，2005, 34(9): 840-843.

[10] 杨红旭，郭子方，周俊领. 高性能淤浆法聚乙烯催化剂的研究 [J]. 石油化工，2007, 36(11): 1119-1122.

[11] 左胜武，徐振明，顾学峰，等. 氯化聚乙烯专用 HDPE 树脂剖析 [J]. 合成树脂及塑料，2009, 26(6): 58-61.

[12] 左胜武，王冰，徐振明，等. HDPE 结构和形态对氯化聚乙烯的影响 [J]. 现代塑料加工应用，2012, 24(6): 5-9.

[13] 邱敦瑞，徐振明，傅勇，等. 橡改型 CPE 专用 HDPE 树脂剖析 [J]. 现代塑料加工应用，2012, 24(3): 49-52.

[14] 邱敦瑞，胡翔，徐振明，等. C 型氯化聚乙烯用 HDPE 粉末树脂的开发 [J]. 现代塑料加工应用，2015, 27(2): 43-45.

[15] 洪柳婷，王莉，叶海木，等. 聚烯烃锂离子电池隔膜的研究进展 [J]. 高分子通报，2017(6): 59-67.

[16] 袁小亮，左胜武. 湿法锂电池隔膜聚乙烯专用料的开发 [J]. 现代塑料加工应用，2018, 30(6): 28-30.

[17] 陈蓓艳. 国内低压聚乙烯生产工艺的现状 [J]. 石油化工，2020, 49(7): 714-721.

[18] Albunia A R, Prades F, Jeremic D. Multimodal polymers with supported catalysts: Design and production [M]. Switzerland: Springer International Publishing, 2019: 180-182.

[19] 李连鹏，池亮，郭兴田，等. 国内 Hostalen 淤浆聚乙烯发展概述 [J]. 弹性体，2019, 29(2): 78-81.

[20] 马宝军，肖子文，张敏峰，等. BCE 催化剂在 PE100 管材专用树脂生产中的应用 [J]. 石油化工，2017, 46(3): 371-375.

[21] 武大庆，肖子文，李峰，等. BCE-SCH100 型催化剂在 Hostalen 工艺的应用 [J]. 合成树脂及塑料，2015, 32(4): 52-54.

[22] 李峰，郭顺. 新型国产催化剂生产双峰 HDPE 膜料的性能 [J]. 合成树脂及塑料，2015, 32(5): 46-48.

[23] 姜慧婧，胡琳，王齐，等. 国内外聚乙烯 (PE) 管材专用料的开发及市场应用概述 [J]. 合成材料老化与

应用，2021, 50(6): 104-107.

[24] 贾凡，黄庭，曹昌文，等. BCE-H100 催化剂制备的 PE100 级管材专用树脂的性能 [J]. 石油化工，2019, 48(5): 466-471.

[25] 何曼君，陈维孝. 高分子物理 [M]. 上海：复旦大学出版社，2005: 55-99.

[26] 吴晨波，陈光岩，李连鹏，等. PE100 管材树脂的质量改进和提高 [J]. 弹性体，2013, 23(5): 49-52.

[27] 苟清强，刘志伟，朱孝恒，等. BCL-100 催化剂在 Innovene S 工艺生产 PE100 管材专用料中的工业试验 [J]. 石油化工，2015, 44(9): 1106-1109.

[28] 朱孝恒，郭子芳，苟清强，等. BCL-100 催化剂制备的 PE100 管材性能 [J]. 石油化工，2015, 44(9): 1110-1114.

[29] 张庶，朱孝恒，王少会，等. BCL-100 型催化剂在 Innovene S 工艺装置上实现长周期生产 [J]. 合成树脂及塑料，2015, 32(5): 41-45.

[30] 刘志伟，秦川，朱孝恒，等. 用 BCL-100 型催化剂在 Innovene S 工艺装置上生产 HDPE 粉料的性能 [J]. 合成树脂及塑料，2017, 34(3): 61-67.

[31] 李颖，郭子芳，周俊领，等. BCL-100 催化剂用于制备超韧性聚乙烯管材专用料 [J]. 石油化工，2020, 49(9): 860-866.

[32] 赵启辉，柯锦玲，刘斯佳. PE100-RC 材料的发展及其在燃气管道的应用 [J]. 煤气与热力，2012, 32(7): 28-32.

[33] 李颖，郭子芳，苟清强，等. BCL-100 催化剂制备新型钛系小中空树脂 [J]. 石油化工，2021, 50(1): 67-72.

[34] Spalding M A, Chatterjee A M. Handbook of industrial polyethylene and technology [M]. Wiley-Scrivener, 2017: 79.

[35] 陈蓓艳. 国内低压聚乙烯生产工艺的现状 [J]. 石油化工，2020, 49(7): 714-721.

[36] Marechal P. Comprises slurry loop reactor in diluent in presence of catalyst; for use as pipe resins, films, or in blow molding resins: US 7034092B [P]. 2006-04-25.

[37] 翟昌休，高宇新，赵兴龙. Phillips 环管淤浆法聚乙烯生产工艺及其催化剂研究进展 [J]. 精细石油化工进展，2021, 22(4): 44-48.

[38] 裴小静，孙丛丛，孙丽明. 高密度聚乙烯淤浆聚合工艺及其国内应用进展 [J]. 齐鲁石油化工，2015, 43(2): 166-170.

第五章
气相聚合工艺及其高性能产品

气相法聚烯烃工艺是基于气相反应器开发的一类工艺技术，由原美国联合碳化物公司最早开始工业化应用，在聚烯烃工艺技术中最晚出现[1]。与高压法和淤浆法工艺比较，气相法的聚合单体以气体形式存在于反应器中，单体与聚合物的分离相对容易，不需要闪蒸等高能耗环节。同时，反应单体及氢气可以在气相状态下在更宽的范围内混合，不受反应单体和聚合物在溶剂中的溶解度和溶液黏度的限制，可生产更宽范围的聚烯烃产品。气相法工艺是 LLDPE 和抗冲聚丙烯商业化生产的基础。

根据固体聚合物颗粒在反应器中的状态，气相反应器可分为三类，即流化床反应器（FBR）、微动（搅拌）床反应器（SBR）和移动床反应器（多区循环反应器，MZCR）。在聚烯烃生产工艺中，微动床反应器又分为卧式搅拌床反应器（HSBR）和立式搅拌床反应器（VSBR）。这些反应器种类中仅卧式搅拌床反应器为平推流反应器。

乙烯的聚合热约为 3600kJ/kg，丙烯的聚合热约为 2400kJ/kg，这种聚合热上的差别，使得乙烯气相聚合到目前为止仅采用了流化床反应器，而丙烯聚合则可以采用前述三类反应器。

第一节
气相聚乙烯工艺

聚乙烯是合成高分子材料中消费量最大的产品。通常情况下，不同聚乙烯品种采用的生产工艺不同，HDPE 和 LLDPE 均采用低压聚乙烯工艺生产，聚合压力通常低于 6MPa；而 LDPE 采用高压聚乙烯工艺生产，聚合压力通常高于 200MPa。HDPE 的生产工艺主要包括淤浆法和气相法，其中，淤浆法包括 CX 工艺、Hostalen 工艺和 Innovene S 工艺等，气相法包括 Unipol 工艺和 SGPE 工艺等[1,2]。LLDPE 通常采用气相法工艺生产。近年来，随着茂金属催化剂技术的发展，淤浆工艺也可生产 LLDPE 产品，如道达尔淤浆工艺等已经可以生产 LLDPE 产品。

气相法聚乙烯工艺是一种在气相流化床反应器进行乙烯聚合反应的工艺。将乙烯、共聚单体及催化剂、氢气（分子量调节剂）计量送入反应器内，控制一定的温度和压力，在催化剂的作用下，进行聚合反应，得到聚乙烯粉粒。聚乙烯粉料通过脉动开启的开关阀组出料到脱活、干燥设备，用湿氮气进行处理后，得到聚乙烯粉料产品，之后再进行常规的挤压造粒。

气相工艺具有明显的特点和优势，例如，与溶液工艺和淤浆工艺相比，气相工艺不需要分离溶剂或稀释剂，投资成本较低；整体工艺流程短，操作条件温和，能耗低污染小，可生产全密度聚乙烯产品。故自 20 世纪 60 年代商业化以来，经过多年的发展，现已成为聚乙烯生产的主流技术之一 [3,4]。

一、单反应器气相流化床工艺

1. Unipol 工艺

Unipol 聚乙烯工艺是美国尤尼维讯科技有限公司开发的低压气相流化床法生产乙烯（共）聚合物的技术。该工艺于 1968 年开发成功，美国联合碳化物公司建立了第一套 Unipol 工艺生产 HDPE 的装置，1970 年又实现了 Unipol 工艺生产 LLDPE 的工业化。经过不断改进升级，在 1980 年后，可在反应器中产出密度为 0.880 ～ 0.970g/cm³ 的全密度聚乙烯产品 [5]。

Unipol 工艺由原料精制与供给、催化剂配制、聚合反应、树脂脱气和尾气回收、树脂添加剂处理以及造粒风送单元组成，反应器操作温度为 80 ～ 110℃，操作压力在 2.4MPa 左右，是高活性催化剂和气相法相整合后的工艺 [6]。该工艺可采用钛系催化剂、铬系催化剂和茂金属催化剂。铬系的 UCAT-B 和 UCAT-G 催化剂，可用于生产 HDPE；钛系的 M 催化剂（商用名称 UCAT-A 和 UCAT-J），可用于生产 LLDPE/HDPE；茂金属催化剂 XCAT 和双峰催化剂 PRODIGY 等，可生产 HDPE、LLDPE 和 VLDPE 等全密度系列的聚乙烯树脂产品。为了提高反应器的时空产率，Unipol 工艺普遍采用了"冷凝态技术"，即将循环气温度降到露点以下，使冷凝液体随着循环气流进入反应器。这种"冷凝态技术"不会破坏流化床的稳定，同时，还因为反应器进口处循环气体与反应器之间的温度差加大了冷凝液的蒸发，提高反应器的撤热能力，有效地增加了时空产率。

Unipol 工艺流程简洁，操作弹性大，不需要分离、提纯等后续回收步骤，产生废气废液较少，有利于环境保护 [7]。该工艺目前包括 Unipol-Ⅰ和 Unipol-Ⅱ两种，Unipol-Ⅱ技术是由美国联合碳化物公司开发的第二代 Unipol 工艺，该工艺采用两个串联的气相流化床反应器，用来生产分子量呈双峰分布的聚乙烯树脂。

国内目前建成 Unipol 工艺装置 24 套，实际产能超过 760 万吨 / 年；在建装置 8 套，产能约 260 万吨 / 年。目前 Unipol 技术全球许可超过 165 套，约占世界 HDPE/LLDPE 产能的 1/3。Unipol 工艺流程简图见图 5-1。

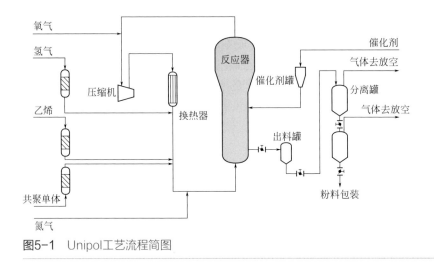

图5-1 Unipol工艺流程简图

2. Innovene G 工艺

Innovene G 工艺最早由石脑油化学公司在法国拉瓦拉开发，并于 1975 年建成第一套装置。2005 年英国石油公司的烯烃和衍生物分部以 Innovene 为名出售给英力士公司，目前由英力士公司对外进行技术许可。

Innovene G 工艺采用立式气相流化床反应器，可用 1- 丁烯或 1- 己烯等做共聚单体，反应操作压力为 2.1 ～ 2.4MPa，反应温度为 80 ～ 110℃；该工艺采用钛系、铬系或茂金属催化剂，可生产密度为 0.917 ～ 0.962g/cm³ 的高、中、低密度的各种聚乙烯产品。Innovene G 工艺的特点是采用了高产率技术（high productivity technology，HPT），在生产过程中改进了对温度的控制，可以获得不同分子量分布的产品；将旋风分离器设置在循环气回路中，避免了聚合物在换热器、压缩机和循环管线的结块问题，避免了循环气管线的聚合物细粉黏结，切换催化剂时无需清洗系统。该工艺也采用了"冷凝态技术"。与 Unipol 工艺有所不同，Innovene G 工艺是将流化床反应器中的混合烃液体从反应气流中通过单一换热器 / 冷凝器被冷凝分离出来，气体仍以传统方式返回反应器，而混合烃液体通过反应器流化床特有的喷嘴分布系统直接注入流化床（而非通过气体夹带）。该工艺采用的冷凝剂为液态正戊烷，利用其汽化潜热，在流化床中蒸发时吸收反应热，进一步提高了循环气中冷凝液组成，有效地提高了气相反应器的时空收率，使生产能力提高约 100%[8]。并且，因为冷凝剂先被冷凝，使循环气量减少，可以进一步减少工艺的能耗。

Innovene G 工艺的产品覆盖面广，产品的生产过程需要的反应条件较为温和，生产过程中不会对周围的环境及居民造成较大的影响[9]；该工艺在国外的应用较多，目前国内有 5 套装置在运行，年产约 80 万吨 / 年。Innovene G 工艺流程简图见图 5-2。

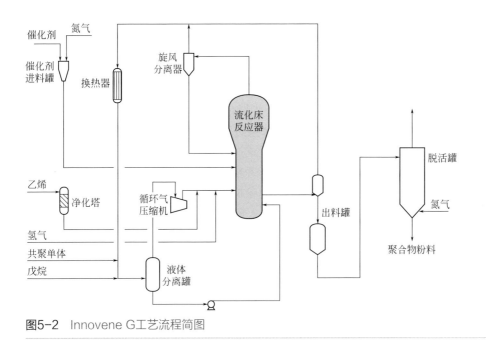

图5-2 Innovene G工艺流程简图

二、多反应器气相工艺

1. Spherilene 工艺

Spherilene 工艺由原蒙特尔公司基于其球形催化剂技术开发。现在技术归利安德巴塞尔公司所有。Spherilene 工艺于 1994 年初实现工业化。2005 年，利安德巴塞尔公司将其 Lupotech G 工艺与 Spherilene 工艺并入统一的气相聚合技术平台，并以 Spherilene 为名进入市场[10]。

Spherilene 工艺采用催化剂预络合、淤浆法预聚合技术与气相流化床技术相结合。预聚合反应在一台环管反应器中进行，以丙烷作溶剂，然后预聚物连续通过一台或两台气相流化床反应器。Spherilene 工艺反应温度 70 ～ 100℃，反应压力为 1.5 ～ 3.0MPa，采用 Avant Z（钛系）和 Avant C（铬系）催化剂，可生产密度范围 0.890 ～ 0.970g/cm³、MFR 为 0.01 ～ 100g/10min 的 LLDPE、HDPE、VLDPE 和 ULDPE 产品树脂。该工艺技术气相反应器配置灵活，可采用单一的气相反应器，即 Spherilene S 工艺生产单峰全密度聚乙烯树脂；也可采用两个气相反应器串联，即 Spherilene C 工艺生产分子量呈双峰分布的全密度聚乙烯树脂。

Spherilene S 工艺流程类似 Unipol 工艺，将原料及催化剂加入气相反应器，聚合单体在催化剂作用下生成聚乙烯树脂。树脂粉末由循环气带到反应器顶部，又在自身重力作用下降至底部，同时循环气从反应器顶部排出，经过循环气压缩机和冷却器处理后再次返回反应器继续进行反应；当反应器的料位达到一定值后进行卸料，排出的树脂粉末经脱气后进入造粒机造粒，最终得到聚乙烯树脂成品[11]。

Spherilene C 工艺流程为乙烯、共聚单体和催化剂在轻质惰性烃类的条件下进行缓和的本体预聚合，随后预聚浆液进入第一气相反应器，聚合反应物料在接近反应器底部处被连续排出，经过袋式过滤器和中间固体 / 气体分离器，分离出的聚合物进入第二气相反应器。被分离器分出的气相组分经循环气压缩机和冷却器处理后返回至第一气相反应器继续参加反应。固体 / 气体分离器的设置避免了来自第一气相反应器的气体混合物进入第二气相反应器，保证了两个反应器原料组分的独立控制。

Spherilene 工艺的特点是不需要"冷凝态"模式，就可达到高时空产率；原因在于用轻烃（丙烷）作稀释剂代替系统的氮气可以改进传热能力，降低热点形成的概率，从而提高聚合物高负荷时的热稳定性；且由于催化剂是经预聚后加入，气相反应器可以不使用种子床开车，能够有效缩短装置开停车时间和产品切换时间[12]。

Spherilene 工艺应用了高性能催化剂且具备适宜的反应条件，因此粉料的形态可以得到很好的控制，细粉含量较低，产品堆积密度大，产品中残余单体少。该工艺可以用 1- 丁烯、1- 己烯、4- 甲基 -1- 戊烯和 1- 辛烯作为共聚单体，能够生产分子量分布从窄到宽的产品。在一些应用场合，宽分子量分布的树脂具有加工和制品性能方面的优势。Spherilene 工艺流程简图见图 5-3。

2. Evolue 工艺

Evolue 工艺是三井化学公司所开发的，以生产茂金属 LLDPE 产品为主的气相法工艺。第一套 Evolue 工艺装置为 20 万吨 / 年，于 1998 年 5 月开车。2005 年，三井化学公司与出光兴产公司的聚烯烃业务合并成立了普瑞曼聚合物公司，三井化学公司拥有 65% 的股份，出光兴产公司拥有 35% 的股份。

三井化学公司开发 Evolue 工艺的目的是生产具有良好加工性能、优异机械性能（冲击性能和耐撕裂性能）以及良好光学性能的 LLDPE。该技术的关键特点是采用两台串联的气相流化床反应器，采用 1- 己烯作共聚单体，可以生产密度低至 $0.900g/cm^3$ 的分子量和共聚单体呈双峰分布的树脂。该工艺可以生产熔体流动速率为 $0.7 \sim 50g/10min$ 的通用树脂。此外，Evolue 工艺还可以生产单峰

LLDPE，非茂金属牌号产品（采用 Ziegler-Natta 催化剂）[8]。Evolue 工艺流程简图见图 5-4。

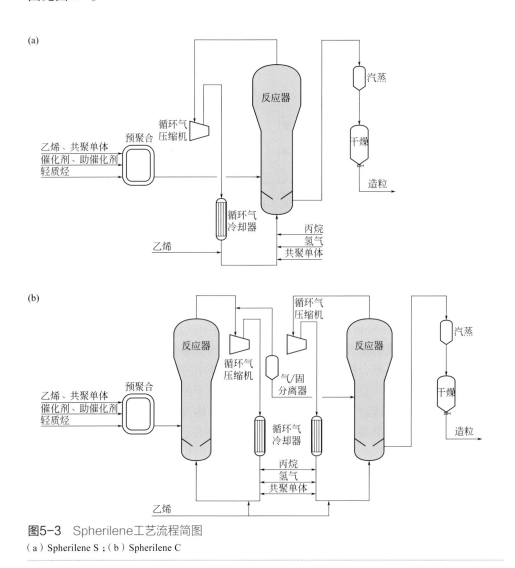

图5-3 Spherilene工艺流程简图
（a）Spherilene S ;（b）Spherilene C

3. Borstar 工艺

Borstar 工艺是北欧化工公司开发的生产双峰聚乙烯树脂的工艺，1995 年在芬兰首次建成一套 20 万吨 / 年的生产装置。该工艺主要由环管淤浆反应器与气相流化床反应器串联而成，可根据需要控制产品的分子量分布[13]。

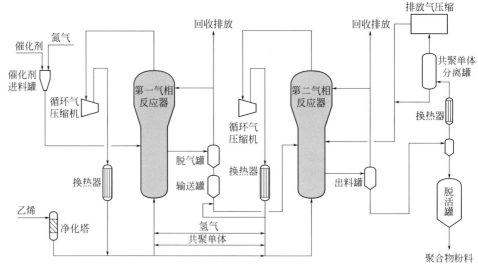

图5-4 Evolue工艺流程简图

Borstar工艺可采用Ziegler-Natta催化剂，也可采用单活性中心催化剂，主要用来生产双峰LLDPE和HDPE，产品密度为0.918～0.970g/cm³，熔体流动速率为0.02～100g/10min。该工艺在环管反应器中以超临界丙烷为稀释剂进行乙烯聚合反应，生成的聚合物和未反应的单体在闪蒸罐分离，回收的单体和稀释剂返回环管反应器，聚合物送入串联的气相反应器中进一步制备低密度、高分子量的聚乙烯产品基料。整个工艺过程高度灵活，易于控制聚乙烯分子量和共聚单体分布宽度。该工艺通过优化聚乙烯主、支链的结构及分子量分布，生产双峰聚乙烯树脂；通过调节共聚单体的含量，可以控制密度，生产HDPE、MDPE、LLDPE等聚乙烯产品。Borstar工艺不仅可控制共聚单体含量，还可以控制共聚单体的分布。

Borstar工艺在第一反应器停留时间较短，使开车及牌号切换相对简单；环管反应器生成的聚合物通过闪蒸后进入气相反应器，更易于控制气相反应器中的气相组成，并可根据产品特性对两个反应器的产率分配进行优化；用丙烷部分代替氮气作为循环气，可以有效增加气相反应器的产能[14]。Borstar工艺流程简图见图5-5。

4. Hyperzone工艺

利安德巴塞尔公司最近开发了一种新的乙烯聚合工艺——Hyperzone工艺，可以生产出具有特殊性能的HDPE树脂。该技术是在两个反应器中建立三个不同的反应区域，生产的产品可兼顾加工性能和物理机械性能。2017年，利安德巴塞尔公司开始在美国得克萨斯州的拉波特市建设世界上第一个应用 Hyperzone 工艺技术的装置，包括一个重达 500 吨的气相反应器，以及一个应用了 Hyperzone 技术设计的 200 英尺高的多区循环反应器。该装置于 2019 年完工，并开始进行生产。Hyperzone HDPE 产品具有改进的加工性能、优越的韧性以及耐化学腐蚀性，可用于水管、煤气管道、工业管道、玩具、工业包装和零售包装等领域。目前利安德巴塞尔公司有三款利用 Hyperzone 工艺生产的产品，分别是 Hyperzone HY55430S、Hyperzone HY4008 和 Hyperzone HY55430S，均具有良好的加工性能和耐环境应力开裂性能。

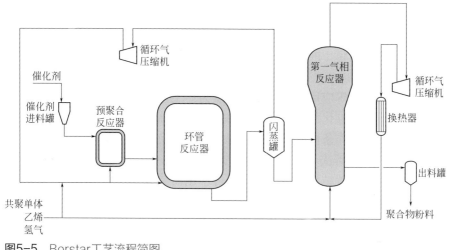

图5-5 Borstar工艺流程简图

三、中国石化气液法工艺

GPE 工艺是由中国石化开发的气相法全密度聚乙烯工艺，可以生产 LLDPE、MDPE 以及 HDPE 产品。第一套 GPE 气相法装置是 2009 年 12 月在中沙（天津）石化公司建成投用的 30 万吨 / 年 LLDPE 装置。该装置产品以膜料为主。2013 年，中韩（武汉）石油化工有限公司的 GPE 工艺装置正式开工，该装置的设计能力为 30 万吨 / 年。同年，中国石化齐鲁石化公司的 25 万吨 / 年 GPE 工艺装置一次开车成功，主要生产 HDPE 产品。2019 年，中安联合煤化有限责任公司装置投产，GPE 气相法单线生产能力提升到 35 万吨。2021 年 12 月，中国石化镇海炼化分公司二期 30 万吨 / 年 GPE 气相法装置开工试车圆满成功，该装置采用"铬系催化剂冷凝态操作"，包括原料精制、反应单元、脱气及挤压造粒、排放气回收等 12 个工艺单元，以 HDPE 为主要产品。

GPE 工艺流程与 Unipol 相近，共聚单体为 1- 丁烯或 1- 己烯，反应压力约 2.3MPa，反应温度为 80 ～ 110℃，结合自主知识产权的 Ziegler-Natta 催化剂及茂金属催化剂，可以生产不同熔体流动速率的全密度聚乙烯树脂，产品覆盖薄膜、中空吹塑、注塑、单丝、管材及电缆等应用范围。

基于中国石化 GPE 工艺，中国石化与浙江大学联合开发了气液法聚乙烯新工艺，即 SGPE 工艺（图 5-6）。2016 年，中国石化"十条龙"科技攻关项目——气液法流化床 PE 工艺成套技术开发通过鉴定 [15]。其技术主要是通过富含共聚单体的冷凝液在反应器床层内特定段喷入，利用共聚单体的汽化，形成不同的温区。在低温区生产高分子量、高共聚单体含量的树脂组分；在相对高温区生产低分子量、较少共聚单体含量的组分。由此可在单反应中生产分子量分布宽且大分子量组分中共聚单体含量高的高性能树脂产品。产品可用于加工拉伸套罩膜、拉伸缠绕膜、热收缩膜（POF）、双向拉伸聚乙烯膜（BOPE）等 [16-18]。

SGPE 技术可以生产全密度聚乙烯树脂，产品覆盖薄膜、中空吹塑、注塑、单丝、管材及电缆等应用领域。主要特点为：工艺流程简单，设备台数少，能耗低；不需要溶剂，催化剂活性高，无溶剂回收和催化剂及低聚物脱除工序；装置生产灵活性强，操作条件温和，操作弹性大，切换平稳，产品性能稳定；采用冷凝模式操作，有效解决了聚合反应热的撤除问题，反应器的时空产率显著提高；三废排放量少，装置结构紧凑。该技术可根据需要选用钛、铬两种体系的固体或淤浆催化剂，可应用于现有众多气相法聚乙烯装置的技术改造，为生产系列化、低成本、高附加值的聚乙烯产品提供了一条切实可行的技术路线。截至 2021 年，SGPE 技术已先后应用于 5 套新建工业装置，总计产能达到 150 万吨 / 年。

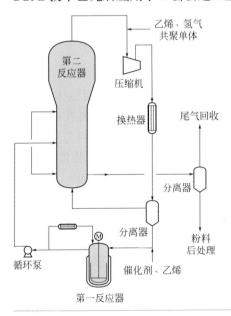

图5-6
中国石化气液法工艺流程简图 [16]

第二节
气相聚乙烯高性能产品

近 10 年来，全球聚乙烯市场的需求规模增长了近一半。2020 年全球聚乙烯产能为 12690.6 万吨，同比增长 5.9%，产量为 10630.8 万吨，同比增长 2.1%。国内市场方面，2020 年是国内聚乙烯集中投产的一年，合计产能为 2284.5 万吨，同比增长 20%，产量增长 13.3%。截至 2021 年 6 月末，国内共有聚乙烯生产企业 46 家，产能合计约 2458 万吨 / 年，其中 42% 采用 Unipol 气相工艺，6% 采用 GPE 工艺，3% 采用 Innovene 工艺。2020 年，我国聚乙烯进口量为 1744 万吨，出口量约为 25 万吨。随着市场供应量的增加、经济的发展以及人民生活水平和环保意识的日益提高，市场对聚乙烯产品的质量、品种和功能都有更高、更新和更细化的要求，例如机械性能和光学性能更高的聚乙烯薄膜，耐环境应力开裂性能更好、容器尺寸更大的中空容器，更耐压、抗刮擦能力更强、耐开裂和耐高温性能更好的聚乙烯管材。总之，受需求驱动，聚乙烯产品将向高端化、差异化和定制化方向发展。

一、钛系催化剂聚乙烯产品

1. 高碳烯烃共聚物

（1）概述　20 世纪 50 年代后期，工业上开始采用碳原子数大于丙烯的 α- 烯烃单体与乙烯共聚来制备 HDPE，以降低聚合物的结晶速率，并控制制品冷却时的收缩率。少量 α- 烯烃共聚单体的加入能够大幅提高 HDPE 树脂的韧性，同时改善树脂的耐环境应力开裂性能。进一步增加共聚单体的加入量（5% ～ 25%），即可获得线型低密度聚乙烯（LLDPE），这时聚合物的分子主链仍为线型，而加入的单体使主链上带有短支链。常用的共聚单体有 1- 丁烯、1- 己烯和 1- 辛烯这三种。以 1- 己烯为共聚单体生产的 LLDPE 和 HDPE 树脂，较 1- 丁烯共聚树脂具有更好的拉伸性能、耐慢速裂纹增长性能、抗冲击性能和耐环境应力开裂性能，适合于高强度膜材料和管材料[19]。1- 辛烯作为共聚单体生产的聚乙烯具有优异的性能和高附加值。1- 辛烯共聚的 LLDPE 具有优异的拉伸性能、抗冲击性能、加工性能、透明性、耐热性以及耐撕裂性[20]。1- 辛烯共聚的聚乙烯管材料则具有优异的韧性和抗蠕变性。总的来说，共聚单体的含碳数越高，聚合物的综合性能越好，生产难度越大，成本也越高。

（2）高性能产品开发　随着具有良好共聚性能的新型催化剂的开发以及冷凝和超冷凝技术的应用，许多公司实现了 1-己烯共聚聚乙烯树脂的生产。目前，国外利用气相工艺和钛系催化剂进行 1-己烯共聚聚乙烯树脂生产的公司主要有：利安德巴塞尔公司、雪佛龙菲利普斯公司和英力士公司。

利安德巴塞尔公司的 Spherilene 工艺能够生产全范围的线型聚乙烯牌号，密度范围为 0.919 ~ 0.936g/cm³。该公司采用 Avant Z 催化剂生产 1-己烯共聚 LLDPE 产品。其中，吹膜牌号具有较高的耐撕裂强度和落镖冲击强度，滚塑牌号可用于对耐环境应力开裂要求较高的应用领域。美国量子化学公司为利安德巴塞尔公司的子公司，它采用 Unipol 工艺生产了 1-己烯共聚的 LLDPE，主要牌号为 Petrothene™ GA601 系列、Petrothene™ GA501 系列，以及高性能的 1-己烯共聚产品 Petrothene™ Select 707 系列和 Petrothene™ Select 710 系列。目前，雪佛龙菲利普斯公司是北美 LLDPE 的第四大生产商，它采用气相反应器技术生产了高性能 1-己烯共聚 LLDPE 树脂，产品牌号主要有用于吹膜和流延膜的 MarFlex™ 7105D 系列、MarFlex™ 7109 系列、MarFlex™ 7308 系列、MarFlex™ 7120 系列，以及用于挤出涂层的 MarFlex™ 7235 系列和用于挤出片材的 Marlex™ 7104 系列。英力士公司在 Innovene 装置上生产的 1-己烯共聚 LLDPE 产品牌号主要为用于吹塑和流延的 LL6208AF、LL6208LJ、LL8109AA、LL6910LA 以及 LL6608AF 等。其中，LL6910LA 为升级产品，具有超低的凝胶含量、良好的加工性能和机械性能。LL8109AA 具有较低的密度，与其他 LLDPE 产品相比，表现出更优异的耐穿刺性和更高的耐撕裂强度。

国内的 LLDPE 装置多为气相法工艺，之前由于 1-己烯单体不易获得且聚合过程中存在易于黏结、共聚物易挂壁等问题，一直采用 1-丁烯为主要的共聚单体。2007 年，中国石化实现了乙烯三聚法生产 1-己烯的工业化，相关的"乙烯三聚制 1-己烯新型催化体系及成套工艺技术"荣获 2015 年国家技术发明二等奖[21]。目前，我国具备 1-己烯生产能力的企业有中国石化燕山分公司、中国石油大庆石化公司、中国石油独山子石化分公司以及中国石油兰州石化榆林化工有限公司。1-己烯的自主生产加速了我国 LLDPE 产品的结构调整，共聚单体开始转向高碳 α-烯烃。中国石化天津分公司成功开发了 1-己烯共聚 LLDPE DFDA-9030、DFDA-6010 和 DFDA-9085，可应用于拉伸缠绕膜和棚膜。其中，DFDA-6010 打破了对国外公司产品的进口依赖，填补了国内空白。

1-辛烯作为共聚单体最早是在陶氏化学公司和诺瓦化学公司的溶液法工艺上应用，原因是他们的工艺采用环己烷作溶剂，很难将共聚单体 1-己烯与溶剂分离。后来雪佛龙菲利普斯公司利用淤浆法工艺开发了 1-辛烯共聚聚乙烯新产品。近年来，少量的气相法装置经过工艺改进和优化也生产出了乙烯 /1-辛烯共聚聚乙烯产品[22]。1-辛烯的高成本促使其应用于具有高附加值的高性能聚乙烯产品。

由于我国缺少 1- 辛烯单体，开发的乙烯 /1- 辛烯共聚聚乙烯产品牌号不多。2020年，中国石化天津分公司利用 GPE 技术成功生产乙烯 /1- 辛烯共聚产品 PE-LF231-8，填补了国内空白。该产品具有优异的抗冲击和耐环境应力开裂性能。在此之前国内没有该类产品的生产技术，同类产品全部依赖进口。为加快 1- 辛烯的国产化，中国石化和中国石油都在对乙烯四聚及齐聚技术进行研究开发。2021年，采用北京化工研究院的技术，在中国石化茂名分公司建设的 5 万吨 / 年 LAO 装置建成开车，顺利产出达聚合级规格要求的 1- 己烯、1- 辛烯等高碳 α- 烯烃原料。同年，大庆石化公司辛烯等 α- 烯烃合成成套技术工业试验项目顺利中交，依托其5000 吨 / 年 1- 己烯装置进行改扩建，工业试验成功后，可实现 1- 己烯 5000 吨 / 年、1- 辛烯 2500 吨 / 年或 1- 癸烯 1300 吨 / 年、1- 己烯 2500 吨 / 年的切换，以生产三种高碳 α- 烯烃[23]。未来，我国还需催化剂、聚合工艺以及聚合物产品方面的自主创新，实现高碳 α- 烯烃的国产化，促进以高碳 α- 烯烃为共聚单体的高性能聚乙烯的发展。

2．多元共聚物

（1）概述　乙烯多元共聚物主要指三元共聚物，是通过乙烯、丁烯和另外一种长链 α- 烯烃三元共聚合得到的聚乙烯树脂。第三单体长链 α- 烯烃的加入使得聚乙烯的支链结构更加复杂，从而影响到片晶结构和"系带分子"数，进而改变了材料的性能。

（2）高性能产品开发概况　在乙烯、丁烯和长链 α- 烯烃共聚合制备高性能聚乙烯的研究中，公开发表的文献比较少。据报道，意大利蒙特尔公司的 Spherilene装置实现了三元聚合工艺的工业化[24]。陶氏化学公司采用乙烯、丁烯和长链 α-烯烃三元共聚合，得到一种极低密度聚乙烯（VLDPE）。这种 VLDPE 有非常高的拉伸强度（150MPa）和冲击强度（约 350MPa），主要用于医用薄膜[25]。

北欧化工公司的 Borstar® 双峰技术可以采用 Ziegler-Natta 催化剂，也可以使用单中心催化剂，利用环管反应器和气相反应器串联组合生产双峰型 LLDPE 和HDPE[24]。2017 年，北欧化工公司采用 Borstar® 双峰三元共聚（BBT）技术生产了兼具加工性能、力学性能以及光学性能的三元共聚聚乙烯牌号 Anteo™。该技术可以生产双峰分子量分布和密度分布以及定制共聚单体组分的乙烯聚合物。产品可在较低的挤出压力下进行加工，比传统的茂金属 LLDPE 低 15% 以上。该产品还具有较快的热封速度以及耐穿刺性，具体性能列于表 5-1。

2011 年，中国石化天津分公司利用气相装置在国内首次成功生产了三元共聚聚乙烯产品 TJZS-3100。该产品为乙烯、1- 丁烯、1- 己烯的共聚物，可以用于重包装膜领域。2018 年，天津石化开发了三元共聚聚乙烯产品 LF1815，该产品强度均匀性好、透明度高、加工性能优异，可应用于高端包装市场和功能棚膜领域[26]。我国每年进口大量三元共聚聚乙烯产品，LF1815的开发填补了国内空白。

表5-1　Anteo™ FK1820和Anteo™ FK1828的基本物性

性能	Anteo™ FK1820	Anteo™ FK1828
熔体流动速率/（g/10min）	1.5	1.5
密度/（kg/m³）	918	918
熔融温度/℃	122	122
维卡软化点/℃	102	—
拉伸模量（MD/TD）/MPa	210/220	210/220
拉伸断裂强度（MD/TD）/MPa	52/50	52/50
断裂伸长率（MD/TD）/%	650/700	—
埃尔门多夫撕裂强度/g	550/700	550/700
落镖冲击强度/g	＞1000	＞1000
雾度①/%	8	8
光泽度①（45°）	70	60

①与10%LDPE共混。
注：产品薄膜特性是根据实验室级吹膜机生产的40μm吹塑薄膜所测试的实验数据。
加工条件：吹胀比=2.5:1；霜冷线高度=3DD（机头口模直径）；口模间隙=1.8mm。

3．宽分子量分布/双峰线型共聚物

（1）概述　分子量分布影响聚乙烯的加工性能和力学性能，低分子量（LMW）部分可起到分子间的润滑作用，改善产品的加工性能，而高分子量（HMW）部分则保证了产品的机械强度。图5-7为宽分子量分布/双峰聚乙烯的分子量分布与产品性能的关联。另外，控制共聚单体在分子链间的分布十分重要，LMW部分应不含或含有较少的侧链，HMW部分需含有较多的侧链。这样的结构给线型共聚物提供了良好的韧性、强度、耐环境应力开裂性能以及更好的成型加工性能。宽分子量分布/双峰HDPE主要用于超薄薄膜、管材、中空吹塑制品和电线电缆等。

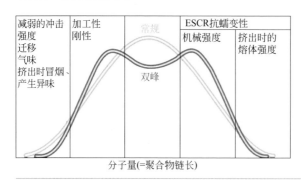

图5-7
聚乙烯的分子量分布与产品性能的关联

宽分子量分布 / 双峰线型共聚物的生产可通过三种方法实现：熔体掺混法、多反应器法（分段反应法）和单反应器法[27]。熔融掺混法是在并联的反应器中分别生成分子量较大和分子量较小的聚合物，按比例进行熔融掺混以控制聚合物的分子量分布。该方法出现得最早，但缺点较多，如难以混合均匀和凝胶颗粒含量高等[28]。多反应器法是主流的工业化方法，由第一、第二反应器生成不同分子量的乙烯聚合物，调节两反应器的反应速率以获得满足要求的宽分子量分布的树脂。该方法操作灵活，产品可调整范围大，但成本略高[29]。单反应器法是在一个反应器内采用特殊催化剂，利用不同活性中心具有的不同聚合行为或者改变活性中心周围的化学环境而产生不同的聚合过程来获得宽分子量分布的聚合物。该方法不需要对现有生产装置进行大量改造，硬件成本低，但对催化剂的依赖性较高，且在实际生产中由于杂质对两种活性中心的影响不同，存在产品性能难以控制的问题[30]。

（2）高性能产品开发概况　为了获得性能调节范围更宽的聚乙烯产品，尤其是应用于管材料的高性能树脂，许多公司都开发了利用多个聚合反应器生产宽分子量分布 / 双峰聚乙烯的技术。1994 年，美国联合碳化物公司成功开发了 Unipol-II 气相流化床工艺，包括两个串联的气相流化床反应器，第一个反应器中生产 HMW 共聚物，第二个反应器中生产 LMW 共聚物或均聚物，调节 α- 烯烃和氢气的浓度来获得所需要的宽分子量分布 / 双峰聚乙烯。陶氏化学公司利用 Unipol-II 工艺开发的 CONTINUUM™ 和 CONTINUUM™ HEALTH+ 双峰聚乙烯树脂具有刚韧平衡性、抗冲击性、耐环境应力开裂性以及良好的加工性能，可用来生产吹塑瓶、压塑和注塑容器以及大口径管材。表 5-2 为陶氏化学公司 CONTINUUM™ 双峰聚乙烯树脂的性能。其中，DGDA-2420 NT 和 DGDA-2490 NT 为 PE100 级管材，具有较高的熔体强度和优异的长期静液压强度；DGDA-2488 NT 应用于电信电力电缆，包括光纤网络和 5G 通信管道；DMDC-1250 NT、DMDC-1270 NT 和 DMDD-6620 HEALTH+ 可经吹塑、注塑、压塑成型，生产瓶盖、饮料瓶以及耐热容器。

表5-2　CONTINUUM™双峰HDPE树脂的性能

牌号	密度 / （g/cm³）	熔体流动速率 / （g/10min）	断裂伸长率 （MD） /%	断裂伸长率 （TD） /%	拉伸强度 （MD） /MPa	拉伸强度 （TD） /MPa
DGDA-2492 NT	0.949	0.06	＞500	＞500	＞24.1	＞24.1
DGDA-2490 NT	0.949	0.08	＞500	＞500	＞24.1	＞24.1
DGDC-2480 NT	0.949	0.08	＞500	＞500	＞24.1	＞24.1
DGDA-2420 NT	0.940	0.20	＞600	＞600	＞17.9	＞17.9
DGDA-2488 NT	0.954	0.28	—	—	22.8	—
DMDC-1250 NT	0.955	1.5	690	690	28.3	28.3
DMDC-1270 NT	0.955	2.5	920	920	27	27
DMDD-6620 HEALTH+	0.958	27	800	800	24.8	24.8

北欧化工公司的 Borstar 工艺采用环管反应器与气相流化床反应器串联，在环管反应器中使用超临界丙烷做溶剂生产 LMW 聚合物，然后将带有活性中心的聚合物转移到气相反应器中，在该反应器中生产 HMW 聚合物，最终得到双峰 HDPE 或 LLDPE。在较高温度下，聚乙烯在超临界丙烷中的溶解度较低，可有效避免反应器结垢；另外，也可以加入较高含量的氢气来获得 LMW 聚合物，且不会产生泡沫。

表 5-3 为北欧化工公司双峰聚乙烯产品的性能。其中，BorSafe™ HE3490-LS、BorSafe™ HE3492-LS 等为 PE100 级管材，具有优良的抗熔垂性能，可用于大口径管材的生产；Borstar™ LE8706 和 Borstar™ LE8707（加入 2.6% 炭黑）为用于通信电缆护套的双峰 LLDPE 产品。BorSafe™ 产品具有优异的抗慢速裂纹生长能力和抗快速裂纹生长能力，较高的熔体强度和良好的加工性能。Borstar™ 产品的收缩率小，韧性高且耐环境应力开裂性能优异。

表5-3　BorSafe™ 和 Borstar™ 双峰 HDPE 树脂的性能

牌号	密度 / (g/cm³)	熔体流动速率 / (g/10min)	拉伸模量 /MPa	拉伸屈服应力 /MPa	断裂伸长率 /%	弯曲模量 /MPa
HE3490-LS	0.959	0.25	1100	25	>600	—
HE3492-LS-H	0.952	0.25	1000	24	>600	—
HE3493-LS-H	0.949	0.23	950	23	>600	—
HE3494-LS-H	0.948	0.25	1000	24	>600	—
LE8706	0.923	0.85	—	>26	>600	400

蒙特尔公司（现已归属于利安德巴塞尔公司）的 Spherilene 工艺采用 Avant Z 钛系催化剂以及多个串联的气相流化床反应器生产宽分子量分布/双峰聚乙烯树脂。第一个 Spherilene 双反应器工业装置是 1994 年韩国大林公司在韩国建成的 10 万吨/年生产线。催化剂在预聚合之后进入气相反应器，两个气相反应器的操作条件和原料组分是可以独立控制的，因而可以仅在第二气相反应器中加入共聚单体；进而在第一气相反应器中生成 LMW 乙烯均聚物，在第二气相反应器中生成 HMW 乙烯共聚物。最终得到分子量呈宽分布/双峰且共聚单体分布可控的 HDPE 树脂。韩国大林公司生产的双峰聚乙烯产品包括具有较高的耐应力开裂性能和抗冲击性的 Poly®LH4100 和 Poly®LH-144，以及具有良好热封性、拉伸性和稳定性的 Poly®LH7200，分别可以应用于天然气管、水管、通信电缆套管和薄膜领域。

国内石化企业没有严格意义上的全气相多反应器聚乙烯工艺，因而生产宽分子量分布/双峰聚乙烯起步相对较晚。由于铬系催化剂所得聚合物的分子量分布很宽，国内大多采用铬系催化剂在气相法装置上生产宽分子量分布中高密度聚乙烯膜料、吹/挤塑成型料等。国内气相装置生产的 HDPE 膜料的典型牌号有中国石化齐鲁石化公司的 DGDB6098，中国石油大庆石化公司和中国石油兰州石化分公司的 DGDB6097，独山子石化公司的 DGDX6095。中国石化上海石油化工股份有限公司引进北欧化工公司 Borstar 双峰工艺技术后，在宽分子量 / 双峰分布聚乙烯树脂开发方面做了大量工作，成功开发了具有良好耐快速裂纹扩展的燃气管材料 YGH041 和 YGH041T，具有优异的耐慢速裂纹扩展性能的超韧 PE100 级管材料 YGH041RC，以及抗熔垂性能好、可用于大口径管材的 YGH041LS[31-34]。中国石化上海石油化工股份有限公司的 YGH041T 在 2015 年通过国际权威 PE100+ 行业认证。2019 年，中国石化上海石油化工股份有限公司完成 Borstar 工艺装置的硬件改造，"己烯共聚改性双峰 HDPE 工业试验"项目通过评定，项目期间成功进行了己烯共聚双峰 HDPE 的生产，各项物性指标达到国内外同类产品的先进水平 [35]。

二、茂金属催化剂聚乙烯产品

1．耐热聚乙烯管材专用树脂

（1）概述　耐热聚乙烯管材专用料（polyethylene of raised temperature resistance，PE-RT）是采用特殊的分子设计和合成工艺生产的一种 MDPE 或 HDPE[36]。PE-RT 管材专用树脂具有独特的分子结构，通过控制共聚单体在主链上的分布及数量来形成较多"系带"分子 [37]。大量的"系带"分子链使材料的抗蠕变性能大幅增强，同时也提高了材料的柔韧性、热稳定性、长期静液压强度、抗慢速裂纹增长和快速裂纹增长的性能。在 PE-RT 发展的初始阶段，只有乙烯和 1- 辛烯共聚的产品。伴随着催化剂和产品技术的发展，PE-RT 管材的聚合工艺从溶液聚合发展到淤浆聚合和气相聚合；共聚单体由 1- 辛烯发展到 1- 己烯。国际标准 ISO 22391-2: 2009 根据耐高温静液压强度等级不同，将 PE-RT 管材分为 PE-RTⅠ型和 PE-RTⅡ型，其中Ⅱ型管材的耐温耐压性能好于Ⅰ型。国家标准 GB/T 28799—2020 冷热水用耐热聚乙烯（PE-RT）管道系统系列标准于 2020 年 11 月发布，并于 2021 年 6 月 1 日实施。国家标准的部分内容参考了 ISO 22391: 2009，修改并调整了 PE-RTⅡ型原材料长期静液压强度曲线。

（2）高性能产品开发概况　国外许多大型石化公司投入了大量资源进行 PE-RT 专用树脂的开发。由于最初的 PE-RT 产品使用的共聚单体为沸点较高的 1- 辛烯，因此大部分公司均使用溶液法和淤浆法工艺装置进行产品开发，相应的牌号有陶氏化学公司的 DOWLEX™ 2344 和 DOWLEX™ 2388、韩国 SK 化学的 Yuclair DX800、利安德巴塞尔公司的 Hostalen 4731B 等等。韩国大林公司采用茂金属催化剂开发的 PE-RT 专用树脂 XP9000 为乙烯和 1- 己烯共聚物，产品的分子量分布窄，共聚单体接入量高且分布均匀。该树脂通过了瑞典 Bodycote 和我国国家化学建筑材料测试中心的 8760h 检测。

目前，国内 PE-RT 市场需求量大，进口产品占有率较高，市场可替代空间广阔。而产品的稀缺性也导致其市场售价较高，相较于通用产品，PE-RT 管材料的经济效益更加可观。于是，我国各大炼化企业也加快了研发生产 PE-RT 产品的步伐 [38-44]。2011 年，中国石化齐鲁石化公司利用其 Unipol 工艺生产装置，采用国产茂金属催化剂，以 1- 己烯为共聚单体，开发了分子量分布较窄的 PE-RT 管材 QHM-22F [45]。QHM-22F 具有优异的力学性能、加工性能和长期热稳定性。在此基础上，中国石化齐鲁石化公司进一步开发了易加工型 PE-RT QHM-32F，其力学性能和加工性能与韩国 LG 公司的 SP 980 相当。基于新国标 GB/T 28799—2020 的评价标准，QHM-32F 通过了国家化学建筑材料测试中心 PE-RT Ⅱ 型等级认证。中国石油大庆石化公司生产了 PE-RT 管材 DQDN 3711，后又在此基础上开发了耐压等级更高、加工速度更快的 DQDN 3712。2017 年，中国石油独山子石化分公司与美国尤尼维讯科技有限公司合作开发的 PE-RT 管材专用树脂 DGDZ 3606 试产成功 [46]。中国石油独山子石化公司依托 60 万吨 / 年全密度气相聚乙烯装置，采用尤尼维讯科技有限公司开发的多中心 Prodigy BMC 催化剂，以 1- 己烯为共聚单体，利用单反应器生产分子量呈双峰分布的 PE 树脂；与传统单峰窄分布管材料相比，它具有平均分子量高、分子量分布宽的特点，加工过程中熔体强度更高，适宜低温高速挤出，制备的管材具备优异的耐高温长期蠕变性能和柔韧性。基于 DGDZ 3606 的开发基础，中国石油独山子石化分公司生产了管材 DGDZ 4620，该产品在小口径地暖管材生产过程中可实现高产率挤出，在生产大口径热力管道时具有抗熔垂性能且尺寸稳定。DGDZ 3606 和 DGDZ 4620 分别通过了国家化学建筑材料测试中心 PE-RT Ⅰ 型和基于 ISO 22391: 2009 要求的 PE-RT Ⅱ 型分级定型检验，后者还是国内首个获得 PE100 级Ⅱ型耐热 PE 许用资质的牌号 [47]。表 5-4 是气相法聚乙烯装置所产 PE-RT 专用树脂的性能指标对比。在国产 PE-RT 管材专用树脂的市场竞争方面，中国石化齐鲁石化公司生产的 QHM-22F 和 QHM-32F 的市场认可度较高，其他各公司的 PE-RT 产品处于市场推广期。产品性能的稳定以及供应的稳定是下游客户最为关注的焦点。

表5-4　PE-RT专用树脂的性能指标对比[48]

项目	韩国大林公司	中国石油大庆石化公司	中国石油独山子石化分公司	中国石化齐鲁石化公司	
型号	XP9000	DQDN3711	DGDZ3606	QHM-22F	QHM-32F
密度/（g/cm³）	0.930	0.9374	0.9368	0.9365	0.9360
熔体流动速率/（g/10min）	0.55	1.50	13.00①	1.60	20.00①
拉伸屈服应力/MPa	16.2	18.3	17.2	16.0	17.0
断裂标称应变/%	467	＞713	＞835	≥350	＞713
弯曲模量/MPa	530	704	—	727	670
简支梁缺口冲击强度/（kJ/cm²）	91.8	63.5	38.0	30.0	32.0

① DGDZ3606 和 QHM-32F 的熔体流动速率测试负荷为 21.6kg，其余产品的测试负荷为 5kg。

2．聚乙烯薄膜专用树脂

（1）概述 mLLDPE 是乙烯和 α- 烯烃在茂金属催化剂作用下制备的线型聚乙烯，与传统的 Ziegler-Natta 催化剂或铬系催化剂生产的聚乙烯相比，它具有较窄的分子量分布以及较均匀的共聚单体分布[49]。mLLDPE 制成的薄膜具有一系列优点，如拉伸和抗冲击强度更高，耐穿刺性好，热封温度较低且热封强度高，透明度高、雾度更低，被广泛应用于重包装膜、食品包装膜、农膜、热收缩膜、拉伸缠绕膜和医用卫生材料等领域，受到用户的青睐[50]。

（2）高性能产品开发概况 目前，我国市场上的 mLLDPE 产品主要为埃克森美孚公司、陶氏化学公司和日本三井化学公司的产品。近年来，韩国大林公司生产的 mLLDPE 进入国内市场，价格相对较低[51]。世界上生产 mLLDPE 主要的气相聚合工艺有美国尤尼维讯科技有限公司的 Unipol 工艺；三井化学公司的 Evolue 工艺和英国石油公司的 Innovene G 工艺等[52]。Unipol 工艺和 Evolue 工艺采用埃克森美孚公司的茂金属催化剂，Innovene G 工艺采用陶氏化学公司的限制几何构型（CGC）茂金属催化剂。国外公司大多采用气相法或者淤浆法工艺生产 mLLDPE，只有陶氏化学公司采用 Insite 溶液法聚合工艺生产了 1- 辛烯和乙烯共聚的 Elite™ 系列产品。我国除中科（广东）炼化有限公司以外，大部分企业都采用气相法工艺生产 mLLDPE。

埃克森美孚公司最早开发了 mLLDPE，主要产品包括 Exceed™ 系列和 Enable™ 系列，均为 1- 己烯与乙烯的共聚物。Exceed™ 系列产品具有良好的力学性能，但由于其分子量分布较窄且缺少长支链，所以加工性能不好，成型较难。Enable™ 系列产品中引入了长支链，产品的熔体强度更高，剪切流变性能更好，更易加工成型[53]。三井化学公司下属合资公司普瑞曼公司采用双气相反应器以 1- 己烯为共聚单体生产了 Evolue™ 系列产品。该系列产品具有较宽的分子量分布，产品的加工性能更优，所制薄膜的透明度高、抗冲击性能和抗撕裂性能更好，薄膜厚度较为均匀。英力士公司制备了 Eltex™ 系列茂金属聚乙烯产品，该产品具有长支链结构，分子量分布较窄，但增加了低分子量部分。国外具有代表性的 mLLDPE 产品见表 5-5。

表5-5 国外 mLLDPE 产品主要生产商、产品牌号与应用领域

生产公司	牌号	熔体流动速率 /（g/10min）	密度 /（g/cm³）	共聚单体	用途
埃克森美孚公司	Exceed™ 3527PA	3.50	0.927	1-己烯	透气膜
	Enable™ 3505HH	0.50	0.935	1-己烯	热收缩膜
	Enable™ 2703HH	0.30	0.927	1-己烯	热收缩膜
	Exceed™ 1023	1.00	0.923	1-己烯	重包装膜
	Exceed™ 1518	1.50	0.918	1-己烯	重包装膜
	Exceed™ 1318	1.25	0.918	1-己烯	重包装膜
	Exceed™ 1327	1.30	0.927	1-己烯	重包装膜

生产公司	牌号	熔体流动速率 / (g/10min)	密度 / (g/cm³)	共聚单体	用途
三井化学公司	Evolue™ SP3010	0.80	0.926	1-己烯	吹塑薄膜
	Evolue™ SP2510	1.50	0.923	1-己烯	吹塑薄膜
	Evolue™ SP1520	2.00	0.913	1-己烯	吹塑薄膜
	Evolue™ SP4530	2.80	0.946	1-己烯	流延薄膜
	Evolue™ SP2540	3.80	0.924	1-己烯	流延薄膜
	Evolue™ SP2040	3.80	0.918	1-己烯	流延薄膜
韩国大林公司	XP9500	3.70	0.919	1-己烯	透气膜
	XP9020	0.14	0.941	1-己烯	热收缩膜
	XP9100	0.80	0.925	1-己烯	热收缩膜
	XP3200	1.20	0.921	1-己烯	重包装膜
	EP2501	0.80	0.925	1-己烯	重包装膜
英力士公司	PF6612	1.30	0.927	1-己烯	热收缩膜

国内目前有中国石化齐鲁石化公司、中国石油大庆石化公司、中国石油独山子石化分公司、中国石化扬子石油化工有限公司等 6 家石化企业采用 Unipol 气相装置生产 mLLDPE 膜料产品。各公司的产品牌号及其应用领域见表 5-6。2002 年，中国石化齐鲁石化公司首次进行了薄膜级 mLLDPE 产品的工业化生产，这是国内用自主技术首次成功生产出工业化产品[51]。随后，中国石化齐鲁石化公司批量试生产了热收缩膜 F3306S 和 F2703S、重包装膜 F331F、通用包装膜 F271U、农用薄膜 F181ZR 等产品[54]。2020 年，中国石化齐鲁石化公司实现宽分子量分布产品 L181ZR 和窄分子量分布产品 F181ZU 在气相流化床装置冷凝态工业化生产，生产技术在国内处于领先地位[55]。2007 年，中国石油大庆石化公司采用美国尤尼维讯科技有限公司专有茂金属催化剂生产了 HPR18H10AX 和 HPR18H27DX。2010 年，大庆化工研究中心开发了流延膜专用料 HPR18H20DX，用于生产 0.03mm 厚的缠绕膜以及复合包装袋[56,57]。2014 年，沈阳石蜡化工有限公司工业化生产了牌号为 HPR-1018HA 的高性能茂金属产品。作为 HPR 产品的升级产品，VPR-1018MA 在保留了原茂金属产品优良机械性能的基础上，提高了加工性能，可生产更薄的薄膜[54]。2015 年，中国石油独山子石化分公司成功开发了 mLLDPE EZP2010HA，产品可用于棚膜、地膜等领域。在此基础上，该公司又开发了用于机缠膜和重包装膜等领域的 HPR1018HA、HPR3518CB、EZP2005HH 三种牌号的茂金属聚乙烯新产品。HPR 系列所用的催化剂为 HP-100，产品力学性能好；EZP 系列所用的催化剂为 EZ-100，产品的加工性能和光学性能优异[58-60]。2019 年，中国石化扬子石油化工有限公司生产出茂金属重包装膜产品 mPE-LF181F[61]，随后又相继开发出了 mLLDPE 流延膜新产品 mPE-LF184P 和中密度包装膜料 mPE F331F[62]。由 mPE F331F 制造的薄膜具有优异的

拉伸性能、耐穿刺性能和较好的挺括度，用作重包装膜芯层材料时可满足减薄使用要求。自 2020 年起，中国石化茂名石化公司成功开发茂金属重包装膜专用料 mPE F311F、棚膜专用料 mPE F181ZR 和热收缩膜专用料 mPE F3306S[63]。

表5-6　国内 mLLDPE 产品主要生产商、产品牌号与应用领域

生产公司	共聚单体	牌号和应用领域
中国石化齐鲁石化公司	1-己烯	热收缩膜专用料（F3306S）
中国石化扬子石油化工有限公司	1-己烯	重包装膜专用料（mPE-LF181F、mPE-LF184P）
中国石化茂名石化公司	1-己烯	重包装膜专用料（F331F）
中国石油大庆石化公司	1-己烯	薄膜专用料（HPR 18H10AX、HPR 18H27DX） 流延膜专用料（HPR 18H20DX）
中国石油独山子石化分公司	1-己烯	HPR系列薄膜专用料（1018HA、3518CB） EZP系列薄膜专用料（2010HA、2005HH） 用于棚膜、地膜、软包装膜、热收缩膜等
沈阳石蜡化工有限公司	1-己烯	薄膜专用料（HPR 1018HA、VPR-1018MA） 用于重包装膜、工业包装膜、高强度膜、多层共挤膜等

3. 聚乙烯滚塑料

（1）概述　滚塑成型又称旋转模塑，是采用旋转模塑的方法，先将树脂粉料填充到模具中，加热、旋转模具，使之沿着两个互相垂直的轴连续旋转，模具内的树脂在重力和热量的作用下逐渐均匀地涂布，实现树脂粉料聚结和气泡去除，树脂熔融黏附在模具内表面上，形成所需的形状，最后冷却模具，脱模得到制品，工艺流程如图 5-8 所示。该方法的主要工艺特点是加热、成型和冷却都是在无内压模具中进行[64]，主要用来成型中空塑料制品，从小巧的儿童玩具到常见的汽车、皮划艇塑料件，直至庞大的工程塑料制品，尤其是超大型及非标异型中空塑料制品等。

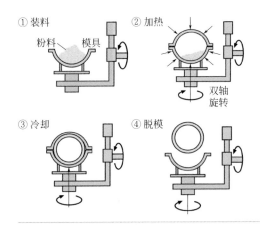

① 装料　粉料　模具
② 加热　双轴旋转
③ 冷却
④ 脱模

图5-8
滚塑加工工艺流程

大约 80% 的聚乙烯可被用为滚塑料[65]。为满足滚塑成型工艺要求，滚塑料应当具有较高的热稳定性，良好的传热性和流动性，熔体流动速率约为 2～8g/10min。很多滚塑产品长期处于湿热、暴晒、冲击等复杂环境中，这又要求材料具有优异的抗紫外性能、抗冲击性能和耐环境应力开裂性能以及较高的强度和断裂伸长率。考虑到这些要求，LLDPE 因独特的熔体流动特性，以及抗冲击性、耐环境应力开裂性和耐腐蚀性而被广泛应用于滚塑成型产品[66]。当对滚塑制品有较高的强度要求时，如制备容积大、负载重的大型滚塑件时，需要对 LLDPE 进行改性才可使滚塑料满足刚性要求。传统的改性方法有采用玻璃纤维增强改性以及添加 HDPE、聚丙烯或尼龙共混改性[67-71]。国内滚塑加工行业起步较晚，直至 20 世纪末 21 世纪初才开始快速发展。近年来，以每年 10%～15% 的增长率发展，现处于稳定发展的成熟期[72]。

（2）高性能产品开发概况　国外滚塑聚乙烯产品的比例为：LLDPE 为 65%，交联聚乙烯（XLPE）为 2%，高密度聚乙烯（HDPE）为 10%，低密度聚乙烯（LDPE）为 5%[73]。目前国外用于旋转成型的茂金属聚乙烯主要有三井化学公司的 Evolue™ SP4030 和韩国大林公司的 Poly®LH-3750，两种滚塑料的共聚单体均为 1- 己烯，密度为 0.938g/cm³。北欧化工公司曾经有两个滚塑料牌号 RM8346 和 RM8346RC，后于 2005 年推出了 2 种新型茂金属滚塑料牌号 Borcene Compact RM 8346-9004 和 RM 8346-1000，该产品具有较高流动性，滚塑时比其他 PE 粉料有更好的倾泻性，制备薄和复杂的汽车零部件时有更好的充模效果[74]。但该公司在 2010 年停止了所有级别滚塑料的生产。

中国石化齐鲁分公司具有丰富的滚塑料生产经验，开发了各类滚塑料牌号共 17 个，从 2011 年后产量大幅提升[75-82]。茂金属滚塑料牌号有 mPE R332HL 和 mPE R335HL，其中，R335HL 具有非常高的韧性、极佳的耐环境应力开裂性能和较好的加工性能，适合生产大型柴油箱、军用包装箱和储罐等对冲击跌落性能和耐环境应力开裂性能要求较高的滚塑制品。该产品中添加了紫外线吸收剂，可以满足室外制品的使用要求。表 5-7 为中国石化齐鲁石化公司茂金属与钛系催化剂滚塑料的性能对比。

表5-7　茂金属和钛系催化剂滚塑料的性能对比

项目	DNDB 7149U	DNDB 7151U	mPE R335HL
熔体流动速率/（g/10min）	4.3	4.9	5.2
密度/（g/cm³）	0.935	0.937	0.937
拉伸屈服应力/MPa	16.4	15.1	17.5
断裂伸长率/%	524	348	750
弯曲模量/MPa	600	540	650
ESCR（10% TX-10, 50℃）/h	300	70	＞8000

第三节
气相聚丙烯工艺

丙烯气相聚合工艺的研究和开发始于 20 世纪 60 年代，特点是丙烯以气相形态进行聚合反应，单体浓度远低于液相本体聚合工艺。由于出料时没有液体，聚合物与未反应的单体容易分离，因此反应器泄压更简单。此外，由于氢和单体在反应介质中的溶解度没有限制，气相聚合工艺可以生产具有非常高熔体流动性和高共聚单体含量的聚丙烯，与本体聚合工艺相比，产品范围更宽。气相聚合工艺具有无需预聚、流程短、设备少、开停车方便、适宜生产高共聚单体含量聚合物等优点。然而，气相聚合工艺反应器内部容易产生局部热点而导致聚合物结块，其停车检修率高于本体聚合工艺法。

气相聚合工艺按照反应器可分为流化床、微动床（又称机械搅拌床）和多区循环反应器工艺等。微动床反应器和流化床反应器的主要区别在于：流化床反应器对于气体流动速率要求严格，必须高于流化所需的最低速率；微动床反应器用搅拌的方式控制均匀性，而流化床本质上保证了均匀性；微动床反应器中可以存在较大量的液相。几种气相聚丙烯生产工艺的比较见表 5-8。

表5-8　世界主要气相聚丙烯生产工艺比较

工艺技术	反应器类型	混合方式	反应器主要撤热方式	流动形式
Unipol工艺	流化床	气流	丙烯气化潜热+循环气显热	全混
Sumitomo工艺	流化床	气流	丙烯气化潜热+循环气显热	全混
Catalloy工艺	流化床	气流	循环气显热	全混
Innovene工艺	卧式搅拌釜	机械搅拌	丙烯气化潜热	平推流
Horizone工艺	卧式搅拌釜	机械搅拌	丙烯气化潜热	平推流
Novolen工艺	立式搅拌釜	机械搅拌	丙烯气化潜热	全混
Spherizone工艺	多区循环反应器	气流	丙烯气化潜热+循环气显热	全混，移动床

目前，世界上气相聚丙烯生产工艺主要有格雷斯公司的 Unipol 工艺、英力士公司的 Innovene 工艺、西比埃公司的 Novolen 工艺、利安德巴塞尔公司的 Spherizone 和 Catalloy 工艺、住友化学的 Sumitomo 工艺，以及日本聚丙烯有限公司的 Horizone 工艺等。其中 Unipol 工艺、Sumitomo 工艺、Catalloy 工艺采用的是气相流化床反应器；Novolen 工艺采用的是立式机械搅拌反应器，Innovene 工艺和 Horizone 工艺采用的是卧式机械搅拌反应器；Spherizone 工艺采用多区循环反应器。我国已有 Unipol 工艺、Innovene 工艺、Spherizone 工艺、Novolen 工

艺和 Horizone 工艺的生产装置，尚未有 Catalloy 工艺和 Sumitomo 工艺的生产装置。

一、流化床反应器工艺

聚丙烯流化床反应器工艺的主要特点在于反应中的传质传热依靠循环气流实现，可以在简单的设备基础上实现较大范围的调节，从而制备多种类的聚丙烯产品。该工艺按照设备复杂程度由简到繁排序依次是 Unipol 工艺、Sumitomo 工艺和 Catalloy 工艺。

1. Unipol 工艺

Unipol 聚丙烯工艺技术是气相流化床聚丙烯工艺的代表，也是目前世界上仅次于 Spheripol 工艺的第二大聚丙烯工艺技术。Unipol 工艺技术在 20 世纪 80 年代由原美国联合碳化物公司和壳牌公司联合开发。2000 年，联合碳化物公司被陶氏化学公司收购，陶氏化学公司成为 Unipol 工艺的专利技术供应商。2013 年底，格雷斯公司收购了陶氏化学公司的 Unipol 工艺技术、催化剂技术及给电子体技术[83]。截至 2021 年，全球有位于 18 个国家的近 80 条在运行的 Unipol 工艺生产线，单线最大产能 60 万吨 / 年，总产能将近 2000 万吨 / 年，另外还有 2 条在建生产线和 6 条规划中的生产线。我国从 2009 年大唐多伦引进第一条 25 万吨 / 年生产线开始，10 年间共建设 Unipol 工艺生产线 27 条，最大单线产能达 45 万吨 / 年。

标准的 Unipol 聚丙烯工艺采用两台串联的气相流化床反应器，采用"冷凝法"操作。该工艺一方面可以利用各自循环管线上的换热器带走部分反应热，另一方面在反应器进料中的液体丙烯和占 10% ~ 12% 的冷凝剂（饱和烃）在反应器中的气化也可带走部分反应热[84]。借助"冷凝法"操作，可使反应器在不增加体积的情况下将生产力提高 40%，从而节省装置投资。第一反应器生产均聚或无规共聚物产品，聚合反应温度控制在 65 ~ 75℃，压力控制在 3.38MPa，停留时间在 1h 左右。第二反应器体积较小，用以生产多相共聚物中的橡胶相，压力控制在 2.0MPa。两个反应器间设有"气锁"的设施，避免第一反应器中的单体大量进入到第二反应器中。工艺设计可只运行第一反应器。从聚合反应器出来的聚丙烯颗粒经过湿氮气脱活干燥处理，即得成品粉料。流化床反应器中用于衡量流化状态的参数称为表观气速，指的是单位时间内流化床中通过的气体体积和流化床截面积之比。为保证反应效果，表观气速应控制在最小流化速度的 4 ~ 6 倍[85]。Unipol 工艺聚丙烯流程如图 5-9 所示。

陶氏化学公司为 Unipol 工艺配套开发了 SHAC 系列催化剂[86]。该催化剂为颗粒形，使用时无需预处理或预聚合。固体催化剂用白油配成浆液直接加入聚合反应器内。配套不同的 SHAC 催化剂，陶氏化学公司还开发了先进的外给电子体技术（ADT），据称可以实现共聚性能、立构定向性能、氢调性能等方面的灵活调整。与常见硅烷给电子体不同，使用 ADT 给电子体的 SHAC 催化剂体系容易在高温下失活，因而可以在反应剧烈而产生局部热点时发生催化剂的自失活，进而可有效降低结块而导致的停车风险[87]。2012 年，格雷斯公司推出了不含邻苯二甲酸酯的 CONSISTA 系列催化剂及配套给电子体[88]，并称之为"第六代催化剂"。该系列催化剂采用绿色安全的酚酯类化合物作为内给电子体，工业活性可达 50kgPP/g 催化剂，可以通过扩大产品的分子量分布范围和熔体流动速率来缩短加工时间、改善机械性能，适用于任何类型的聚丙烯的生产[89]。目前，格雷斯公司仍在积极开发其他高性能、且不含邻苯二甲酸酯的催化剂——给电子体体系和茂金属催化剂。

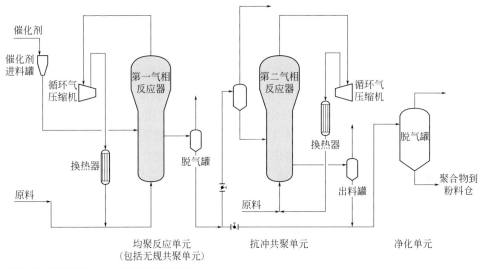

图5-9 聚丙烯Unipol工艺流程简图

我国报道的在 Unipol 工艺装置上使用的催化剂主要有任丘利和催化剂公司的 SUG 系列催化剂[90]、北京化工研究院的 BCND 系列催化剂[91,92]、CS-1-G 型催化剂[93]和 BCU 系列催化剂[94,95]。在聚合活性、等规度和氢调敏感性等方面，国产催化剂均已达到了 SHAC 系列催化剂的水平，并在成本方面拥有更大优势。2014 年，BCND 催化剂在中石油广西石化公司的聚丙烯装置上成功进行了工业化试应用[96]。2016 年，SUG 催化剂在神华包头煤化工有限公司的聚丙烯装置上也成功生产了拉丝料 L5E89[97]。

在产品方面，Unipol 工艺共有 67 个均聚、39 个无规和 61 个抗冲总计 167 个牌号，可用于薄膜、纤维、工业品和包装等多个领域。目前的工业化产品中，均聚产品的熔体流动速率范围为 0.2～125g/10min；无规共聚产品的乙烯含量可达 6%（质量分数）；抗冲聚丙烯的乙烯含量可达 18%（质量分数），橡胶相含量达 36%（质量分数），熔点在 131～142℃，熔体流动速率范围为 3.4～12g/10min。高共聚单体含量的无规共聚物主要用于热封材料。三元共聚物产品的热封温度可达 95℃，适用于高速包装生产线。在国内，Unipol 工艺主要用于生产均聚产品，部分装置也生产少量抗冲聚丙烯产品[98]。

2. Sumitomo 工艺

住友（Sumitomo）气相法工艺是另一种重要的气相流化床聚丙烯工艺。住友化学自 1962 年起开始开发聚丙烯工艺，先后建立了溶液法和本体法聚丙烯生产线。1984 年，住友化学开发出 DX-V 催化剂，其活性是第一代催化剂的 1200 倍，等规指数能达到 99%，催化剂的形态、尺寸及粒度分布均可得到良好控制，有利于解决共聚产品发黏的问题。根据 DX-V 催化剂的特性，住友化学决定开发气相法聚丙烯工艺。自 1985 年第一条万吨级住友气相工艺生产线在日本千叶建成后，全球陆续有 11 条生产线建成，目前总产能在 200 万吨/年。2018 年 9 月起建于韩国昂山的 40.5 万吨/年生产线是目前产能最大的装置。Sumitomo 工艺设备成本较高，目前仅在住友化学或其合资公司使用，不参与公开招标。

Sumitomo 工艺与 Unipol 工艺比较接近，一般采用两个或三个配有独立气体循环的气相流化床反应器串联，第一反应器聚合反应温度为 65℃，压力为 2.1MPa，第二反应器设计与第一反应器相同，但压力较低，为 1.5MPa，第二反应器用于生产多相共聚物的橡胶相。聚合物通过气锁系统从反应器底部进入粉末分离器，经过袋式过滤器将聚合物及未完全反应的单体分离，未反应单体经分离器顶部排出，净化后用循环压缩机打入循环反应器。分离后的聚合物在脱气仓中进一步脱除夹带的少量单体并失活残留催化剂，得到成品粉料。聚合物粉末加入添加剂用挤压机切成颗粒产品，送料仓储存。Sumitomo 工艺流程如图 5-10 所示。

Sumitomo 工艺可生产多种均聚、无规共聚、三元无规共聚和抗冲共聚等聚丙烯产品。因其 DX 催化剂的高均匀性和多釜串联的方式，产品停留时间分布比较均一，所制产品的结晶度和刚韧平衡性比其他工艺的产品更有优势，其聚丙烯注射制品广泛应用于家用电器和汽车部件。目前，住友化学致力于开发附加值更高的车用聚丙烯牌号。在薄膜市场上，Sumitomo 工艺的主打产品是低热封初始温度热封料、高性能锂电池隔膜料等产品。此外，住友化学还开发了一系列用于注塑成型的高熔体流动速率牌号，用于纤维类增强复合材料的制备。

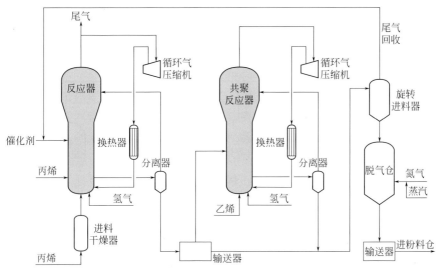

图5-10 聚丙烯Sumitomo工艺流程简图

3. Catalloy 工艺

20 世纪 90 年代初，巴塞尔（原蒙特尔）公司提出了"反应器颗粒技术"（reactor granule technology，RGT）的概念[99]，指在活性 MgCl₂ 载体催化剂上进行烯烃单体的可控重复聚合反应从而形成一个增长的球形颗粒，该球形颗粒就成为一个多孔性反应床，可加入其他单体聚合，最终生成聚烯烃合金。Catalloy 是反应器颗粒技术的代表工艺，该工艺充分利用了 Zeigler-Natta 催化剂粒型复制和多孔的形态特点，尤其是球形、多孔催化剂颗粒承载大量良好分散而低黏结的橡胶组分的能力，可生产特殊组成和高橡胶相含量的聚合物产品，并可将可溶物对工艺的负面影响降到最小。

Catalloy 工艺由 3 个串联的独立气相反应器组成（图 5-11），可以在聚合过程中依次加入不同种类的单体并灵活调节其配比，能够在反应器内直接聚合成更宽分子量分布、更高等规指数、橡胶相含量在 70% 以上的多单体共聚物、多相聚烯烃合金等聚合物[100]。所得产品的熔体流动速率可达 0.2 ～ 1000g/10min，弯曲模量在 80 ～ 2400MPa 之间。Catalloy 多单体共聚技术最明显的优势是可制得极软同时又具备低收缩、低雾度，从低至高温度下抗冲性能均十分优异的膜类及挤出注塑类产品。目前主要有 Softell、Hifax、Hiflex、Adflex、Moplen 和 Adstif 等 6 个系列的产品，其中前四个系列属于特殊结构的抗冲聚丙烯，弯曲模量最低可达 20MPa。这些从反应器内直接生产的性能宽泛的多相聚丙烯合金可以和其他塑料如尼龙、PET、ABS、PVC 竞争，主要用于医药、工程塑料、防水卷材、电线电缆和包装等多个领域。目前利安德巴塞尔公司有4套Catalloy工艺生产装置，分别位于意大利的费拉拉、荷兰的莫尔狄克、美国的贝波特和查尔斯湖，总生产能力达到56万吨/年。

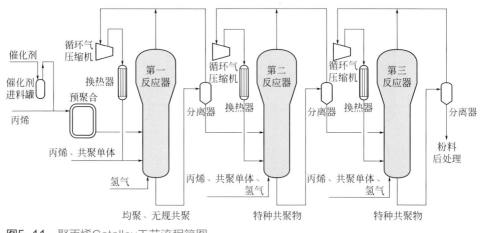

图5-11 聚丙烯Catalloy工艺流程简图

以Catalloy工艺为基础，利安德巴塞尔公司还开发了用于制备极性聚丙烯的Interloy和Hivalloy工艺[101]。这两种工艺主要是利用第一反应器合成的聚丙烯颗粒，通过辐照的方式或加入自由基引发剂形成自由基，再加入其他烯烃、二烯烃或非烯烃单体进行接枝/聚合反应，得到长侧链结构或聚丙烯/非烯烃聚合物。其代表性产品为聚丙烯/苯乙烯接枝物，其中苯乙烯含量可达20%（其中10%处于接枝状态，质量分数），可用作聚丙烯和SEBS/ABS等的相容剂，提高共混物的抗冲击性能。也有聚丙烯/丙烯酸（酯）类接枝物产品用于改善汽车、工程塑料或户外塑料制品等的光泽度、耐候性和耐磨性等[102]。这两种工艺在2001年由利安德巴塞尔公司转让给了康普顿公司[103]。

二、微动床反应器工艺

微动床工艺与流化床工艺有两个明显区别：一是反应器中的物料速度，微动床反应器内固体运动速度低于最小流化速度，在搅拌的作用下，微动床反应器处于缓慢的微动状态；二是撤热方式，微动床主要靠喷淋进去的大量液态丙烯气化带走反应热。

微动床反应器工艺根据反应器类型分为平推流型和全混釜型。英力士公司的Innovene工艺、日本聚丙烯有限公司的Horizone工艺均采用卧式气相搅拌床反应器，催化剂从反应器一端加入，在反应器的另一端将生产的聚合物排出。搅拌器只起到径向混合的作用，物料在重力作用下从催化剂加入端流向出料端，几乎没有任何返混，因而属于平推流反应器。而德国 NTH 公司的 Novolen 工艺尽管也是气相搅拌床反应器，但由于反应器为立式的搅拌釜，催化剂加入聚合物床层上，聚合物通过一根插入管从上部排出，在搅拌和重力的双重作用下，反应器内物料被强制混匀，因而属于全混釜反应器。就产品切换时间而言，全混釜反应器从一个牌号切到另一个牌号需要最少 2 倍以上的停留时间，而平推流反应器仅需 1 倍停留时间。全混釜反应器和平推流反应器本质上的区别决定了聚合物颗粒在反应器内的停留时间分布不同，进而在不同工艺所得产品的性能及产品切换时间上也产生了较大差别。

1. Innovene 工艺

Innovene 聚丙烯工艺即 1999 年以前的 Amoco 气相法工艺，在 1999—2001 年又名 BP-Amoco 气相法聚丙烯工艺，现在属于英力士公司所有。

阿莫科公司自 1959 年就开始进行聚丙烯工艺的研究，起初，其与日本智索公司进行了长达数年的技术合作，并共同开发了淤浆丙烯聚合工艺。1979 年，阿莫科建立了第一套气相聚丙烯装置，智索公司也在此基础上建立了自己的气相装置。两家公司于 1995 年停止了在聚丙烯工艺上的合作。阿莫科公司从 1992 年起开始出售气相工艺的许可权。1999 年，阿莫科公司被英国石油公司收购，该气相工艺被称为 BP-Amoco 工艺，在 2005 年被转让给英力士公司后，该工艺注册为 Innovene。英力士公司从 2016 年 9 月起停止 Innovene 工艺的转让授权。

目前，Innovene 工艺在全球 11 个国家共有 29 套装置，总产能接近 800 万吨/年，最大单线产能达 45 万吨/年。过去的 10 多年中，Innovene 工艺在我国发展迅速，自 1998 年中国石化燕山分公司引入了第一条 20 万吨/年的 Innovene 工艺生产线后，目前国内共有 15 条生产线，总产能达 430 万吨/年，浙江石化舟山二期聚丙烯装置也采用了 Innovene 工艺。

Innovene 工艺采用两台在同一水平面上平行布置的气相搅拌床反应器，反应器为卧式圆柱形压力容器，在轴向设有桨式搅拌器。第一反应器为保证物料的均匀混合，避免产生局部热点、结块，搅拌桨设计为密布的平板叶片桨；第二反应器为避免多相共聚物粘壁，搅拌桨设计为有刮壁效果的框式桨。在第一反应器的一端加入催化剂和精制的原料，在压力为 2.3MPa 的气相条件下，丙烯单体聚合生成有活性的固体床层；同时从反应器的顶端通过喷嘴通入丙烯液体作为急冷液，通过丙烯气化的方式撤去聚合反应热，使反应器的温度保持在 71℃左右；在反应器的底部通入混有乙烯、氢气等不凝气体的循环气，使床层处于"亚流化"状态。在搅拌桨的作用下，聚合物床层向反应器出口缓慢运动，聚丙烯颗粒先进入沉降器减压至 0.5～0.7MPa，再排入气锁器，用新鲜丙烯升压至 2.0～2.3MPa 后进入第二反应器。气锁装置可以有效防止两个反应器间的气体互窜。第一反应器进行丙烯均聚或无规共聚，第二反应器用于多相共聚物中橡胶相的生产。从反应器排出的聚合物粉料分离出未反应的单体后进入脱气仓，分离出的单体压缩后循环回反应器。从脱气仓底部加入氮气和少量蒸汽使残余催化剂失活并去除夹带的少量单体。脱气仓排出的聚合物可通过氮气气流输送送入或直接靠重力进入挤压造粒系统。

　　Innovene 气相法工艺的特点是采用了接近于理想平推流的卧式搅拌反应器，可以在节约设备制造成本、减小流程复杂程度的同时实现多级全混釜的串联[104]。反应器内走短路的催化剂极少，聚合物颗粒的停留时间分布也比其他类型的气相聚合工艺要窄[105]，因此工艺流程短，能耗低，过渡产品少，开停车方便。Innovene 工艺反应器的时 - 空产率可达 1000kg PP/（h·m³），在各种聚丙烯生产工艺中是最高的[106]；同时，其综合能耗又是全部气相聚丙烯生产工艺中最低的。聚丙烯 Innovene 工艺流程如图 5-12 所示。

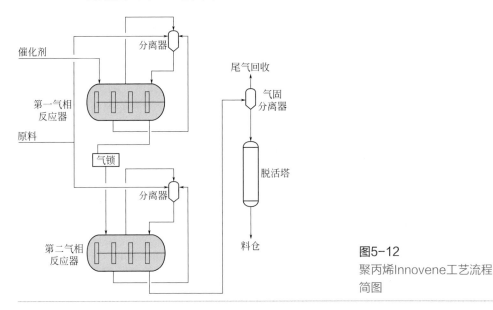

图5-12
聚丙烯Innovene工艺流程简图

　　英力士公司为 Innovene 工艺配套开发了 INcat™ CD/CDi 催化剂体系，该催化剂体系采用传统的 Ziegler-Natta 主催化剂和硅烷类外给电子体，可用于均聚、无规、抗冲等全范围聚丙烯产品的生产，具有高活性、高选择性和良好的形态控制力，所得产品粒度分布窄，灰分低，色泽好。后来推出的 INcat™ P100 可降低催化剂成本；INcat P260 主要用于生产高橡胶相含量、高橡胶相熔体流动速率的产品。2016 年，英力士公司又推出了不含塑化剂的 INcat™ P400 系列催化剂。其中，INcat™ P420 具有高活性，用于生产抗冲共聚聚丙烯。国内针对 Innovene 工艺用催化剂也进行了大量研究，如北京化工研究院的 NG 催化剂、BCM 催化剂以及仁丘利和公司的 SAL 催化剂、PG 型催化剂等均已实现了工业化应用[107,108]。

国内引进的 Innovene 工艺没有 1- 丁烯共聚产品，中国石化结合市场需求和装置特点，在其工艺基础上开发了丙烯、乙烯、1- 丁烯三元共聚技术，推出了系列热封专用聚丙烯树脂牌号。

2．Horizone 工艺

日本聚丙烯有限公司的 Horizone 工艺（即原 Chisso 气相法工艺）以阿莫科公司的早期聚丙烯技术为基础，用于生产聚丙烯均聚物。20 世纪 80 年代，日本智索公司在此工艺上增设了多相共聚反应器，并将该工艺命名为 Chisso 气相法工艺。1987 年，智索公司与阿莫科公司合作进行市场开拓，1995 合作终止。2003 年 10 月，智索公司将其聚丙烯业务和 JPC（Japan Polychem Corp.，三菱化学的全资子公司）合并组成了日本聚丙烯有限公司（JPP），将原 Chisso 气相法聚丙烯工艺重新命名为 Horizone 气相法工艺[109]。目前，全球有 15 条 Horizone 生产线，总产能在 240 万吨 / 年；其中，我国有 3 条 20 万吨 / 年的生产线，分别为中韩（武汉）石油化工有限公司、中国石化广州分公司及恒力石化（大连）有限公司所有，另有一条生产线正在中国石化海南炼油化工有限公司建设。

Horizone 工艺和 Innovene 气相法工艺技出同源，有许多相似之处。两种工艺的主要区别在于使用催化剂、反应器布局、气锁和出料的方式不同[110]（图 5-13）。Horizone 工艺使用的是东邦钛公司与日本聚丙烯有限公司专门开发的 THC 系列催化剂（JHC 型、JHN 型、JHL 型），THC 系列催化剂具有形态好、细粉少、粒度分布窄等优点，但需要用己烷作为溶剂进行预聚合，预聚合条件

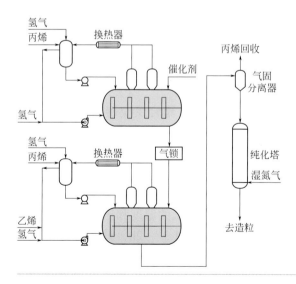

图5-13
Horizone工艺流程简图

与 Hypol 相似。Horizone 工艺的第一反应器布置在第二反应器的顶上，第一反应器的出料靠重力流入一个简单的气锁装置，然后用丙烯气压送入第二反应器。与 Innovene 工艺相比，气锁环节更简单，能耗更小。

Horizone 工艺的典型产品有 NEWCON™ 系列、WINTEC™ 系列、WELNEX™ 系列和三元无规共聚物。NEWCON™ 是高乙烯含量热塑性聚烯烃（TPO）产品，橡胶相含量在 30% ～ 60%（质量分数），其生产时的能耗高，20 万吨/年装置需配制冷量上万千瓦的冷冻机组。WINTEC™ 和 WELNEX™ 系列都是基于茂金属催化剂的产品，WELNEX™ 系列为釜内合金的 TPO，在高刚高抗冲的同时兼备高透和柔软性，适用于食品包装、医疗产品和 IT 等行业的应用。

3. Novolen 工艺

Novolen 工艺是由德国巴斯夫公司开发的。1997 年，巴斯夫公司和赫斯特公司将他们各自的聚丙烯业务合并成立了 Targor 公司。1999 年，Targor 和美国 ABB 鲁玛斯公司达成协议，由 ABB 鲁玛斯公司在全球范围内推广 Novolen 工艺。2000 年，蒙特尔、Targor、Elenac 公司合并组成巴塞尔公司。Targor 公司的聚丙烯生产装置并入巴塞尔公司，欧洲反托拉斯委员会（European Antitrust Commission）要求 Novolen 工艺技术、茂金属催化剂及产品技术必须从巴塞尔公司分离出来。2000 年 9 月，Novolen 工艺被 ABB 鲁玛斯公司（80% 股份）和量子化学公司（20%）所组成的合资公司 NTH 公司收购。2007 年 11 月，西比埃公司收购了 ABB 鲁玛斯公司，并将量子化学公司的股份一并购入，使 Novolen 工艺成为西比埃公司的独家所有。2018 年 5 月，西比埃公司并入麦克德莫特国际有限公司，因此 Novolen 工艺目前属于麦克德莫特国际有限公司。

Novolen 气相法聚丙烯工艺是气相工艺中工业化历史最悠久的一个工艺，于 1967 年建成中试装置，1969 年首次实现工业化生产。现如今，世界共有 37 条正在运行的生产线，总产能达到 1200 万吨/年，并有分布在多个国家的数条生产线正在建设中。我国于 2008 年引进该工艺，现有生产线 12 条，并有 3 条正在建设中，目前产能约 300 万吨/年。

Novolen 工艺一般配置一个或两个反应器，聚合反应器为立式，采用螺旋式搅拌器，螺带搅拌器形状基于"阿基米德螺线"，有效提高了搅拌轴的稳定性和物料的返混[111]，可防止反应器床层产生大块、空洞和床层骤降。第一反应器生产均聚或无规共聚产品，反应温度为 70 ～ 90℃，压力为 2.4 ～ 3.0MPa，停留时间约 1h。第二反应器用于生产多相共聚物中的橡胶相，压力比第一反应器低 1.0MPa，通过压差运送物料。共聚反应在较低的温度和压力下进行，温度为 65 ～ 80℃，压力为 1.0 ～ 2.5MPa，停留时间为 1.3 ～ 2h，具体的反应条件取决于最终生产产品的性能。聚合热主要通过加入反应器的液体丙烯气化撤出，通过冷凝器将丙烯冷凝，循环回反应器。采用两个反应器时可设计成"并联"或是"串联"模式。在"并联"模式下可进行均聚和无规共聚产品生产。相比单个反应器，"并联"模式能够增加 30% 生产能力，同时通过调整两个反应器内不同的反应条件来扩展均聚或无规共聚产品的性能。在"串联"模式下可以生产均聚、无规和抗冲共聚物，抗冲共聚物的橡胶相含量可达 50%（质量分数）。该工艺中独特的多功能反应器模式（variable reactor concept，VRC）允许在"并联"和"串联"反应器配置之间进行选择而无需停机，因而提供了较大操作灵活性。从反应器中间歇排出的聚丙烯粉料和未反应的气相单体靠压差进入粉料排放仓，在粉料排放仓内粉料和单体分离，粉料经过旋转下料器送到粉料净化仓，在粉料净化仓内注入氮气来进一步吹出粉料中的单体，使之降低到更低的浓度。采用膜分离技术对净化气中的丙烯和氮气回收利用，可节约原料。净化后的粉料通过氮气输送系统送至粉料仓，粉料用闭路氮气气流送至挤压造粒系统。可以通过在第一反应系统和第二反应系统增加丙烯深冷器，进一步加强撤热，生产高熔体流动速率的聚丙烯产品[112,113]。Novolen 工艺聚丙烯生产流程如图 5-14 所示。

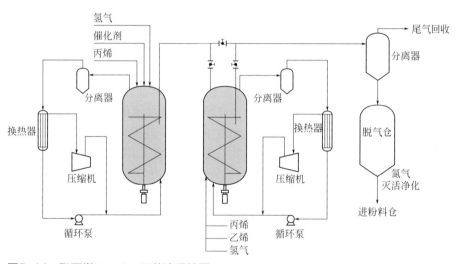

图5-14 聚丙烯Novolen工艺流程简图

Novolen 工艺早期采用巴斯夫公司开发的用于生产均聚物的 LYNX 系列催化剂和用于生产共聚物的 PTK 系列催化剂。2014 年后则主要使用与特种化学品制造商科莱恩合作开发的 NHP 系列催化剂，包括第四代 Ziegler-Natta 催化剂 NHP401 系列和不含邻苯二甲酸酯的第五代 Ziegler-Natta 催化剂 NHP402 系列。前者是 NHP 系列催化剂应用最广的产品，主要用于生产常规的均聚物、无规和抗冲共聚物；后者用于生产高熔体流动聚丙烯，主要用于食品行业。此外，该公司还开发了 Novocene 茂金属催化剂系列[114]，用于生产分子量分布窄、共聚单体分布均匀、高立构、低析出物的聚丙烯牌号[115]。

在我国，除了使用专利商提供的进口催化剂外，一些国产的催化剂也显示出良好的使用效果，例如北京化工研究院开发的 NG 催化剂[116]、BCND-Ⅱ催化剂[117]，以及营口向阳催化剂公司的 CS-G 催化剂[118]，任丘利和公司的 PG 催化剂[119]。

Novolen 工艺可生产全范围的聚丙烯产品，用于纺丝、车用、管材、包装等领域。在均聚物方面，产品熔体流动速率可达 0.3 ～ 120g/10min；无规共聚物方面，乙烯含量可达 6%（质量分数），三元共聚物中乙烯和丁烯的总含量可达 12%（质量分数）；抗冲聚丙烯的橡胶相含量可达 43% ～ 50%（质量分数）。此工艺也可以生产一些特种产品，如模量可达 2200MPa 的高刚聚丙烯等。茂金属催化剂产品的熔体流动速率范围为 0.1 ～ 3000g/10min，同时具有良好的透明性和感官特性。国内的 Novolen 工艺装置还没有三元共聚聚丙烯、茂金属聚丙烯等产品的生产业绩。

三、多区反应器工艺

利安德巴塞尔公司在 Spheripol 工艺的基础上，采用其开发的多区循环反应器（multi-zone circulating reactor，MZCR）替代环管反应器，开发了先进的聚丙烯生产工艺技术多区反应器工艺（Spherizone）[120]。1995 年，蒙特尔公司开始 MZCR 技术的研究，1997 年获得专利，1998 年建立了 MZCR 的中试装置。2002 年 8 月，利安德巴塞尔公司将其在意大利布林迪西工厂的一套 16 万吨 / 年 Spheripol 工艺聚丙烯装置进行了改造，开始 MZCR 技术的工业化。2002 年 10 月，利安德巴塞尔公司在意大利公开了 MZCR 工艺，注册商标为 Spherizone，2003 年开始对外发放许可证，目前全球共有 14 套装置采用该技术，总生产能力为 430 多万吨 / 年。我国现有装置 6 套，总产能达 185 万吨 / 年，浙江石油化工有限公司在舟山有一套双线生产装置（90 万吨 / 年）正在建设中。

Spherizone 工艺（如图 5-15 所示）主要由具有特殊设计的 MZCR 和气相流化床反应器组成。MZCR 的设计理念起初来源于催化裂化技术的再循环原理[121,122]，技术核心是在一个反应器内提供两个具有不同反应条件（特别是温度、氢气和共聚单体浓度）的反应区。如图 5-16 所示，MZCR 由两个相互连接的反应区组成，一个上升反应区和一个下降反应区。在上升反应区，聚合物颗粒被单体气流以流化态的形式向上带走，然后在顶部旋风分离器进行沉降，进入下降反应区。在重力作用下聚合物颗粒继续沉降至反应器底部，然后又被送到上升反应区，这个循环不断被重复。下降反应区顶部进料入口处设有阻隔区。需要时，可从此处加入隔离液（常用接近或低于露点的丙烯）。由于隔离液比上升反应区的气相致密，可阻止上升反应区的较轻气体，如氢气或乙烯，进入下降反应区，进而改变了下降反应区组成。上升区和下降区中的聚合物堆积密度不同，在上升区中可达

40%，而在下降区中则可达 90%。高堆积密度使聚合物从下降区排出时未反应物的排放减少，可减少脱气回收气体时所需的能量[123]。此外，上升反应区通常可在氢气浓度比下降反应区高 2 ～ 4 个数量级的情况下运行，意味着可以使用常规 Ziegler-Natta 催化剂在单个连续反应器中生产分子量及共聚单体（乙烯）宽分布的聚丙烯树脂。从 MZCR 反应器出来的聚合物颗粒可以进入气相反应器进行抗冲共聚物的生产，也可以经过汽蒸脱活和氮气干燥后送至挤压造粒。商业运行的装置上，聚合物颗粒在两部分反复循环平均超过 40 次，使不同分子量的聚合物在颗粒内和颗粒间的分布更加均匀化，因此所得产品性能优异稳定。

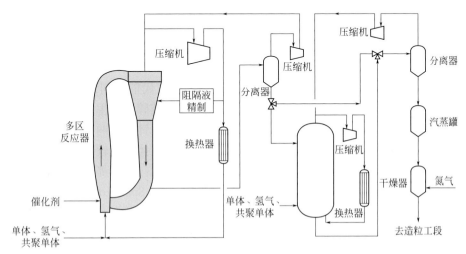

图5-15　Spherizone工艺流程简图

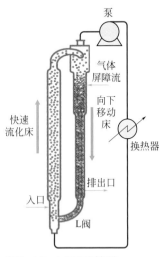

图5-16　MZCR简图

Spherizone 工艺聚丙烯装置配套使用的催化剂为 Avant ZN 催化剂系列，采用邻苯二甲酸酯给电子体或琥珀酸酯类给电子体。该系列催化剂可以良好地控制聚合物颗粒形态及尺寸、等规指数和分子量分布，适用于生产均聚物、无规共聚物、三元共聚物、非均相抗冲共聚物以及特殊抗冲共聚物等全系列牌号的聚丙烯树脂。例如，ZN-11X 和 ZN-12X 催化剂可以生产纤维产品，以琥珀酸酯为内给电子体的 ZN-16X 用于生产高刚性和高透明的聚丙烯产品 [124]。国内企业已采用国产催化剂替代或部分替代进口催化剂。北京化工研究院开发的 DQC-700 催化剂已在 Spherizone 工艺装置上成功地进行了抗冲聚丙烯 EP200K 等的生产，装置运行良好，活性高，细粉少，产品乙烯含量明显提高 [125]。

四、气相聚丙烯连续预聚合技术

目前，丙烯聚合工业装置上主要使用第四、五代催化剂，其活性高达 40kg PP/g 催化剂以上。聚合速率过高会导致催化剂颗粒破碎而产生细粉，还会使催化剂颗粒内部温度过高而使得部分活性中心永久失活。针对这两个问题，研究人员开发了催化剂预聚合技术。气相法聚丙烯工艺中，单体浓度较低，出于简化工艺流程方面的考虑，大部分工艺没有催化剂预聚合单元。也有部分气相法聚丙烯工艺因特殊原因采用了催化剂预聚合技术，如 Horizone、Spherizone 和 Catalloy 工艺。

Horizone 工艺基于大粒径球形主催化剂生产抗冲聚丙烯产品，这种催化剂必须经过预聚合处理，否则容易破碎而产生细粉，使聚合物流动性变差，进而影响装置的稳定运行。Horizone 工艺使用了间歇预聚合技术，该过程一般在己烷中进行，需要经过预聚合、洗涤和稀释等步骤对催化剂进行处理，能耗和物耗较高，同时产品中残留的己烷也限制了其在食品包装和医疗用品等领域的应用。

在连续预聚合过程中，主催化剂在丙烯的携带下连续地进入预聚合反应器，同时，烷基铝和改性剂也在丙烯的携带下连续地进入预聚合反应器。待它们发生反应后，再一起进入后续的聚合反应器。与间歇预聚合技术相比，连续预聚合技术具有流程短、操作简单且不使用己烷等优点。Catalloy 工艺和 Spherizone 工艺均使用了连续预聚合技术。

Catalloy 工艺使用的球形多孔催化剂颗粒需要承载大量良好分散而无粘接的橡胶组分，因此，控制良好的颗粒形态非常关键。在该工艺中，主催化剂进入反应器前必须进行预聚合。Spherizone 工艺使用的是具有独特结构的多区循环反应器，反应器内单体浓度大大低于液相本体法，但该工艺仍然使用了催化剂预聚合技术。这主要有两方面的原因，一是为了获得较好的催化剂形貌复制，控制聚合物颗粒的形态，以便得到聚合物合金；二是由于催化剂是从上升段加入反应器中，在上升段物料处于快速流化态，为了提高催化剂颗粒的强度，减少或避免催化剂在高速流动过程中发生破碎，Spherizone 工艺使用了催化剂连续预聚合技术。

Innovene 工艺的主反应器为卧式搅拌床反应器，基于简化流程的考虑，该工艺没有催化剂预处理步骤。目前，Innovene 工艺使用的主催化剂在生产过程中会出现由于催化剂颗粒分散不均匀而引起的反应器内温度波动的情况，严重时会导致聚合物结块等问题，不利于装置的长周期稳定运行。基于这些问题，本书作者团队开发了气相聚丙烯连续预聚合技术[126,127]，并成功应用于中国石化扬子石油化工有限公司的 20 万吨 / 年 Innovene 聚丙烯装置。该技术可减少因催化剂分散不均匀所引起的聚合反应器内的温度波动，有效减少聚合物粉料中的细粉含量和块料含量，大幅提高催化剂的活性，且对聚丙烯产品的各种性能无不良影响。

对于无预聚合的聚丙烯工艺，连续预聚合技术的应用可提高装置的运行稳定性，直接降低装置的生产成本；对于采用间歇预聚合的聚丙烯工艺，使用连续预聚合技术可消除聚合物产品中的残留溶剂，扩展产品的应用范围。同时，由于不使用溶剂，可大幅降低装置的生产成本。截至 2020 年底，气相聚丙烯连续预聚合技术已经应用于两套 Innovene 工艺装置，装置产能分别为 20 万吨/年和 28 万吨/年。另外，还有两套 20 万吨 / 年的聚丙烯工艺配套连续预聚合装置处于设计和建设阶段。

五、气相聚丙烯产品VOC脱除技术

气相反应器中丙烯、乙烯会形成大量二聚体、三聚体和四聚体等；同时，对气味影响较大的低分子量烷烃也会存在于聚丙烯粉料中。脱气后的聚丙烯粉料中挥发性有机物（VOC）和醛、酮、醇类含氧杂质的含量仍然较高[128]，导致加工过程中 VOC 排放量大，限制了 PP 材料在汽车内饰件、家用电器等封闭场合的应用。

针对上述问题，北京化工研究院的本书作者团队和中国石化茂名石化公司、中国石化扬子石油化工有限公司、中国石化工程建设有限公司、天华化工机械及自动化研究设计院有限公司等对 "气相聚丙烯产品 VOC 深度脱除成套技术开发" 项目展开联合攻关。开发了基于双检测器同步定性定量及溯源技术，揭示了气相法聚丙烯产品 VOC 的组成及成因，研究了 PP 树脂中 VOC 的脱除机理，建立扩散系数影响因素的数学模型，并据此开发了气相法聚丙烯热氮法和汽蒸法两种脱VOC 技术工艺包。项目建成茂名石化公司 20 万吨 / 年循环热氮气法和扬子石油化工有限公司 20 万吨 / 年汽蒸法聚丙烯颗粒脱 VOC 工业示范装置，并且实现了装置的连续稳定运行。2021 年 12 月，中国石化 "十条龙" 项目 "气相聚丙烯产品 VOC 深度脱除成套技术开发" 通过公司科技部鉴定。该技术可改善气相法聚丙烯装置普遍存在的 VOC 含量较高和气味触感明显等问题，可有效解决目前生产的汽车用抗冲聚丙烯等树脂产品的气味问题。

第四节
气相聚丙烯高性能产品

2021 年全球聚丙烯总产能达到 10280.9 万吨 / 年，产能增加 813.5 万吨 / 年。中国聚丙烯产能快速增长，在全球产能的占比不断提升，2019 年，中国已成为全球最大的聚丙烯生产国。目前我国聚丙烯存在产能结构性过剩、核心技术少、产品质量难以满足高端需求等瓶颈，聚丙烯产业链亟待突破。因此，我国需要加大对高端产品的研发生产力度，替代进口，扩大聚丙烯出口，以缓解供应过剩的压力。面对激烈的市场竞争，如何结合装置自身特点，实现产品性能的差异化和高端化，提高产品附加值，做好细分市场将是树脂生产企业的生存之道[129]。本节主要介绍近年来在气相聚丙烯工艺的高性能产品开发情况。

一、高橡胶含量抗冲聚丙烯

1. 概述

单一规整的高分子链结构在赋予聚丙烯高刚性的同时，也导致了其较差的韧性，这极大地限制了聚丙烯的应用范围。20 世纪 70 年代起，研究者开始利用共混乙丙橡胶（ethylene-propylene rubber，EPR）或三元乙丙橡胶（ethylene-propylene-diene monomer，EPDM）的方式来提高聚丙烯的韧性[130]。但橡胶与聚丙烯的相容性较差，其在聚丙烯中的分散情况在很大程度上决定了共混物的机械性能，同时共混过程的能耗也比较高。20 世纪 70 年代，随着气相反应器技术的成熟，在多孔的聚丙烯均聚物颗粒的基础上，利用颗粒内仍具催化活性的反应中心，进一步原位聚合一定量的乙丙橡胶相，从而在反应器直接聚合得到均聚聚丙烯连续相与乙丙橡胶分散相原位混合的多相共聚物。该多相共聚物具有刚韧平衡的特点，特别是冲击性能得到了大幅的提升，因而又称为抗冲聚丙烯（impact polypropylene copolymer，IPC）。业界通常将橡胶相含量超过 30%（质量分数），又具有复杂相结构的多相共聚聚丙烯称为聚烯烃合金。近年来，多相共聚聚丙烯的制备技术得到广泛的应用[131,132]。抗冲聚丙烯被广泛应用于汽车、电子电器、家用电器等领域。一般情况下，可通过控制橡胶含量、橡胶相粒径来提高 IPC 的抗冲击性能。但低温冲击性能在很大程度上取决于橡胶相的玻璃化转变温度，提高低温冲击性能难度较大[133]。

目前工业上生产 IPC 的常用方法为：首先，丙烯在多孔催化剂的作用下聚合生成多孔的聚丙烯粒子；然后，向该反应产物中加入烯烃单体混合物（通常为丙烯与其他烯烃单体的共混物，尤其以丙烯和乙烯的单体共混物最为常见），此时第一步均聚反应中未失活的催化剂会同时催化混合烯烃中的单体进行共聚[134]。这步反应包括丙烯、乙烯单体的均聚和混合单体的无规共聚，导致 IPC 内部的分子链结构十分复杂。气相聚合工艺中不使用烃类溶剂和液相单体，不会将 EPR 等起增韧作用的弹性体溶解，可以避免因聚合物颗粒表面发黏而导致的反应产物粘釜和结块等现象的出现，共聚物可以有良好的颗粒形态和流动性。另外，气相单体在聚合物中的扩散性较好，能够保证共聚物弹性体在聚合物颗粒的微孔内均匀分散，橡胶相的增韧作用得到了充分发挥。

2. 高性能产品开发情况

目前世界各聚丙烯工艺均称能通过直接聚合法生产高橡胶含量的 IPC，如：Unipol 和 Novolen 工艺称可生产橡胶含量达 35%～50%（质量分数）的 IPC 产品，日本聚丙烯有限公司的 Horizone 工艺以及利安德巴塞尔公司的 Catalloy 工艺均有橡胶含量高达 50%～60%（质量分数）的 IPC 产品。

Unipol 工艺为全混流操作模式，采用两台串联反应器生产易于发黏的 IPC 产品时，在避免聚合物结块、粘壁等问题方面做了大量工作。商业化生产的 IPC 乙烯含量最高达 21%（质量分数），橡胶相含量可达 35%（质量分数）。大唐内蒙古多伦煤化工有限责任公司使用 BCU 催化剂在 Unipol 工业装置上成功生产了橡胶含量为 24% 的 L1813。在生产过程中，第二反应器粉料下落时间比较短，粉料粒径分布较窄，流动性较好。尝试使用 BCU 催化剂生产的 IPC 中橡胶含量最高可达 30%（质量分数）[135]。进一步提高橡胶含量，粉料的流动性会变差，可能会影响粉料正常输送。

Novolen 工艺可以通过串级控制实现乙烯与丙烯比例恒定，以控制乙烯的加入量。由于乙烯比丙烯更易发生聚合反应，所以气相中较少的乙烯含量就能对应较高乙烯含量的产品。提高乙烯与丙烯比例不仅可以提高橡胶相中的乙烯含量和产品总乙烯含量，同时也会增加抗冲共聚物中的橡胶相含量。因此，在提高乙烯与丙烯比例的同时，要根据产品中橡胶相的含量要求，适当降低第二反应器中异丙醇的加入量，从而实现对产品中橡胶相含量的调控。Novolen 工艺可生产的高抗冲共聚聚丙烯牌号有 2700L、2800J、2800NC、2900H 和 2900NC，其低温冲击强度可达 $10kJ/m^2$，橡胶相含量最高可达 50%，可以应用于汽车保险杠和挡泥板[136]。

Horizone 工艺具有独特的卧式机械搅拌反应器和专门设计的低温水撤热系统，适合高橡胶相含量 IPC 的生产，尤其是乙烯含量为 10%～20%（质量分数），橡胶相含量可达 30%～50%（质量分数）的 NEWCON 系列产品。NEWCON 系列产品的生产对催化剂要求极高，不仅需要催化剂具有良好的氢调敏感性和定向能力、优异的后期活性和共聚能力，还要求生产的聚合物粉料具有良好的颗粒形态、孔体积和橡胶承载能力。中韩（武汉）石油化工有限公司利用北京化工研究院开发的 BCM 催化剂在 Horizone 装置上开发生产了牌号为 BK9232 的高橡胶含量 IPC 产品[137]。与进口催化剂相比，BCM 催化剂的活性高 41%，共聚能力更好。BK9232 的橡胶含量为 25.6%（质量分数），粉料落下时间和细粉含量与进口参比催化剂生产的 NBC03HRA 粉料相当，刚韧平衡性更好。2021 年，中国石化广州分公司在 Horizone 装置上进行了 IPC 产品 K9930 的生产。K9930 的橡胶含量较高，易导致结块和下料线堵塞，生产难度较大，但其产品具有良好的耐老化性、刚性和抗冲击性，适用于汽车保险杠和汽车重型部件，市场前景广阔。

通过 Catalloy 工艺可以直接生产橡胶相含量在 35%（质量分数）以上的抗冲击型 PP/EPR 反应器共混树脂。合金化的聚丙烯具有更优异的特性和良好的加工性能，其抗冲击性、耐热性、耐刮擦性等都得到了大幅提高。这些产品的制备除了需要使用特殊的聚合工艺外，对所使用的催化剂性能，如催化剂粒径分布、孔隙度、孔径分布及聚合反应动力学等也有特殊要求。目前世界上的 Catalloy 工艺生产装置均属于利安德巴塞尔公司。其中，橡胶含量最高可达 60%（质量分数）的 Hifax 系列牌号已经广泛应用于汽车、建材等领域。该产品具有以下优点：产品稳定性好；合成步骤少、成本低；橡胶相在聚丙烯基体中分布均匀，产品性能优异，橡胶相的特性黏数范围较宽[138]。

除了上述四种气相聚丙烯工艺外，各企业也积极尝试基于现有气相装置进行高橡胶含量 IPC 产品的开发。在 Innovene 装置上生产高橡胶含量 IPC 的难度较大，尤其是使用氢调法生产熔体流动速率较高的 IPC 产品。第二反应器中生成的橡胶相会极大地降低 IPC 的熔体流动速率，因此第一反应器中丙烯均聚物的熔体流动速率需要保持较高数值。这就要求催化剂要有良好的氢调敏感性；另外，催化剂还需在保持高活性和共聚能力的基础上，尽可能提高其立体定向能力、橡胶承载能力和颗粒强度。中国石化茂名分公司采用国产 BCM 催化剂在 20 万吨 / 年的 Innovene 装置上通过氢调法生产了橡胶含量达 38%（质量分数）的 IPC 产品 K9017H，产品的弯曲模量达到 987MPa，冲击强度达到 60.8kJ/m²，具有优异的刚韧平衡性[139]。

二、软质聚丙烯

1. 概述

聚丙烯树脂的特点是刚性高，耐热、耐液体化学试剂性能好，易于加工；但刚性高的特点也限制了其在一些需要柔性的领域的应用。如果能将材料的模量降至 500MPa 以下，则可以在更多的领域进行应用。这项工作极具挑战性也吸引了众多生产商的技术投入。溶液法和气相法均可生产这样的产品，而气相法的成本更低。

据报道，利用Catalloy工艺生产的超软聚丙烯的弯曲模量最低可达30MPa。软质聚丙烯是对高含量EPR组分分子形态进行精细控制而制得的聚合物，它具有耐热性、柔软性，适用于较宽的温度范围；还具有优良的撕裂强度和耐穿刺性；与聚烯烃材料有良好的相容性，可以在改善抗冲击性、柔软性、低温热封性和成型加工性方面发挥作用，适用于建筑（防水卷材）、工业（电线电缆）和汽车（内外部零件）领域。

2. 高性能产品开发情况

软质聚丙烯，尤其是超软聚丙烯，对聚合工艺调控和催化剂技术都有极高的要求，国内相关报道较少。催化剂需要具有良好的颗粒形态和孔结构，以承载大量的橡胶相，并尽可能减小颗粒间的接触面积以降低黏结成块的可能。此外，催化剂还需要具有优异的后期活性与共聚能力。Catalloy工艺超软聚丙烯的力学性能见表5-9。可以看出，其模量已低至弹性体的水平，抗冲击性能也极好，熔体流动速率范围较宽，可适用于不同的加工条件。图5-17为CA10A和聚丙烯共混EPR弹性体所得到的TPO的TEM照片，可以看出CA10A中的非晶橡胶相（暗区）的分布更加均匀。

表5-9 进口软质PP产品的力学性能

牌号	熔体流动速率/（g/10min）	弯曲模量/MPa	拉伸断裂强度/MPa	简支梁缺口冲击强度（室温）/（kJ/m²）	热变形温度/℃	维卡软化点/℃
CA10A	0.6	90	11	NB	40	60
CA12A	0.8	330	13	NB	50	78
CA138A	2.8	500	10	—	58	90
CA207A	7.5	550	22	65	58	94
CA60A	15	80	10	NB	40	56
CA02A	0.6	30	10	NB	38	41
CA7469A	0.5	130	7	NB	39	50
CA7413A	2.5	30	8	NB	38	41

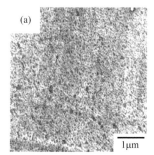
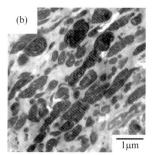

图5-17 Hifax CA10A和机械共混得到的TPO树脂的TEM照片[140]

Horizone 工艺也可以生产高 EPR 含量的超软聚丙烯。Horizone 工艺与日本东邦钛公司专有催化剂技术相结合生产的 NEWCON 系列中的 A 型聚丙烯也属于软质类型，具有低温冲击强度高、尺寸稳定性好的特点[141]。

限于工艺的原因，国内软质聚丙烯的生产企业较少。2013 年，中韩（武汉）石油化工有限公司在 Horizone 工艺装置上生产了反应器直接合成热塑性聚烯烃（r-TPO）产品 NAX9，该产品的橡胶含量高、熔体流动速率低、冲击性能优异。2017 年，本书作者团队基于其发明的橡胶相控制技术，与中韩（武汉）石油化工有限公司联合攻关，进一步开发了 r-TPO 软质聚丙烯 NS06，橡胶相含量大于 50%（质量分数），熔体流动速率为 0.8 ～ 1.5g/10min，弯曲模量为 147 ～ 244MPa，邵氏硬度低至 30D[142]。该产品的生产还实现了催化剂的国产化，采用了北京化工研究院开发的 BCM 催化剂。随后，又开发了软质聚丙烯 NS20 牌号[143]。表 5-10 为 NS06 和 NS20 的力学性能。超软聚丙烯产品通过了中国石化科技部组织的鉴定，专家认为产品为国内首创，该产品还被中国石油和化学工业联合会评为中国化工新材料 2021 年度创新产品。

表5-10　采用BCM催化剂制备的NS06和NS20的性能[143]

编号		NS06	NS20
熔体流动速率/（g/10min）		0.8	1.7
乙烯含量/%		17.6	14.1
橡胶相含量/%		56	43
拉伸断裂应力/MPa		11.5	15.7
拉伸屈服应力/MPa		16.4	22.5
断裂标称应变/%		367	487
弯曲模量/MPa		233	497
悬臂梁缺口冲击强度/（kJ/m²）	23℃	70.40P	78.40P
	−20℃	91.80P	7.13C
负荷变形温度/℃		44.8	52.4

注：P 代表部分断裂；C 代表全部断裂。

目前，NS06 和 NS20 已广泛应用于 TPO 防水卷材和合成树脂改性领域。东方雨虹、欧西建材、莱德建材等企业将其用于屋面防水卷材，加工和卷材性能良好。金发科技等改性企业将其用于替代聚烯烃弹性体（POE）进行树脂共混改性。据估算，超软聚丙烯在防水卷材和共混改性等领域的使用可为下游客户节约2000 ～ 5000 元 / 吨的原料成本。图 5-18 为用 NS06 制成的防水卷材用于中韩（武汉）石油化工有限公司建筑屋面防水示范工程的照片。

图5-18

用NS06制成的防水卷材用于石化企业建筑屋面防水示范工程

三、低热封温度无规共聚物

1. 概述

树脂的热封性能是指树脂在加热到某特定温度后，其本身或与其他种类的树脂所具有的热黏合性能，受到树脂种类、添加剂种类、加工条件、共挤出薄膜厚度等多个因素的影响。在其他条件确定的情况下，热封性能与树脂的熔融温度、链扩散速率、熔体强度和结晶动力学密切相关[144]。

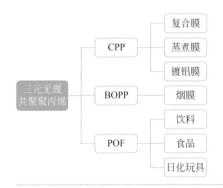

图5-19

三元无规共聚聚丙烯作为热封层的应用领域

乙丙丁三元无规共聚聚丙烯是以丙烯、乙烯和1-丁烯为原料，利用Ziegler-Natta催化剂或茂金属催化剂生产的三元共聚聚丙烯产品，具有较低的结晶温度和热封起始温度、良好的耐蒸煮性能以及低温冲击性能，并具有较宽的热封窗口[145]。如图5-19所示，三元无规共聚聚丙烯主要用于CPP（流延聚丙烯）膜、BOPP（双向拉伸聚丙烯）薄膜、POF（热收缩）薄膜以及镀铝膜的复合热封层，广泛应用于食品、化妆品、日用品等包装领域。

CPP产品可以划分为通用型、金属型和蒸煮型薄膜。我国CPP专用树脂的品种相对单一，主要用于一般用途的单层膜或多层膜的芯层；而镀铝膜和高温蒸煮膜的 CPP 牌号相对缺乏。部分热封层和镀铝层原料仍需进口。

2. 高性能产品开发情况

低热封温度三元无规共聚聚丙烯的气相法生产工艺有 Spherizone 工艺、Unipol 工艺、Novolen 工艺和 Innovene 工艺。新加坡聚烯烃私营（TPC）有限公司在其 Sumitomo 工艺聚丙烯装置上开发了种类丰富的三元共聚聚丙烯产品，针对 CPP、BOPP 和 POF 分别开发了 FL7642、FL7632L、FL7540L、FL7320L、FL7322、FS3011E3、FS5711、FS3028、FS3029、FS3030、FS2013、FS3012 和 FS6612L 等系列牌号。在我国，新加坡 TPC 公司的三元共聚聚丙烯产品在 POF 膜热封层专用料有 50% 的市场份额，在 CPP 热封层专用料有 10% 的市场份额，在 BOPP 烟膜中占 90% 以上的市场份额。利安德巴塞尔公司利用 Catalloy 工艺生产的 Adsyl 系列三元聚丙烯具有相对较高的共聚单体含量，该系列产品的热封起始温度低且范围较宽（75 ~ 115℃），热封强度高且具有良好的光学特性。主要的三元无规共聚聚丙烯进口产品的详细技术指标和应用见表 5-11。

表5-11　主要的进口三元无规共聚聚丙烯牌号

企业	牌号	熔体流动速率/（g/10min）	熔融温度/℃	热封起始温度/℃	薄膜类型	用途
新加坡TPC有限公司	FL7632L	7.0	132	120	CPP	热封层
	FL7540L	7.0	138	125	CPP	镀铝层热封层
	FL7320L	7.0	146	130	CPP	镀铝层热封层
	FL7642	7.0	128	116	CPP	镀铝层热封层
	FS5711	5.5	126	116	BOPP	热封层
	FS6612L	5	128	115	POF	热封层
利安德巴塞尔公司	3C30F HP	5.5	137	120	CPP/BOPP	通用
	3C39F HP	5.5	137	120	CPP	镀铝层热封层
	5C30F HP	5.5	132	105	CPP/BOPP	通用
	5C37F HP	5.5	132	105	CPP/BOPP	镀铝层热封层
	7416XCP	7.5	133	115	CPP/BOPP	热封层
英力士公司	KS351	7.3	131	105	CPP	热封层
	KV389	9.0	128	90	BOPP	热封层
	KV359	9.0	131	105	BOPP	热封层
北欧化工公司	TD310BF	6.0	130	103	BOPP	镀铝层热封层
	TD315BF	6.0	130	103	BOPP	热封层

国内企业生产三元共聚聚丙烯主要存在四方面困难。一是不具备生产三元共聚聚丙烯的配套设施，需要进行装置改造；二是缺乏适宜的低成本催化剂，因为生产三元共聚产品对催化剂的技术要求较高，不仅需要良好的共聚性能且低聚物含量要低；三是装置产能有所降低，过渡料多；四是生产过程中工艺控制难度较大，工艺平稳率较低。因为大量共聚单体的加入会使聚合物的等规度大幅下降，熔融温度也随之降低，当聚合物的熔融温度与聚合反应温度接近时，反应器形成的局部热点会导致块料、黏料、堵料等情况的发生。因此，国内实现批量生产三元共聚聚丙烯的厂家较少。北京化工研究院于20世纪末就开始了三元共聚聚丙烯的研究，中国石化上海石油化工股份有限公司是国内第一家生产三元共聚聚丙烯的企业，采用了引进技术，但受装置工艺所限产品的热封起始温度略高[146]；本书作者单位在其中试装置上，开发了三元共聚聚丙烯技术，并在中国石化的组织下，于2010年应用于燕山分公司的工业生产装置[145,147]。燕山分公司经过一系列的产品优化，实现了三元共聚系列牌号的稳定生产，产品的各项性能与进口产品相当[148]；随后本书作者单位又将技术许可给了中国石化扬子石油化工有限公司和中国石化茂名石化公司等单位，并先后开发了相应的系列产品。随后，中国石油独山子石化分公司[149]和中国石油兰州石化分公司也开发了三元共聚聚丙烯产品。

上海石化和兰州石化的三元共聚聚丙烯是在环管工艺上开发生产的，其他国内公司的三元共聚聚丙烯均在气相法工艺上生产。

目前，国内主要的三元无规共聚聚丙烯牌号有：中国石化燕山分公司的C5608、C5908、FC08E、VM08E和EC08E，中国石化上海石油化工股份有限公司的F800EPS和F500EPS，中国石化茂名石化公司的F4908、F4608，中国石油兰州石化分公司的EPB08F以及中国石油独山子石化分公司的TF1007、DY-W725EF和DY-W0725F。

第五节
气相聚烯烃技术的发展趋势

一、聚乙烯气相技术发展趋势

由于乙烯聚合的放热量大，聚乙烯还不能在类似于聚丙烯的搅拌床反应器中进行商业化生产。对于采用流化床反应器的气相聚丙烯工艺，提高反应器时空产率是技术进步的关键。利用气体流速来增强反应器的撤热能力有一定的局限性。利安德巴塞尔公司的 Spherilene 气相聚合工艺是采用丙烷代替流化床内的氮气，通过提高气体热容来移除反应热[150]。为了提高反应器的时空产率，冷凝和超冷凝技术被不断优化。

将循环流化气体冷却至露点温度以下，这样进入流化床反应器的循环气体就会含有冷凝液，这种撤热模式可以进一步提高气相反应器的生产能力。冷凝液含量小于 20%（质量分数）时，该撤热模式被称为冷凝态聚合工艺[151]；当反应器入口液体含量超过 20%（质量分数）时，气相流化床将从冷凝态进入超冷凝态[152]。通过外加高碳烃提高露点温度来实现冷凝的方式也被称为诱导冷凝工艺[153]。工业上常用的惰性冷凝组分为正戊烷、异戊烷和正己烷。埃克森美孚公司采用茂金属催化剂，使用超冷凝技术将反应器的时空产率提高了 250% 以上[154]。随后，联合碳化物公司和埃克森美孚公司将冷凝技术和超冷凝技术合二为一，可根据产品牌号和产率提高的程度选择使用 Ziegler-Natta 催化剂或茂金属催化剂，冷凝液含量范围也变得更宽（2%～50%，质量分数）[155]。英国石油公司则开发了不同于联合碳化物公司和埃克森美孚公司的新型超冷凝技术，将冷凝液体通过雾化喷嘴喷入流化床，促进液体蒸发，提高了气相流化床稳定运行的冷凝液含量上限[156]。超冷凝技术可以显著提高新建或现有流化床反应器的时空收率，可明显增加气相法工艺对各种类型催化剂和共聚单体的适应能力，还可明显降低气相流化床工艺的静电效应，增加操作的稳定性。未来，茂金属催化剂和冷凝工艺的结合将是一条有广阔应用前景的技术路线，应当充分发挥两项技术的优势，使聚乙烯的工业生产取得更大的效益。

宽分布/双峰聚乙烯产品具有更优的机械性能和加工性能。宽分布/双峰聚乙烯工艺大多是使用两个反应器来改变聚乙烯的分子量和支链分布，从而实现聚乙烯的高性能化；该方法存在生产成本较高、产品难以均一化、质量易波动且生产控制难度大等问题。单反应器法具有设备投资低、工艺操作简单、开停车方便、高低分子量产物混合比较均匀等优点，成为生产宽分布/双峰聚乙烯的重要研究方向[157]。采用双/多金属载体催化剂，通过设计 2 个或多个中心金属原子处于不同化学环境的双核化合物，利用双活性金属组分具有不同的链增长、链转移、链终止速率常数，可以得到不同分子量的乙烯聚合物[158,159]。采用含有多个活性中心的催化剂体系，利用活性组分所表现出的不同聚合行为，也可以在一个反应器内合成较宽分子量分布或者双峰的聚乙烯产品[160,161]。但是，催化剂技术的研发周期较长，且不同活性中心对原料中杂质的敏感程度不同，在实际生产中，很难保证产品质量的稳定性。如果能够在单反应器中构建多样化的聚合环境，实现产品结构的设计调控，将是非常有价值的。中国石化开发的气液技术，是将循环气中冷凝下来的共聚单体均匀喷回到反应器的特定区域，利用其制造低温反应区，进而实现利用温度和共聚单体浓度差来控制反应，得到宽分子量分布、宽共聚单体含量分布的聚乙烯树脂。该技术是在单反应器中构建不同聚合反应环境并实现产品调控的有益实践，具有更好的发展前景。

二、聚丙烯气相技术发展趋势

气相法聚丙烯的反应器种类已涵盖了微动床、流化床和移动床等所有的气固反应器类型，且各具特色。未来，基于多区理念的反应器技术优化还会得到不断发展。

大型化是近年来聚烯烃装置发展的一个重要方向。在气相聚丙烯工艺方面，Unipol、Novolen、Innovene、Spherizone 等气相法聚丙烯工艺的单线产能可以达到 40 万吨 / 年，甚至达到 60 万吨 / 年，技术上仍有进一步提高的空间。我国在这方面已具备了一些基础。2021 年，天华化工机械及自动化研究设计院有限公司完成了国内首台 30 万吨 / 年 Lummus 气相聚合反应器的国产化设计和加工制造。两台聚丙烯气相反应器可以根据需要进行串联或并联，可进行多种聚丙烯产品的开发。

气相反应器是共聚聚丙烯生产的理想设备，而随着聚合物构效关系认知水平的提升，多共聚单体种类、复杂相结构的聚丙烯材料将成为聚丙烯新产品的重要开发方向。中国石化正在组织北京化工研究院、工程建设公司基于其创新的催化剂体系，开发自己的气相法聚丙烯工艺，以期实现高性能聚丙烯釜内合金产品的商业化生产。

参考文献

[1] Soares J B P, McKenna T F L. Polyolefin reaction engineering[M]. Weinheim: Wiley-VCH, 2012: 90-125.

[2] 陈蓓艳. 国内低压聚乙烯生产工艺的现状 [J]. 石油化工，2020, 49(7): 715-721.

[3] 冯连芳，张才亮，王嘉骏，等. 聚合过程强化技术 [M]. 北京：化学工业出版社，2020: 14.

[4] 王登飞，何书艳，闫义彬，等. 国产茂金属聚乙烯催化剂的气相中试应用研究 [J]. 工业生产，2020, 30(9): 1-15.

[5] 张丽霞. Unipol 气相法聚乙烯工艺技术进展 [J]. 合成树脂及塑料，2013, 30(4): 70-74.

[6] 赵向东. 气相流化床法生产聚乙烯工艺技术分析 [J]. 新材料与新技术，2017, 43(11): 85.

[7] 魏莎，杨榕. Unipol 气相法聚乙烯工艺的分析与思考 [J]. 化工管理，2019, 19: 213-214.

[8] 张师军，乔金樑. 聚乙烯树脂及其应用 [M]. 北京：化学工业出版社，2016: 43-51.

[9] 王崇瑞. 气相流化床法聚乙烯工艺技术比较 [J]. 技术研究，2018, 25(6): 68-76.

[10] Massimo C. The spherilene process: Linear polyethylenes[J]. Macromolecular Symposia, 1995, 89(1): 577-586.

[11] 裴小静, 王秀丽, 刘少成, 等. Spherilene 聚乙烯气相聚合工艺 [J]. 石化技术, 2012, 19(4): 46-50.

[12] 胡井强, 赵飞, 张鑫. 浅析线型低密度聚乙烯 (LLDPE) 树脂及工艺技术 [J]. 广州化工, 2021, 49(2): 99-102.

[13] 李红明, 张明革, 袁苑, 等. 双峰分子量分布聚乙烯的研发进展 [J]. 高分子通报, 2012, 4: 1-10.

[14] Larsson P-O, Akesson J, Carlsson N, et al. Model-based optimization of economical grade changes for the Borealis Borstar® polyethylene plant[J]. Computers & Chemical Engineering, 2012, 46(15): 153-166.

[15] 佚名. 中国石化开发的气液法流化床聚乙烯工艺成套技术通过鉴定 [J]. 石油化工, 2016, 3: 279.

[16] 吴文清, 孙婧元, 阳永荣, 等. 一种烯烃聚合方法及系统: CN111748049B[P]. 2021-07-16.

[17] 吴文清, 阳永荣, 骆广海, 等. 流化床聚合反应器: CN102432708B[P]. 2015-02-25.

[18] 吴文清, 阳永荣, 骆广海, 等. 一种制备聚合物的方法: CN102558406B[P]. 2013-07-17.

[19] Brunel F, Boyron O, Clement A, et al. Molecular dynamics simulation of ethylene/hexane copolymer adsorption onto graphene: New insight into thermal gradient interaction chromatography[J]. Macromol Chem Phys, 2019, 220: 1800496-1800505.

[20] Bensason S, Nazarenko S, Chum S, et al. Blends of homogeneous ethylene-octene copolymers[J]. Polymer, 1997, 38(14): 3513-3520.

[21] 刘春阳. 国内聚乙烯产品结构变化对 α- 烯烃发展的影响 [J]. 当代石油石化, 2021, 29(8): 16-21.

[22] 任鹤, 付义, 赵增辉. 乙烯 /1- 辛烯共聚物的研发和产业化进展 [J]. 高分子通报, 2012, 4: 91-96.

[23] 大庆石化建成国内首套 3000 吨级 1- 辛烯合成工业试验装置 [J]. 乙烯工业, 2021, 33(3): 25.

[24] Shahram M, Lilge Dieter L, Günther S, et al. Copolymers of ethylene with C3-C12 alpha olefins: EP1204685A1[P]. 2002-05-15.

[25] 林雯, 王芳, 王靖岱, 等. 乙烯三元共聚研究现状及展望 [J]. 合成树脂及塑料, 2006, 3: 67-70.

[26] 郑宁来. 天津石化三元共聚聚乙烯 LF1815 试产成功 [J]. 合成树脂及塑料, 2018, 35(4): 4.

[27] 付吉江, 闵文武. 双峰聚乙烯的生产技术及工艺 [J]. 石化技术与应用, 2000, 2: 112-115.

[28] 王海平. 宽 / 双峰相对分子质量分布聚乙烯的研究进展 [J]. 齐鲁石油化工, 2006, 4: 431-435.

[29] Abedi S, Hassanpour N. Preparation of bimodal polypropylene in two-step polymerization[J]. Journal of Applied Polymer Science, 2006, 101: 1456-1462.

[30] Liu H-T, Davey C R, Shirodkar P P. Bimodal polyethylene products from UNIPOL^TM single gas phase reactor using engineered catalysts[J]. Macromolecular Symposia, 2003, 195(1): 309-316.

[31] 钟峰, 周浩, 王新华, 等. 一种用于燃气管的双峰型聚乙烯树脂及其制备方法: CN109651688A[P]. 2019-04-19.

[32] 周浩, 胡雄, 王新华, 等. 一种易加工的高密度聚乙烯管材: CN109721807A[P]. 2019-05-07.

[33] 钟峰, 周浩, 蒋忠辉, 等. 一种用于大口径厚壁低熔垂管材的双峰型聚乙烯树脂及其制备方法: CN111100362A[P]. 2020-05-05.

[34] 孙旭辉, 曲云春, 姚亚生, 等. 分子量分布宽的乙烯聚合物组合物、生产方法及其应用: CN106589515B[P]. 2020-09-04.

[35] 上海石化塑料新材料争做行业 "领头羊" [EB/OL]. http://www.sinopecnews.com.cn/news/content/2019-04/26/content_1745312.htm, 2019-04-26.

[36] 侯子龙, 魏文杰. 国内地暖管专用 PERT 的市场分析 [J]. 合成树脂及塑料, 2019, 36(2): 90-93.

[37] 郭奇, 何维华, 冯振学, 等. 耐热聚乙烯管材 PE-RT 树脂结构与性能 [J]. 当代化工, 2013, 42(10): 1376-1378.

[38] 王立志, 陈明华, 陈卫东, 等. 一种高密度聚乙烯产品的制备方法: CN105585651B[P]. 2018-04-03.

[39] 徐振明, 傅勇, 鲍光复, 等. 一种耐热聚乙烯管材料的制备方法: CN105440192B[P]. 2018-04-03.

[40] 王立娟, 姜涛, 宋磊, 等. 一种耐热聚乙烯树脂组合物及其应用: CN106317585B[P]. 2018-12-25.

[41] 王群涛, 郭锐, 高凌雁, 等. 易成型耐热聚乙烯组合物: CN106554558B[P]. 2019-01-01.

[42] 李连鹏, 王硕, 陈光岩, 等. 耐热聚乙烯的制备方法、由其制备的耐热聚乙烯及其组合物: CN110684140A[P]. 2020-01-14.

[43] 王群涛, 袁辉志, 郭锐, 等. 具有优异耐慢速裂纹增长性能的耐热聚乙烯组合物及其制备方法: CN110724334A[P]. 2020-01-14.

[44] 李朋朋, 杨世元, 梁天珍, 等. 一种耐热聚乙烯树脂组合物及其制备方法: CN109810420B[P]. 2021-08-31.

[45] 鲍光复, 傅勇, 姜志荣, 等. 耐热聚乙烯管材料的性能特点及发展概况 [J]. 现代塑料加工应用, 2016, 28(6): 28-31.

[46] 马小伟, 乔亮杰, 陈湛, 等. 地暖管材专用 PE-RT DGDZ3606 的开发与应用 [J]. 合成树脂及塑料, 2019, 36(5): 47-51, 81.

[47] 独山子石化再获管道专用料许用资质 [EB/OL]. http://news.cnpc.com.cn/system/2021/03/19/030027388. shtml, 2021-03-19.

[48] 侯子龙, 魏文杰. 国内地暖管专用 PERT 的市场分析 [J]. 合成树脂及塑料, 2019, 36(2): 90-93.

[49] Matasovic N, Kavazanjian E, Bonaparte R. Effect of LDPE on the thermomechanical properties of LLDPE-based films[J]. Journal of Polymer Science. Part B: Polymer Physics, 2010, 43(13): 1712-1727.

[50] Simpson D M, Vaughan G A. Ethylene polymers, LLDPE[M] // Mark H F, kroschwitz J I. Encyclopedia of polymer science and technology, John Wiley & Sons Inc, 2001: 3-20.

[51] 唐岩, 李延亮, 王群涛, 等. 茂金属催化剂及茂金属聚乙烯现状 [J]. 合成树脂及塑料, 2014, 31(2): 76-80.

[52] 宋倩倩, 黄格省, 周笑洋, 等. 茂金属聚乙烯市场现状与技术进展 [J]. 石化技术与应用, 2021, 39(3): 153-158.

[53] Burdett I D, Eisinger R S. Ethylene polymerization processes and manufacture of polyethylene[M] // Spalding M A, Chatterjee A M. Handbook of industrial polyethylene and technology: Definitive guide to manufacturing, properties, processing, applications and markets. John Wiley & Sons, 2017: 62-87.

[54] 王安晨, 刘志远, 朱义新, 等. 国内 Unipol 装置聚乙烯膜料的发展概况 [J]. 弹性体, 2021, 31(4): 70-74.

[55] 何加强, 陈宁, 郭锐, 等. 茂金属聚乙烯膜料在 LLDPE 装置冷凝态技术开发 [J]. 齐鲁石油化工, 2021, 49(1): 1-4.

[56] 高艳, 李志光. 国内 1-己烯共聚聚乙烯市场现状及技术分析 [J]. 石油和化工设备, 2016, 19(10): 83-86, 91.

[57] 宫向英, 姜再丰, 王鹏, 等. 茂金属催化剂在 LLDPE 装置上的应用 [J]. 合成树脂及塑料, 2009, 26(1): 50-53.

[58] 杨帆, 乔亮杰, 张晓峰, 等. 易加工型茂金属聚乙烯树脂 EZP2010HA 的生产及应用 [J]. 中国塑料, 2017, 31(8): 73-78.

[59] 张鹏, 李丽, 王海, 等. 流延膜专用茂金属聚乙烯的结构与性能 [J]. 合成树脂及塑料, 2018, 35(3): 69-71, 75.

[60] 杨帆, 乔亮杰, 关莉, 等. 高强度茂金属线型低密度聚乙烯 HPR1018HA 的开发与应用 [J]. 合成树脂及塑料, 2019, 36(3): 50-53.

[61] 郑宁来. 扬子石化工业化生产茂金属聚乙烯新品 [J]. 合成材料老化与应用, 2021, 50(3): 178.

[62] 于丰锴. 扬子石化茂金属聚乙烯家族再添新成员 [J]. 炼油技术与工程, 2021, 51(5): 11.

[63] 王安晨, 刘志远, 朱义新, 等. 国内 Unipol 装置聚乙烯膜料的发展概况 [J]. 弹性体, 2021, 31(4): 70-74.

[64] Beall G L. Rotational molding design materials, tooling, and processing[M]. Munich: Hanser Publishers, 1998:

1-10.

[65] Ramkumar P L, Kulkarni D M, Chaudhari V V. Parametric and mechanical characterization of linear low density polyethylene (LLDPE) using rotational moulding technology[J]. Sadhana, 2014, 39: 625-635.

[66] Gupta N, Ramkumar P L. Analysis of synthetic fiber-reinforced LLDPE based on melt flow index for rotational molding[M]// Praveen K A, Dirgantara T, Krishna P V. Advances in lightweight materials and structures. Springer Proceedings in Materials, 2020, 8:52-100.

[67] 陈枫, 何鹏. 滚塑用聚乙烯组合物及其制备方法: CN102050978B[P]. 2013-01-02.

[68] 张广明, 刘少成, 张超, 等. 阻燃抗静电滚塑聚烯烃组合物及其制备方法: CN110724325A[P]. 2020-01-24.

[69] 唐岩, 张超, 王秀丽, 等. 用于滚塑储罐的聚烯烃组合物及其制备方法: CN108794869B[P]. 2021-04-13.

[70] 杨来琴, 林华杰, 孟鸿诚, 等. 用于滚塑成型树脂的助剂组合物和线性中密度聚乙烯组合物以及聚乙烯滚塑制品: CN112341698A[P]. 2021-02-09.

[71] 温原. 一种具有特殊表面效果的滚塑成型用聚乙烯材料及其制备方法: CN105754198B[P]. 2018-05-22.

[72] 杜杰, 霍金兰, 张静宇, 等. 滚塑专用聚乙烯 YC7151U 的性能及改进 [J]. 合成树脂及塑料, 2021, 38(3): 34-37.

[73] Evans J. Rotational molding: Rotating between new materials and markets[J]. Plastics Engineering, 2017, 73(10): 26-29.

[74] 严淑芬. 性能更好的茂金属 MDPE 滚塑料 [J]. 现代塑料加工应用, 2006, 18(2): 1.

[75] 刘少成, 张超, 张广明, 等. 适用于滚塑成型加工的聚烯烃树脂组合物及其制备方法: CN103665528B[P]. 2015-12-02.

[76] 刘少成, 张超, 张广明, 等. 滚塑用聚乙烯组合物及其制备方法: CN105273294B[P]. 2017-12-08.

[77] 刘少成, 张超, 张广明, 等. 阻燃滚塑聚烯烃组合物及其制备方法: CN110724330A[P]. 2020-01-24.

[78] 陈宁, 信强, 张彧, 等. 高刚性聚乙烯滚塑树脂的聚合生产工艺: CN106699943B[P]. 2020-07-10.

[79] 唐岩, 张超, 王秀丽, 等. 用于滚塑储罐的聚烯烃组合物及其制备方法: CN108794869B[P]. 2021-04-13.

[80] 杨来琴, 林华杰, 孟鸿诚, 等. 用于滚塑成型树脂的助剂组合物和线性中密度聚乙烯组合物以及聚乙烯滚塑制品: CN112341698A[P]. 2021-02-09.

[81] 刘少成, 王栓, 张超, 等. 聚乙烯组合物及其制备方法: CN113896971A[P]. 2022-01-07.

[82] 张超, 王金刚, 徐素兰, 等. 一种滚塑工艺低泡聚丙烯组合物及其制备方法: CN112300497A[P]. 2021-02-02.

[83] 乔金樑, 张师军. 聚丙烯和聚丁烯树脂及其应用 [M]. 北京: 化学工业出版社, 2011: 57-68.

[84] Grace completes purchase of Dow's UNIPOL polypropylene process technology licensing and catalysts business[J]. Focus on Catalysts, 2014, 2: 5.

[85] Bernier R J N, Boysen R L, Brown R C, et al. Gas phase polymerization process: US5453471B1[P]. 1999-02-09.

[86] 陈田君, 袁若飞, 雷敏. 浅谈 Unipol 工艺中表观气速 SGV 对反应流化状态的影响分析 [J]. 中国石油和化工标准与质量, 2019, 39(8): 174-175.

[87] Bradley J S, Chen L, Sheard W G, et al. Catalyst composition with monocarboxylic acid ester internal donor and propylene polymerization process: WO2005035596A1[P]. 2005-04-21.

[88] Chen L, Campbell J E R. Self limiting catalyst composition and propylene polymerization process: US7678868B2[P]. 2010-03-16.

[89] Gullo M F, Roth G R, Leung T W, et al. Produtcion of substituted phenylene dibenzoate for use as internal electron donor and procatalyst for polymer preparation: WO2013032651A1[P]. 2013-03-07.

[90] 李振昊, 胡才仲, 荔栓红, 等. Unipol 气相法聚丙烯工艺技术进展 [J]. 合成树脂及塑料, 2013, 30(4):

65-69.

[91] 王志武, 李树行, 李华姝, 等. 一种二烷氧基镁载体型固体催化剂组分和催化剂: CN104479055B[P]. 2017-06-06.

[92] 段晓芳, 夏先知, 高明智. 聚丙烯催化剂的开发进展及展望 [J]. 石油化工, 2010, 39(8): 834-843.

[93] 谭忠, 周奇龙, 严立安, 等. 催化剂固体组分及其催化剂以及其在烯烃聚合中的应用: CN103788237B[P]. 2016-05-25.

[94] 宋寿亮, 陈兴锋, 黄昌敏, 等. CS-1-G 型催化剂在 Unipol 工艺气相聚丙烯装置上的工业应用 [J]. 合成树脂及塑料, 2021, 38(4): 35-39.

[95] 徐秀东, 谭忠, 严立安, 等. 烯烃聚合用催化剂的载体及其制备方法、烯烃聚合用固体催化剂组分及烯烃聚合催化剂: CN102453150B[P]. 2013-08-14.

[96] 严立安, 谭忠, 徐秀东, 等. 用于烯烃聚合的催化剂组分及其制备方法和催化剂体系及应用和烯烃聚合方法: CN103012626B[P]. 2015-08-19.

[97] 何勇. BCND 催化剂在 Unipol 工艺聚丙烯装置上的工业应用 [J]. 石油化工, 2014(11): 1310-1314.

[98] 武大庆, 张军伟. 国产 SUG 催化剂在气相流化床聚丙烯工艺的工业应用 [J]. 塑料工业, 2016, 44(4): 3.

[99] 胡珍珠, 刘森, 杨青松. 高流动抗冲聚丙烯的研究与开发 [J]. 当代化工, 2015, 44(9): 2137-2139.

[100] Galli P, Haylock J C. Advances in Ziegler-Natta polymerization-unique polyolefin copolymers, alloys and blends made directly in the reactor[J]. Macromol Symp, 1992, 63(1): 19-54.

[101] Galli P. The reactor granule technology: The ultimate expansion of polypropylene properties?[J]. J Macromol Sci A Pure Appl Chem, 1999, 36(11): 1561-1586.

[102] Galli P. The reactor granule technology: A revolutionary approach to polymer blends and alloys[J]. Macromol Symp, 1994, 78: 269-284.

[103] 田政, 熊亚林, 徐鼐, 等. 相容剂马来酸酐 - 苯乙烯接枝聚丙烯的制备及性能研究 [J]. 塑料科技, 2012, 40(9): 84-89.

[104] Crompton acquires Basell's interloy and Hivalloy[J]. Additives for Polymers, 2002, 12: 3.

[105] Caracotsios M. Theoretical modelling of Amoco's gas phase horizontal stirred bed reactor for the manufacturing of polypropylene resins[J]. Chemical Engineering Science, 1992, 47 (9-11): 2591-2596.

[106] Dittrich C J, Mutsers S M P. On the residence time distribution in reactors with non-uniform velocity profiles: The horizontal stirred bed reactor for polypropylene production[J]. Chemical Engineering Science, 2007, 62(21): 5777-5793.

[107] Khare N P, Lucas B, Seavey K C, et al. Steady-state and dynamic modeling of gas-phase polypropylene processes using stirred-bed reactors[J]. Industrial & Engineering Chemistry Research, 2004, 43(4): 884-900.

[108] 邢峰, 廖慧明. BCM 型催化剂在 Innovene 气相法聚丙烯装置上的应用 [J]. 合成树脂及塑料, 2015, 32(3): 53-56.

[109] 田正昕, 吴炳印, 袁春海, 等. SAL 催化剂在气相法聚丙烯装置上的工业应用 [J]. 石油化工, 2009, 38(3): 310-315.

[110] 黄福堂, 张作祥, 徐东, 等. Amoco 先进的气相聚丙烯技术 [J]. 国外油田工程, 2002, 18(11): 44-46.

[111] Malpass D B, Band E I. Introduction to industrial polypropylene: Properties, catalysts processes[M]. USA: John Wiley & Sons-Scrivener Publishing, 2012: 183-200.

[112] Baron H, Lenart W, Rau W. Spiral stirrer unsupported at one end: US4188132A[P]. 1980-02-12.

[113] 任淑荣, 张安贵, 黄斌, 等. 抗冲共聚聚丙烯在 Novolen 装置上的生产 [J]. 化工技术与开发, 2015, 44(3): 58-62.

[114] 杨国建. 聚丙烯技术现状 [J]. 广东化工，2010, 37(9): 226-227.

[115] Paczkowski N S, Winter A, Langhauser F. Metallocene catalysts, their synthesis and their use for the polymerization of olefins: US7169864B2[P]. 2007-01-30.

[116] Pezzutti J, Benito A, Cassano G, et al. Supertransparent high impact strength random block copolymer: US8138251B2[P]. 2012-03-20.

[117] 蔡卫，王金祥，张文平. NG 催化剂在 Novolen 聚丙烯工艺上的应用 [J]. 合成树脂及塑料，2012, 29(4): 48-50.

[118] 汤豪，王金祥，高明智. BCND-Ⅱ催化剂在 Novolen 工艺聚丙烯装置上的工业应用 [J]. 石油化工，2012, 41(5): 578-582.

[119] 孟永智，曾祥国，李磊. CS-G 催化剂小试研究及其在 Novolen 聚丙烯装置上的应用 [J]. 合成材料老化与应用，2016, 45(2): 43-47.

[120] 柯紫健. 两种国产聚丙烯催化剂在 NOVOLEN 工艺中的应用 [J]. 广东化工，2014, 41(21): 52, 68.

[121] Cavani F, Centi G, Perathoner S, et al. Sustainable industrial chemistry[M]. Germany: Wiley‐VCH Verlag GmbH & Co, 2009: 10-85.

[122] Mei G, Herben P, Cagnani C, et al. The spherizone process: A new PP manufacturing platform[J]. Macromolecular Symposia. 2006, 245-246(1): 677-680.

[123] Chadwick J C. Polyolefins-catalyst and process innovations and their impact on polymer properties [J]. Macromolecular Reaction Engineering, 2009, 3: 428-432.

[124] 牛欣宇. Spherizon 工艺技术研究现状 [J]. 工业催化，2014, 22(2): 92-94.

[125] 孟涛，刘月祥，高富堂，等. DQC-700 催化剂在 Spherizone 工艺装置上的应用 [J]. 石油化工，2016, 45(3): 355-359.

[126] 马青山，于鲁强，王洪涛，等. 烯烃气相连续聚合方法：CN101638448B[P]. 2011-06-15.

[127] 陈江波，于鲁强，杨芝超，等. 连续预聚合技术的气相聚丙烯中试及其在 Innovene 工艺中的工业应用 [J]. 石油化工，2014, 43(11): 1305-1309.

[128] 潘炯彬，李怡诺，吕世军，等. 一种气相法聚丙烯工艺脱挥发性有机物的装置及方法：CN112358555A[P]. 2021-02-12.

[129] 柯立波. 中国石化合成树脂福建市场分析及建议 [J]. 中国市场，2019, 12: 120-122.

[130] Arroyo M, Zitzumbo R, Avalos F. Composites based on PP/EPDM blends and aramid short fibres. Morphology/behaviour relationship. Polymer, 2000, 41(16): 6351-6359.

[131] Baranov A O, Erina N A, Kuptsov S A, et al. Interphase layer formation in isotactic polypropylene/ethylene-propylene rubber blends. J Appl Polym Sci, 2003, 89: 249-257.

[132] Mehtarani R, Fu Z, Fan Z, et al. Synthesis of polypropylene/poly(ethylene-co-propylene) in-reactor alloys by periodic switching polymerization process: Dynamic change of gas-phase monomer composition and its influences on polymer structure and properties[J]. Industrial & Engineering Chemistry Research, 2013, 52(38): 13556-13563.

[133] Santos J L, Asua J M, Cal J C. Modeling of olefin gas phase polymerization in a multizone circulating reactor. Ind Eng Chem Res, 2006, 45(9): 3081-3094.

[134] Cecchin G. In situ polyolefin alloys[J]. Macromolecular Symposia, 1994, 78(1): 213-228.

[135] 孔凡贵. BCU 催化剂在 UNIPOL 装置上的工业应用 [J]. 石油化工，2018, 47(4): 390-394.

[136] 王居兰，李磊，袁炜，等. Novolen 工艺聚丙烯产品及应用 [J]. 中国塑料，2012, 26(9): 60-64.

[137] 张祖平. Horizone 装置上开发高熔体流动速率高橡胶含量抗冲共聚聚丙烯 [J]. 石油化工，2020, 49(6): 600-604.

[138] 于鲁强. 反应器聚烯烃合金技术的进展 [J]. 石油化工，2004, 8: 777-780.

[139] 邹文桢. 采用 BCM 催化剂在 Innovene 装置上开发高橡胶含量抗冲共聚聚丙烯 [J]. 合成树脂及塑料，2019, 36(6): 51-55.

[140] Baudier V, Biondini G, Pasquali S. Catalloy technology process for industrial applications product properties[EB/OL]. [2021-8]. https://www.lyondellbasell.com/globalassets/documents/polymers-technical-literature/catalloy/catalloy-technology-process-for-industrial-applications---product-properties.pdf

[141] 姜立良，李元凯. Innovene 工艺与 Horizone 工艺的比较 [J]. 合成树脂及塑料，2015, 32(3): 77-81.

[142] 李建，周雪云，陈艺丹，等. TPO 防水卷材专用料 NS06 的开发和应用研究 [J]. 中国建筑防水，2020, 12: 1-3, 11.

[143] 丁海林. 采用 BCM 催化剂在 Horizone 工艺装置上开发软质聚丙烯 [J]. 合成树脂及塑料，2021, 38(4): 30-34.

[144] Ilhan I, Turan D, Gibson I, et al. Understanding the factors affecting the seal integrity in heat sealed flexible food packages: A review[J]. Packag Technol Sci, 2021, 34: 321-337.

[145] 赵唤群，王素玉，谷汉进. 低热封温度聚丙烯流延膜专用料的性能 [J]. 塑料工业，2017, 45(6): 127-129.

[146] 沈锋明，单国荣，王荣和，等. 镀铝三元共聚丙烯流延膜树脂组合物：CN109721856A[P]. 2019-05-07.

[147] 王素玉，钱鑫，张美玲. BOPP 热封膜专用聚丙烯 F5005B 的性能 [J]. 合成树脂及塑料，2021, 38(6): 36-38.

[148] 王春雷. 三元共聚聚丙烯产品及在包装中的应用 [J]. 塑料包装，2018, 28(1): 1-7, 11.

[149] 张璐，周豪，朱军，等. 乙丙丁三元共聚聚丙烯及其制备方法和应用：CN109265594B[P]. 2019-01-25.

[150] Brown R C, Balmer N L, Simpson L L. Gas phase polymerization process: US6306981B1[P]. 2001-10-23.

[151] 阳永荣，王靖岱. 乙烯气相聚合工艺研究与技术进展 [J]. 化学反应工程与工艺，2021, 37(1): 73-88.

[152] Dechellis M L, Griffin J R. Process for polymerizing monomers in fluidized beds: US5352749A[P]. 1994-10-04.

[153] Jenkins I J M, Jones R L, Jones T M, et al. Method for fluidized bed polymerization: US4588790A[P]. 1986-05-13.

[154] Bernier R J N, Boysen R L, Brown R C, et al. Gas phase polymerization process: US5453471B1[P]. 1999-02-09.

[155] Dechellis M L, Griffin J R, Muhle M E. Process for polymerizing monomers in fluidized beds: EP970970A2[P]. 2000-01-12.

[156] Chinh J C, Filippelli M C H, Newton D. Polymerization process: US5668228A[P]. 1997-09-16.

[157] Albunia A R, Prades F, Jeremic D. Multimodal polymers with supported catalysts design and production: Design and production[M]. Switzerland: Springer, 2019: 255.

[158] Cliff R M, Timothy R L. Biomodal polymerization catalysts: US11078306B2[P]. 2021-08-03.

[159] 崔立娟，赵增辉，王国强，等. Z-N 催化剂的制备方法：CN105732853B[P]. 2019-04-09.

[160] 刘东兵，王洪涛，邱波，等. 用于制备双峰或宽分布聚乙烯的催化剂体系及其应用：CN101280031B[P]. 2010-05-19.

[161] 张乐天，张振飞，肖明威，等. 用于生产宽分子量分布聚乙烯的复合催化剂及制法和应用：CN102887967B[P]. 2015-03-18.

第六章

本体聚合工艺及其高性能产品

本体聚合是指不加溶剂或分散介质，也没有分散剂或乳化剂，在光、热、引发剂或催化剂作用下，单体本身的聚合反应。因此，工艺过程简单，聚合物纯度高。业界通常将本体聚合进一步限定为液相或超临界流体状态下的单体聚合。根据聚合物是否溶于单体中，又进一步分为均相聚合和非均相聚合（或沉淀聚合）。合成树脂生产过程聚苯乙烯、聚甲基丙烯酸甲酯等大多采用均相本体聚合，而绝大多数聚丙烯和少量聚氯乙烯等为非均相本体聚合[1]。

第一节
丙烯液相本体聚合工艺

聚丙烯的工艺技术随着催化剂技术的进步而不断进步。自蒙特卡提尼（Montecatini）公司于 1957 年在意大利的费拉拉（Ferrara）建成了世界上第一套6000 吨 / 年的间歇式聚丙烯装置以来，聚丙烯工业发展迅速。

最初的催化剂活性低、立构定向性差，因而人们以己烷、庚烷等惰性烃类为溶剂，在聚合釜内间歇或连续制备聚丙烯。工艺上，需要进行聚合物的脱灰和脱无规物处理。1964 年以前，大多采用此种工艺生产聚丙烯。这一时期，还开发了溶液法工艺，将丙烯、溶剂和催化剂在几台串联的反应器中于 160 ~ 170℃和3.0 ~ 7.0MPa 的高温高压下聚合，聚合物全部溶解在溶剂中，聚合物溶液闪蒸后除去未反应的单体，再加入溶剂溶解过滤，除去固体催化剂，冷却后析出等规聚合物，然后离心分离出聚合物和无规物溶液。美国伊斯曼（EASTMAN）公司长期以来拥有世界上仅有的一套等规聚丙烯生产用溶液聚合装置[2]。

1964 年，美国达特（DART）公司的雷克萨尔（REXALL）分公司首先采用第一代催化剂及釜式反应器开始液相本体法聚丙烯生产工艺。将催化剂直接分散在液相丙烯中进行聚合反应，聚合物以细颗粒状悬浮在液相丙烯中。随着反应时间的延长，聚合物在液相丙烯中的浓度增高。当丙烯转化率达到一定程度时，经闪蒸回收未聚合的丙烯单体，即得到聚丙烯粉料产品。这是一种比较简单和先进的聚丙烯生产方法，省去了惰性溶剂的回收，但受催化剂水平的限制，仍需脱灰和脱无规物。此阶段，原美国菲利普斯（Phillips）公司首先采用环管式反应器用于聚丙烯生产，最先开发了环管聚丙烯工艺[3]。

随着以特定方式利用络合剂制备基于 $TiCl_3$ 的催化剂 $[TiCl_3 \cdot R_2O \cdot Al(C_2H_5)_2Cl]$ 技术的出现，所得催化剂具有较大的比表面积、较高的活性以及较高的立构定向性。聚丙烯生产中不再需要脱灰和脱无规物，工艺过程大为简化。同期，德国巴斯夫（BASF）公司和原美国联合碳化物（UCC）公司还开发了气相法工艺，在流化床反应器中进行聚合反应，气相丙烯外循环，经换热器换热以撤除反应热。气相法聚合反应器的开发，使得抗冲共聚产品的生产成为可能。

现代的聚丙烯工艺通常具备丙烯均聚物、无规共聚物以及多相共聚物（抗冲共聚物）产品的生产能力。由于抗冲共聚物中乙丙橡胶相的生产需要在气相反应器中进行，各种工艺都是一样的，因此业界通常根据均聚或无规共聚阶段聚合反应器的种类将其划为液相本体工艺或气相法工艺。根据液相本体聚合反应器种类的不同，又将其分为环管工艺（即采用环管为聚合反应器）和釜式工艺（即采用连续搅拌釜为聚合反应器）。采用环管反应器的聚丙烯工艺种类很多，如利安德巴塞尔（LyondellBasell）公司的 Spheripol 工艺、中国石化的 ST 工艺、三井化学的 Hypol-Ⅱ工艺、埃克森美孚公司（ExxonMobil）的 EM 工艺等。釜式工艺以三井化学公司的 Hypol-Ⅰ为代表，由于单位体积撤热能力低、产能受限、设备制造成本高等方面的不足，此类工艺近年来鲜有进步，三井化学公司的新一代工艺已将本体聚合反应器升级为环管反应器。

一、釜式工艺

业界一直以来将雷克萨尔公司于 20 世纪 60 年代开发的 Rexene 工艺看作最早的连续本体釜式工艺。该工艺由于丙烯进料中含有 10% ～ 30% 的丙烷，实际上是介于淤浆法和液相本体工艺之间的生产工艺。早期使用第一代 Ziegler-Natta 催化剂，需要脱灰和脱无规物。后来，该公司与美国 EI Paso 公司组成联合塑料公司，采用 Montedison-MPC 公司的高活性、高立构定向性催化剂，取消了脱灰和脱无规物步骤，并且以高纯度液相丙烯为原料，形成了现代釜式聚合工艺的雏形。日本住友（Sumitomo）化学公司在 Rexall 本体法基础上也开发了住友本体法工艺。住友本体法工艺包括了除去无规物及催化剂残渣的一些措施，因此还被用于制备诸如电容器膜原料等的超纯聚合物。

20 世纪 80 年代，MPC 公司相继开发出高活性、高立构定向性、长寿命 TK-1 和 TK-2 催化剂，适用于无需脱灰、无需脱无规物的本体法聚合工艺。MPC 公司也因此发展了基于其催化剂的液相本体与气相法相结合的聚丙烯工艺——Hypol 工艺。即采用一个或两个液相聚合釜和一个气相釜串联生产均聚、无规共聚产品，再串联一个气相流化床反应器来生产抗冲共聚物。Hypol 工艺典型的流程设计是：催化剂在以己烷为溶剂的搅拌釜中，在较低温度下间歇批次进行丙烯预聚合处理，预聚倍数通常在 6 倍以下。预聚后的催化剂浆液提浓后进入聚合反应器。第一和第二聚合反应器均为连续搅拌釜，进行丙烯均聚或无规共聚，聚合热通过反应器夹套水和液相丙烯的蒸发冷凝带走。从液相釜出来的聚合物浆液进入第三个反应器，此反应器为带底搅拌、有扩大段的气相反应器，仍进行丙烯均聚或无规共聚。从液相釜进入气相反应器过程中，聚合物浆液经过高压闪蒸，蒸发后的丙烯气体一部分从气相反应器底部进入反应器，使聚合物在此气相反应器呈流化状态，同时控制聚合反应的温度使其保持恒定。另一部分丙烯气体经冷凝后循环回到前两个液相反应器，继续聚合。因而在前三个反应器间，丙烯的内循环量较大。串联的第四反应器也是带底搅拌气相反应器，进行多相共聚物中乙丙橡胶相的生产。之后是聚合物脱活、干燥环节。后期，根据催化剂的衰减情况，大部分Hypol-Ⅰ工艺将两个液相本体釜简化为一个。Hypol-Ⅰ工艺聚丙烯流程如图 6-1 所示。

Hypol-Ⅰ工艺受反应器体积的限制，装置规模不能做得很大，单线规模通常在 10 万吨/年以下。反应器间的单体内循环以及大量动设备的使用也使得装置的能耗、物耗指标较高。因而正逐步被淘汰。

我国为消化炼油厂副产的丙烯原料，在攻克了原料净化技术的基础上，开发了独具特色的间歇法小本体聚丙烯工艺。反应所需的丙烯原料、催化剂、助催化剂、外给电子体以及氢气一次性加入聚合反应器中，控制升至 70℃ 的反应温度，并维持到尽可能多地消耗所加入的丙烯原料。之后，卸料至一个闪蒸罐，回收未反应的丙烯单体，排出聚合物粉料。装置早先采用络合型催化剂，现已普遍升级为第四代高活性催化剂。装置流程极简单，因而投资极少，在我国聚丙烯行业中占有一席之地，产能超过 130 万吨/年。受单位体积撤热面积所限，反应器的体积通常在 12m³ 左右，产能为约 5000 吨/（年·条）生产线。

近年来，业界也在推进间歇法小本体装置的连续化改造，所采取的路线是在本体聚合釜后，增加一台卧式搅拌床气相反应器。在本体聚合釜前增加催化剂的预聚合反应器。如此，可以实现产能的提升、产品均一性的改善。多数装置改造后仍以粉料产品出厂。

二、环管工艺

环管反应器和环管聚丙烯工艺由原美国菲利普斯公司最先开发，后经原意大利海蒙特公司结合其球形催化剂发展完善，目前已成为最为主流的聚丙烯生产工艺。该工艺中独特的环管反应器，实质上是一个首尾相连的带有换热夹套的管式换热器，在空间上折叠成 4 根或 6 根立管，首尾相联处是一台轴流循环泵。采用环管作为丙烯聚合反应器具有以下优势：①单位体积传热面积大（约为 6.5m²/m³），传热系数高 [约为 $3.35 \sim 4.19$ MJ/（m²·℃·h）]，这使得反应温度控制易于平稳。②反应器没有气相空间，时-空产率高，可达 400kgPP/（h·m³）。③丙烯单程转化率高，为 55%～60%，反应器内固体含量可高达 70%（质量分数）。④反应器几乎不会产生块料，这是因为环管反应器内的浆液用循环泵输送，

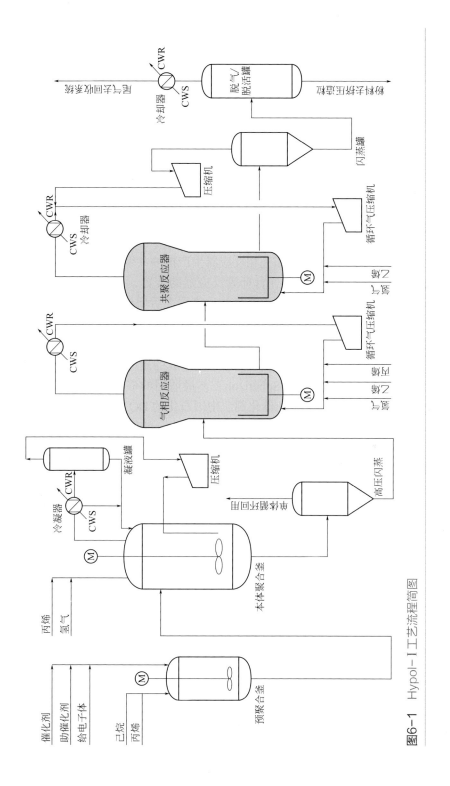

图6-1 Hypol-Ⅰ工艺流程简图

流速快，约为 7m/s，形成强湍流，减少了滞留层的结果。⑤投资相对较少。反应器结构简单，管径小（通常为 DN600mm），较高设计压力时，管壁也较薄，因而反应器投资少。此外，反应器本身可作为装置框架的支柱，简化了框架结构设计，降低了投资。⑥易于实现反应器的扩能改造。当需要增加反应器体积时，只需增加一部分直管段即可。

目前，环管工艺的主流设置是，采用一个或两个环管反应器生产丙烯均聚或无规共聚物，在此基础上增加一个气相反应器生产抗冲共聚物。主要的工艺类型有 Phillips 工艺、利安德巴塞尔公司的 Spheripol 工艺、北欧化工公司的 Bostar 工艺、埃克森美孚公司的 EM 工艺、中国石化的 ST 工艺及三井化学的 Hypol-II 工艺。建成装置以采用 Spheripol 工艺的占比最大。

标准版 Spheripol 工艺采用两个串联的环管反应器生产丙烯均聚物和无规共聚物，再串联一个密相搅拌床气相反应器生产抗冲共聚物，其流程如图 6-2 所示。也可在此基础上简化为仅有一台环管反应器的装置，仅生产均聚及无规共聚产品，大幅降低装置投资。也可以在气相反应器之后增加第二气相反应器，以调整不同的气相反应组成，在更宽范围内调控多相聚丙烯的相结构，以获得差别化的产品性能。Spheripol 工艺于 1982 年首次工业化，是迄今最成功、应用最广泛的聚丙烯工艺技术。全球采用 Spheripol 工艺建成的聚丙烯装置超过 100 套，总生产能力超过 2000 万吨 / 年。Spherizol 工艺最适用的催化剂是球形催化剂，如利安德巴塞尔公司的 Avant 系列催化剂、中国石化的 DQ 系列催化剂等。

Spheripol 工艺典型工艺流程如下：催化剂、助催化剂（烷基铝）以及外给电子体（硅烷）先进行预络合，以充分活化催化剂上的活性中心点。预络合的物料在丙烯携带下进入小环管反应器中进行预聚合。预聚合停留时间 6min 以上，聚合温度 12℃以上，目的是为了在球形催化剂内聚合一定量的聚丙烯，这种在较缓和条件下进行的反应，反应速率低，放热速率也低，从而避免了因初始状态下，活性中心点过于密集而导致的聚合热无法传出，进而引起的催化剂破碎。预络合和连续本体高倍预聚合环节可有效减少聚合物中的细粉含量，是 Spheripol 工艺的特色。经过预聚合处理后的催化剂浆液进入第一环管反应器，聚合物浆液连续从第一环管反应器底部排至第二环管反应器，单体丙烯、共聚单体以及作为分子量调节剂的氢气加入至环管反应器。第一、二环管反应器内的淤浆浓度均保持在约 55%，聚合温度为 70 ～ 80℃，压力为 3.4 ～ 4.0MPa。反应热主要靠环管夹套水撤出。从环管反应器出来的聚合物浆液先进行高压闪蒸，脱除大部分未反应的丙烯，然后进行低压闪蒸。高压闪蒸操作条件为 1.6 ～ 1.8MPa，此条件下，气相的丙烯经循环水冷凝后用泵循环回丙烯储罐，用于聚合。闪蒸罐出料的聚合物颗粒进入带搅拌的密相流化床反应器进行抗冲共聚物中橡胶相的生产。气相反应器温度为 70 ～ 85℃，操作压力为 1.0 ～ 1.5MPa。从气相反应器出来的聚合物

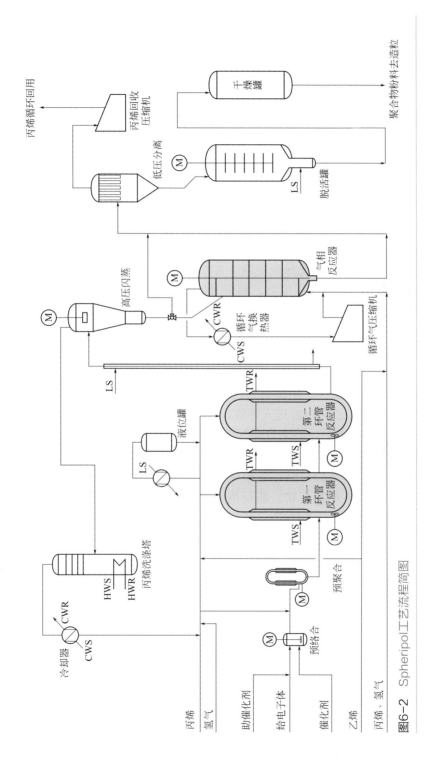

图6-2 Spheripol工艺流程简图

颗粒依次经过汽蒸罐脱活、干燥罐干燥后送至挤压造粒。

Spheripol 工艺的技术进展有：①提高环管操作压力至 4.5MPa，允许环管内更高的氢气浓度和操作温度；②取消气相反应器机械搅拌器，增加扩大段；③不断引入新催化剂，如以二醚类化合物、琥珀酸类化合物为内给电子体的催化剂，以及可在现有装置上直接应用的负载茂金属催化剂等；④装置进一步大型化，已有 60 万吨/年的装置建成，环管反应器直径进一步扩大；⑤对于高压闪蒸及随后的丙烯洗涤塔进一步优化，可以省去丙烯洗涤环节，以节约装置建设和操作成本；⑥基于该装置的不断差别化、高性能化产品制备技术开发。

北欧化工、埃克森美孚等公司在引进 Spheripol 工艺的同时，结合各自的催化剂技术、产品技术以及工艺工程技术对工艺上一些环节做了改进，并形成自己独特的环管聚丙烯工艺。北欧化工公司将环管反应器的操作条件提升至丙烯临界条件附近，这有利于需要高氢气浓度的牌号的生产。同时将第二反应器改为有"大脑袋"扩大段的流化床反应器。去除了高压闪蒸分离过程，环管出料的聚合物浆液直接进入流化床反应器，利用丙烯气化带走部分反应热。将用于橡胶相生产的带搅拌密相气相反应器也改为有"大脑袋"扩大段的流化床反应器。这些改动加上北欧化工特有的高温高活性、高立构定向性 BC 系列催化剂，以及双峰工艺和产品技术，形成了 Borstar 聚丙烯工艺。

Borstar 工艺典型流程如下：在一个小型环管反应器中通入催化剂、助催化剂和丙烯进行预聚合。预聚物与丙烯和氢气一起进料到环管反应器中。当生产无规共聚物时，乙烯也被送入环管反应器。环管反应器通常在 80～100℃和约 5.0～6.0MPa 下运行。将来自环管反应器的浆液直接进料至第一气相反应器，继续制备另外的均聚物（或无规共聚物）。第一气相反应器操作温度为 80～90℃，操作压力为 2.0～2.5MPa。气相反应器出来的颗粒连续出料至第二气相反应器，用于生产抗冲共聚物。该反应器操作压力低于第一气相反应器，通常为 75～90℃和约 1.5～2.5MPa。气相反应器出料至闪蒸分离罐，分离出的未反应单体进精馏塔分离，回收单体丙烯和氢气则分别循环回反应系统。经闪蒸分离后的聚合物进入脱气仓，通入氮气和蒸汽处理，产品用闭路氮气气流输送至挤压造粒单元。目前 Borstar 工艺仅限于北欧化工和其合资公司使用，不对外许可技术。截至目前，全球共计 4 套 Borstar 聚丙烯装置。Borstar 工艺过程如图 6-3 所示。

埃克森美孚公司在 Spheripol 工艺基础上，将用于生产橡胶相的带搅拌气相反应器也改为有"大脑袋"扩大段的流化床反应器，取消了搅拌器。同时根据所使用的催化剂对设备的运行参数进行了重新设计，可以适用于各种不同颗粒形态的催化剂，结合其工程技术、产品技术，形成了 EM 聚丙烯工艺。EM 工艺目前也进行较大量的茂金属产品生产。

三井化学公司在 1997 年推出了 Hypol-Ⅱ工艺，用环管反应器替代了原釜式

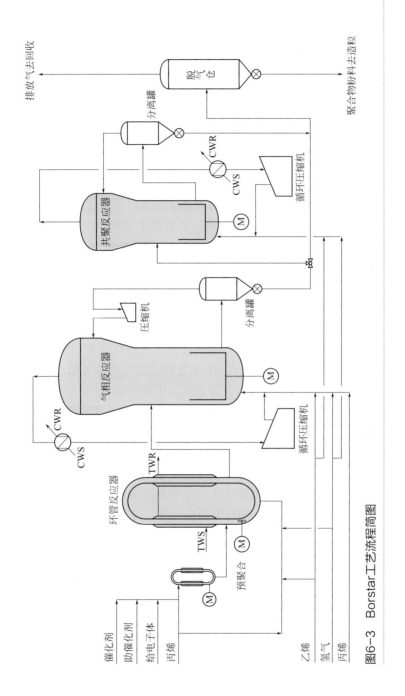

图6-3 Borstar工艺流程简图

反应器。除采用原 Hypol 工艺中的气相反应器设计外，其余系统与 Spheripol 工艺几乎完全相同。Hypol-II 使用后来开发的球形 TK 系列催化剂，目前全球建成 5 套 Hypol-II 聚丙烯工艺装置。

中国石化的环管聚丙烯工艺也是在引进、再创新的基础上逐步发展起来的。20 世纪 90 年代末，为解决国内炼厂丙烯资源的出路问题，结合中国石化北京化工研究院（以下简称北京化工研究院）原创的 N 型催化剂技术，开发了第一代 ST 工艺，并于 1998—1999 年间在长岭、济南、九江等地建成 7 套 7 万吨 / 年生产装置。第一代 ST 工艺只有单环管反应器，以生产均聚聚丙烯为目标。解决了当年国内没有连续法聚丙烯工业技术的问题。

1999 年之后，结合北京化工研究院的 DQ 催化剂技术，本书作者团队在环管聚丙烯中试技术研发的基础上，与工程建设公司等单位一起开始了中国石化第二代 ST 技术的攻关。第一套 20 万吨 / 年装置于 2002 年在上海石化建成。第二代 ST 技术包括两台串联的环管反应器和一个密相搅拌床气相反应器。可以生产均聚、无规共聚、抗冲共聚全系列的产品。在催化剂预络合、预聚合以及装备国产化方面有较多技术进步，也针对国内市场进行了系列树脂产品的开发。第二代 ST 技术目前建成的最大规模装置为 45 万吨 / 年。

2011 年起，为了满足国内日渐增长的高性能聚丙烯树脂产品需求，本书作者团队结合北京化工研究院树脂产品及聚合工艺研究成果，又开启了中国石化第三代 ST 工艺技术的开发。第三代 ST 工艺技术以非对称外给电子体和丙烯 /1- 丁烯二元无规共聚技术为基础，结合非邻苯二甲酸酯催化剂、超细粉末橡胶辅助分散的助剂技术以及相应的聚合物产品技术等，形成了成套技术 [4]，于 2013 年在中韩石化建成首套装置。第三代 ST 工艺的特色产品包括反应器直接制备的系列高熔体强度聚丙烯，可以用发泡、挤吹等加工，以及低析出物、高刚性的无规共聚系列产品，材料在食品、药品接触方面应用的安全性大幅提升。此外，在挤出、膜料、注塑等应用方面也推出了一系列新产品牌号。

目前，本书作者团队正在进行中国石化新一代 ST 工艺聚丙烯技术开发。继第三代技术在均聚、无规共聚产品技术上突破之后，新一代 ST 工艺主要目标是抗冲共聚工艺及产品技术的突破。于 2022 年在海南炼化建成首套 30 万吨 / 年装置。

第二节
本体法聚丙烯工艺的高性能产品开发

本体法聚丙烯工艺的产品开发主要是基于对树脂结构与性能关系认识和催化

剂及聚合工艺技术的创新而实现的。

一、基于高性能催化剂的产品开发

1．低灰分聚丙烯

聚丙烯灰分是指在高温（850±50）℃灼烧后，聚丙烯样品中不能挥发而残留下来的物质。低灰分聚丙烯是指灰分含量在 0.005% 以内的聚丙烯产品[5]。灰分含量过高，将影响聚丙烯产品部分性能和应用。灰分主要来源于主催化剂/助催化剂的残余、原料中的杂质、添加剂中的不可燃烧物质和杂质，以及包装、运输过程混入的杂质等[6]。

低灰分聚丙烯灰分含量低，尤其是金属元素残留低，主要应用在电池隔膜材料、电容器隔膜料等介电材料领域，在超透、婴幼儿用品、家居电器等领域也有一定应用。介电材料是低灰分聚丙烯主要应用领域，消费占比达到93%，其中以电池隔膜料和电容器膜料消费为主[7]。

聚丙烯灰分来源广泛，低灰分聚丙烯生产难度大。从全球范围内看，低灰分聚丙烯供应集中度极高，主要来源于北欧化工、大韩油化、新加坡 TPC 三家企业，三家企业合计供应量约占全球供应量的 92%。我国电容器膜用低灰分聚丙烯供应几乎全来源于以上三家企业，占比达到 98%。进口电容器膜用聚丙烯树脂的牌号及生产商列于表 6-1。

表6-1　进口电容器膜用聚丙烯树脂牌号及生产商

生产商	牌号
大韩油化	S801, 5014L HPT, 5014L HPT-1
北欧化工	HC300BF, HC312BF, HC314BF, HC318BF
新加坡TPC公司	FS3028, FS3029

北欧化工的超低灰分聚丙烯树脂，不含抗静电和成核添加剂，纯度高，刚性、可加工性和热稳定性良好，其中 HC300BF 用于生产金属化膜，HC312BF 用于生产粗化膜，HC314BF 用于生产电气/电子应用领域的薄膜，HC318BF 用于生产电气元件的薄膜。大韩油化的超低灰分聚丙烯树脂 S801，具有低灰分、高刚性的特点，主要用于生产锂电池隔膜；5014L HPT/HPT-1，特点是低灰分、耐热、耐高电压击穿，加工性能好等，可以用作金属化膜；新加坡 TPC 公司的低灰分聚丙烯树脂 FS3028 主要用于生产金属化膜，FS3029 用于生产粗化膜等。据介绍，国外的低灰分聚丙烯主要通过生产工艺中的脱灰处理工序实现[8]。

目前我国仅个别企业具备超低灰分聚丙烯规模化生产能力，市场供应以进口为主。国内低灰分聚丙烯主要生产企业是中国石化中原石化，此外中国石化上海石化、中国石油独子山石化、中国石油兰州石化等也报道了相应的产品。中原石化开发的产品市场认可度较高，其年产量超过 5000 吨[9]。

　　与国外大公司（北欧化工、大韩油化、新加坡 TPC）采用传统的脱灰工艺生产方式不同，中国石化中原石化[8]和中国石化上海石化[10]是通过直接聚合法生产超低灰分聚丙烯树脂的。其关键技术为北京化工研究院开发的 HA 及 HAR 高活性催化剂。与传统 Ziegler-Natta 催化剂相比，HA 催化剂活性高达 2.0×10^5 g 聚丙烯/g 催化剂。HA 催化剂对原料中杂质相对不敏感，可以在低烷基铝浓度下保持很高的聚合活性，同时其还具有活性衰减慢及较高的立构定向性等特点。因此可以在较低的助催化剂烷基铝和外给电子体硅烷用量下聚合得到高等规聚丙烯树脂，商业化生产的聚丙烯树脂同时具备超低灰分（＜30mg/kg）和高等规度的特点。其典型性能对比如表 6-2 所列。

表6-2　中原石化等企业低灰分聚丙烯的典型指标

项目	5014L HPT	5014L HPT-1	HC312BF	PPH-FC03
熔体流动速率/（g/10min）	3.2	3.2	3.2	3.4
密度/（kg/L）	0.9	0.9	0.9	0.9
介电常数	2.25	2.25	2.25	2.22
熔点/℃	162～165	165～168	161～165	161～165
Al 含量/（mg/kg）	2～4	2～4	2～4	6～8
Cl 含量/（mg/kg）	1～3	1～3	1～3	2～4
灰分/（mg/kg）	10～20	10～20	10～20	30～50
等规指数（质量分数）/%	96	98	96	98

　　从表 6-2 可看出，与工艺脱挥技术生产的树脂相比，中原石化生产的 PPH-FC03 熔体流动速率、介电常数、熔点、立构规整性都达到了相当高的水平，灰分略高。虽然灰分含量比工艺脱挥电工薄膜专用聚丙烯稍高，但因其等规度高，耐热性能好，电容器膜、锂电池隔膜应用的情况表明其性能可达同等的效果，已得到了国内电容膜及电容器生产商的认可。

2. 无塑化剂聚丙烯

　　聚丙烯是最重要的合成树脂之一，具有无毒、无味、刚性好、抗冲击强度高、密度低、耐化学腐蚀等特点，可用于制作编制制品、注塑制品、薄膜、板材、管材等，广泛应用于包装、汽车、家电、建材、日用品等各个领域。我国是世界上最大的聚丙烯生产国和消费国，2020 年总产能 2816 万吨，约占全球总产量的 31.1%；表观消费量为 2971 万吨。

　　聚丙烯生产过程所用的催化剂，与大多数催化过程中使用的催化剂不同，是作为痕量的残余物残留在聚丙烯树脂中的，因催化剂活性高，残余量少，故现代的聚丙烯工艺中均不再做脱除处理[11]。目前，工业上普遍使用的聚丙烯催化剂是第四代 Ziegler-Natta 催化剂，主要由载体 $MgCl_2$、活性中心组分 $TiCl_4$ 和内给电子体邻苯二甲酸酯等组成[12]。近年来，邻苯二甲酸酯类化合物作为塑化剂类物质，对人类健康的潜在危害受到越来越多的关注。欧盟、美国和日本等发达国家和地区严加限制塑料制品中塑化剂的使用[13]。我国于 2008 年颁布了国家标准《食品容器、包装材料用添加剂使用卫生标准（GB 9685—2008）》，明确规定邻苯二甲酸二正丁酯在塑料制品中的特定迁移量或最大残留量为 0.3mg/kg，并规定含此类物质的塑料制品只能用于接触非油脂类食品，不得用于婴幼儿食品包装材料。因此，随着世界各国环保意识的不断提高和对健康安全的日益重视，对于聚丙烯这种产能巨大、与人类日常生活密切相关的通用塑料产品，研发非邻苯二甲酸酯类化合物的新型内给电子体聚丙烯催化剂，进而开发彻底不含塑化剂类物质的聚丙烯产品，是聚丙烯行业技术开发的一个重要方向[14-18]。

北京化工研究院从 1997 年开始，探索非邻苯二甲酸酯类的化合物用作内给电子体，并期望获得理想的聚合性能。于 2002 年首先发明了特殊结构多元醇酯化合物和以其为内给电子体的聚烯烃催化剂的专利，形成了本技术的核心专利[18]。一般认为，双官能团化合物中两个给电子的原子之间不应相隔太多的原子，否则起不到协同的作用。同时也发现两个供电子的原子之间的距离在 3Å 左右效果较好。二元醇形成的酯化合物中两个羰基氧之间至少相隔 6 个原子，且间距大。因此，人们的注意力集中在如 1,3- 二醚或多元酸酯化合物上，普遍认为多元醇酯没有研究价值。北京化工研究院发明的以 1,3- 二醇制备的多元醇酯，尽管其形成酯的两个羰基氧之间相隔 7 个原子，两个供电子羰基氧的最可几距离也超过 5Å，通过优化所用的有机酸化合物及其各个位置上的取代基，发明了多元醇酯内给电子体技术，取得了化合物（结构式见图 6-4）及应用专利[19]。化合物中不同的取代基对催化剂的氢调敏感性、活性、聚合物分子量分布有着较大的影响。

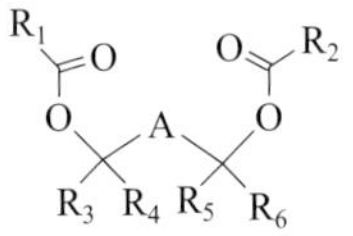

图6-4
二元醇酯化合物结构式

基于内给电子体技术的不断深耕，北京化工研究院已成功开发了系列不含塑化剂的催化剂及无塑化剂聚丙烯树脂产品。不含塑化剂的催化剂包括基于颗粒形载体的 BCND、BCZ-208、BCZ-308 系列，基于球形载体的 HA、HAR、HR 等 H 系列，以及基于类球形载体的 BCM-300、BCM-400、BCM-500 等 BCM 系列等，适合各类聚丙烯工艺上的应用。

近年来，北京化工研究院应用上述非塑化剂催化剂在环管聚丙烯等工艺类型装置上成功开发了包括 PPH-MN60、PPH-MN70、PPH-MN90B 等薄壁注塑专用料，材料表现出高等规度、高刚性的特点，如表 6-3 所列；PPH-Y35、PPH-Y35X、N40V 等聚丙烯无纺布专用料，材料典型的性能列于表 6-4；PPR-MT20B、PPR-MT40B、PPB-MT25-S 等注塑透明聚丙烯专用料等系列产品，产品典型的性能列于表 6-5。催化剂更优的立构定向性、氢调敏感性、后期活性以及更少的低聚物产出，对于此类产品的生产更具优势。

表6-3　采用中国石化非塑化剂催化剂生产的薄壁注塑产品典型性能

样品名称	MFR/（10g/10min）	弯曲模量/MPa	冲击强度/（kJ/m²）	气味等级
MN60	62	2103	1.9	3.0
MN70	71	2125	1.8	3.0
MN90B	98	2089	1.6	3.0

表6-4　采用中国石化非塑化剂催化剂生产的聚丙烯无纺布专用料典型性能

样品名称	MFR/（10g/10min）	拉伸模量/MPa	拉伸强度/MPa	断裂伸长率/%	灰分/%
PPH-Y35	36	1360	33.1	505	0.014
PPH-Y35X	35	1380	32.8	515	0.012
N40V	40	1350	33.0	490	0.014

表6-5　采用中国石化非塑化剂催化剂生产的透明注塑产品典型性能

样品名称	MFR/（10g/10min）	拉伸强度/MPa	弯曲模量/MPa	简支梁缺口冲击强度/（kJ/m²）	雾度/%
PPR-MT20B	20	30.2	1310	4.5	10.5
PPR-MT40B	41	31.0	1360	3.6	11.0
PPB-MT25-S	24	22.8	890	9.5	13.1

二、非对称外给电子体技术及高性能产品开发

1．非对称外给电子体技术

采用 Ziegler-Natta 催化剂进行丙烯聚合时，通常使用硅氧烷类化合物作为外给电子体以获得理想的立构定向性和活性。不同种类和用量的外给电子体对催化剂体系的立构定向性、催化活性、动力学行为、共聚性能以及链转移剂（氢气）敏感性有着悬殊的影响[2,20]。

单一外给电子体的作用效果取决于其化学结构[21]。为了实现聚合物产品性能优化或聚合过程稳定控制的目标，外给电子体复合使用技术被广泛采用。业界

通常将两种以上不同作用效果的外给电子体按一定比例复合后，与主催化剂、助催化剂络合反应，生成具有催化活性的聚合活性中心（即过渡金属烷基化过程），催化丙烯的聚合反应[22-24]。由于不同化合物给电子能力不同，复合外给电子体的作用效果通常取决于络合能力强的化合物。

聚丙烯的性能在很大程度上取决于其分子链的结构，特殊的性能提升需要特定的分子链结构调控，而在很多时候，采用单一外给电子体或简单的混合外给电子体是无法实现的。本书作者团队发明了非对称外给电子体（asymmetric external donor feeding，ASD）技术[25]，即在聚合过程的不同阶段，加入不同量或不同种类的外给电子体，以获得各聚合阶段不同的催化剂体系性能，结合反应介质组成等工艺条件的控制，可实现理想分子结构聚丙烯组合物的制备[26]。此项发明获2012年国家技术发明二等奖。

ASD技术在环管工艺聚丙烯装置上具体运用的实例如图6-5所示。第一外给电子体随烷基铝加入预络合反应器内，与助剂烷基铝、主催化剂预络合，得到一种催化性能的催化剂。该催化剂经预聚合后在第一环管反应器生产一种目标聚丙烯组分。在第二环管反应器内加入第二外给电子体，第二外给电子体与第一外给电子体相同或不同，与主催化剂进一步络合反应后，改变了催化剂的特性。由此，第二反应器内可以得到基于改变了催化性能的催化剂所得的第二目标聚丙烯组分。基于此，通过在线的催化剂性能调控，结合工艺条件优化，可以在更宽范围、更准确地控制聚丙烯的组成及链结构，进而实现树脂产品的高性能化。

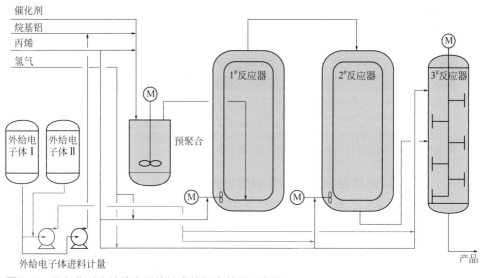

图6-5 具有非对称外给电子体技术的聚合装置示意图

2. 高性能 BOPP 薄膜

通常聚丙烯中不同分子量组分的立构规整性是不同的，这由 Ziegler-Natta 催化剂的固有特性所决定[27]。Ziegler-Natta 催化剂具有多活性中心的特点，一般而言，氢气调节敏感性好，易于发生链转移；所得聚丙烯分子量较小的活性中心，往往是定向性能较差的活性中心，相应所得聚丙烯的等规度低。反之生成大分子部分的活性中心也是定向性能高的活性中心。因而采用 Ziegler-Natta 催化剂所生产的聚丙烯树脂具有大分子部分等规度高、小分子部分等规度低的特点[28]。这与理想的聚丙烯树脂等规度分布需求是相反的。

对于双向拉伸聚丙烯（BOPP）薄膜而言，大分子高等规部分将产生厚片晶，其结晶起始温度高、结晶速率快、易形成较大的球晶，因此大分子高等规聚丙烯分子链会导致薄膜"细颈"、薄膜厚度不均匀、雾度大、成膜性差等。同时小分子低等规部分，其结晶度小，易造成薄膜冲击强度下降，脆折度高、光学性能变差等。

采用 ASD 技术，分别向两个环管反应器中加入不同量的外给电子体，可得到大分子链段等规度较低、小分子链段等规度较高的聚丙烯，如表6-6所示。采用该方法制备的高性能 BOPP 膜料，正庚烷可萃取物减少，可改善其片晶厚度的均匀性，因无厚片晶存在，生产 BOPP 薄膜时，不易破膜、无晶点，透光率高，如表 6-7 所示。此外，正庚烷可萃取物含量减少，低分子量组分、低等规物的含量减少，因而可析出物减少，薄膜的表面状况得到改善、挺度提高[29]。

表6-6　采用非对称外给电子体控制聚丙烯等规度分布

项目	聚合条件						聚丙烯			
	[H₂] / (μL/L)		Al/Si（质量分数）/%		等规度（质量分数）/%		¹³C NMR			
							1#环管		2#环管	
	1#环管	2#环管	1#环管	2#环管	1#环管	2#环管	N_m	[mmmm]	N_m	[mmmm]
传统技术	180	2900	20	—	97.8	96.6	43.6	86.7	43.2	86.3
ASD	200	2860	40	10	96.3	96.7	31.1	82.3	36.8	84.7

注：[H₂]指反应器进料中的氢气体积浓度；Al/Si 指助催化剂三乙基铝与外给电子体（硅烷）进料量之比；N_m 为平均等规序列长度；[mmmm]为全同五单元组含量。

3. 反应器直接制备高熔体强度聚丙烯

聚丙烯树脂分子为直链结构，无长链支化，分子量分布也不够宽，因而熔体强度较低，限制了其在发泡、热成型、挤出涂布等领域的应用，无法进行高倍率发泡、大容积制品的热成型加工、吹塑成型等[30]。

生产高熔体强度聚丙烯方法主要有[31]：①共混法，即用普通的聚丙烯树脂与一定量的 LDPE 等具有长支链结构的聚烯烃材料共混，获得熔体强度提高的效果，主要用于涂覆和化学微发泡片材的原料生产。②化学支化法，即通过在聚丙烯中添加过氧化物和其他多功能反应单体，在挤压机内反应生成长支链聚丙烯，从而提高聚丙烯的熔体强度。③辐照交联法，即选择合适的辐射源和剂量辐照聚丙烯，使聚丙烯分子链产生长链支化结构，从而提高聚丙烯的熔体强度。④直接聚合生产高熔体强度聚丙烯，主要是利用其中大分子量组分所带来的高链缠结密度，获得高熔体强度的效果，较其他方法具有环境污染小、产品成本低、批次间稳定性好、其他化学物质残余少的特点，是业界技术开发的方向。

表6-7　BOPP专用料F03G和通用料T03的物性对比

项目	F03G质量指标	F03G实测值	T03实测值	测试标准
MFR/（g/10min）	3.20±0.30	3.18	3.00	GB/T 3682—2000
等规度（质量分数）/%	≥95.0	96.7	96.0	GB/T 2412—2008
灰分（质量分数）/%	≤0.030	0.015	0.030	GB/T 9345.1—2008
拉伸弹性模量/MPa	≥1100	1459	1320	GB/T 1040.2—2006
拉伸屈服应力/MPa	≥30.0	34.1	32.0	GB/T 1040.2—2006
断裂标称应变/%	≥200	561	550	GB/T 1040.2—2006
黄色指数	≤1.00	−3.06	−2.10	HG/T 3862—2006
薄膜雾度/%	<6.0	2.1	4.3	GB/T 2410—2008
薄膜"鱼眼"数/（个/1520cm²）				
≥0.8mm	≤3	2	4	GB/T 6595—1986
0.4～0.8mm	≤10	6	12	GB/T 6595—1986

聚丙烯中的超高分子量组分能提供其良好的机械性能和熔体强度。但高分子量聚丙烯的熔体流动性差，不利于加工成型。因而需要一定低分子量组分的宽分布聚丙烯。为获得宽分子量分布的聚丙烯，须在不同反应器内加入不同用量的分子量调节剂氢气。但由于存在单体链转移反应、循环丙烯中少量氢气存在等的影响，采用常规的催化剂体系，即便是在不加氢气的情况下，也很难得到含有大量超高分子量组分的宽分子量分布聚丙烯。

采用 ASD 技术，可以利用不同外给电子体对氢气调节敏感性的显著差异，在第一反应器内用对链转移剂不敏感的外给电子体，在较少或无氢气用量下制备超高分子量的组分；在第二反应器内加入对链转移剂敏感的外给电子体，在较多氢气用量下制备小分子量的组分，这样可以直接聚合得到含有大量超高分子量组分的极宽分子量分布聚丙烯树脂。在中试装置上 1# 环管用二环戊基二甲氧基硅烷，2# 环管用甲基环己基二甲氧基硅烷，并与只采用 1# 环管加甲基环己基二甲氧基硅烷的情况进行对比，聚合结果及聚合物性能列于表 6-8 和表 6-9。

表6-8　非对称外给电子体控制超高分子量聚丙烯含量

项目	$H_2/(\mu L/L)$		Al/Si（质量比）		特性黏数/（dL/g）		M_{500}（质量分数）/%	M_w/M_n
	1#环管	2#环管	1#环管	2#环管	1#环管	2#环管		
ASD	0	2100	19.0	9.4	5.98	3.43	1.86	15.0
对比	0	3400	19.0	—	4.15	3.18	0.81	7.8

注：表中 M_{500} 指分子量大于 500 万的组分的含量。

表6-9　含有大量超高分子量组分极宽分布聚丙烯的物性

项目	PI	拉伸强度/MPa	弯曲强度/MPa	弯曲模量/GPa	热变形温度（0.46kg负荷）/℃	冲击强度/（J/m）	
						常温	−20℃
ASD	15.00	40.2	57.0	2.2	116	40.2	19.1
对比	7.84	38.6	46.8	1.8	100	42.2	18.4

用 ASD 法制备的含有大量超高分子量组分的极宽分布聚丙烯树脂具有很高的熔体强度和刚性。采用熔体强度仪，在同样测试条件下，对比产品的熔体强度为 0.19N，而 ASD 法产品的熔体强度达到 0.45N。这种高熔体强度聚丙烯在物理发泡片材方面有良好的应用表现。从表 6-9 的数据还可以看出，树脂的弯曲模量由 1.8GPa 增加到 2.2GPa，达到了外加成核剂的效果。

采用 ASD 技术已在中国石化镇海炼化分公司应用，并开发了包括均聚、丙乙无规共聚、抗冲共聚在内的三类高熔体强度聚丙烯树脂牌号，其典型性能指标见表 6-10。

表6-10　均聚、丙乙无规共聚、抗冲共聚高熔体强度聚丙烯典型性能

测试项目	HMS20Z	E02ES	B00RS
熔体流动速率/（g/10min）	1.6	2.1	0.3
拉伸强度/MPa	36.3	28.2	23.5
断裂伸长率/%	104	466	>400
弯曲模量/GPa	1.80	0.97	0.85
简支梁缺口冲击强度/（kJ/m²）	5.3	8.7	77.0
熔体强度（230℃）/N	0.13	0.14	0.32

采用该技术生产的直接聚合法高熔体强度聚丙烯产品已大规模应用于聚丙烯发泡珠粒、发泡片材和板材、挤出厚板材、挤出吹塑中空制品、热成型以及吹膜等领域[32]。

HMS20Z 主要用于聚丙烯发泡珠粒、发泡片材、超厚板材、热成型等产品的挤出加工。E02ES、E07ES 主要用于聚丙烯发泡珠粒、模压法制备发泡聚丙烯板材、挤出吹塑成型及热成型等产品的加工制备。所制成的发泡板材进一步被用于新能源车的锂电池组间减振缓冲、5G 基站的防护罩、保温箱（车）等。B00RS 主要用于大型中空制品的吹塑加工，较之于 HDPE 吹塑成型制品，高熔体强度聚丙烯的制品具有耐热温度高、耐环境应力开裂性能好、耐化学腐蚀性好以及质量轻等特点。

4. 反应器直接制备高性能高抗冲聚丙烯

抗冲聚丙烯的抗冲性能取决于其中橡胶相链结构和形态的控制[2,33,34]。为了获得理想的粒径和包藏结构控制，需要控制橡胶相分子链上共聚单体的分布[35]。同时橡胶的分子量大小对于增韧效果影响也很大，通常需要较高的分子量。在生产高熔体流动性抗冲聚丙烯时，为了得到高熔体流动速度的均聚连续相（以获得理想的加工性能），在第一阶段均聚物生产时，需要大量的氢气，这会造成后期活性衰减加速，无法获得所需的乙丙共聚物。同时，一些共聚性能好的外给电子体由于氢调敏感性差而无法使用。DQ 催化剂与两种不同外给电子体配合所得乙丙共聚物（分散相）的 DSC 熔融曲线如图 6-6 所示。

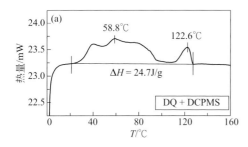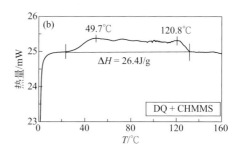

图6-6　DQ催化剂与不同外给电子体配合所得乙丙共聚物DSC曲线

采用 ASD 技术，均聚阶段加入氢气敏感性好的外给电子体，在后续的气相共聚阶段加入二环戊基二甲氧基硅烷等优选的外给电子体，由于改变了乙丙共聚物的链结构，其与基体的相容性得到改善，橡胶相的粒径得以细化，如图 6-7 所示。由于链转移敏感性的差别，共聚物的特性黏数也有较大程度提高。与常规技术采用甲基环己基二甲氧基硅烷单一外给电子体所得聚合物的对比列于表 6-11。

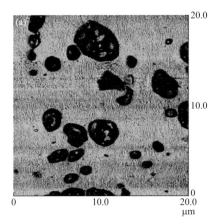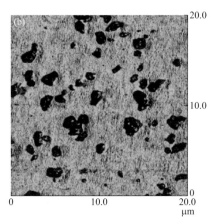

图6-7 传统技术与非对称技术下抗冲聚丙烯中橡胶相的形态

（a）对比样品中的橡胶相形态；（b）ASD技术下橡胶相形态

表6-11 非对称外给电子体控制抗冲聚丙烯性能

项目	MFR /（g/10min）	乙烯含量（质量分数）/%	XS（质量分数）/%	拉伸强度/MPa	弯曲模量/MPa	IZOD缺口冲击强度/（kJ/m）	η/（dg/L）
ASD	27	10.5	21.5	21.8	989	15.5	2.45
对比	25	10.7	18.3	22.4	989	10.7	1.71

注：η为用二甲苯分离出来的橡胶相的特性黏数。

5. PPH管材用树脂

PPH管材具有热稳性好、耐高温、抗化学性好、抗蠕变、绝缘性好、难溶于有机溶剂、无毒性等特性。适用于化工厂、电子半导体厂、药品厂、污水处理厂、矿山等处高酸碱化学产品输送系统、纯水输送系统、饮用水输送系统、污/废水输送系统、环境工程及一般管路系统、电信光缆输配管路系统等。

如前所述，采用传统Ziegler-Natta催化剂，在单一或复配给电子体技术下制备的聚丙烯管材具有如下特点：大分子组分等规度高和小分子部分等规度低。其中大分子高等规整度部分将产生厚片晶，进而减少"系带"分子的数量，影响管子的长期性能。同时小分子低等规度的部分易于迁移，对材料的耐腐蚀性能和长期性能均有影响。

为了满足高韧均聚聚丙烯管材的性能要求，可通过ASD技术加非对称加氢气技术，在第一阶段较少氢气用量下，加入低立构定向性外给电子体，以生产高分子量且等规度相对较低的组分；在第二阶段加入高定向性外给电子体，在高氢气用量下，生产高等规度低分子部分，以获得加工性能好、综合机械性能优异、结晶度及结晶速率高的PPH管材。采用ASD技术在中国石化洛阳分公司生产了B201B牌号PPH管材专用树脂，与进口同类产品相比，材料的加工性能优于国外样品，力学性能与国外样品相当。此产品还用于压塑成型制备诸如压滤机部件等制品，也表现出了优异的加工和使用性能。

三、丙烯/1-丁烯二元无规共聚技术及高性能产品开发

无规共聚是在聚丙烯主链上引入共聚单体，降低分子链规整度，进而降低材料结晶度和熔点[33]。现有技术普遍采用乙烯作共聚单体制备无规共聚聚丙烯，存在的主要问题是[35]：共聚单体（乙烯）主要分布于低分子量部分，这些低分子量高共聚单体含量的组分不结晶或结晶度很低，在加工和使用过程中会迁移到制品表面，也易于被溶出，在与食品、药品接触场合使用，会污染被包装物，进入人体时对健康不利。可溶出物还会导致制品加工过程中产生烟雾、粘连等现象，造成环境污染，影响制品质量。

针对这些问题，本书作者团队进行了长期深入的研究。发现其他 α- 烯烃可替代共聚单体乙烯，改变材料的性能，但其竞聚率随分子中碳数的增加而减小，1-丁烯最具工业价值。在此基础上，发明了丙烯与1-丁烯无规共聚技术。该技术采用自主开发的高立构定向性催化剂体系，还开发了催化剂预络合处理技术，进一步提高了其定向性，改善了其共聚性能，降低了共聚单体在低分子部分的含量，显著减少了聚合物中的可溶物。基于此技术，开发了低可溶出物、高透明、高刚性的新型聚丙烯树脂（注册商标为 G 树脂）、特种薄膜以及珠粒发泡专用树脂[36-41]。

1. 丙烯 /1- 丁烯无规共聚物

二元无规共聚聚丙烯通常主要采用乙烯作为共聚单体，随着乙烯含量的增加，聚丙烯的熔点下降，结晶度降低，材料变软，弯曲模量下降明显，同时可溶物含量快速增加。如图 6-8 所示，与乙丙无规共聚聚丙烯相比，丙烯 /1- 丁烯（以下简称丙丁）无规共聚聚丙烯突出的特点是可溶物含量少，刚性（弯曲模量）高，加工的薄膜或注塑制品具有更少的表面迁移物。

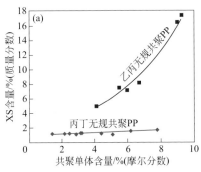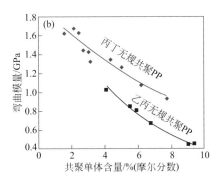

图6-8　乙丙无规共聚物与丙丁无规共聚物的二甲苯可溶物含量（XS）（a）和弯曲模量随共聚单体含量（b）的变化趋势[42]

丙丁无规共聚物与乙丙无规共聚物在结构上的差异是造成两种材料性能截然不同的主要原因[37,38,41,43~45]。首先，与乙丙无规共聚物相比，丙丁无规共聚物中的丁烯共聚单体在聚丙烯大小分子链间的分布更为均匀。张京春等[38]对两个摩尔含量接近的分别用乙烯（2#样品，乙烯含量3.8%，摩尔分数）和1-丁烯作共聚单体（1#样品，丁烯含量3.9%，摩尔分数）的无规共聚聚丙烯样品采用三氯苯进行室温可溶物和不溶物的分离，然后通过凝胶渗透色谱、¹³C核磁共振波谱等方法进行表征。发现与乙烯相比，丙丁共聚物可溶物含量更低。1#样品和2#样品的二氯苯室温可溶物含量分别是2.5%和4.6%（质量分数）。两个样品的可溶物组分分子量均很小。1#样品不溶物中丁烯含量为3.9%（摩尔分数），2#样品不溶物中的乙烯含量为2.7%（摩尔分数）。说明相较于乙烯，1-丁烯在更小分子量聚丙烯组分上的分布要少很多（见图6-9），更趋于在大小分子间的均匀分布。其次，与乙烯或其他高级α-烯烃相比，研究发现[41,44~46]，1-丁烯共聚单体可以进入聚丙烯的晶格中，参与聚丙烯的结晶（见图6-10），因此产生的平均可结晶序列长度更长。在共聚单体含量相同的情况下，可观察到丙丁无规共聚物具有更高的熔点（见图6-11）。

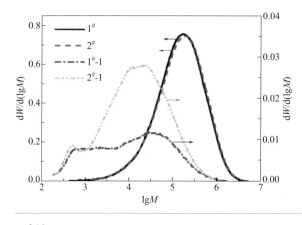

图6-9
丙乙无规共聚物与丙丁无规共聚物中不同分子量级分的分子量分布
1#—丙丁共聚物；1#-1—1#样品的二氯苯可溶物；2#—丙乙共聚物；2#-1—2#样品的二氯苯可溶物

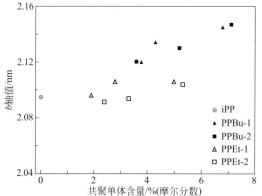

图6-10
均聚聚丙烯及丙乙/丙丁无规共聚聚丙烯中各级分的b轴数值
iPP—均聚聚丙烯；PPBu—丙丁共聚物；PPEt—丙乙共聚物

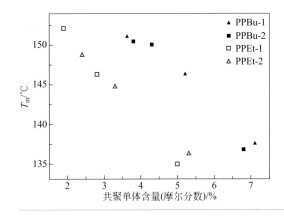

图6-11

丙乙/丙丁无规共聚聚丙烯的熔点随共聚单体含量的变化

PPBu—丙丁共聚物；PPEt—丙乙共聚物

2．低可溶出物透明聚丙烯的应用

透明聚丙烯主要用于注塑、挤出、注拉吹及吸塑成型等各种透明包装、家居容器、医疗用品等。由于等规聚丙烯低温脆性较大，抗冲性能较差，通过与其他烯烃的共聚合，制成无规共聚物可以改善产品的抗冲性能和光学性能，降低加工温度和起始热封温度，扩大聚丙烯的应用范围。

丙烯/1-丁烯无规共聚注塑用透明聚丙烯主要用于注塑、注拉吹成型等各类中空制品，具有等规度高、正己烷或正庚烷可萃取物少、片晶厚度均匀、刚性指标（弯曲模量）高的特点，可以获得光学性能、机械性能和食品安全性的综合最优。特别适合于要求较高的食品或药品容器、器具，如注射器、婴儿用具、药品包装等。

目前采用丙烯/1-丁烯二元无规共聚技术已在中国石化上海石化、茂名石化、石家庄炼化、长岭炼化、洛阳石化、青岛炼化等企业开发了系列低可溶出物透明聚丙烯产品，相关物性见表6-12。

表6-12 中国石化生产的系列丙烯/1-丁烯透明聚丙烯产品典型物性

分析项目	MT12	MT18	MT45	MT60	试验方法
熔体流动速率/（g/10min）	10.7	17.8	40.7	59.2	GB/T 3682—2000
灰分（质量分数）/%	0.020	0.016	0.021	0.023	GB/T 9345.1—2008
拉伸屈服应力/MPa	31.9	30.0	31.6	32.8	GB/T 1040.2—2006
简支梁缺口冲击强度（23℃）/（kJ/m²）	5.4	5.2	3.5	3.0	GB/T 1043.1—2008
弯曲模量/MPa	1300	1220	1290	1360	GB/T 9341—2008
负荷变形温度/℃	73.5	69.4	76.0	78.5	GB/T 1634.2—2004
雾度/%	8.1	8.5	13.7	18.6	GB/T 2410—2008

丙烯/1-丁烯二元无规共聚物（也称G树脂）是我国第一个被国际纯粹与应用化学联合会（IUPAC）立项进行结构与性能关系研究的商业化高分子新材料。来自4个国家的9个科学家共同完成了该项目，具有里程碑意义[47]。

3. BOPP 和 CPP 薄膜的应用

BOPP 薄膜具有力学强度高、质轻、气体阻隔性能好、印刷性能好和抗撕裂性强等特性，是聚丙烯薄膜制品中消费量最大的品种，广泛应用在各种包装制品。目前市场上生产 BOPP 薄膜用的原料有均聚级的 BOPP 料和无规共聚级的BOPP 料。采用 ASD 技术已能够实现高速高挺的均聚级 BOPP 料生产。通过丙烯与少量乙烯或丁烯进行无规共聚，可进一步调整聚丙烯的等规度及其分布，改善 BOPP 的拉伸性能和透明度。已有研究[48]表明，BOPP 薄膜的拉伸成型及薄膜性能受原料分子结构和共聚物组成影响很大。相比丙烯/乙烯无规共聚 BOPP，丙烯/1-丁烯无规共聚制备的 BOPP 具有更好的透明性、更高的刚性、更低的室温可溶物含量，因此相应的 BOPP 薄膜或制品具有更少的表面迁移物。中国石化茂名分公司采用北京化工研究院技术，成功开发了新型丙烯/1-丁烯无规共聚BOPP 专用料 PPR-FT03-S[49]，产品具有可萃取物少、熔点低、透明度高、拉膜温度低等特点，适合于 BOPP 烟膜和水晶膜的生产。

对 PPR-FT03-S 进行物理机械性能测试，并与市场上广受欢迎的均聚 BOPP膜料 PPH-F03D 进行对比，结果见表 6-13。从中可看出，PPR-FT03-S 的拉伸弹性模量、拉伸屈服应力、等规指数和熔点均比 PPH-F03D 要小，说明 PPR-FT03-S 的结晶度比 PPH-F03D 小。PPR-FT03-S 的拉伸断裂标称应变比 PPH-F03D 的大，PPR-FT03-S 的薄膜雾度比 PPH-F03D 的小，说明 PPR-FT03-S 的成膜性和膜的透明度比 PPH-F03D 好。

表6-13　PPR-FT03-S 与 PPH-F03D 的物理机械性能对比

样品	拉伸弹性模量/MPa	拉伸屈服应力（δ_y）/MPa	拉伸断裂标称应变（ε_{tb}）/%	等规指数/%	薄膜雾度/%	灰分（质量分数）/%	熔点/℃
PPR-FT03-S	1404	31.6	572	96.7	0.7	0.013	155
PPH-F03D	1526	35.3	450	97.2	2.9	0.024	165

随着国内外流延聚丙烯（CPP）薄膜专用料的不断开发、流延设备技术的飞速发展、应用领域的不断开拓，CPP 薄膜已成为塑料包装薄膜中发展最快的薄膜之一。在镀铝级 CPP 专用料中，由于镀铝流延膜芯层基材要求一定的强度、挺度以及耐热性，同时具有镀铝性能，因此要求材料具有较高的弯曲模量和耐热温度，同时希望低分子含量尽可能少，以保证具有较好的镀铝性能。中国石化茂名分公司在北京化工研究院的指导下，开发了新型丙烯/1-丁烯无规共聚 CPP 专用料 PPR-FT07-S，产品具有较好的刚性、耐热性、透明性和镀铝性能（见表 6-14）。采用 PPR-FT07-S 生产的制品膜挺度好、加工性能优、透明性好、镀铝性能优越，更好地满足了下游用户的使用要求，作为聚丙烯镀铝级流延膜芯层材料广泛使用。

表6-14 PPR-FT07-S的典型性能

名称	MFR /（g/10min）	拉伸断裂强度/MPa	拉伸弹性模量/MPa	黄色指数	薄膜鱼眼（0.4～0.8mm）/（个/1520cm²）	薄膜鱼眼（≥0.8mm）/（个/1520cm²）
茂名FT07	7.3	30.7	1220	-3.11	1.0	0.3

四、聚丙烯多相结构调控技术及高性能产品开发

1. 聚丙烯的多相结构

抗冲或多相共聚聚丙烯一般是以均聚或无规共聚聚丙烯为连续相，以一种或多种乙丙或乙烯与其他 α-烯烃共聚物为分散相组成的多相共混体系，这种多相结构使得材料具有良好的抗冲击性能，因而在汽车、家电、基建、医疗等领域广泛使用。据统计，我国抗冲聚丙烯占聚丙烯消费量的 35% 以上。

对于抗冲聚丙烯而言，橡胶相组成及含量、两相黏度比是决定多相结构及树脂性能的重要因素。等规聚丙烯与乙丙橡胶的相容性与橡胶组成及分子量关系密切。有研究表明，对于分子量为 10 万的乙丙共聚物，当乙烯单体含量超过 12% 时，共聚物与聚丙烯就明显不相容了。随着乙丙共聚物中乙烯含量（或称橡胶相中乙烯含量，RCC2）的继续增加，等规聚丙烯为连续相，而乙丙共聚物成为分散相，同时可以观察到分散相尺寸的逐渐增大（图6-12）。当乙丙共聚物中乙烯含量高于一定值后，会不可避免产生可结晶的聚乙烯链段，进而形成分散相中的包藏结构[50]。

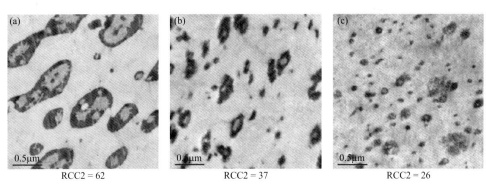

图6-12 抗冲聚丙烯的相结构
可溶物特性黏数均为2.1dL/g，不同橡胶相组成

乙丙共聚物与聚丙烯连续相之间的两相黏度比（λ）是影响抗冲聚丙烯多相结构的另一重要因素[51,52]。改变黏度比可以对橡胶颗粒尺寸有明显的调节作用，图6-13为不同黏度比体系的橡胶颗粒尺寸，可以看出随着乙丙共聚物与聚丙烯连续相黏度比的增加，分散相尺寸逐渐增大。

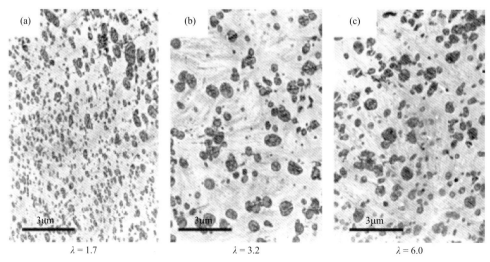

图6-13　抗冲聚丙烯的相结构
可溶物含量均为21%，不同两相黏度比

对于橡胶增韧聚丙烯共混体系，橡胶相粒径与各加工参数间存在这样的关系：$1/R=A（SV/F）+B$。其中，R 是橡胶相的平均粒子半径；S 是混合的剪切速率；V 是体系的表观黏度；F 是橡胶相的体积分数；A 和 B 是常数[53]。一般而言，随着橡胶相含量的增加，分散相尺寸会有所增加。冲击强度先缓慢增加，当橡胶含量达到逾渗值后，冲击强度大幅度增加，此后冲击强度的增加趋缓。研究表明，冲击强度的逾渗值所对应的橡胶含量与最终产品的熔体流动速率、橡胶相组成及两相黏度比相关[54]。但对于反应器直接制备的含有原位的乙丙橡胶相的抗冲聚丙烯而言，观察到的现象多为后加工过程中的机械剪切作用无法进一步减小橡胶相粒径，更多的情况，需要通过橡胶相组成、特性黏数比控制，以及提高加工过程中的剪切强度避免橡胶相的团并，进而保证材料抗冲性能。

2．透明抗冲聚丙烯

透明聚丙烯在家居和医疗领域大量使用，主要生产技术为采用均聚或无规共聚聚丙烯添加增透剂，制备透明聚丙烯。受材料结构限制，上述传统技术制备的透明聚丙烯的冲击强度较低，特别是0℃以下低温冲击性能更差，因而制品使用受限，也极易在运输和使用过程中产生破损，造成浪费。本书作者团队进行技术攻关，发明了聚丙烯多相结构调控技术，基于该技术，北京化工研究院联合茂名分公司和齐鲁分公司在国内首创了系列透明抗冲聚丙烯树脂。

从提高材料抗冲性能的角度，分散相的尺寸不应太大，也不宜太小，并具有较好的稳定性，避免在进一步熔融加工过程中团并。从改善透明性的角度，需要分散相的尺寸小于可见光光波波长（400nm），并避免在进一步加工过程中团并。我们的研究发现，通过链结构等的调控，可实现橡胶相尺寸在 0.3 ～ 3.0μm 之间的灵活调控（见图 6-14），进而制备出了透明抗冲聚丙烯（见图 6-15、表 6-15）。

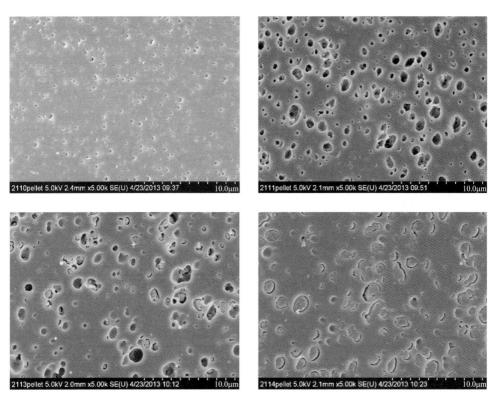

图6-14　不同橡胶粒径及分布的抗冲聚丙烯的SEM照片

图6-15　普通抗冲聚丙烯样片（左）和透明抗冲聚丙烯样片（右）的透光效果

表6-15　中国石化系列透明抗冲聚丙烯产品典型性能

分析项目	MT25-S	MT16-S	QCT20N	QCT02N
熔体流动速率/（g/10min）	25.3	15.6	24.5	1.22
拉伸屈服应力/MPa	23.1	27.0	23.5	28.5
简支梁缺口冲击强度（23℃）/（kJ/m²）	9.8	8.1	8.8	59.2
弯曲模量/MPa	863	1030	960	946
负荷变形温度（T_f=0.45MPa）/℃	65.2	70.1	67.9	73.9
雾度/%	12.8	12.3	12.4	15.4

3. 高光泽抗冲聚丙烯

在全球塑料消费中，家电业仅次于汽车业。电饭煲、电熨斗、电水壶、电吹风、微波炉、吸尘器、挂烫机等小家电外壳的树脂年需求量十分可观。随着社会发展，人们对家电品质的追求也越来越高，对于家电外壳，除了具有高的强度外，能吸引人的外观也非常重要，因此兼具良好机械性能及高光泽度的树脂受到越来越多的重视。传统上，业界采用光泽度较高的树脂如丙烯腈/丁二烯/苯乙烯共聚物（ABS）、聚苯乙烯（PS）、聚碳酸酯（PC）、聚甲基丙烯酸甲酯（PMMA）等来制备，但这些合成树脂链结构复杂，难以回收再利用，且成本高、密度大，替代的需求迫切。

均聚和无规共聚聚丙烯作为半结晶聚合物，已有相对成熟的技术，通过调节链结构及结晶结构等，可以最大程度减弱无定形相与结晶相共存下的相界面对入射可见光产生散射而导致的光泽度下降，进而获得高光泽制品[53]。

然而均聚和无规共聚聚丙烯为均相体系，光泽度虽然很高，但冲击性能较差，无法满足对刚韧要求较高的场合。而高光泽树脂通常在家居、家电制品领域具有更诱人的市场前景。在这些领域应用时，材料的刚韧综合性能同样重要。因而兼具良好的抗冲击性能及较高光泽度的高光泽抗冲聚丙烯是此类牌号开发的重要方向。北京化工研究院进行了技术攻关，掌握了抗冲聚丙烯光泽度调控技术，并基于该技术开发了系列高光泽抗冲聚丙烯产品[54]，典型产品的物性列于表6-16。高光泽抗冲聚丙烯和普通抗冲聚丙烯注塑样片的光泽度对比照片见图6-16。

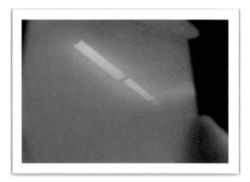

图6-16　高光泽抗冲聚丙烯样片（左）和普通抗冲聚丙烯样片（右）的镜面反射效果

表6-16 中国石化系列高光泽抗冲聚丙烯产品典型性能

性能	MFR / (g/10min)	弯曲模量/MPa	简支梁缺口冲击强度（23℃）/(kJ/m²)	热变形温度/℃	拉伸强度/MPa	平行收缩率/%	垂直收缩率/%	光泽度/%
M10RG	11.2	1570	8.1	104	32.6	0.9	0.8	91
MG22	25.5	1410	6.2	93.0	31.3	0.8	1.1	92
QCG10N	9.94	1438	6.9	98.1	30.6	1.2	1.5	90
EP548G	29.7	1280	10.9	87.0	27.1	1.0	1.1	85

五、高结晶聚丙烯技术及高性能产品开发

1. 高结晶聚丙烯技术

聚丙烯是半结晶性聚合物，通常均聚聚丙烯的结晶度为45%～50%。若能进一步提高均聚聚丙烯的结晶度，则它的刚性、表面硬度、耐热等性能都将得到提高，有可能接近或达到聚甲醛、ABS和聚酰胺等传统工程塑料的水平，是聚丙烯树脂新牌号开发的一个重要发展方向，并将拓展聚丙烯的应用领域，提高聚丙烯的附加值。同时聚丙烯又具有易成型加工、价格相对较低和密度低等优势，因此可在汽车轻量化、材质单一化、制品减薄减重等方面发挥作用。

新型催化剂的开发、聚合技术以及后加工技术的发展，为聚丙烯高性能化提供了条件。目前制备高结晶聚丙烯的方法主要有两种[55,56]：①通过改进聚合体系和聚合技术，改善聚丙烯的分子量分布，提高聚丙烯的等规度，从而提高聚丙烯的结晶性能；②通过加入成核剂使聚丙烯的结晶性能提高，包括球晶细化、结晶温度和结晶速率提高等。研究表明，聚丙烯弯曲模量与其结晶度呈对数线性关系，与聚丙烯的等规度呈一次线性关系[57]。

本书作者团队以N催化剂与外给电子体二环戊基二甲氧基硅烷组成的催化剂体系制备了高等规度均聚聚丙烯，再利用超细粉末丁基橡胶与有机磷酸盐类成核剂复配成易分散的复合成核剂，采用双螺杆挤出机将复合成核剂均匀分散于均聚聚丙烯中，成功制备了熔体流动速率为12g/10min，弯曲模量高达2.42GPa，负荷热变形温度超过140℃的高耐热高结晶聚丙烯[58]，如表6-17所示。

表6-17 复合添加剂添加量对均聚聚丙烯物理机械性能的影响

VP101B加入量/%（质量分数）	熔体流动速率/(g/10min)	拉伸强度/MPa	弯曲强度/MPa	弯曲模量/GPa	悬臂梁缺口冲击强度/(J/m)	热变形温度（0.455Pa）/℃
0	12.7	37.2	51.5	1.88	30.6	128.2
0.05	13.0	39.9	54.5	2.18	28.2	138.1
0.10	12.4	40.9	60.7	2.40	26.8	144.8
0.15	12.5	40.0	61.0	2.42	24.7	145.7
0.20	12.3	40.0	61.0	2.42	24.7	145.7
0.30	12.5	41.2	60.1	2.42	25.3	145.7

2．均聚高结晶聚丙烯

根据材料的结构不同，高结晶聚丙烯主要分为共聚高结晶聚丙烯和均聚高结晶聚丙烯。均聚高结晶聚丙烯主要包括熔体流动速率为 5～220g/10min 的产品，2020 年中国的需求量超过 20 万吨，其用途大致可分为两大方面：一是直接用于注塑、吸塑成型的食品包装盒、医用器械等制品和结构件；二是用于塑料改性，其主要用于家电、汽车内外饰、电动车制件等领域。中国石化茂名分公司采用北京化工研究院技术，在该公司环管聚丙烯装置上开发了高耐热聚丙烯 HC9012M[59]。从表 6-18 可看出，HC9012M 的热变形温度、弯曲模量、弯曲强度等性能指标达到了进口同类型产品的质量指标。随后中国石化天津石化、湛江东兴等企业采用北化院技术，也开始生产系列产品，牌号包括 HC9012D、HC9017、PPH-MM20-S、6012 等。

随着全球环保、低碳理念的加强，各种塑料制件不断地追求轻量化、薄壁化和低散发性物质及气味；同时，国内外对于食品或人体接触的各种材料和制品提出了越来越多的新要求和新法规，比如对塑化剂、重金属和高度关注物质的禁用和限量等。在此背景下，北京化工研究院基于其开发的无塑化剂催化剂，结合高效成核剂，开发了系列高熔体流动速率的均聚高结晶聚丙烯，如 PPH-MN60、PPH-MN90B 等，熔体流动速率最高达 100g/10min 以上 [60]。其典型物性列于表 6-18。PPH-MN90B 等温半结晶时间只有 1.9min，PPH-MN60 为 2.0min，均适合于快速薄壁加工。

表6-18　几个高结晶均聚聚丙烯的典型物性

项目	熔体流动速率/（g/10min）	拉伸强度/MPa	弯曲强度/MPa	弯曲模量/GPa	悬臂梁缺口冲击强度/（kJ/m²）	热变形温度（0.455Pa）/℃
HC9012M	12.5	39.7	51.7	2.06	3.0	123.5
PPH-MN60	66	—	—	2.04	2.0	112.7
PPH-MN90B	101	—	—	2.12	1.9	113.2

3．高结晶抗冲聚丙烯

抗冲共聚高结晶聚丙烯一方面是为了制品的加工和薄壁化，另一方面也为了进一步提高抗冲聚丙烯的刚性。涉及熔体流动速率涵盖 0.3～100g/10min 的树脂产品，2020 年中国的需求量超过 30 万吨，其用途大致可分为两大方面：一是直接用于挤出成型的结构壁管和注塑成型的家用电器等领域；二是用于塑料改性，其主要用于家电、汽车内外饰、玻纤增强制件等领域。

在挤出成型的双壁波纹管领域，与 HDPE 和 PVC 相比，高结晶高刚 PPB 管材因具有优异的环刚度、良好的冲击性能和耐环境应力开裂性能，加上密度低，已成为大口径排水管的首选材料。中国石化齐鲁石化采用北京化工研究院技术，成功开发了高结晶高刚 PPB 管材 QPB08，从表 6-19 可看出，QPB08 与进口同类产品性能相当。

表6-19　高结晶高刚PPB管材QPB08的典型物性

物理性能	单位	数值
熔体流动速率（MFR）	g/10min	0.4
拉伸屈服应力	MPa	32.8
断裂标称应变	%	185
弯曲模量	MPa	1610
简支梁缺口冲击强度（23℃）	kJ/m²	87.9
简支梁缺口冲击强度（−20℃）	kJ/m²	6.5
负荷变形温度	℃	105

在注塑成型领域，与均聚高结晶聚丙烯相比，高结晶抗冲聚丙烯因兼具高刚性和高冲击，是直接注塑制件和塑料改性领域的理想材料，成为近年来的开发热点。北京化工研究院研究了抗冲聚丙烯的刚性控制因素，突破刚、韧性无法同步提高的技术难题，并通过催化剂和聚合工艺，最大程度控制了树脂中的 VOC 含量，开发了 M60RHC、M50RH、M30RHC、PPB-MN10-S 等高刚高韧聚丙烯树脂牌号，其中 VOC 小于 70μgC/g（VDA277 方法），气味等级不大于 3.5（大众 PV3900 方法），在下游企业取得良好使用效果，并获得业内代表性企业的高度认可。典型的性能指标列于表 6-20。

表6-20　中国石化开发的系列高结晶抗冲聚丙烯产品典型性能

项目	MN10-S	M30RHC	M50RH	M60RHC	M100RHC
熔体流动速率/（g/10min）	9.8	31	49	58	97
弯曲模量/MPa	1710	1650	1410	1650	1630
简支梁缺口冲击强度（23℃）/（kJ/m²）	9.2	6.5	8.7	6.0	5.7
简支梁缺口冲击强度（−20℃）/（kJ/m²）	4.2	2.9	4.5	2.7	3.3
TVOC（VDA277）/（μgC/g）	46	58	72	70	79
气味等级（VDA270）	3.0	3.5	3.5	3.5	3.5

第三节
1-丁烯本体聚合及产品开发

聚 1- 丁烯是另一类采用液相本体工艺进行生产的聚烯烃材料。

聚 1- 丁烯最早由 Natta 及其同事于 1954 年聚合得到 [61]，早期使用由有机铝化合物以及过渡金属盐 / 卤化物等组分构成的催化剂体系。伴随催化剂体系的发展，逐渐开发出高立构定向性、高力学性能的聚 1- 丁烯树脂。但是聚 1- 丁烯一直未能像 PP 和 PE 一样得到大规模商业化生产及应用，主要是有以下几点原因 [62]：

① 相比于乙烯和丙烯，聚合级 1- 丁烯产量低，成本高；

② 聚合工艺复杂，过程能耗高，经济性差；

③ 聚 1- 丁烯结晶存在晶型转变，且转变周期长，制品的尺寸控制困难，不利于加工、应用。

根据聚合过程中物料的相态来分，聚 1- 丁烯生产工艺可分为非均相本体法、均相本体法和气相法三类。其中气相法工艺因催化剂聚合活性低等原因，目前仅限于实验室研究。

一、1-丁烯本体聚合工艺

当前，可进行聚 1- 丁烯工业化生产的企业有利安德巴塞尔、日本三井化学、韩国爱康、山东宏业和京博石化等少数几家公司，全球总产能增长缓慢，关于生产技术的公开报道很少。

1. 非均相本体法

早期的 1- 丁烯聚合工艺以淤浆法为主 [13]，最早由 Petro-Tex 公司和 Chemische Werke Hüls 公司在 20 世纪 60 年代初先后实现商业化生产等规聚 1- 丁烯产品 [63]，但这两套生产装置由于工艺本身的不足，其投产时间均不超过 10 年。三井化学以德国 Chemische Werke Hüls 公司开发的淤浆法（称为 Hüls 工艺）为基础建成非均相本体法工业化装置，其工艺流程简图如图 6-17 所示。

新鲜 1- 丁烯原料与循环 1- 丁烯在单体精制单元净化脱除微量的 1,3- 丁二烯后，经过两个蒸馏塔依次脱除重组分和轻组分，所得 1- 丁烯单体进入第一个聚合釜，加入催化剂进行聚合，聚合浆液经水洗脱催化剂残渣后，离心分离聚合物。采用非均相本体法工艺需控制聚合温度不高于 30℃（高于 30℃时，聚 1- 丁烯在液态 1- 丁烯中的溶解度增大，使得聚合物颗粒容易黏结）。受限于此，非均相本体法工艺催化效率不高，产能低，致使三井化学的产品全球占比较低。同时为防止聚合物灰分含量高影响产品性能，聚合单元出来的浆液需要进行水洗以脱除催化剂残渣。水洗后的浆液进行离心分离，其中液相经蒸馏以回收未反应的 1- 丁烯（蒸馏过程残留物为无规聚 1- 丁烯），而固相（即聚合物颗粒）则为等规度达 99% 的聚 1- 丁烯，但是此过程导致成本增加。

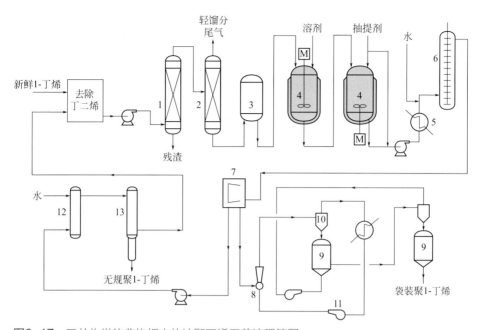

图6-17 三井化学的非均相本体法聚丁烯工艺流程简图

1—脱重塔；2—脱轻塔；3—缓冲罐；4—聚合反应器；5—冷却器；6—抽提器；7—离心机；8—喷射器；9—料仓；10—旋风分离器；11—鼓风机；12—C₄洗涤塔；13—精馏塔

随着新型 Ziegler-Natta 催化剂的成功开发，催化剂性能得到极大提升，非均相本体聚合工艺也随之进步。国内青岛科技大学与国内聚烯烃生产企业（东方宏业、京博石化等）合作，对间歇本体聚丙烯装置进行了改造，开发了非均相本工艺生产聚 1- 丁烯的商业化技术。其工艺流程简图如图 6-18 所示[4]，新鲜 1- 丁烯原料与循环 1- 丁烯在净化塔脱除微量杂质，精制后的 1- 丁烯原料进入反应器内，加入催化剂进行聚合，聚合物浆液在闪蒸釜脱除未反应单体，得到聚合物颗粒。为保证聚合工艺的有效性，采用分段法或者连续序贯法的聚合流程，首先在较低温度下（低于 35℃）预聚合得到聚合物颗粒（聚 1- 丁烯、聚丙烯或者聚乙烯等），然后升至较高温度进行聚合，最终得到聚 1- 丁烯产品。间歇法生产在聚合物的稳定性、等规度等方面还有待提高。

2．均相本体法

1968 年，美国的美孚石油（Mobil Oil）开发了均相本体法 1- 丁烯聚合技术，并采用该工艺在 Louisiana 州的 Taft 建成一套小规模生产装置。1972 年，Witco Chemical 公司接管了该装置。1977 年底，壳牌（Shell）公司获得了 Witco Chemical 公司的聚 1- 丁烯业务。因此，该工艺也被称为 Mobil-Witco-Shell 工艺，也是目前利安德巴塞尔公司聚 1- 丁烯工艺技术的基础。Mobil-Witco-Shell 工艺使用 TiCl$_4$/MgCl$_2$/EB 催化剂体系，以三乙基铝为助催化剂，氢气为链转移剂，聚合温度为 43～90℃，反应压力为 0.93MPa（确保 1-丁烯为液相），聚合过程在过量的 1-丁烯单体中进行，生成的聚合物完全溶解于液态 1-丁烯中形成均相溶液（其中聚合物的含量不超过 40%，质量分数），如此解决了淤浆聚合过程中的结块、聚合物中催化剂残余多、聚合物等规度低等问题。但同时，其聚合物与未反应单体的分离需要复杂且能耗高的闪蒸、脱挥过程，生产成本和难度也随之增加。Mobil-Witco-Shell 工艺聚 1-丁烯生产装置流程框图如图 6-19 所示。

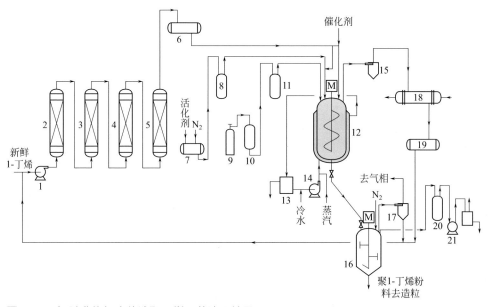

图6-18 间歇非均相本体法聚丁烯工艺流程简图
1—1-丁烯泵；2,3,4,5,10—净化塔；6—1-丁烯计量罐；7—活化剂罐；8—活化剂计量罐；9—氢气钢瓶；11—氢气计量罐；12—聚合釜；13—冷却水罐；14—冷却水泵；15,17—分离器；16—闪蒸釜；18—1-丁烯冷凝器；19—1-丁烯回收罐；20—真空缓冲罐；21—真空泵

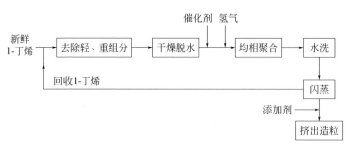

图6-19 Mobil-Witco-Shell工艺制聚1-丁烯生产装置流程框图

聚合物的性质受多种因素影响，主要包括反应温度、氢气加入量、催化剂浓度以及反应时间等。由于使用了高立构定向能力的催化剂，并在相对高的温度下进行聚合反应，所得聚合物具有很高的等规度（高达 98% 以上）。在最初的均相本体工艺中，从聚合反应器出来的聚合物溶液需要进行水洗以去除聚合物中的催化剂残余，随后进行闪蒸以回收未反应 1- 丁烯单体，脱单体后的聚 1- 丁烯熔体送去挤出造粒，得到粒料产品。

随着技术的进步，催化剂的活性大幅提高，聚合物中灰分含量也大大降低，工艺流程中省去了水洗过程。2002 年，Taft 的聚 1- 丁烯生产装置停止使用。1998 年，壳牌公司的聚 1- 丁烯业务被划分到其下属的蒙特尔公司。2000 年，壳牌公司的聚 1- 丁烯的业务移交给巴塞尔聚烯烃公司，现在隶属于利安德巴塞尔公司。2004 年，巴塞尔聚烯烃公司在荷兰的 Moerdijk 建成一套产能 4.5 万吨 / 年的聚 1- 丁烯生产装置，2008 年扩能至 6.7 万吨 / 年，这套装置也是目前全球产能最大的聚 1- 丁烯生产装置。

近年来，本书作者团队在高等规聚 1- 丁烯制备技术方面进行了研究[64]，先后在催化剂技术、聚合技术、深度脱挥技术以及产品技术等方面取得了重要进展，开发了均相本体法聚合工艺路线，工艺流程如图 6-20 所示。2021 年，中国

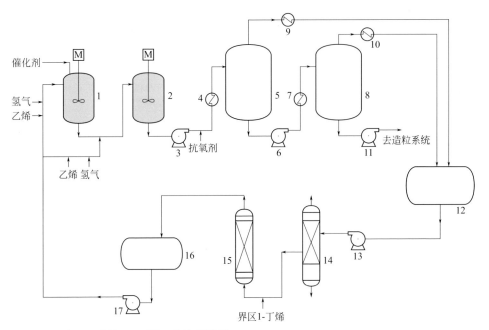

图6-20　中国石化聚1-丁烯工艺流程简图

1,2—聚合釜；3,6—溶液泵；4,7,9,10—换热器；5,8—脱挥器；11—熔体泵；12,16—1- 丁烯储罐；13,17—1- 丁烯输送泵；14—精馏塔；15—净化塔

石化镇海炼化采用该工艺建成一套 3000 吨 / 年规模半工业化装置，已成功打通全流程，并生产出聚 1- 丁烯产品。该装置可进行 1- 丁烯均聚合或 1- 丁烯 / 乙烯无规共聚合[65-71]，使用中国石化开发的高性能催化剂[72,73]。该催化剂具有活性高、立构定向能力好等特点，无需进行水洗等脱灰操作。该工艺中，聚合过程采用双釜串联操作（各聚合釜反应物组成可独立控制），氢气用作链转移剂，聚合过程生成的聚合物溶于液态 1- 丁烯中形成均相溶液。聚合过程所得的聚合物溶液进入脱挥单元，分离出聚合物与未反应单体，并深度脱除 VOC 组分。脱挥后聚合物熔体送入造粒单元，添加必要的助剂，得到聚合物粒料。未反应的单体经冷凝、精馏提纯后循环使用。

非均相和均相本体法聚 1- 丁烯工艺比较的结果如表 6-21 所示。

表6-21　不同本体法工艺技术对比

项目	非均相本体法	均相本体法
专利商/公司	青岛科技大学	利安德巴塞尔，爱康，中国石化
主催化剂	Ziegler-Natta催化剂	Ziegler-Natta催化剂
聚合反应器	立式搅拌釜	立式搅拌釜
产品类型	均聚物	均聚物，无规共聚物
MFR范围	窄	宽
工艺特点	①工艺流程短、操作方便； ②后处理过程简单； ③装置投资少，生产成本低； ④单体单程转化率高（可达50%以上）	①工艺流程较长、操作复杂； ②后处理过程复杂； ③装置投资高； ④可生产无规共聚产品； ⑤催化剂活性高、产品中灰分含量低
不足	①催化剂活性较低、产品中灰分含量较高； ②不能生产无规共聚产品	①单程转化率较低（15%～30%）； ②装置投资较高，生产成本高

二、等规聚1-丁烯产品

通过控制聚合条件调整聚 1- 丁烯分子链结构，可得到性能各异的聚 1- 丁烯产品，形成与聚乙烯相似的满足不同应用的全系列牌号。

等规聚 1- 丁烯是主要的商业化产品。作为典型的半结晶聚合物，其最突出的特点是耐环境应力开裂性和机械强度，与 LDPE 相比，其拉伸强度可提高至 6 ～ 10 倍，冲击强度可提高至 3 ～ 4 倍。耐磨性可媲美 UHMWPE。耐热蠕变性优于聚乙烯和聚丙烯。在 −10 ～ 110℃ 的温度范围内可长时间使用，适用于冷、热水管。除了用于管材外，聚 1- 丁烯在薄膜和塑料改性剂等领域也得到应用。此外，也有用于纤维、电缆绝缘等领域的应用探索。2021 年，利安德巴塞尔公司在深圳橡塑展上还展示了由聚丙烯和聚 1- 丁烯共混材料制成的输液袋，据报道，该制品已通过相关认证。

1. 管材

与聚 1- 丁烯管材制品形成竞争的主要有 PE-X、PE-RTⅡ型、PVC、PP-R 及铝塑复合管（XPAP、PAX）等[74]。聚 1- 丁烯与常用管道材料的性能对比列于表 6-22，相应管道制品的性能对比列于表 6-23。

表6-22　聚 1- 丁烯与其他常用管道材料性能对比[78]

类别	密度/（g/cm³）	层流热导率/[W/（m·K）]	热膨胀系数/[mm/（m·K）]	弹性模量/（N/mm）
聚1-丁烯	0.94	0.22	0.13	350
PE	0.94	0.41	0.20	600
PP	0.90	0.24	0.18	800
PVC	1.55	0.14	0.08	3500
钢	7.85	42.53	0.012	210000
铜	8.89	407.10	0.018	12000

表6-23　聚 1- 丁烯管与其他常用管道的性能对比

管材种类	使用温度/℃	工作压力/MPa	软化温度/℃	热导率/[W/（m·℃）]	优点	缺点
PE-X	≥90长期	1.6（常温）	133	0.41	耐高温、抗蠕变性能好	属于热固性塑料，不可修复，不可回收，需耐热、耐老化黏结剂
	≤95短期	1.0（95℃）				
PE-RT	≤60长期	0.8	140	0.43	耐压性好	同压力同介质，管壁较厚，需耐热、耐老化黏结剂
	≤90短期					
铝塑复合管	≤60长期	1.0	133	0.45	易弯曲变形、热膨胀系数小	管壁厚度不均匀，不可回收
	≤90短期					
PB-1	≤95长期	1.6~2.5（冷水）	124	0.22	耐温、抗冲击、抗蠕变性好	价格昂贵
	≤110短期	1.0（热水）				
PP-R	≤60长期	2.0（冷水）	140	0.24	抗氧化能力高、抗蠕变性好	低温质脆、高温耐压性能差
	≤90短期	0.6（热水）				

聚 1- 丁烯管具有质韧、不生锈、耐磨损、不结垢、耐高温高压、无毒、冲击性能优异等特点，与其他塑料材料（HDPE、PP、PP-R 及 PE-X）相比，聚 1- 丁烯的耐热蠕变性、耐环境应力开裂性更加优异。如图 6-21 和图 6-22 所示，在不超过应力屈服点条件下可以在 90℃以下长期使用，105 ～ 110℃短期使用。与其他管材相比，聚 1- 丁烯优良的物理机械性能使得聚 1- 丁烯管材在相同静液压下具有最高的 SDR 值（standard dimension ratio，SDR，标准尺寸率，是指管道公称外径与公称壁厚之比），即在较薄的管壁厚度下有较高的内径。生产单位体

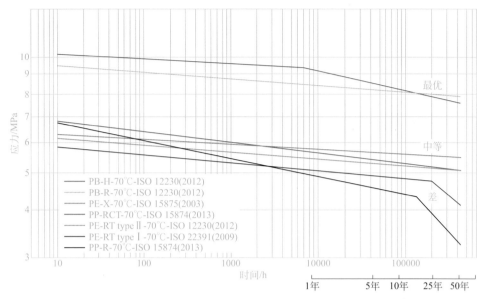

图6-21　管材耐压性能对比

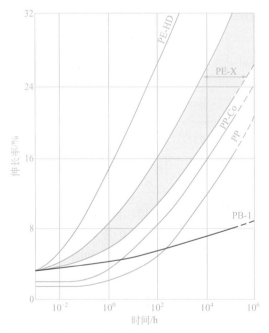

图6-22　管材抗蠕变性能对比

积的聚 1- 丁烯管的能耗也较低[75]，可降低加工成本。除此之外，管壁对流动介质黏附性小，水流损失低，与金属管相比供水量可提高 20%，如图 6-23 所示。适用于饮用水、热水输送，在暖气管道中，聚 1- 丁烯管材是理想的选项[76]。施工性能方面，聚 1- 丁烯与 PP-R 相近，具有可塑性，与同类或不同类材料均可实现连接组合。聚 1- 丁烯分子结构简单，废弃材料不产生有毒物质，易于回收再利用，不产生如 PVC 回收时较严重的生态环境影响[77]；耐老化性能优异，在隔绝紫外线的条件下可使用 50 年以上。

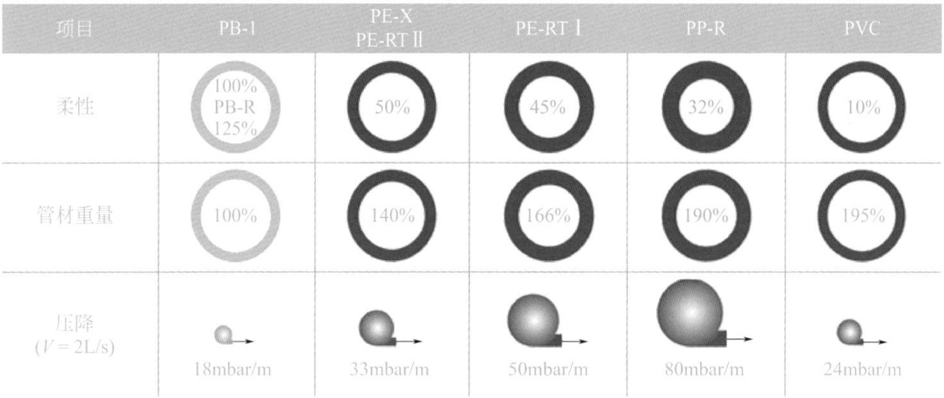

项目	PB-1	PE-X PE-RT Ⅱ	PE-RT Ⅰ	PP-R	PVC
柔性	100% PB-R 125%	50%	45%	32%	10%
管材重量	100%	140%	166%	190%	195%
压降 (V = 2L/s)	18mbar/m	33mbar/m	50mbar/m	80mbar/m	24mbar/m

图6-23 不同管材性能对比

虽然聚 1- 丁烯管材具有质轻、耐久性好、柔软度高、便于施工、管壁光滑不易积垢等优势，但其实际消费量较小（与 PE 管和 PP 管等相比），主要原因如下：

① 聚 1- 丁烯管材原材料仅利安德巴塞尔、三井化学等少数几家公司可以提供，供应受限；

② 聚 1- 丁烯原料价格高，大部分时期，其价格约为 PP-R 管材料的两倍以上；

③ 管道加工、安装的技术要求高。

国内管材级聚 1- 丁烯原料有利安德巴塞尔的 PB4235 和 PB4237 以及三井化学的 P5050NK 等牌号[79]。其典型物性列于表 6-24 和表 6-25。

表6-24 聚 1- 丁烯树脂 PB4235 的物性数据[80]

物理性能	ASTM	单位	数值
熔体流动速率	D1238	g/10min	0.4
密度	D1505	g/cm³	0.937
介电常数	D150-65T		2.50
熔点	DTA	℃	124～126
软化点	D1525	℃	113
热膨胀系数	D696	mm/（m·℃）	0.13

物理性能	ASTM	单位	数值
热导率	C177	W/(m·℃)	0.22
熔解热	DSC	kJ/kg	100
屈服点	D638	MPa	17.6
拉伸强度	D638	MPa	33.4
断裂伸长率	D638	%	280
弹性模量	D638	MPa	265
脆化温度	D746	℃	−21

表6-25　聚1-丁烯树脂P5050NK的物性数据

物理性能	数值
熔体流动速率/(g/10min)	0.5
密度/(g/cm³)	0.917
颜色	本色
断裂拉伸强度/MPa	40
断裂伸长率/%	580
杨氏模量/MPa	200
热变形温度/℃	100
熔点/℃	128～130
灰分/%	0.03

2．薄膜

聚1-丁烯薄膜具有良好的物理机械性能[81]。聚1-丁烯可用于制造多层结构复合膜，在食品包装、耐高温蒸煮薄膜等领域具有一定的优势。聚1-丁烯的介电常数与PP相近，由聚1-丁烯制备的薄膜可用作电容器隔膜[82]。

商业上，还利用聚1-丁烯和PE分子结构的不相容性制成薄膜[83]，使薄膜制品兼具易剥开和强密封的性能。用于热封用途时，无需黏合剂，可以很好地实现密封，又易于揭开，较多地应用于食品包装领域[84]。如原Montell公司将其用于易剥开的咖啡真空包装。以聚1-丁烯为基础的易揭膜也被用于化学药品和肥料的包装[85]。聚1-丁烯薄膜的透明性、耐紫外线性好，也被用于农用薄膜。

目前聚1-丁烯薄膜的制备工艺有吹塑法和流延法，尚未有工业化双向拉伸加工的报道。典型薄膜用聚1-丁烯树脂及其膜制品的性能列于表6-26。

3．电缆及纤维

聚1-丁烯绝缘性好，介电常数低，电气性能良好[86]，可制备保护电线电缆的绝缘层，获得持久的稳定性，降低电损失。聚1-丁烯与高效阻燃剂、导电导热填料共混，使用价值高，因此有良好的发展前景。

表6-26　三井化学的典型薄膜用聚1-丁烯树脂及制品性能

项目		M1600SAA
熔体流动速率/（g/10min）		1.0
密度/（g/cm³）		0.910
颜色		本色
屈服拉伸强度/MPa		13.72
断裂拉伸强度/MPa		38.22
断裂伸长率/%		200
体积电阻/Ω·cm		10^{17}
落镖冲击强度（F_{50}）/g		200（膜厚25μm）
		380（膜厚50μm）
		500（膜厚100μm）
撕裂强度/（kN/m）		431
渗透率/［g·mm/（m²·d·MPa）］ ｛［g·mm/（m²·d·atm）］｝	氧气	1480（150）
	氮气	394（40）
	二氧化碳	3158（320）
	水蒸气	39.48（4）

注：1atm=101.325kPa。

聚1-丁烯基材料可采用不同制备方法制成纤维[87]。Mobil Oil 公司通过聚1-丁烯与丙丁共聚物共混开发了具有高弹性、韧性的纤维。聚1-丁烯还与增强纤维复合制备耐高压材料。

在这两个领域，仅见专利和公开文献报道，尚未见有工业应用。

4．塑料共混改性

还有将聚1-丁烯用来提高 PP 和 PE 膜的加工及制品性能的报道[88-91]，加入极少量的聚1-丁烯，可提高 PE 膜机械性能和光学性能，减少表面的粗糙度，增加表面的光泽，提高 LLDPE、HDPE 膜的强度、拉伸模量、断裂强度和断裂伸长率[92,93]。此外，聚1-丁烯与聚丙烯共混可制备尺寸稳定、抗冲击的模塑制品，与杜仲胶共混可得到具有记忆效应的产品[94]。

5．其他用途

在热熔胶应用方面，由于聚1-丁烯具有较高的附着力和黏合强度、使用温度宽，可与增塑树脂配合使用等优点，因此可作为黏合剂和密封剂配方中的基础聚合物或助剂[95,96]，也可用于无定形聚 α-烯烃、烯烃聚合物和共聚物以及弹性体的改性剂。低分子量的聚1-丁烯类似无规聚丙烯，可作为沥青改性材料。

第四节
本体法聚烯烃技术的发展

为了追求更高的经济性，装置大型化是本体法聚烯烃生产技术发展的方向之一。随着大型炼化一体化基地的规模进一步扩大，下游配套聚烯烃装置的规模也不断升级，这一方面降低了吨产品的装置建设和运行费用，同时也使得大综原料的供应更加稳定。福建省福清中景石化有限公司正在采用 Spheripol 工艺建设单线 60 万吨 / 年的聚丙烯装置，这也将是全球最大的聚丙烯生产装置。中国石化也在镇海炼化采用新一代 ST 工艺技术建设 50 万吨 / 年聚丙烯装置。

基于催化剂、共聚及其他釜内技术的高性能聚烯烃制备技术是业界一直追求的目标。单中心催化剂技术在不断地发展，随着聚合活性进一步提高，生产成本进一步降低，基于单中心催化剂的产品开发将进一步加快，产品的竞争力也会逐步加强。催化剂技术的进步也给更大量、更多种类共聚单体的聚合带来可能。在丙烯共聚方面，1- 己烯已成为高性能管材料制备的共聚单体之一。未来，极性单体的共聚也不是不可企及的目标。

技术的发展一直在将一些以前需通过后加工改性实现的聚烯烃性能提升前置到聚合装置来实现，多相共聚是最显著的一个例证。未来，这一思路也将会持续下去。比如，北欧化工已成功地将传统上需外加的成核剂通过催化剂的改进，在聚合反应器内实现，有利于成核剂的分散，可以提高成核剂的效率。

参考文献

[1] 林尚安，陆耘，梁兆熙. 高分子化学 [M]. 北京：科学出版社，1998.

[2] Pasquini N, Addeo A. Polypropylene handbook[M]. 2nd. Munich: Hanser Gardner Pubns,2005.

[3] McKenna T F L, Soares J B P. Polyolefin reaction engineering[M]. Hoboken, NJ: John Wiley & Sons,2013.

[4] 洪定一. 聚丙烯：原理、工艺与技术 [M]. 第二版. 北京：中国石化出版社，2011.

[5] 赵瑾，夏先知，刘月祥. 高纯聚丙烯树脂的研究进展 [J]. 合成树脂及塑料，2014, 31(01): 76-80.

[6] 李凌，宋计军，朱进玉，等. 降低聚丙烯生产中灰分含量的研究 [J]. 西安石油学院学报 (自然科学版)，2002(05): 44-46.

[7] 段光伟. 浅析电容器膜用聚丙烯的现状及发展 [J]. 当代化工研究，2020(14): 8-10.

[8] 徐辉，张丕生，陈豹，等. 电工膜用高纯聚丙烯树脂的现状 [J]. 河南化工，2021, 38(05): 18-21.

[9] 王光华. 聚丙烯电工膜料技术概述及市场分析 [J]. 石化技术，2021, 28(09): 200-201.

[10] 上海石化聚丙烯新产品介绍 [J]. 合成树脂及塑料，2014, 31(05): 2.

[11] 李志飞，王永刚，崔亮，等. 非塑化剂类聚丙烯催化剂的研发及国内工业应用进展 [J]. 石油化工，2017, 46(06): 823-827.

[12] Malpass D B, Band E. Introduction to industrial polypropylene: Properties, catalysts processes[M]. John Wiley & Sons, 2012.

[13] 乔金樑，张师军. 聚丙烯和聚丁烯树脂及其应用 [M]. 北京：化学工业出版社，2011.

[14] Morini G, Balbontin G, Vitale G. Catalyst components for the polymerization of olefins: WO1999057160A1[P]. 1999-11-11.

[15] Denkwitz Y, Schuster O, Winter A. High performance Ziegler-Natta catalyst systems, process for producing such MgCl₂ based catalysts and use thereof: US20140148566A1[P]. 2014-05-29.

[16] 陈林枫，梁 T W，陶涛. 具有卤代 - 丙二酸酯内电子给体的催化剂组合物和由其制备的聚合物：CN103403038B[P]. 2017-10-31.

[17] 赵瑾，夏先知，李威莅，等. 用于烯烃聚合的催化剂组分及其制备方法和用于烯烃聚合的催化剂与应用：CN104558282B[P]. 2017-02-15.

[18] 高明智，刘海涛，李昌秀，等. 用于烯烃聚合反应的催化剂组分及其催化剂：CN1213080C[P]. 2005-08-03.

[19] 刘海涛，马晶，丁春敏，等. 1, 3- 二醇酯为内给电子体的丙烯聚合催化剂 [J]. 石油化工，2006(02): 127-131.

[20] 宋文波，马青山，于鲁强，等. Ziegler-Natta 高效催化剂共聚性能研究 [J]. 石油化工，2003(10): 868-872.

[21] 杨光，毕福勇，宋文波，等. 硅烷类外给电子体对 Ziegler-Natta 催化剂催化丙烯聚合的影响 [J]. 石油化工，2013, 42(02): 152-157.

[22] Miro N D, Georgellis G B, Swei H. Dual donor catalyst system for the polymerization of olefin: US6111039A[P]. 2000-08-29.

[23] Li R T, Lawson K W, Mehta A K, et al. Multi-donor catalyst system for the polymerization of olefins: US7183234B2[P]. 2007-02-27.

[24] Chen L, Jr R E C. Self limiting catalyst composition and propylene polymerization process: US7491670B2[P]. 2009-02-17.

[25] 宋文波. 非对称加外给电子体调控聚丙烯分子链结构 [J]. 中国科学：化学，2014, 44(11): 1749-1754.

[26] 宋文波，郭梅芳，乔金樑，等. 高性能聚丙烯组合物的制备方法：CN100491458C[P]. 2009-05-27.

[27] 邹发生，宋文波，张晓萌，等. 相对分子质量对聚丙烯等规指数的影响 [J]. 石油化工，2019, 48(03): 267-272.

[28] Jääskeläinen P, Karbasi A K, Malm B, et al. New polypropylene composition with broad MWD: EP0785954B1[P]. 2000-12-27.

[29] 刘宏伟，杨文，杨进华. 非对称外给电子体技术生产高速挤出 BOPP 薄膜专用树脂 [J]. 合成树脂及塑料，2014, 31(06): 1-5.

[30] 郭鹏，吕明福，张师军. 高熔体强度聚丙烯的研究现状与评述 [J]. 化工进展，2012(S2): 158-162.

[31] 郭鹏，刘有鹏，吕明福，等. 高熔体强度聚丙烯的研究进展 [J]. 石油化工，2012, 41(08): 958-964.

[32] 孟鸿诚，郭鹏，吕明福，等. 高熔体强度聚丙烯的应用及市场分析 [J]. 石油化工，2018, 47(08): 896-900.

[33] Gahleitner M, Tranninger C, Doshev P. Polypropylene copolymers[M] //Karger-Kocsis J, Bárány T. Polypropylene handbook: Morphology, blends and composites. Cham:Springer International Publishing, 2019: 295-355[2022-04-06].

[34] Grein C. Multimodal polypropylenes: The close interplay between catalysts, processes and polymer design[M] //

Albunia A R, Prades F, Jeremic D. Multimodal polymers with supported catalysts: Design and production. Cham:Springer International Publishing,2019: 205-241[2022-01-26].

[35] 张晓萌, 宋文波, 胡慧杰, 等. 聚丙烯多反应器釜内合金的结构与性能 [J]. 石油化工, 2015, 44(08): 953-957.

[36] 胡雄. 丙烯 /1- 丁烯无规共聚透明聚丙烯研究 [J]. 广东化工, 2010, 37(07): 51-52.

[37] Qiao J, Guo M, Wang L, et al. Recent advances in polyolefin technology[J]. Polymer Chemistry, 2011, 2(8): 1611-1623.

[38] 张京春, 郭梅芳, 黄红红, 等. 丙烯 /1- 丁烯和丙烯 / 乙烯无规共聚物的表征及性能研究 [J]. 中国科学：化学, 2014, 44(11): 1771-1775.

[39] 陈国康, 高国强, 胡雄. 丙烯 / 丁烯 -1 无规共聚产品的工业化开发 [J]. 石油化工技术与经济, 2011, 27(05): 48-51.

[40] 蒋文军, 李国飞. 丙烯 / 丁烯 -1 共聚透明聚丙烯的生产开发 [J]. 广东化工, 2013, 40(17): 71-72.

[41] Tang Y, Ren M, Hou L, et al. Effect of microstructure on soluble properties of transparent polypropylene copolymers[J]. Polymer, 2019, 183: 121869.

[42] 刘敏明, 黄舟太, 周鲁, 等. 高抗冲高透明丙丁无规共聚聚丙烯 PPR-MT20-S 的开发 [J]. 合成树脂及塑料, 2020, 37(05): 43-47, 51.

[43] Hosier I L, Alamo R G, Esteso P, et al. Formation of the α and γ polymorphs in random metallocene–propylene copolymers. effect of concentration and type of comonomer[J]. Macromolecules, 2003, 36(15): 5623-5636.

[44] Hosoda S, Hori H, Yada K, et al. Degree of comonomer inclusion into lamella crystal for propylene/olefin copolymers[J]. Polymer, 2002, 43(26): 7451-7460.

[45] Jeon K, Palza H, Quijada R, et al. Effect of comonomer type on the crystallization kinetics and crystalline structure of random isotactic propylene 1-alkene copolymers[J]. Polymer, 2009, 50(3): 832-844.

[46] Mileva D, Androsch R, Radusch H-J. Effect of cooling rate on melt-crystallization of random propylene-ethylene and propylene-1-butene copolymers[J]. Polymer Bulletin, 2008, 61(5): 643-654.

[47] Yujing Tang, Minqiao Ren, Liping Hou, et al. Effect of microstructure on soluble properties of transparent polypropylene copolymers[J]. Polymer,2019,183, 121869.

[48] 高达利, 张师军, 郭梅芳, 等. 丙烯 -1- 丁烯共聚 BOPP 结构及其薄膜拉伸工艺 [J]. 合成树脂及塑料, 2015, 32(06): 17-20.

[49] 蒋文军, 李国飞. 丙烯 / 丁烯 -1 共聚烟膜专用料的开发和生产 [J]. 橡塑资源利用, 2013(06): 7-9.

[50] Grein C, Gahleitner M, Knogler B, et al. Melt viscosity effects in ethylene-propylene copolymers[J]. Rheologica Acta, 2007, 46(8): 1083-1089.

[51] Grein C, Bernreitner K, Hauer A, et al. Impact modified isotatic polypropylene with controlled rubber intrinsic viscosities: Some new aspects about morphology and fracture[J]. Journal of Applied Polymer Science, 2003, 87(10): 1702-1712.

[52] Grestenberger G, Potter G D, Grein C. Polypropylene/ethylene-propylene rubber (PP/EPR) blends for the automotive industry: Basic correlations between EPR-design and shrinkage[J]. Express Polymer Letters, 2014, 8(4): 282-292.

[53] Zhang Z, Qiao J. Quantitative prediction of particle size of dispersed phase in elastomer‐plastic blends[J]. Polymer Engineering & Science, 1991, 31 (21): 1553-1557.

[54] 张晓萌, 宋文波, 邹发生. 高光泽聚丙烯技术进展 [J]. 石油化工, 2018, 47(07): 758-762.

[55] 王彦荣, 于鲁强, 谷汉进. 反应器内增刚聚丙烯的研究进展 [J]. 石油化工, 2006(12): 1193-1196.

[56] 余世金, 许招会, 王牲, 等. 外给电子体 CMMS、DCPMS 制备高结晶度聚丙烯的研究 [J]. 应用化工, 2004(04): 37-38.

[57] Gahleitner M, Bachner C, Ratajski E, et al. Effects of the catalyst system on the crystallization of polypropylene*[J]. Journal of Applied Polymer Science, 1999, 73(12): 2507-2515.

[58] 高彦杰, 张丽英, 张师军. 高结晶聚丙烯的制备 [J]. 石油化工, 2011, 40(01): 38-42.

[59] 周兵. 高结晶聚丙烯 HC9012M 的开发 [J]. 塑料科技, 2009, 37(12): 42-45.

[60] 曹豫新, 李杰, 郭照琰, 等. 环保型超高流动性高结晶 PP 的研制及应用 [J]. 现代塑料加工应用, 2021, 33(02): 30-33.

[61] Natta G, Pino P, Corradini P, et al. Crystalline high polymers of α-olefins[J]. Journal of the American Chemical Society, 1955, 77(6): 1708-1710.

[62] Luciani L, Seppälä J, Löfgren B. Poly-1-butene: Its preparation, properties and challenges[J]. Progress in Polymer Science, 1988, 13(1): 37-62.

[63] AlMa'adeed M A-A, Krupa I. Polyolefin compounds and materials: Fundamentals and industrial applications[M]. Berlin: Springer,2015.

[64] 陈江波, 宋文波, 斯维, 等. 一种丁烯 -1 的均相聚合方法及装置: CN110894249A[P]. 2020-03-20.

[65] 毕福勇, 宋文波, 斯维, 等. 1- 丁烯液相本体连续聚合方法以及 1- 丁烯共聚物: CN111087510A[P]. 2020-05-01.

[66] 斯维, 毕福勇, 宋文波, 等. 1- 丁烯液相本体连续聚合方法以及聚 1- 丁烯: CN111087504A[P]. 2020-05-01.

[67] 宋文波, 毕福勇, 陈明, 等. Ziegler-Natta 催化剂体系及其应用和聚烯烃以及烯烃聚合反应: CN111087499A[P]. 2020-05-01.

[68] 毕福勇, 宋文波, 陈明, 等. 1- 丁烯 / 乙烯 / 高级 α- 烯烃三元共聚物及其制备方法和应用: CN111087511A[P]. 2020-05-01.

[69] 张晓萌, 毕福勇, 宋文波, 等. 高等规聚丁烯 -1 的制备方法: CN103772557B[P]. 2016-08-17.

[70] 张晓萌, 毕福勇, 宋文波, 等. 一种高等规度聚丁烯 -1 的制备方法: CN103788262B[P]. 2016-02-24.

[71] 张晓萌, 宋文波, 陈明, 等. 一种聚丁烯 -1 可溶物含量的检测方法: CN112649464A[P]. 2021-04-13.

[72] 徐秀东, 谢伦嘉, 谭忠, 等. 烯烃聚合固体催化剂组分及催化剂: CN102603933B[P]. 2013-07-03.

[73] 徐秀东, 谭忠, 严立安, 等. 一种制备催化剂组分的方法、催化剂及其应用: CN105585642B[P]. 2019-11-12.

[74] 闫义彬, 徐用军, 任合刚, 等. 聚丁烯 -1 树脂研究新进展 [J]. 工程塑料应用, 2015, 43(08): 115-118.

[75] 陈静仪, 杨玲. 聚丁烯的应用 [J]. 化工新型材料, 2001(01): 38-39.

[76] 王亚丽, 张德顺, 曾群英, 等. 聚丁烯 -1 研究进展及应用 [J]. 化工科技市场, 2008, 31(11): 25-28.

[77] 唐立金. 聚丁烯塑料管的市场应用分析 [J]. 天津建设科技, 2009, 19(01): 16, 23.

[78] 牛磊, 范娟娟, 殷喜丰, 等. 聚 1- 丁烯的应用及研究进展 [J]. 合成树脂及塑料, 2010, 27(02): 79-84.

[79] 李军, 任合刚, 邹恩广, 等. 管材级聚丁烯树脂的发展前景分析 [J]. 炼油与化工, 2014, 25(04): 1-3, 60.

[80] 吴念, 代占文. 聚丁烯 (PB) 管道的生产和应用 [J]. 塑料制造, 2008(12): 90-95.

[81] 王军. 聚丁烯 -1 膜用材料的探索研究 [D]. 青岛: 青岛科技大学, 2009.

[82] 丁琦. 共混改性聚丁烯 -1 膜的制备及介电性能研究 [D]. 哈尔滨: 哈尔滨工业大学, 2017.

[83] Sängerlaub S, Reichert K, Sterr J, et al. Identification of polybutene-1 (PB-1) in easy peel polymer structures[J]. Polymer Testing, 2018, 65: 142-149.

[84] Chiu M. Easy opening shrink wrapper for product bundle: US20080190802A1[P]. 2008-08-14.

[85] 托尼・马菲特, 帕特里克・罗塞奥, 埃里克・博吉尔斯, 等. 可剥离的密封薄膜: CN1278851C[P]. 2006-10-11.

[86] 刘维松. 聚丁烯 -1 导电屏蔽材料的制备及力学性能调控 [D]. 北京: 北京化工大学, 2015.

[87] 马亚萍. 聚丁烯 -1 高压静电纺丝及其结晶特性研究 [D]. 青岛：青岛科技大学，2016.

[88] 肖玮佳，刘晨光. 不同相对分子质量 PP 对 iPB-1/PP 共混物性能的影响 [J]. 中国塑料，2017, 31(09): 56-61.

[89] 杨金兴，乔辉，史翎. 国内外聚丁烯 -1 的研究进展 [J]. 塑料，2013, 42(03): 47-50, 31.

[90] 杨宝生. 聚丁烯 -1 改性 PPR 管材低温冲击及耐热性能的研究 [J]. 山东化工，2017, 46(06): 32-33.

[91] 王彩霞，邵华锋，贺爱华. 聚丙烯与聚丁烯 -1 共混体系的力学性能 [J]. 塑料，2015, 44(01): 40-42.

[92] Nase M, Langer B, Baumann H J, et al. Evaluation and simulation of the peel behavior of polyethylene/polybutene-1 peel systems[J]. Journal of Applied Polymer Science, 2009, 111(1): 363-370.

[93] Nase M, Androsch R, Langer B, et al. Effect of polymorphism of isotactic polybutene-1 on peel behavior of polyethylene/polybutene-1 peel systems[J]. Journal of Applied Polymer Science, 2008, 107(5): 3111-3118.

[94] 王彦，高晗，夏琳，等. 杜仲胶 / 聚丁烯 -1 形状记忆复合材料的制备与性能 [J]. 高分子材料科学与工程，2019, 35(08): 118-124.

[95] Heemann M, Kostyra S, Scheeren T, et al. Extrudable pressure sensitive adhesive based on polybutene-1 suitable for reclosable packagings: WO2017220333A1[P]. 2017-12-28.

[96] Heemann M, Scheeren T, Kasper D, et al. Extrudable pressure sensitive adhesive based on polybutene-1 polymer and a styrene copolymer suitable for reclosable packagings: WO2018095744A1[P]. 2018-05-31.

第七章

溶液聚合工艺及高性能聚烯烃产品

溶液聚合是将单体、催化剂（引发剂）和调节剂等溶于溶剂中，在溶液状态下进行的聚合反应。可分为连续法和间歇法两类。生成的聚合物在反应条件下溶于溶剂的称为均相溶液聚合，否则称为非均相溶液聚合或沉淀聚合。

溶液聚合具有以下特点：聚合热易于撤出，聚合反应温度易于控制；体系黏度可通过聚合物浓度灵活控制；反应物料易于输送；体系中聚合物浓度低，向高分子链转移生成长链支化或交联的产物较少，产物分子量易于控制，分子量分布较窄；聚合物溶液可直接进行诸如纺丝等加工应用。溶液聚合的主要缺点是：需要进行大量溶剂的回收和循环使用，过程能耗高；回收溶剂中的毒物可能累积进而影响聚合反应的进行；聚合反应器中单体的浓度低，反应器的利用率低。

溶液聚合在高分子材料工业上占有重要地位。采用该工艺可生产纤维、橡胶、塑料、弹性体、涂料和黏合剂等多种产品。例如：聚丙烯腈（polyacrylonitrile）、聚醋酸乙烯酯［poly（vinyl acetate）］、丁苯橡胶（styrene butadiene rubber，SBR）、乙丙橡胶（ethylene propylene rubber，EPR）、氢化丁苯热塑性弹性体（styrene ethylene butylene styrene elastomer，SEBS）、线型低密度聚乙烯（linear low density polyethylene，LLDPE）、聚烯烃弹性体（polyolefin elastomer，POE）、聚乙烯蜡（polyethylene wax）等。国内在溶液聚合生产合成纤维、合成橡胶方面有一定技术积累。

我国进口量大且国内尚无法工业化的聚烯烃产品多为溶液聚合工艺生产。例如，聚烯烃弹性体等。本章将详细介绍聚烯烃溶液聚合工艺及采用该工艺生产的高性能聚烯烃产品。

第一节
烯烃溶液聚合工艺

聚烯烃的溶液聚合工艺（不包括乙丙橡胶）与聚丙烯腈、丁苯橡胶等相比存在着较大差异。主要体现在催化体系、聚合工艺条件以及聚合物溶液后处理方法等均差别较大。聚烯烃多使用钛或者锆金属化合物作为主催化剂，甲基铝氧烷或有机硼化合物作为助催化剂，属配位聚合。聚合温度一般在100℃以上，聚合压力通常大于2.0MPa，后处理主要采用闪蒸方式脱除溶剂和未反应单体。脱除轻组分后的聚合物通常加入一定的助剂，进行造粒。不同产品、不同公司的溶液法聚烯烃工艺也有所不同。

一、聚烯烃树脂溶液聚合工艺

加拿大诺瓦化工公司的 Sclairtech™ 溶液法工艺是最早的乙烯溶液聚合工艺。该工艺最初由杜邦公司开发[1]，诺瓦公司在 1994 年购买了该技术，并负责在全球进行技术转让。诺瓦公司还在此基础上采用自己研制的新一代单活性中心催化剂和高活性 Ziegler-Natta 催化剂，开发了新一代的乙烯溶液聚合技术，称为 Advanced Sclairtech™ 技术[2,3]。

Sclairtech™ 技术采用中压溶液聚合工艺，过程主要包括进料、聚合、溶剂回收和产品后处理四个部分。工艺流程大致如下：乙烯精制后由进料压缩机增压，再由冷却器冷却至液态，液态乙烯与溶剂在冷却器中混合，通过进料泵送入反应器；催化剂溶液在与乙烯混合之前与精制提纯后的溶剂（环己烷）先混合；主催化剂和氢气分别用泵和压缩机送入反应器中。聚合反应器为管式或连续搅拌釜式，或两者的组合，聚合反应温度控制在 105 ～ 320℃，反应压力为 4 ～ 20MPa。在反应器出口注入灭活剂终止反应，之后经过吸附器吸附脱除溶液中的催化剂残余。再之后聚合物溶液进入中压闪蒸器闪蒸分离出未反应的乙烯、共聚单体和大部分溶剂。聚合物熔体通过泄压阀进入低压闪蒸器进一步脱除溶剂。从闪蒸器出来的乙烯、共聚单体、溶剂经分段冷凝器冷却后，进入低沸塔分离出低沸物，低沸物依次再通过乙烯塔和共聚单体塔回收乙烯和共聚单体。高沸物进入高沸塔分离回收溶剂，塔釜油脂等低聚物再经油脂塔排出。闪蒸后的聚合物熔体与助剂混合，经挤出机和切料机制成粒料，粒料再经过水洗汽提工序进一步脱除可挥发组分，最后进行粒料的干燥、包装。

Sclairtech™ 工艺流程示意图如图 7-1 所示。该工艺已商业化的装置主要用于生产线型低密度聚乙烯（LLDPE）。主要采用溶液型 Ziegler-Natta 催化剂，以环己烷为溶剂，乙烯单程转化率在 50% 以上，反应器内聚合物含量为 6% ～ 20%（质量分数），通过反应温度和氢气调节聚合物分子量及其分布，可生产聚乙烯产品的熔体流动速率范围在 0.005 ～ 10g/10min，分子量分布为 3.0 ～ 20。通过共聚单体（主要为 1- 丁烯）含量调节聚乙烯产品的密度，可调范围在 0.915 ～ 0.967g/cm³。采用新一代高活性 SSC 催化剂，乙烯转化率可达到 90% 以上，还可免去催化剂脱除工序。以 1- 辛烯作为共聚单体，产品密度范围可以拓宽至 0.905 ～ 0.967g/cm³，熔体流动速率可调范围在 0.40 ～ 150g/10min，分子量分布可降至 2.0。Sclairtech™ 技术采用双反应器配置，可以方便地调控产品的分子量分布，既可以生产窄分子量分布，也可以生产宽分子量分布甚至双峰分布的聚乙烯产品。

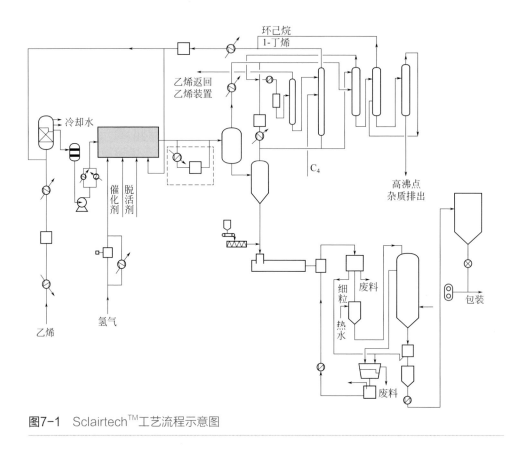

图7-1 Sclairtech™工艺流程示意图

二、聚烯烃弹性体溶液聚合工艺

业界通常所说的聚烯烃弹性体溶液聚合工艺是指 20 世纪 90 年代采用茂金属催化剂的聚合工艺。最初主要有陶氏化学公司的 Insite 工艺和埃克森美孚公司的 Exxpol 工艺。发展至今，三井化学、LG 化学、北欧化工、SK 化学和 SABIC 等公司均开发了自己的聚烯烃弹性体技术及相应的工艺，并建成了生产装置。巴斯夫、利安德巴塞尔、住友化学、中国石化、中国石油、中国化学、烟台万华、山东京博、江苏斯尔邦等公司也在开发自己的技术，一些公司还申请并拥有了烯烃高温溶液聚合及其相应催化剂的专利。

1. Insite 工艺

陶氏化学公司于 1991 年发明了限定几何构型（CGC）茂金属催化剂并申请了专利。CGC 催化剂用氨基取代桥联茂金属催化剂结构中的一个环戊二烯（或茚基、芴基）或其衍生物，用烷基或硅烷基等作桥联基团，是一种单环戊二烯与第Ⅳ副族过渡金属以配位键形成的络合物，如图 7-2 所示。

R = 烷基、芳基
R_4' = 烷基、芳基或成环芳基
M = Ti, Zr
X = Cl, Me

图7-2 限定几何构型茂金属催化剂结构示意图

从结构上看，这种半夹心结构催化剂没有双茂金属催化剂中两个茂基同时与金属配位所导致的空间位阻效应。它只有一个环戊二烯基屏蔽着金属原子的一边，另一边大的空间为各种较大单体的插入提供了可能。

陶氏化学公司将该催化剂应用于其溶液聚合工艺，并进行了必要的装置改造，开发了 Insite 技术[4]。Insite 工艺主要包括以下环节：单体和溶剂等原料先经净化塔脱除杂质；聚合反应在连续搅拌反应釜中进行，原料提前降至低温再进入反应器，以撤除反应热；出反应器的聚合物溶液经闪蒸进行聚合物与单体及溶剂的分离；闪蒸出单体和溶剂通过精馏回收，循环使用；催化剂的活性很高，无需脱除催化剂残余；聚合物熔体通过水下切粒得到粒料产品[5]。

生产聚烯烃弹性体（POE）时，将新鲜和再循环的乙烯压缩至 4MPa 以上，溶于共聚单体和溶剂的混合溶液中。将原料混合物预冷至约 0℃，以平衡反应放热，维持反应器出口温度低于 170℃。

在聚合反应器中，单体在液相聚合条件下与催化剂组合物（CGC 催化剂和助催化剂）接触。由于聚烯烃产物的分子量对聚合温度敏感，在较高温度下很难制备高分子量聚合物。在双反应器串联时，在反应器间增加了级间冷却器，这可以在每一阶段更好地控制反应器温度，进而控制产物分子量分布。为获得反应器中理想传热、传质效果，反应器中聚合物含量一般在 15% ～ 20%（质量分数）。该工艺中使用重溶剂 ISOPAR™ E（饱和链烷烃混合物），聚合反应在相对低的压力下进行。乙烯单程转化率达到 90% 以上。

离开反应器的聚合物溶液需要进一步加热，以满足后续闪蒸脱除溶液中溶剂的需要。闪蒸分离和聚合物脱挥发分过程包含多步降压过程，最后阶段在真空条件下进行。通过齿轮泵将熔体转移至造粒单元。并将助剂掺入聚合物中。闪蒸罐顶部分离出的单体及溶剂等混合物送入精馏塔，移除重组分或蜡。这些重组分和蜡可用作热油炉的燃料。将包含乙烯、共聚单体和溶剂的塔顶物料送入分离容器，分离出来的乙烯通过压缩机增压后循环回反应器。未反应的共聚单体和溶剂通过分子筛处理后也循环回反应器。Insite 工艺流程示意图见图 7-3。

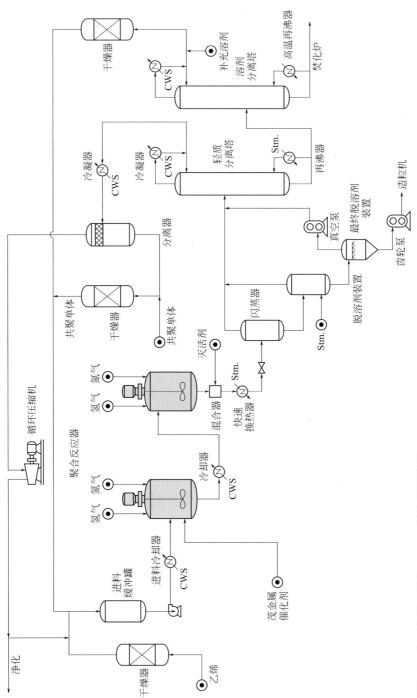

图7-3 陶氏化学公司的Insite工艺流程示意图

CGC 催化剂生产的聚合物主链中有一定量的长链支化结构，从而改善了聚合物的加工性能。其单中心催化剂的特点，使得所得聚合物有很窄的分子量分布和共聚单体分布，聚合物的透明性好。通过对聚合物结构进行精确设计与控制，可以针对不同的应用制备一系列不同密度、熔体流动速率、门尼黏度、硬度的 POE 产品[6-10]。

2. Exxpol 工艺

1991 年，埃克森美孚公司公布了其自行开发的茂金属催化剂专利，即 Exxpol 催化剂[11,12]，同年被应用于日本三井化学在美国路易斯安那州 Baton Rouge 的聚合装置中，所用催化剂结构如图 7-4 所示。

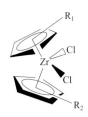

图7-4 Exxpol催化剂结构

茂金属化合物 Cp_2MCl_2 是一个 16 电子体系的基础化合物，茂环上取代基对茂金属化合物的稳定性有一定的影响。一般情况下，给电子取代基团有利于茂金属化合物的稳定，减少催化活性中心金属上的正电性有助于提高催化活性。

基于此催化剂，埃克森美孚公司开发了 Exxpol 连续溶液聚合工艺，如图 7-5 所示。该工艺采用连续搅拌釜（CSTR）作为聚合反应器[13-15]，生产聚乙烯塑性体时反应温度为 150 ～ 220℃，反应器内压力为 10 ～ 12MPa，聚合物含量为 15% ～ 22%（质量分数）。生产聚乙烯弹性体时反应温度大于 100℃，反应器压力为 10 ～ 12MPa，聚合物含量为 8% ～ 12%（质量分数）。该工艺还采用了最低临界溶解温度（lower critical solution temperature，LCST）相分离技术。LCST 技术的工艺过程：聚合物溶液从反应器出口到相分离器之间经过两段换热，加热到 220℃以上；物料进入相分离器之前通过泄压阀将体系压力从 10MPa 以上降到约 4MPa，使溶液在相分离罐内发生相分离；处于两相状态的物料分为聚合物浓相（concentrated phase，聚合物含量介于 30% ～ 40%，质量分数）和聚合物稀相（lean phase，聚合物含量小于 0.1%，质量分数）。聚合物浓相进入后续的闪蒸分离和螺杆脱挥机，进一步分离单体和溶剂，实现深度脱除挥发分。

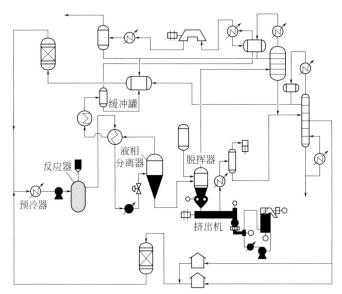

图7-5 埃克森美孚公司的Exxpol工艺流程简图

Exxpol 催化剂活性大于 40kg/g 催化剂，工艺以烷烃作溶剂，以 $C_3 \sim C_{10}$ α-烯烃作共聚单体，以氢气作分子量调节剂，既可以生产聚乙烯塑性体，也可以生产乙烯基弹性体，还可以生产丙烯、苯乙烯类共聚物等。可以采用双釜串联或并联的反应器组合，生产宽分布或双峰分布的聚乙烯产品。

3. 其他烯烃溶液聚合工艺

三井化学、LG 化学、SK 化学、SABIC 和北欧化工等公司也开发了类似溶液聚合工艺[16-20]，建设了工业生产装置，具备 POE、POP 和 LLDPE 等产品的生产能力。整体流程与 Insite 和 Exxpol 工艺流程相近，不同之处在于具有各自独特的均相催化体系。

国内中国石油抚顺石化公司于 1989 年引进加拿大杜邦公司的 Sclairtech™ 工艺技术，建成了一套溶液法聚乙烯装置。上海中国石化三井弹性体有限公司于 2013 年采用三井化学的技术，建成了一套 7.5 万吨 / 年溶液法乙丙橡胶装置。近几年，随着弹性体产品需求量的不断增加，国内众多企业纷纷重视并布局聚烯烃弹性体产业，但国外公司均不对国内许可聚烯烃弹性体技术。这促使一批国内科研院所、高校、生产企业加强了自主开发的力度。目前，除中国石化之外，中国石油、烟台万华、山东京博等公司都在开发自己的 POE 生产技术[21-25]，部分公司已建成并运行了千吨级中试装置，但均未有工业生产装置建成投产。

4．链穿梭聚合技术

烯烃活性聚合是合成烯烃嵌段共聚物最有效的途径，通过控制不同单体的加料顺序能够精确调控聚合增长链的微观结构。然而，烯烃活性聚合中的一个活性中心通常只生成一个分子的聚合物，这使得催化剂的使用效率极低。因此烯烃活性聚合的工业应用受到限制，一直没有实现大规模的商业化。

陶氏化学公司在 Insite 技术的基础上提出"链穿梭聚合"法，开发了生产烯烃嵌段共聚物新技术[26]。"链穿梭聚合"[27,28]的定义是：一个聚合物增长链在多个催化剂的活性位点间转移，从而使一个聚合物分子至少在两个催化活性中心作用下生长，其中，聚合物链在催化剂之间的传递是依靠链穿梭剂（如金属烷基化合物）完成的。当体系中的催化剂具有不同的共聚单体选择性或不同的立体构型选择性时，利用这种聚合方法就可制备出链段组成各不相同的烯烃嵌段共聚物（OBC）。

以两种不同共聚单体选择性的催化剂（Cat A 为共聚单体选择性差的催化剂；Cat B 为共聚单体选择性好的催化剂）为例，链穿梭聚合的基本原理见图 7-6。链穿梭聚合包括两步：首先，在 Cat A 催化剂上进行聚合得到共聚单体含量较低的"硬段"聚合物链；随后，该"硬段"聚合物链转移到链穿梭剂上，而链穿梭剂上共聚单体含量较多的"软段"聚合物链则转移到了 Cat A 催化剂上，从而完成一次链穿梭反应，分别得到连接在 Cat A 催化剂上的"软段"聚合物和连接在链穿梭剂上的"硬段"聚合物；然后，在 Cat A 上的"软段"聚合物链继续进行链增长反应，由于 Cat A 催化剂的共聚单体选择性较差，因此继续增长的聚合物为共聚单体含量较少的"硬段"，从而形成了"软"、"硬"交替的 OBC 产物。同样，在 Cat B 催化剂上的"软段"聚合物链也可以和链穿梭剂上的"硬段"聚合物链发生链穿梭反应，得到的 Cat B 催化剂上的"硬段"

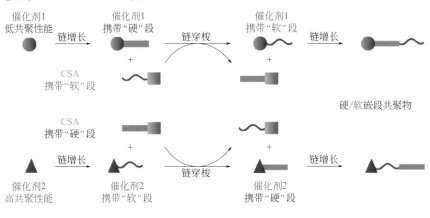

图7-6　链穿梭聚合机理示意图

聚合物链继续进行"软段"聚合物的链增长反应。链穿梭聚合是在配位链转移聚合的基础上发展起来的，由多种催化剂和链转移剂组成的一个可实现交叉链转移的聚合体系。在催化剂上生长的聚合物链在增长终止前能够与金属烷基化合物发生可逆的交换反应，形成休眠的聚合物链，然后再转移到其他催化剂的活性中心上继续增长。这种聚合反应具有活性聚合的特征，能够获得结构可控的 OBC 产物。

催化体系是实现链穿梭聚合反应的关键，在链穿梭聚合的催化体系中应包含两种在共聚单体选择性上差别很大的主催化剂以及一种能够有效完成链穿梭反应的穿梭剂。主催化剂和链穿梭剂之间要达到良好的匹配条件[29,30]：一个聚合物链在终止前能够和链穿梭剂至少完成一次交换；链穿梭反应应该是一种可逆反应；链穿梭剂和聚合物链之间形成的中间体足够稳定，以使链终止相对较少。通过统计学分析，这种链穿梭反应得到的嵌段共聚物分子量分布符合 Schulz-Flory 分布，而不是活性聚合产物通常符合的 Poisson 分布，故通过链穿梭聚合反应可得到各嵌段呈多分散性分布且嵌段尺寸也呈多分散性分布的聚合产物，非常有利于产品综合性能的提高[31]。当穿梭反应速率与至少一种催化剂的聚合物链增长速率相比较慢时，即可获得较长嵌段长度的多嵌段共聚物与聚合物的掺混物；相反，当穿梭反应速率相对于聚合物链增长非常快时，则可获得更具无规分布的链结构和更短嵌段长度的共聚物。因此通过选择适当的催化剂和链穿梭剂，可准确调节聚合物中"软"、"硬"链段的比例，从而控制 OBC 的性能。由于链穿梭聚合一般在高于 120℃的均相溶液体系中进行，故链穿梭聚合的催化体系需具有较好的耐温性。

基于新催化体系，陶氏化学公司首先提出了连续溶液聚合法制备 OBC[32-38]。在连续聚合中，通过催化剂被连续地加入和移出，可确保聚合反应体系中催化剂的浓度保持不变，避免了由于两种催化剂失活速率的不同造成共聚产物链段组成的不均一。在间歇反应中，当 Cat B 催化剂的失活速率快于 Cat A 催化剂时，整个聚合物链中可能只含"硬段"聚乙烯。在聚合时，链穿梭剂烷基锌也是影响聚合反应的关键因素。最初进入反应体系的烷基锌与聚合物链发生的链交换反应并不是真正的链穿梭反应，而只是形成了长链烷基锌；当该长链烷基锌与催化剂上的聚合物链再进行链交换反应时才可视为有效的链穿梭反应。在连续反应过程中，由于反应器的体积远大于进料体积，在反应体系中长链烷基锌的比例要高于尚未反应的烷基锌的比例，因此聚合物链之间的交换反应明显多于聚合物链与烷基锌的交换反应，从而可维持有效的链穿梭聚合。二乙基锌具有优异的热稳定性，在高温反应条件下，二乙基锌可在整个反应周期内保持活性，持续参与链穿梭反应，因此常被用作链穿梭剂。

Hunro 等[39] 提出了用于制备丙烯基嵌段共聚物的技术，聚合过程如图 7-7 所示。在第一反应器中加入乙烯和丙烯两种单体,得到无规共聚物,此为软段。而在第二反应器中仅加入丙烯单体,通过链转移反应,能够在统计学上形成聚乙烯、聚丙烯、丙烯基弹性体双嵌段共聚物的共混物。该产物与聚丙烯和聚乙烯都具有良好的相容性,能够将聚丙烯和聚乙烯结合起来,在两者复合使用的制品中具有应用前景。

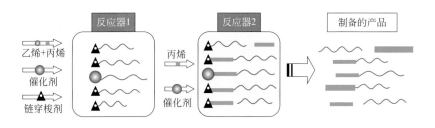

图7-7 制备丙烯基嵌段共聚物的示意图

5．分散聚合工艺

在 Insite 工艺基础上,陶氏化学公司又提出了近临界分散聚合的概念[40-42]。近临界分散聚合,其实质是当聚合反应体系的温度高于低临界溶液温度(LCST)、压力低于浊点压力时,反应釜内聚合物溶液体系处于两相分离状态,其中一相为聚合物浓相,另一相为聚合物稀相,聚合物浓相为分散相。该技术将埃克森美孚公司溶液聚合工艺中液相分离器内的液液相分离技术应用到聚合反应釜内,工艺过程如图 7-8 所示。在聚合反应釜中,近临界分散聚合处于聚合体系的近临界状态,而非超临界状态,反应温度高于聚合物的最高熔点,聚合后的溶液呈两相分散状态,但聚合体系内无聚合物固态颗粒存在,这不同于溶液聚合,也非淤浆聚合。相比于烯烃溶液聚合,近临界分散聚合体系黏度低、聚合物含量高,其聚合物含量可以做到30% ~ 40%(质量分数)。后续的聚合物分离也较简单,只需提供很少热源甚至无需额外热源,通过釜外出料管道内的泄压阀泄压即可将聚合物浓相富集在分离器内,能耗最高可以节省高达75%。

报道称该技术采用绝热反应釜,可以采用单个或两个或多个串联 CSTR。该技术以对聚合物溶解性较差的烷烃类(比如异戊烷)作为溶剂,可使用单活性中心茂金属催化剂、CGC 催化剂或非茂金属催化剂,反应温度 150 ~ 220℃,反应压力为 2 ~ 5MPa,体系黏度小于 15cP。该技术可以生产乙烯基或丙烯基共聚物,产品密度在 0.85 ~ 0.92g/cm³,重均分子量大于60000,分子量分布指数大于等于 2.3。

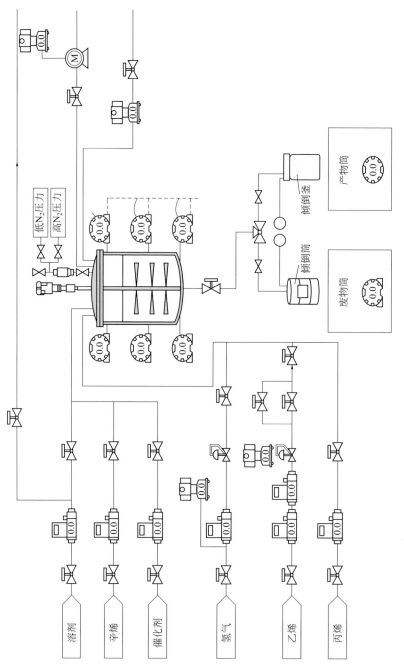

图7-8 陶氏化学公司的分散聚合工艺流程示意图

溶剂
苯烯
催化剂
氢气
乙烯
丙烯

低N₂压力
高N₂压力

倾倒釜
倾倒筒
产物筒
废物筒

第二节
乙烯基弹性体

一、概述

聚烯烃弹性体依据其主要的聚合单体，可分为乙烯基弹性体、丙烯基弹性体及丁烯基弹性体等。

乙烯基弹性体是一种由乙烯和 α- 烯烃为主要单体聚合而成的主链饱和的弹性材料。该材料具有低密度、窄分子量分布等特点，通常采用单活性中心催化剂在溶液聚合工艺中制备。其中，乙烯基弹性体主要以乙烯为主体结构单元，大多为乙烯 /1- 辛烯无规共聚产品和乙烯 /1- 丁烯无规共聚产品，乙烯含量在 58% ～ 75%（质量分数）。

乙烯基弹性体具有独特的结构特征和优异性能[43]：①结晶的乙烯链可视为物理交联点，高支链含量的链段使得材料具有优异的韧性，材料可熔融加工；②分子量分布窄，且与聚烯烃相容性好；③无不饱和双键，耐候性好；④较强的剪切敏感性和熔体强度，可满足高速挤出加工；⑤具有良好的熔体流动性，有益于填料的分散。因此，乙烯基弹性体既可替代橡胶用作塑料增韧改性剂，又可作为热塑性弹性体单独使用，对传统合成橡胶形成了有力竞争。

乙烯基弹性体产品由于性能优异，被广泛应用于汽车塑料、建筑材料、电器部件、日用制品以及医疗器材等领域，涉及国计民生的方方面面，已成为广泛替代传统橡胶和部分塑料的极具发展前景的新型材料。

二、乙烯基弹性体结构与性能

1. 乙烯 /1- 辛烯共聚弹性体的化学组成

乙烯基弹性体的分子链结构如图 7-9（a）所示，其化学组成一般通过高温核磁共振碳谱进行表征，不同 1- 辛烯含量弹性体样品的表征结果如图 7-9（b）所示[44]。当 1- 辛烯比例为 6% 时，图谱中仅能观察到单个辛烯插入的谱峰，这提示聚合物链中 1- 辛烯聚合单元彼此之间并不相邻。随着 1- 辛烯比例增加至13%，图谱中在 40 ～ 41、35 ～ 36、30 ～ 32、24 ～ 25 之间出现新的特征谱峰，根据文献报道，这些谱峰只在聚合物链中连续插入两个 1- 辛烯单体时才出现。随着 1- 辛烯单体比例进一步增至 31%，图谱中特征谱峰信号显著增强，并在 41 ~ 42 和 33 ~ 34 处又出现新的谱峰，这可以归属于三个辛烯相邻的情况，说明此时聚合物链中 1- 辛烯连续插入的情况增多。通过特征峰的比例关系，可计算其中 1- 辛烯共聚单体及其二单元和三单元序列的含量。

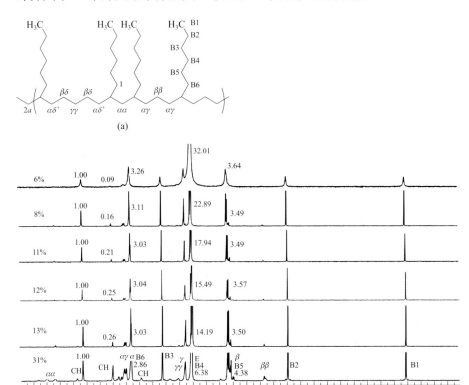

图7-9 POE分子结构及核磁共振碳谱图

（a）POE分子链中各碳原子相对于叔碳原子位置图；（b）不同1-辛烯比例的共聚物高温核磁碳谱对比图

α、β、γ、δ、δ^+ 分别表示与叔碳原子相距1、2、3、4和大于4个原子标记，双字母表示位于2个叔碳原子之间的相对位置；B1 ~ B6分别为己基链上碳原子标记

2. 乙烯基弹性体的热性能[44]

聚烯烃弹性体的热性能可用 DSC 进行简单的表征，典型的乙烯 /1- 辛烯共聚弹性体 DSC 分析结果见图 7-10，当 1- 辛烯含量为 6%（摩尔分数）时，POE 分子链中柔性链段的玻璃化转变特征比较微弱，熔融峰比较明显，峰值为 91℃；当 1- 辛烯含量变为 8% 时，出现了较为明显的柔性链段的玻璃化转变峰，熔融峰温降低，变为 82℃；随着 1- 辛烯含量进一步增加，柔性链段的玻璃化转变更为明显，熔融峰温进一步降低，在 1- 辛烯含量为 19% 时，熔融峰非常微弱，在

22℃处仅能看到比较小的峰尖，当1-辛烯含量继续增加至30%时，熔融峰则消失，仅能观察到柔性链段的玻璃化转变。这是因为随着聚合物中1-辛烯的引入，聚合物链中大量出现的侧基会破坏聚乙烯链段的结晶，当侧基增多到一定程度，其结晶被严重抑制，甚至无法再观察到聚乙烯链段的结晶。

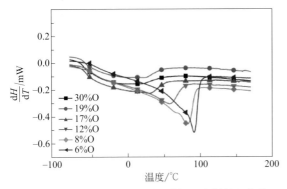

图7-10　不同1-辛烯含量的乙烯/1-辛烯共聚物的DSC熔融曲线

3．乙烯基弹性体分子量与 [η] 和MFR之间的关系 [45]

本书作者团队研究了相近密度情况下乙烯基弹性体的特性黏数（[η]）和熔体流动速率（MFR）与重均分子量（M_w）关系。如表 7-1 所示，随分子量增加，[η] 逐渐增大，MFR 逐渐减小。聚合物的 [η] 与 M_w 的关系遵循 Mark-Houwink 公式，对 lg[η]-lg M_w 作图并进行线性拟合，结果如图 7-11 所示，拟合计算结果见表 7-2。

表7-1　乙烯基弹性体样品的表征结果

序号	$M_w \times 10^{-3}$	$M_n \times 10^{-3}$	PDI	MFR/（g/10min）	[η]/（dL/g）
E-O1	73.4	35.4	2.07	21.30	1.02
E-O2	85.2	41.6	2.05	9.20	1.20
E-O3	100.7	36.7	2.75	2.34	1.35
E-O4	127.5	61.2	2.08	1.32	1.69
E-O5	171.0	86.8	1.97	0.28	2.34
E-H1	65.0	30.0	2.16	20.00	0.93
E-H2	85.0	37.0	2.27	5.39	1.29
E-H3	98.6	47.0	2.10	2.49	1.49
E-H4	125.7	64.1	1.96	0.86	1.81
E-H5	175.2	89.7	1.95	0.19	2.48
E-B1	27.4	10.7	2.55	71.85	0.51
E-B2	35.9	12.6	2.84	26.62	0.64
E-B3	61.1	24.3	2.52	3.32	1.06
E-B4	85.1	26.7	3.19	0.97	1.53
E-B5	98.7	35.0	2.82	0.21	1.71

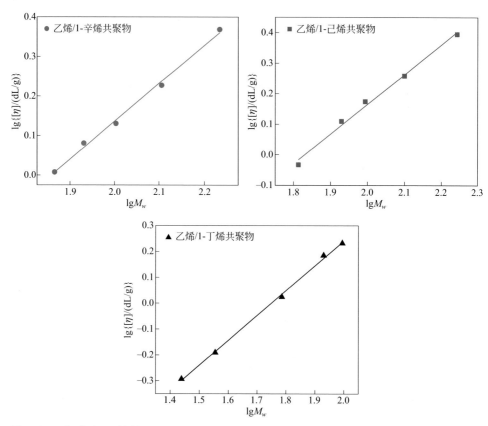

图7-11 [η] 与 M_w 的关系图

表7-2 [η] 与 M_w 的线性拟合结果

共聚单体	截距	斜率	R^2	K	α
1-辛烯	−1.783	0.960	0.995	0.016	0.960
1-己烯	−1.780	0.973	0.993	0.017	0.973
1-丁烯	−1.680	0.961	0.999	0.021	0.961

由图 7-11 和表 7-2 可知，不同共聚单体的 POE 样品的 [η] 与 M_w 取对数后线性关系较好，拟合相关系数 R^2 均大于 0.99。

MFR 与 M_w 的关系式可由泊肃叶定律[45]导出，如下所示。

$$\text{MFR} = 600\rho\frac{\pi R^4 \Delta P}{8\eta_0 L} \tag{7-1}$$

式中，ρ 为聚合物密度；R 为毛细管直径；ΔP 为压差；η_0 为聚合物熔体的零剪切黏度；L 为毛细管长度。但是实际应用中，上述公式仅对低剪切速率下的牛顿流体成立，可将其进一步修正。聚合物的 η_0 与 M_w 存在关系式（7-2）。

$$\eta_0 = kM_w^x \tag{7-2}$$

式中，k 为常数；x 为指数。结合式（7-1）、式（7-2）两式可得式（7-3）：

$$\mathrm{MFR} = k'M_w^{-x} \tag{7-3}$$

式中，k' 为常数。可知，MFR 与 M_w 存在指数关系。取对数得式（7-4）：

$$\lg \mathrm{MFR} = \lg k' - x\lg M_w \tag{7-4}$$

对 lg MFR-lg M_w 作图并进行线性拟合，如图 7-12 所示，拟合计算结果见表 7-3。

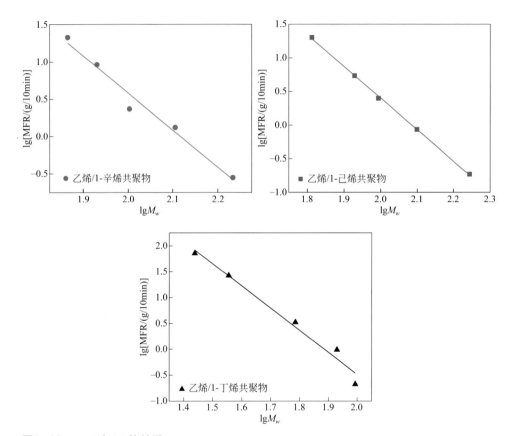

图7-12 MFR与M_w的关系

表7-3 熔体流动速率（MFR）与重均分子量（M_w）的线性拟合结果

共聚单体	截距	斜率	R^2	k'	x
1-辛烯	10.557	-4.987	0.976	3.608×10^{10}	4.987
1-己烯	9.807	-4.703	0.999	6.418×10^9	4.703
1-丁烯	8.078	-4.283	0.979	1.198×10^8	4.283

由图 7-12 和表 7-3 可知三组乙烯基弹性体样品的 MFR 与 M_w 取对数后线性关系也比较好，拟合相关系数 R^2 均大于 0.976。

4. 乙烯基弹性体密度与共聚单体含量的关系

将 1- 辛烯共聚弹性体的密度与 1- 辛烯含量作图，可得到如图 7-13 所示关系图。结果表明，乙烯 /1- 辛烯共聚弹性体的密度均随着 1- 辛烯含量的增加而减小，但是在相同 1- 辛烯含量的情况下，使用不同催化体系制备的产品密度略有不同，密度更低者说明其中的 1- 辛烯分布要更加均匀。

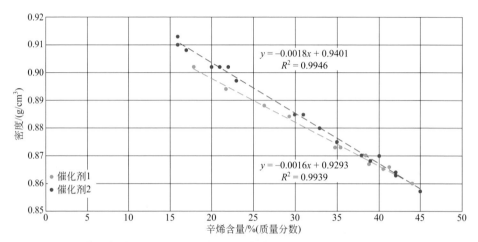

图7-13 不同催化剂体系POE产品的密度-辛烯含量关系

三、乙烯基弹性体商业化产品

1. 陶氏化学公司的 Engage 系列

陶氏化学公司推出商品名为 Engage 的聚烯烃弹性体（POE）产品，为乙烯基弹性体，是乙烯 /1- 辛烯共聚物以及乙烯 /1- 丁烯共聚物，具有良好的柔韧性和加工性，主要用于聚合物增韧改性和制备电线电缆、鞋材、交联发泡材料、管件和软管等。产品的主要牌号见表 7-4。

2. 埃克森美孚公司的 Exact 产品

埃克森美孚公司的 Exact 系列产品包括乙烯与辛烯、己烯、丁烯等不同单体的共聚产品牌号，进而提供广阔的应用领域。主要用于柔性包装、注塑、挤出、电线电缆、发泡等。从产品列表（表 7-5）可以看出，其产品熔体流动速率和密度范围跨度很大。市场上增韧改性应用最多的是四个牌号，分别为 9061、9071、9182 和 9371。

表7-4　Engage系列POE主要牌号的典型性能

| Engage 系列 | 基本性能 | | | | 物理性能 | | 热性能 | |
	熔体流动速率（190℃，2.16kg）/（g/10min）	密度/（g/cm³）	拉伸强度/MPa	断裂伸长率/%	弯曲模量（2%）/MPa	硬度（邵氏A）	T_g/℃	T_m/℃
8003	1	0.885	18.2	＞600	32.6	84	−46	77
8100	1	0.870	9.76	＞600	13.1	73	−52	60
8130/8137	13	0.864	2.4	＞600	7.3	63	−55	56
8150	0.5	0.868	9.5	＞600	14.4	70	−52	55
8180/8187	0.5	0.863	6.3	＞600	7.7	63	−55	47
8200/8207	5	0.870	5.7	＞600	10.8	66	−53	59
8400/8407	30	0.870	2.8	＞600	10.5	72	−54	65
8401	30	0.885	8.5	＞600	30.6	84	−47	80
8452	3	0.875	11.2	＞600	16.8	74	−51	66
8842	1	0.857	3.0	＞600	4	54	−58	38

表7-5　Exact系列POE主要牌号的典型性能

Exact	密度/（g/cm³）	熔体流动速率（190℃，2.16kg）/（g/10min）
3027	0.900	3.5
3040注塑级	0.900	17
3040挤出级	0.900	17
3128	0.900	1.3
3131	0.900	3.5
3132	0.900	1.2
3132F	0.900	1.2
3139	0.900	7.5
4049	0.873	4.5
4053注塑级	0.888	2.2
4053	0.888	2.2
4056	0.883	2.2
4151注塑级	0.895	2.2
4151	0.895	2.2
4160	0.895	1.1
9061	0.863	0.5
9071	0.870	0.5
9182	0.885	1.2
9371	0.872	4.5

3．三井化学公司的 Tafmer DF 系列

Tafmer DF 产品也是乙烯与 α- 烯烃的共聚物。相较于其他聚烯烃产品，DF 具有更低的密度和杨氏模量，如图 7-14 所示，其玻璃化转变温度也很低，因此能够为改性产品提供柔韧性和低温抗冲性能。低温抗冲改性是 Tafmer DF 产品在 PP 改性中最主要的用途。Tafmer DF 系列产品主要牌号的物性参数列于表 7-6 中。

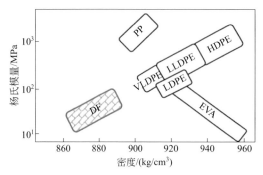

图7-14 Tafmer DF产品与其他聚烯烃材料的比较

表7-6 Tafmer DF 系列POE 主要牌号的典型性能

牌号	基本性能			物理性能			热性能	
	熔体流动速率（190℃，2.16kg）/（g/10min）	密度/（g/cm³）	拉伸强度/MPa	断裂伸长率/%	硬度（邵氏A）		T_g/℃	T_m/℃
DF605	0.5	0.861	>5	>1000	58		<−70	<50
DF610	1.2	0.862	>3	>1000	57		<−70	<50
DF640	3.6	0.864	>3	>1000	56		<−70	<50
DF710	1.2	0.870	15	>1000	73		<−70	55
DF740	3.6	0.870	>3	>1000	73		<−70	55
DF7350	35	0.870	>3	>1000	70		<−70	55
DF810	1.2	0.885	>37	>1000	87		<−70	66
DF840	3.6	0.885	>27	>1000	86		<−70	66
DF8200	18	0.885	12	950	86		<−70	66

4．LG 化学公司的 Lucene 系列

Lucene 系列是 LG 化学推出的乙烯与 1- 丁烯和乙烯与 1- 辛烯共聚产品，分为塑性体和弹性体。乙烯 / 丁烯共聚产品的特点是低结晶性、良好的低温抗冲性以及与乙辛共聚物产品相比更低的成本。乙丁共聚物产品主要由其丽水工厂生产，可以达到很低的密度（0.862g/cm³），但与乙辛共聚物相比，力学性能明显降低。Lucene 系列 POE 产品主要牌号的物性参数列于表 7-7 中。

表7-7　Lucene系列POE主要牌号的典型性能

牌号	基本性能				力学性能			热性能		
	熔体流动速率（190℃，2.16kg）/（g/10min）	密度/（g/cm³）	拉伸强度/MPa	断裂伸长率/%	撕裂强度/（kN/m）	弯曲模量（1%）/MPa	硬度（邵氏A）	T_g/℃	T_m/℃	
LC170	1.1	0.870	9.5	＞900	40	14	71	−53	58	
LC670	5.0	0.870	5.5	＞900	38	13	70	−55	58	
LC875	33	0.870	1.4	＞400		10	55	−53	57	
LC100	1.2	0.902	38	＞600	83		91	−31	100	
LF100	1.2	0.902								
LC160	0.5	0.863	6.1	＞900	33	10	57	−56	46	
LC161	0.5	0.868	9.4	＞900	38	13	67	−53	54	
LC168	1.2	0.862	1.8	＞800	17	8	46	−58	32	
LC175	1.1	0.870	4.4	＞900	34	12	63	−53	42	
LC180	1.2	0.885	MD 39 TD 43	MD 580 TD 650	MD 2.4 TD 7.5	—	86	−45	73	
LC180	1.2	0.885	25	＞800	58	30	86	−45	73	
LC565	5.0	0.865	1.8	＞550	20	8	54	−54	36	

5. SK化学公司的Solumer系列

2014年SABIC和SK签署协议，成立SABIC SK Nexlene Company(SSNC)，双方各持有50%股份，总部在新加坡，其全资子公司韩国Nexlene公司（KNC）拥有蔚山工厂，用于生产高性能聚烯烃产品，其中就包括聚烯烃弹性体产品Solumer。

Solumer系列产品的共聚单体为1-辛烯，可作为塑料增韧改性，以用于汽车塑料，或替代EVA用于阻尼材料、鞋材发泡、电线电缆和太阳能电池封装。具体牌号列于表7-8中。

表7-8　Solumer系列POE主要牌号的典型性能

Solumer	密度/（g/cm³）	熔体流动速率（190℃，2.16kg）/（g/10min）	用途
851	0.875	1.0	改性-超抗冲击强度
8605	0.863	0.5	改性
861	0.863	1.0	改性
8613	0.863	13	改性-高流动性
8705	0.870	0.5	改性-鞋材
871	0.870	1.0	改性-电线电缆
875	0.870	5.0	改性-鞋材
883	0.880	3.0	改性-电线电缆
891	0.885	1.0	改性-电线电缆、鞋材

6．北欧化工公司的 Queo 系列

Queo™是一系列聚烯烃塑性体和弹性体的总称，结合了橡胶的许多物理特性和热塑性材料的加工优势，可以弥补传统塑料（如聚乙烯）和传统弹性体（如EPDM）之间的性能差距。Queo 塑性体和弹性体采用北欧化工专有的 Borceed™技术生产。该技术源于 DSM 的 Compact 技术，结合了北欧化工的自有技术。Borceed™技术采用茂金属催化剂，所制备的 Queo™具有低密度、低熔点、低结晶度、高柔韧性和低温冲击性好的特点。

Queo™聚烯烃塑性体具有良好柔韧性和高机械强度，而 Queo™聚烯烃弹性体适用于要求具有极高柔韧性（拉伸强度＜20MPa）、低熔点（55～75℃）和改进的低温性能（玻璃化转变温度为−55℃）的应用场合。Queo™产品的主要牌号及性能参数如表 7-9 所示。

表7-9　Queo™系列聚烯烃主要牌号的典型性能

Queo	密度/（g/cm³）	熔体流动速率（190℃，2.16kg）/（g/10min）	T_m/℃
6800LA	0.868	0.5	47
7001LA	0.870	1	56
7007LA	0.870	6.6	48
8201	0.883	1.1	73
8201LA	0.883	1.1	75
8203	0.883	3	74
8207LA	0.883	6.6	75
8210	0.883	10	75
8230	0.883	30	76
0201	0.902	19	97
0201FX	0.902	1.1	95
0203	0.902	3	96
0207LA	0.902	6.6	96
0210	0.902	10	97
0219	0.902	19	97
0230	0.902	30	97
1001	0.910	1.1	106
1007	0.910	6.6	105

第三节
丙烯基弹性体

一、概述

丙烯基弹性体（PBE）通常包含含量为 70% ～ 90%（质量分数）的丙烯和 10% ～ 30%（质量分数）的乙烯或 1- 丁烯，使用茂金属催化剂能够控制丙烯链段的结晶，从而得到与乙丙无规共聚物不同的结构和性能[46]。PBE 同样具有优异的韧性、耐化学试剂性能和耐老化性[47]。丙烯基弹性与聚丙烯的相容性极好，尤其适用于聚丙烯树脂的增柔、增透和提高抗冲击性能[48]。目前，国外有三家公司生产丙烯基弹性体，分别是埃克森美孚、陶氏化学和三井化学公司，且主要在其亚洲工厂生产。

二、丙烯基弹性体的结构与性能

丙烯基弹性体的密度范围在 $0.85 \sim 0.89\text{g/cm}^3$，低于聚丙烯。丙烯基弹性体与乙烯基弹性体、聚丙烯和茂金属乙丙橡胶的性能比较列于表 7-10 中[9,49]。

表7-10 丙烯基弹性体与乙烯基弹性体、聚丙烯和茂金属乙丙橡胶的性能比较

性能	丙烯基弹性体（PBE）	乙丙橡胶	等规PP	乙烯基POE
密度/（g/cm³）	0.86～0.89	0.86～0.87	0.9	0.86～0.905
MFR/（g/10min）	1～20	<1	1～1000	1～30
门尼黏度ML$_{121℃}^{(1+4)}$	5～30	20～90	NA	1～35
M_w/（×10⁴）	5～15	10～50	5～100	3～15
M_w/M_n	约2	2～6	2～5	约2
T_g/℃	−20～−30	−50	−5	−30～−60
T_m/℃	40～100	NA	165	35～105
拉伸强度/MPa	15～28	6～9	35	2～28
断裂伸长率/%	100～1500	600～1300	50	600～1000
弹性恢复率/%	80～97	20～30	NA	80～90

注：NA 表示本项目不适用（not applicable）。

如表 7-11 所示，两个典型的丙烯基弹性体产品中的乙烯含量分别为 14.5%（摩尔分数）和 19.1%（摩尔分数）时，乙烯的分散度（1/2 [PE]/[E]×100%）分别为 87.59% 和 81.94%。表明乙烯在主链上的分布是低于理想无规分布的。

表7-11 丙烯基弹性体典型序列结构

编号	项目	[E]	[P]	[EE]	[PE]	[PP]	[PEP]	[PEE]	[EEE]	[EPE]	[PPE]	[PPP]
1	摩尔分数/%	14.5	85.5	1.8	25.4	72.8	11.2	2.9	0.4	2.6	20.2	62.7
	质量分数/%	10.2	89.8	1.3	22.2	76.5	7.9	2.0	0.3	2.7	21.2	65.87
2	摩尔分数/%	19.1	80.9	3.4	31.3	65.2	13.0	5.3	0.8	4.7	22.0	54.2
	质量分数/%	13.6	86.4	2.5	27.9	69.7	9.3	3.8	0.6	5.0	23.4	57.9

乙烯含量为10.2%（质量分数）的丙烯基弹性体DSC曲线见图7-15，从图中可以看到第一次升温过程中，在62.1℃处有一个熔融峰（记为T_m），熔融焓ΔH_m为30.49J/g。在降温过程中，在7.1℃处出现一个小的结晶峰，结晶焓（ΔH_c）为4.214J/g，由于降温速度较快，结晶不完全，进而在第二次升温时，经过在-24.7℃处的玻璃化转变（T_g）之后，同样在7.1℃左右出现结晶焓（ΔH_c^*）为12.99J/g的冷结晶峰，而在61.3℃有减弱的熔融峰，熔融焓为26.15J/g。

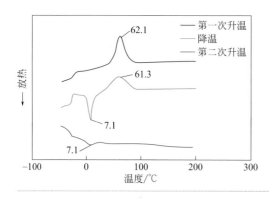

图7-15
典型丙烯基弹性体的DSC曲线
（乙烯含量10.2%，质量分数）

乙烯含量为13.6%（质量分数）的丙烯基弹性体的DSC曲线见图7-16，可以看到第一次升温过程中，在57.5℃处出现一个小的熔融峰（记为T_m），熔融焓ΔH_m为5.927J/g，而在108.6℃处又出现一个小的熔融峰（记为T_m），熔融焓ΔH_m为2.207J/g，这种丙烯/乙烯共聚物展现多重熔融行为可归因于晶体包含有不同结晶形态。

由于该产品的结晶度低（可以从前述两个很小的熔融焓看出），在降温过程中，并未出现明显的结晶峰。然而，在第二次升温过程中，在-29.95℃处完成玻璃化转变（T_g）之后，在降温中未来得及结晶的部分在9.2℃处出现冷结晶峰，结晶焓（ΔH_c）为4.836J/g，继续升温，在107.8℃处出现小的熔融峰，熔融焓为3.176J/g。

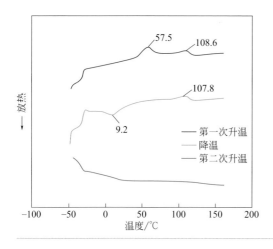

图7-16
丙烯基弹性体的DSC曲线
（乙烯含量13.6%）

三、丙烯基弹性体商业化产品

1. 埃克森美孚公司的Vistamaxx系列

2003年6月埃克森美孚公司宣布推出一种新型聚烯烃热塑性弹性体，商品名为Vistamaxx，采用茂金属催化剂和溶液聚合技术生产[50]。

据文献介绍[51]，一般的乙丙橡胶（ethylene propylene rubber，EPR）中，乙烯的摩尔分数至少为50%以上才有良好的弹性，而在Vistamaxx产品中却至少含有摩尔分数为70%的丙烯。此外，Vistamaxx产品和EPR的主要差别还在于EPR为非晶型或其中含有少量结晶的乙烯链段，而Vistamaxx产品中却含一定量的结晶的等规聚丙烯链段。因此要合成此类聚合物，需控制一定量的可结晶丙烯链段及一定量的丙烯/乙烯共聚无定形链段，通常需采用单活性中心催化剂生产，例如，茂金属催化剂。从结构上看，Vistamaxx产品由富含聚丙烯链段序列的细微结晶相分散于非晶相的共聚物基体中。大分子链通过形成结晶，使聚合物在常温下具有一定的强度，而不易发生形变或蠕变。而当温度超过结晶熔点后，晶体熔融，材料可进行成型加工。

埃克森美孚公司的Vistamaxx系列产品商业化销售的主要有12个牌号，典型的物性参数如表7-12所示。

Vistamaxx系列产品性能特点包括：①乙烯含量在10%～15%（质量分数）范围时，呈现最好的韧性。其化学组成和结晶度介于乙丙弹性体和等规聚丙烯之间。此时结晶相不呈现堆砌的片晶。其熔融峰约在50℃左右。玻璃化温度约在−26～−28℃之间。②此类弹性体有优良的弹性，其断裂伸长率均在1000%以上，有的甚至高达1500%。而且当拉伸超过300%形变时，拉伸模量常有增大的现象。这是由于形变引起进一步结晶所致。③反复进行拉伸 - 回复的循环试验时，此类弹性体永久变形小，尤其经第一次拉伸形变后结晶发生变化，再测试时永久变形会更小。

表7-12　丙烯基弹性体 Vistamaxx 的主要牌号

Vistamaxx	乙烯含量（质量分数）/%	熔体流动速率（190℃，2.16kg）/（g/10min）	密度/（g/cm³）
3000	11	3.7	0.873
3020FL	11	1.2	0.874
3588FL	4	3.7	0.889
3980FL	9	3.6	0.879
6000		3.7	0.889
6102/6102FL	16	1.4	0.862
6202/6202FL	15	9.1	0.862
6502	13	21	0.865
7020BF	15	9	0.863
8380	12	12	0.864
8780	12	—	0.864
8880	6	—	0.879

2．陶氏化学公司的 Versify 产品

陶氏化学公司于 2004 年推出一类丙烯 / 乙烯共聚物，产品牌号为 Versify[52]，2004 年 9 月在其西班牙的 5.2 万吨 / 年装置上开车成功，这是继 Vistamaxx 后又一种商业化的丙烯基热塑性弹性体。

Versify 分子结构与 Vistamaxx 基本相似，只是制备时所用的催化剂和工艺不同。据文献报道[53]，Versify 采用该公司专有的双反应器溶液聚合（Insite）工艺生产，两反应器串联的优点是调节十分灵活。催化剂可使用限制几何构型结构催化剂，也可使用含吡啶环和氨基的铪系配位催化剂，后者为该公司和 Symyx Technologies 公司合作研制成的催化剂。

Versify 产品的结构特点是分子量分布窄，结晶度分布宽，聚合物熔程宽。即使聚合物总的结晶度降低时，仍保留有高熔点级分。

丙烯基弹性体中乙烯单体在共聚物主链上分布的分散程度（B）可用式（7-5）计算。一般 B 为 0 ~ 2，B=1 时，表示共聚单体完全无规分布；B 值越高，共聚单体越趋向交替分布；反之，共聚物出现嵌段或成簇链段。

$$B = \frac{x_{\text{EP+PE}}}{2x_{\text{E}}x_{\text{P}}}$$ （7-5）

式中，$x_{\text{EP+PE}}$ 为共聚物中乙丙（EP）和丙乙（PE）二单元的摩尔分数；x_{E} 和 x_{P} 分别为共聚物中乙烯和丙烯的摩尔分数 [53]。

一般升温淋洗分级（TREF）曲线总在低淋洗温度一端有一拖尾，而在高淋洗温度一端比较陡峭。偏斜度（S_{ix}）表示这种曲线的不对称程度，S_{ix} 可用式（7-6）计算。

$$S_{\text{ix}} = \frac{\sqrt[3]{\sum w_i (T_i - T_{\max})^3}}{\sqrt{\sum w_i (T_i - T_{\max})^2}}$$ （7-6）

式中，$T_{\max}$ 为 TREF 曲线上 $50 \sim 90\,℃$ 范围内淋洗出质量分数最大的级分的温度；T_i 为淋洗出级分 i 的温度；w_i 为淋洗出级分 i 的质量分数 [53]。

Versify 产品的结构表征结果显示：①大分子链上存在区域缺陷结构（位置异构），即在 ^{13}C NMR 核磁共振谱图上，在化学位移约 14.6 和 15.7 处有强度相同的峰；②当共聚物中乙烯的摩尔分数大于 3% 时，B 值大于 1.4；③S_{ix} 大于 1.2；④共聚物的 DSC 表征结果显示，最终的熔融温度不变，而最高峰的峰温 $T_{\max}$ 随共聚单体含量的增加而降低；⑤ X 射线衍射测试结果显示，与采用 Ziegler-Natta 催化剂制得的共聚物相比，该类聚合物的 γ 晶型的含量高 [53]。

Versify 产品可通过下述方法实现：①两个反应器采用不同工艺条件，如不同的丙烯和乙烯比（甚至一个反应器为均聚）、不同反应温度、不同停留时间、不同调节分子量的方法等；②两种催化剂或两个反应器采用不同催化剂，采用能产生区域缺陷的单活性中心催化剂，降低结晶度。通过这种方法得到的产品实际是组成、等规丙烯单元分布不同的各种级分的共混物。

目前，Versify 共有 10 个牌号，可用于聚丙烯改性、薄膜热封层等方面。Versify 产品的具体物性参数和力学性能见表 7-13。

3．三井化学公司的 TAFMER™ XM 丙烯基弹性体

TAFMER™ XM 是由茂金属催化剂聚合的丙烯和 1- 丁烯无规共聚物，其在低熔点和黏性之间具有独特的性能平衡。TAFMER™ XM 与 PP 相容性好，特别是在需要透明性和低温热封性的薄膜中应用，很好地证明了其相容性好的优点。在电线电缆中应用，其可用作 PP 的增柔剂，而不会牺牲耐刮擦性和耐磨性。此外，TAFMER™ XM 系列产品具有改进的热封性能，例如低温热封性、热黏性和包装膜应用中的热封强度。商业化的 TAFMER™ XM 主要有 2 个牌号，具体性能如表 7-14 所示。

表7-13　丙烯基弹性体Versify系列牌号的典型物性

牌号	密度/（g/cm³）	熔体流动速率（190℃，2.16kg）/（g/10min）	硬度（邵氏A）	弯曲模量/MPa	断裂拉伸强度/MPa	维卡软化点/℃	熔点/℃
2000	0.888	2	96	365	26	94	107
2200	0.876	2	94	101	20.5	63	82
2300	0.866	2	86	39.9	18.9	43	66
2400	0.858	2	75	17.2	16.2	<20	55
3000	0.891	8	96	396	27.3	90	108
3200	0.876	8	94	134.7	22.1	59	85
3300	0.866	8	85	38	19.6	42	62
3401	0.863	8	72	20	6.8	<20	97
4200	0.876	25	94	115.6	22.7	61	84
4301	0.868	25	84	36	3.03	51	64

表7-14　TAFMER™ XM的典型牌号及物理性能

牌号	熔体流动速率（190℃，2.16kg）/（g/10min）	T_{m}/℃	屈服应力/MPa	断裂拉伸强度/MPa	断裂伸长率/%	杨氏模量/MPa	表面硬度（邵氏D）
7070	3.0	75	11	34	750	290	52
7080	3.0	83	14	36	750	390	55

　　TAFMER™ PN是三井化学公司推出另一类丙烯基弹性体新产品，为受控形态的丙烯基材料，具有良好的韧性和耐热性，其中可结晶部分分散在非晶基体中，材料的透明性好。TAFMER™ PN保持了与聚丙烯材料的良好相容性，可提高聚丙烯的抗冲击性，这两个特性可使其应用于薄膜和改性领域。

第四节
烯烃嵌段共聚物

一、概述

　　烯烃嵌段共聚物（OBC）是分子链为嵌段结构的聚合物，既可以由两种不同种类烯烃单体共聚而成，也可以由α-烯烃均聚制备具有不同立构规整度链段构成。主要有三种合成方法，第一种为采用具有活性聚合特征的催化体系进行烯烃共聚反应，将两种单体分阶段通入反应器中，并且控制单体通入量和通入次数来控制各部分嵌段长短和嵌段数[54]；第二种为采用能够发生构型变化的茂金属催化剂进行α-烯烃均聚，不同构型的茂金属催化剂可以制备不同立构规整性的聚α-烯烃，从而形成立构规整性不同的嵌段共聚物[55]；第三种则是采用陶氏化学公司开发的"链穿梭聚合"技术，通过使用两种具有不同竞聚率的催化剂和链转移剂配合制备嵌段共聚物[56]。第三种方法是目前唯一商业化了的方法。不仅能够大大简化生产工艺、降低生产成本，还能对聚合物的微观结构进行调整，更易得到目标产物，引起国内外聚烯烃行业的极大兴趣。

与通常的聚烯烃弹性体相比，烯烃嵌段共聚物（OBC）具有弹性与耐温性的良好平衡；结晶温度较高，加工时能快速成型；无论室温还是高温下，都具有更好的弹性恢复和压缩形变；耐磨性也得到提高。烯烃嵌段共聚物可以用作热塑性弹性体材料、相容剂、药物载体、塑料增韧等。与聚烯烃树脂相比，烯烃嵌段共聚物具有高低温压缩性能优异的特点，可以应用于柔性要求高的制品，如挤出型材、软管、弹性纤维、薄膜、发泡制品等[57,58]。

二、烯烃嵌段共聚物的结构与性能关系

与 POE 相似，烯烃嵌段共聚物也依据主要聚合单体的不同，分为乙烯基和丙烯基两类。

1．乙烯基嵌段共聚物

2007 年，陶氏化学公司基于链穿梭聚合技术开发了商品名为 Infuse 的乙烯基嵌段共聚物，在美国得克萨斯 Freeport 工厂成功完成了 1 ～ 2kt 规模的试验，2007 年第 4 季度开始进行 Infuse 的大规模工业化生产。目前商业化的牌号主要有 10 个，产品的熔体流动速率为 0.5 ～ 15g/10min，密度为 0.860 ～ 0.880g/cm³。Infuse OBC 产品的主要牌号及物性参数见表 7-15，与其他常规的烯烃弹性体相比具有很多优越的性能。

Arriola 等[56]利用 GPC 和结晶分析分级（CRYSTAF）方法表征了 Infuse 的嵌段结构。他们选用了两种试样，一种是在反应过程中加入链穿梭剂二乙基锌的聚合产物（试样Ⅰ），另一种是在反应过程中未加入链穿梭剂的聚合产物（试样Ⅱ）。试样Ⅰ和Ⅱ的 GPC 和 CRYSTAF 曲线见图 7-17。从图 7-17（a）可看出，不加链穿梭剂得到的试样Ⅱ的 GPC 曲线出现了双峰，而加入链穿梭剂得到的试样Ⅰ的 GPC 曲线为单峰，说明试样Ⅰ为均匀的共聚物。从图 7-17（b）可看出，试样

Ⅱ中含两种组分：一种是由 Cat A 聚合得到的结晶聚合物，其结晶温度为 78℃；另一种是由 Cat B 聚合得到的可溶的无定形组分，在谱图中未出现结晶峰。试样Ⅰ的曲线中也只存在一种具有结晶性的共聚物，但结晶温度比试样Ⅱ中结晶组分的结晶温度低很多，为 41℃。此外，在试样Ⅰ中还存在可溶的无定形组分。表征结果说明了链转移剂在聚合反应中的作用。

表7-15　Infuse产品典型牌号及其物理性能

产品牌号	熔体流动速率（190℃，2.16kg）/（g/10min）	密度/（g/cm³）	T_m/℃	T_g/℃	硬度	拉伸强度/MPa	断裂伸长率/%	撕裂强度/（kN/m）
9000	0.5	0.877	120	−62	71	6.3	370	42
9010	0.5	0.877	122	−62	77	>13.2	>750	48
9007	0.5	0.866	122	−62	64	4.1	400	29
9100	1.0	0.877	120	−62	75	6.6	480	40
9107	1.0	0.866	121	−62	60	5.1	600	27
9500	5.0	0.877	122	−62	69	5	1150	35
9507	5.0	0.866	119	−62	60	2.9	1210	22
9530	5.0	0.877	119	−62	83	7.4	1000	52
9807	15.0	0.866	118	−62	55	1.2	1200	17
9817	15.0	0.877	120	−62	71	2.4	1540	31

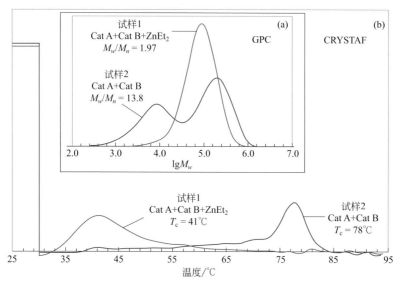

图7-17　试样Ⅰ和Ⅱ的GPC和CRYSTAF曲线[56]

日本三井化学公司利用原子力显微镜（AFM）更为直观地揭示链穿梭聚合法制备的 OBC 的结构，照片清晰地观察到了 OBC 试样的"软、硬"多嵌段结构[59]（图 7-18）。从图 7-18 可看出，在结构确定的 OBC 中形成了两种不同结构的分子链段，黑色区域为聚乙烯链段，白色部分为无定形共聚链段，每个嵌段尺寸都在 100nm 以下。

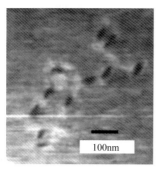

图7-18 OBC试样的AFM照片[59]

OBC 构成了聚烯烃弹性体的新家族，与乙烯 /1- 辛烯无规共聚物（弹性体）相比，具有更高的熔点、结晶温度和更低的玻璃化转变温度，结晶形态更为有序[60-62]。当共聚单体含量增加时，嵌段共聚物和无规共聚物的这种差异会变得更大。在结晶方面，嵌段共聚物结晶速率更快，即使嵌段共聚物中的"硬段"含量很低，也能快速结晶，且球晶的生长速率和本体结晶均与"软段"的含量有关。图 7-19 为 OBC 与无规共聚物之间的性能比较。从图 7-19（a）可看出，随密度的减小，无规共聚物的熔点急剧下降，而 OBC 的熔点仍可维持在 110℃以上。即柔性的 OBC 产品也具有较高的使用温度。从图 7-19（b）可看出，OBC 具有更高的结晶温度，有利于加工应用。从图 7-19（c）、（d）可以看出，OBC 与无规共聚物相比具有更低的压缩形变和更高的抗磨损性。

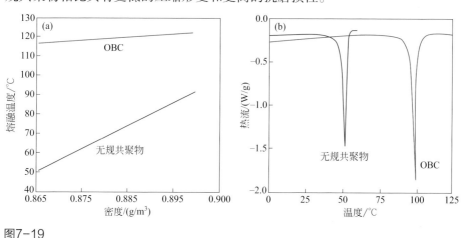

图7-19

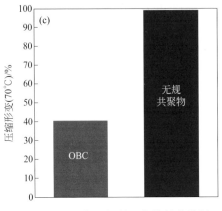
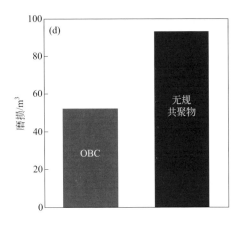

图7-19 OBC与无规共聚物的性能比较

与丁苯嵌段共聚物（SBC）相比，OBC具有弹性、柔性、宽的使用温度范围、耐候性以及质轻等方面的优势[63,64]。OBC因其化学组成的原因，比SBC更加适合与食品、药品接触，其加工、制品回收等过程也更加环保。OBC比SBC更容易上色，对于有颜色的产品来说，OBC产品可以利用更少的颜料进行处理。在50℃、2h萃取条件下，掺入OBC材料的己烷萃取量仅为掺入同样多SBC材料的1/4。OBC已部分替代SBC应用于饮料瓶盖、生活用品（牙刷、剃须刀和梳子等）的手柄以及婴儿奶嘴等领域。在黏合剂方面，与SBC产品相比，OBC产品具有更低的使用温度和更好的热稳定性。此外，由于OBC产品具有更浅的颜色和更淡的气味，因此比SBC产品更加美观、环保。

与乙烯/醋酸乙烯共聚物（EVA）和聚烯烃弹性体（POE）相比，OBC具有更好的高温抗压缩性、耐热性和耐磨性。OBC与EVA和POE的性能比较见图7-20。从图7-20（a）可看出，随温度的下降，EVA和POE的硬度分别增加

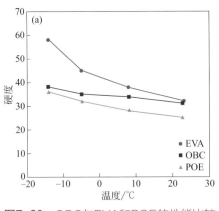
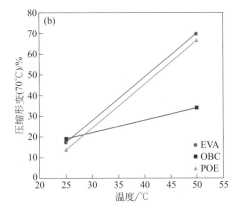

图7-20 OBC与EVA和POE的性能比较

25.7%和10.8%，而OBC的硬度增加仅为7.5%。这充分说明，在低温条件下OBC硬度增加的程度要低于EVA和POE。从图7-20（b）可看出，在常温条件下，三种产品的压缩形变都在20%以下；当温度升至50℃时，EVA和POE的压缩形变达到70%左右，而OBC的压缩形变量只有34%，即OBC具有比EVA和POE更为优良的高温抗压缩性。

由于OBC的耐热性、压缩永久变形性、高弹性以及加工性的综合平衡，所以其在软管、异型挤出制品（汽车车身门窗密封条、器具、家具和建筑物垫片等）、工业用交联泡沫、电气设备、鞋类、盖罩的密封垫、汽车内部组件市场等领域都具有很大的商机。基于OBC的弹性复原和应力松弛性能，利用OBC制备的弹性胶片和纤维有可能在卫生和医药工业中占据重要的市场份额。另外，OBC与聚丙烯和聚乙烯具有很好的相容性，且具有较低的玻璃化温度和良好的注塑成型加工性，所以可利用OBC对用于汽车工业和硬包装业的聚丙烯进行改性。

2008年，Teknor Apex公司推出了Telcar烯烃OBC混配料，是由一种硬质聚烯烃和陶氏化学公司的Infuse OBC掺混而成。作为一种新开发的热塑性聚烯烃弹性体，Telcar OBC具有更高的拉伸强度、撕裂强度和断裂伸长率。与广泛使用的苯乙烯类热塑性弹性体相比，Telcar OBC显示出优良的压缩变形及热老化性能、耐化学试剂性能及可加工性，撕裂强度和拉伸强度能够达到相同或更高的水平。

2. 丙烯基嵌段共聚物

陶氏化学公司的INTUNE系列产品，是典型的丙烯基嵌段共聚物，与聚乙烯和聚丙烯材料都有很高的相容性。聚乙烯具有较好的韧性，特别是低温韧性。聚丙烯有较好的刚性和耐热性能。但它们的相容性差，在过去50年里，难以将它们的优点结合起来。图7-21为在PP/LDPE共混物中添加INTUNE前后的SEM对比图，可以看出，在添加INTUNE后，LDPE在聚丙烯中的分散会更加细碎、均匀，这对于产品性能的改变起着至关重要的作用[65,66]。

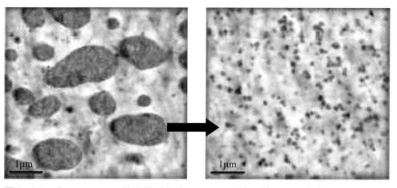

图7-21　在PP/LDPE共混物中添加INTUNE前后的SEM对比图

使用聚丙烯基嵌段共聚物后，聚丙烯和聚乙烯相容性大幅提高，共混材料可以发挥各自的特性，得到能够利用现代通用加工技术加工的共混物。这有助于对各项性质进行微调，从而创造出具备综合优势的制品。此外，添加不同量的丙烯基嵌段共聚物后，聚丙烯还可与聚烯烃弹性体及一些极性材料［如乙烯/乙烯醇共聚物（EVOH）、聚酰胺］共混，以获得特殊的性能。

丙烯基烯烃嵌段共聚物产品的另一个应用是在塑料回收领域。长期以来，聚丙烯和聚乙烯制品的分拣在技术上和经济上都是一道重大难题，进而导致包含有两种材料的回收塑料的使用受限。丙烯基烯烃嵌段共聚物可作为相容剂用于聚丙烯和聚乙烯制品消费后回收共混，回收材料均一性好，可直接用于再次加工应用。

该产品在多层结构黏结中也表现出了非常优异的特性，在 PE 和 PP 复合膜中，INTUNE 可充当黏结层，提升 PE 层与 PP 层之间的黏结强度。此外，聚丙烯基烯烃嵌段共聚物还用于聚烯烃多层管道。由于丙烯基嵌段共聚物与 PE 和 PP 都具有高度相容性，能够将 PP 和 PE 管道粘在一起。INTUNE™ 还可用于解决聚丙烯无规共聚物（PPR）管道在低温下的脆性问题，以及提高 PE 管道的耐热性。

在中国市场的 INTUNE 产品牌号主要是 D5535，其密度为 0.879g/cm³，熔体流动速率为 6.5g/10min（230℃，2.16kg），熔点为 137℃。INTUNE 还有其他 5 个商业化牌号，典型物性参数及应用汇总于表 7-16 中。其中，XUS69109 和 XUS69110 为马来酸酐接枝共聚物。

表7-16　INTUNE 典型牌号及其物性和应用

牌号	熔体流动速率（230℃，2.16kg）/（g/10min）	密度/（g/cm³）	应用
D5535	6.5	0.879	PE/PP共混物相容；连接层
D5545	9.5	0.905	弹性体/PP和TPO共混物相容
D10510	85	0.888	透明PP改性
D10520	4.5	0.878	PE/PP共混相容
XUS69109	3.1	0.908	黏合PE、PP、PA、EVOH，吹塑膜
XUS69110	6.9	0.911	黏合PE、PP、PA、EVOH，流延膜

OBC 作为一类新型的聚烯烃弹性体，已经逐渐彰显了其在商业领域独特的价值和影响力。由于存在可调控的结晶和无定形两种链段，OBC 产物综合了高熔融温度和高弹性的双重特点，改善了永久压缩变形性和弹性复原性能，在聚烯烃弹性体领域具有广阔的应用前景。在链穿梭聚合制备 OBC 方面仍存在很多科学和技术问题需要解决。

第五节
环烯烃聚合物和共聚物

一、概述

在众多烯烃单体中，环烯烃是一个重要组成部分。环烯烃有单环和多环烯烃，碳原子数多在碳四到碳十二之间，以环戊烯、环戊二烯、降冰片烯应用最广。环烯烃（共）聚合物（COP 和 COC）是由环烯烃均聚或者共聚得到的一类主分子链中含有环状结构的非晶性透明高分子材料。

环烯烃聚合物具有以下优良特性：①分子链结构中不含成对的 π 电子、孤对电子或发色官能基团，材料介电常数低，双折射率低，具有很高透明度；②主链结构刚性高，环状结构引入使聚合物具有较高的玻璃化转变温度，并且通过调节共聚组成可调整材料的玻璃化转变温度；③分子链中无不饱和键，具有较好的耐候性和抗氧化性；④分子链由碳氢原子构成，具有良好的水阻隔性；⑤具有良好的血液兼容、无细胞毒素、无诱导有机体突变等生物相容性问题。

因此，环烯烃聚合物被广泛地应用于光学领域、电子领域、生物医药领域、食品包装领域等，用于制造各种光学镜头、光学薄膜、隐形眼镜、塑料光纤、平面显示器基材、电容器、光盘、注射器、医检器等[67]。

二、环烯烃聚合物及共聚物的结构与性能关系

环烯烃聚合物和共聚物的结构略有不同。环烯烃聚合物结构特殊，是一种在分子链中乙烯链段和环烯烃链段交替出现的共聚物，环烯烃链段的含量固定不变。环烯烃聚合物一般通过开环易位聚合制备，聚合完毕后聚合物的分子链中存在双键，材料的化学稳定性和热稳定性比较差，因此需要采用加氢的方式将聚合物中双键饱和，提高其性能[68]。除此之外，提高材料耐热性的一个重要方法是提高其玻璃化转变温度，一般通过增加环烯烃的空间位阻来实现。

环烯烃聚合物制备时常使用的单体是降冰片烯，聚降冰片烯氢化后结晶能力很强，但透明性较差，这限制了它的进一步应用[69]。为了改善其性能，通常向降冰片烯环上引入取代基，例如苯基、环己基等基团。使用这些单体合成的环烯烃聚合物结晶性低，改善了材料的透光性，但对其玻璃化转变温度改变不多[70]。日本瑞翁公司发明了多环大位阻二甲桥八氢萘（DMON）单体，经过开

环易位聚合及氢化制备了聚 DMON 材料，大位阻单体的引入使聚合物链段的运动变得困难，其玻璃化转变温度可达到 170℃ [71]，有效改善了材料的耐热性，韧性也得到提升，断裂伸长率可达到 20%。另外，研究发现聚 DMON 材料是无定形的，无明显结晶，材料透明性好。而日本合成橡胶公司合成了一类新型的具有酯基的环烯烃单体，并聚合成环烯烃聚合物，该类材料的玻璃化转变温度也能够达到 160℃，耐热性优良，透光率和韧性也十分优异，断裂伸长率能够达到 12% ～ 14%，并且在分子链中引入极性官能团也提高了材料的可混性和黏附性。进一步研究表明，向聚合物分子链中引入更大位阻的环后会使分子链段的运动变得更加困难，从而能够使材料的玻璃化转变温度得到很大的提高，而聚合物链中还存在很多柔性的聚乙烯链段，链缠结密度较大，这有利于提高材料的韧性。

环烯烃共聚物中最常见的为乙烯与降冰片烯的共聚物，与环烯烃聚合物不同之处在于共聚物中环状结构为无规分布，分子链中环状结构的比例可以调节。研究结果表明，当降冰片烯的含量高于 54%（摩尔分数）时，乙烯 / 降冰片烯共聚物的玻璃化转变温度才能够达到 150℃，随着环烯烃单体插入率的增大，聚合物材料的玻璃化转变温度会逐渐升高。但是，高的降冰片烯含量会带来材料韧性的下降，脆性增加，这一缺点使乙烯 / 降冰片烯共聚物的应用受到限制 [72]。

类似的，向环烯烃共聚物中引入大位阻单体是提高其玻璃化转变温度的重要方法 [73]。大位阻单体的引入使得聚合物材料在相对较低的环烯烃单体插入率下就能够拥有较高的玻璃化转变温度，此时聚合物链还存在较多的乙烯链段，分子链较为柔顺，链缠结密度较大，因此材料的韧性也会有所改善。

虽然双环戊二烯具有更大的位阻，但是研究表明，向聚合物链中引入双环戊二烯并不能获得更高玻璃化转变温度的聚合物。乙烯 / 双环戊二烯共聚物中的双环戊二烯的含量为 45%（摩尔分数）时，共聚物的玻璃化转变温度才达到 125℃ [74]。Lee 等采用加氢的方式将双环戊二烯中六元环双键进行氢化，得到环烯烃单体 HDCPD，并与乙烯共聚合制备了乙烯 /HDCPD 共聚物 [75]，当 HDCPD 的插入率为 44%（摩尔分数）时，材料的玻璃化转变温度仅达到 114℃。这可能是由于与六元的降冰片烯环相比，主链中五元的环戊烯环位阻更小，分子链更容易运动，导致聚合物的玻璃化转变温度较低。

采用茂金属催化剂将乙烯与二甲桥八氢萘（DMON）共聚 [76]，所制备的聚合物的玻璃化转变温度最高可以达到 143℃，但是聚合反应的活性不高，共聚物可结晶，透光率较低。Lee 等合成了氢化的三环戊二烯（HTCPD）单体，利用限制几何构型催化剂合成了乙烯与其的共聚物，由于其分子链中 HTCPD 的位阻更大，该共聚物的玻璃化转变温度显著提高。当 HTCPD 含量为 45%（摩尔分数）时，玻璃化转变温度就可达到 177℃，但不足之处在于材料的韧性较差，断裂伸长率低。将乙烯直接与三环戊二烯（TCPD）共聚制备共聚物，当 TCPD 在分子链中的插入率为 41%（摩尔分数）时，材料的玻璃化转变温度可达到 214℃，明显提高了聚合物材料的耐热性[77]。

国内李悦生课题组合成了一种大位阻的降冰片烯类单体，外型 -1,4,4a,9,9a,10- 六氢 -9,10(1',2')- 桥苯亚基 -1,4- 桥亚甲基蒽（HBM）[78]。这种单体通过将蒽与过量的降冰片烯在高温下反应制备，并采用限制几何构型催化剂，成功合成了乙烯与 HBM 的共聚物。当 HBM 插入率达到 30.4%（摩尔分数）时，共聚物的玻璃化转变温度能够达到 207℃，同时具有优良的成膜性和透光性，透光率高于90%。乙烯 /HBM 共聚物的韧性也得到改善，当 HBM 插入率为 16.0%（摩尔分数）时，材料的断裂伸长率为 14%，玻璃化转变温度为 125.5℃；在 HBM 的插入率达到 20.2%（摩尔分数）时，材料的断裂伸长率为 7.6%，玻璃化转变温度为 160.0℃。

三、环烯烃聚合物和环烯烃共聚物的制备方法

制备环烯烃聚合物和环烯烃共聚物的方法不同，前者采用开环易位聚合（ROMP），日本瑞翁公司和日本合成橡胶公司主要采用该方法；后者采用配位聚合方法（mCOC），德国 Ticona 公司及日本三井化学公司主要采用该方法。这两种方法采用的催化剂不同，聚合机理也不相同[79]。开环易位聚合（ROMP）为早期的环烯烃聚合物生产方法，多采用以下几种催化剂体系：① $MoCl_5$ 和 $Al_2Et_3Cl_3$，反应温度为 27 ~ 57℃，反应压力为常压[80]；②齐格勒型催化剂或四氯化钛和六氯化钨的组合物，反应温度为 20 ~ 100℃，反应压力为 0 ~ 5MPa[81]；③钌和铼的卡宾型催化剂[82-85]，反应温度为 50 ~ 80℃，反应压力为 0.1 ~ 0.7MPa，聚合完毕后再通过加氢方法制备最终产品环烯烃聚合物。加氢温度在 80 ~ 130℃，压力为 4MPa 左右，采用的加氢催化剂多为镍金属系列或钯碳催化剂[86]。加氢后的聚合物再通过多级过滤，进入脱挥单元以除去溶剂，最终经过挤出机挤出造粒[87]。

茂金属加成聚合（mCOC）的工艺在开环易位聚合工艺之后实现商业化，通常是指环烯烃与乙烯等 α- 烯烃采用茂金属催化共聚合。加成聚合过程较多的采用均相桥联型催化剂[88]，这类催化剂活性较高，由于共聚物分子链中不带残余双键，因此无须再进行加氢反应，使工艺流程简化，生产成本降低。采用茂金属催化剂催化的 COC 溶液聚合过程，包括双环戊二烯解聚、聚合、催化剂分离和脱挥发分等过程。为了保证聚合物优良的光学性能，整个生产过程都需严格的质量控制。采用多级精馏确保输入物料（单体、溶剂）的超高纯度，单体降冰片烯（NB）溶于溶剂加入反应器。通过调节反应器中单体的浓度比，控制聚合物中各单体的含量，进而控制[89]聚合物的性能。聚合过程完全由过程控制系统自动控制。聚合反应完成后用最新开发的连续过滤装置逐步分离聚合物溶液中的催化

剂，需分离出 99.9% 以上的催化剂，以确保最终产物杂质含量低于 10μg/g。催化剂除去之后，聚合物溶液用沉淀剂沉淀、过滤之后脱挥，脱挥发分后的聚合物中溶剂残留量低于 100μg/g。然后在密封系统中运送到造粒工序，并于无尘环境包装。该工艺过程生产的 COC 杂质含量极低，光学性能优良。

四、环烯烃共聚物产品

TOPAS 是一类典型的环烯烃共聚物产品（表 7-17）。TOPAS 是将降冰片烯单体和乙烯单体在茂金属催化剂作用下发生共聚合得到的环烯烃类共聚物（COC）。TOPAS 具有作为光学部件非常重要的低双折射率以及低吸水性、高刚性等优良的性能。TOPAS 具有与 PMMA（聚甲基丙烯酸甲酯）、丙烯酸树脂相匹敌的光学性能以及具有高于 PC（聚碳酸酯）的耐热性，还具有比 PMMA 和 PC 更加优良的尺寸稳定性等，在市场上获得了很高的评价。TOPAS 还具有改善水蒸气气密性，增加刚性、耐热性等优点，适合用作传统材料的改性材料，它在包装材料领域里的开发应用正在推进之中。

表7-17　TOPAS的主要牌号及物理性能

项目	单位	产品牌号				
		8007	6013	6015	5013	6017
体积流动速率（260℃，2.16kg）	mL/10min	32	14	4	48	1.5
密度	g/cm³	1.02	1.02	1.02	1.02	1.02
吸水率（23℃，浸泡24h）	%	0.01	0.01	0.01	0.01	0.01
拉伸强度	MPa	63	63	60	46	58
拉伸弹性模量	MPa	2600	2900	3000	3200	3000
拉伸断裂伸长率	%	4.5	2.7	2.5	1.7	2.4
玻璃化转变温度	℃	78	138	158	134	178
热变形温度HDT/B（0.45MPa）	℃	75	130	150	127	170
透光率（t=2mm）	%	91	91	91	91.4	91
折射率	—	1.53	1.53	1.53	1.53	1.53

第六节
溶液聚合技术用于烯烃与极性单体共聚合

聚烯烃产品凭借优异的性能和相对较低的价格，得以蓬勃发展和广泛应用，但其在印染性、润湿性和两亲性等方面仍有改善之处。改善方法之一是将极性基团通过化学方法引入聚烯烃分子链中，并可使聚合物具备新的性能，如导电性、发光性和可降解性等[90]。

目前，乙烯与极性单体共聚物中的乙烯/醋酸乙烯共聚物（EVA）是应用较多的产品[91,92]。EVA树脂最初是作为蜡的改性剂，后来为满足包装的要求而制成各种薄膜，同时也是热熔黏合剂的基本原料，后来高端鞋材的发展也使其在发泡制品方面得到应用；得益于太阳能电池的发展，光伏膜用EVA的用量也大幅增加。

另外，乙烯与离子型极性单体共聚物也有望通过溶液聚合制备[93]。通常是使用乙烯与丙烯酸或甲基丙烯酸的共聚物，进一步与金属的氧化物、氢氧化物或乙酸盐等反应而得到。该类树脂在没有损失聚乙烯材料基本性能的情况下，引入离子簇物理交联结构，提高材料的力学性能、热黏性能、光泽度和透明度，在食品、医疗、高档包装、高尔夫球等消费品领域应用。而含有其他种类极性官能团的聚烯烃新产品还在不断开发之中。

在聚烯烃材料中引入极性官能团通常可采用三种方法：①将聚烯烃树脂通过改性的方法转化成具有含官能化基团聚烯烃材料[94,95]；②烯烃单体与含有或可转化为极性官能团的单体共聚，再进行后续反应或极性官能团的转化得到相应官能化聚烯烃[96,97]；③烯烃与极性单体直接共聚合得到官能化聚烯烃[98,99]。目前，最常用的商业化方法是第一种方法，改性包括反应接枝、辐照接枝等化学方法。该方法比较简便，但由于聚合物分子链上碳-氢键不活泼，在改性过程中需要自由基或辐照等高能量源进行活化，从而导致反应过程中存在无法控制的降解或交联，影响接枝物的性能，所以人们研究的重心逐渐转移至直接合成法，包括第二种和第三种方法。

在第二种方法中，可通过开环易位聚合（ROMP）和随后的加氢反应制备含有极性官能团的聚烯烃。这一合成方法通常使用基于钌的耐极性基团催化剂[100,101]和功能化环辛烯均聚来制备线型含官能团的聚烯烃，均聚得到的聚合物具有未含有官能团的烯烃分子链段和含有官能团的烯烃分子链段，最理想情况下含有官能团的乙烯单元在分子链中占有25%，可以被6～8个亚甲基分离开。这种合成方法制备的共聚物中的序列分布十分精确，对共聚物的结晶度及物理性质具有较大的影响[102]。另外，可通过含有官能团的环烯烃单体与未含有官能团的环烯烃单体进行开环易位共聚，再与随后的加氢反应结合制备线型含极性官能团的聚烯烃，采用该种方法可制备具有较低极性官能团含量（＜10%）的无规共聚物[103]。开环易位共聚同样能够精确控制聚合物微结构，可以通过该方法合成模型体系，以研究极性官能团的性质和在聚合物分子链中的分布对宏观材料性能的影响[104]。另外，通过共聚单体并调节它们的相对聚合速率，可制备交替的

AB 型共聚物，交替度可控制在 90%～99%[105]。这种方法大多需要首先合成特定单体并经过多步反应才能得到目标共聚物。另外，也可使用非环二烯烃异位聚合（ADMET）的方法进行含有极性官能团的聚烯烃的制备，与使用的环烯烃单体不同，该方法通常需要合成特殊的具有对称结构的功能性 α, ω- 二烯烃。

在第二种聚合方法中也可以在参与聚合前将极性基团进行保护，减少杂原子对活性中心的毒害作用，通过配位聚合或开环聚合的方式将乙烯与保护后的极性单体共聚，再采用脱保护的手段得到乙烯与极性单体的目标共聚物。采用这一方法已成功制备多种含有不同种类极性官能团的聚烯烃。例如，醋酸酯类[106]、醚类 / 醇羟基类[107,108] 和酰胺类[109] 等。

上述两种制备含有极性官能团聚烯烃的方法具有各自的优点，但都要经历两步甚至多步反应才能得到目标共聚产物，步骤比较烦琐。采用直接共聚法制备含有极性官能团的聚烯烃可以减少步骤，并且也能够调节极性单体与非极性单体的插入比率，定量控制聚烯烃分子链中官能团的比例，改变共聚物的结构，从而灵活调控共聚物的性能。因此，直接共聚法是制备含有极性官能团聚烯烃材料的一种有效方法，也是未来聚烯烃发展的方向之一。

直接共聚合主要包括自由基聚合和配位聚合两种方法。前述商业化产品 EVA 和离子型共聚物前体均是采用自由基聚合方式，其生产装置与高压聚乙烯装置类似，只需简单改造，在装置中增加一些辅助设备即可。生产方法通常为高压本体聚合、中压悬浮聚合和中压溶液聚合等[110]。这些方法需要高温高压条件，聚合反应条件苛刻，制备的产品支化程度高，分子链结构也不易控制。学术界和工业界一直致力于开发反应条件更加温和有效的共聚方法。配位聚合方法反应条件更加温和，并且能够精确调控聚合物的分子链结构，例如序列分布、拓扑结构及单体插入率等，因此在催化烯烃与极性单体共聚方面具有潜力和前景。

在烯烃聚合时多采用前过渡金属，例如钛、锆和铪等，但该类型催化剂亲氧性强，受极性单体中杂原子影响较大，通常使用极性官能团与双键之间间隔多个亚甲基的极性单体与乙烯进行共聚，或者采用对极性官能团进行保护的方式，通过位阻效应和电子效应降低极性官能团与金属活性中心之间的相互作用；也可以加入大量的助催化剂，原位保护单体上的极性基团，将体系中的杂质也同时除去后进行共聚反应。例如，采用前过渡金属催化乙烯与十一烯酸甲酯共聚时[111-113]，单体需要用三异丁基铝、三乙基铝和 MAO 等含铝化合物进行预处理，共聚反应完成后所得共聚物再用酸洗即可脱去保护基，聚合时催化剂活性最高可达 $6.9×10^4$ g/（mol·h），共聚物中极性单体插入比例为 1%。研究者使用类似方法采用前过渡金属催化剂将羧基或羟基引入至聚烯烃中。对于这类聚合反应，铝保护基可以很容易通过酸处理脱去，但催化剂活性与烯烃均聚相比明显降低。

唐勇课题组利用边臂策略设计了一类水杨醛亚胺钛配合物[114-116]，边臂基团对于稳定催化物种的配位结构起到了关键的作用，这类配合物在助催化剂作用下，可以实现乙烯与极性烯烃的高效共聚，其中含有硫或膦供体的配合物在乙烯与 9- 癸烯 -1- 醇的共聚反应中表现出很高的活性，最高可达到 $1.3×10^8 g/(mol·h)$，共聚单体插入率高达 8.8%（摩尔分数）。此外，它们还表现出优异的乙烯与 4- 戊烯 -1- 醇、ω- 烯酸和 ω- 烯酸酯以及未保护的叔胺共聚的能力，其中的有机膦催化剂甚至可在聚乙烯上发生拉链反应形成高效可回收的引发剂，用于［3+2］环加成反应。

含杂原子硅的极性单体与乙烯或丙烯的共聚反应更容易进行。Marks 团队使用单核或多核的有机钛催化剂实现了乙烯与乙烯基硅烷［$CH_2=CH（CH_2）_n SiH_3$，n=1、2、3、6 等］的共聚，该聚合体系聚合活性高，共聚物的分子量分布窄，并具有较多的长支链。另外，发现单核催化剂相比于双核催化剂，所得共聚物分子链中引入的乙烯基硅烷的比例更高[117]。Nomura 团队使用一类新型无桥联的钛金属催化剂用于乙烯与烯丙基硅烷的共聚[118]，可以抑制烯丙基硅烷的链转移作用，从而提高共聚物的分子量，催化剂活性高达 $6.7×10^7 g/（mol·h）$，极性单体插入比在 7.6% ～ 43.8%，共聚物分子量在 13 万～ 37 万，PDI 在 2.28 ～ 2.68。因此，也可采用三乙基硅烷保护的胺类极性单体与烯烃进行共聚，再将所得共聚物通过盐酸水解脱保护[119]。

在乙烯与含有极性官能团的单体共聚反应时，提高聚合活性，实现高极性单体的插入率以及提高共聚物的分子量至关重要。极性单体中的杂原子可与金属活性中心形成分子间螯合作用，对单体的配位与插入造成影响，不利于聚合反应的进行。稀土金属催化剂中活性中心具有与钛和锆等前过渡金属催化剂中活性中心不同的性能，可通过催化剂的设计使活性中心与极性单体上的杂原子有适宜的相互作用，也可以在保证高聚合活性的前提下提高烯烃单体的插入率。

稀土金属催化剂催化乙烯与极性单体共聚合方法的兴起源于日本理化所侯召民团队提出的基于杂原子辅助烯烃聚合（heteroatom-assisted olefin polymerization，HOP）概念[120,121]。他们成功采用稀土金属催化剂制备了一系列含有不同氧、硫、硒、氮、膦杂原子的聚 α- 烯烃及乙烯 / 极性 α- 烯烃共聚物。聚合物分子量比较高，分子量分布较窄，并且在分子链中插入的极性单体比例可调控。当杂原子为氧原子时，乙烯共聚活性最高为 $9.0×10^4 g/（mol·h）$，极性单体的插入率为 3.3% ～ 24.8%，共聚物分子量为 83000 ～ 154200。当杂原子为硫时，极性单体插入率最高可达 73.5%[122]。

国内崔冬梅团队则使用稀土催化剂成功实现了含极性官能团的苯乙烯均聚合和与非极性苯乙烯以及乙烯共聚合。共聚时催化剂反应活性高，共聚物中插入的极性单体比例可调节，分子量比较高。另外，他们还开发了钇金属配合物，以四五氟苯基三苯甲基硼酸盐为助催化剂分别制备了邻甲氧基苯乙烯、间甲氧基苯乙烯或对甲氧基苯乙烯与苯乙烯的共聚物。活性可达到 $1.22×10^6$ g/（mol·h），在共聚物中极性单体的插入率可在 10% ～ 93% 之间控制。对于这三种类型的共聚物，数均分子量最高可达到 24.6 万，分子量分布指数在 1.10 ～ 2.09[123]。

采用前过渡金属催化剂在进行乙烯、丙烯和 1- 丁烯等非极性烯烃单体聚合时取得显著的成果，但在进行烯烃与极性单体共聚合反应时存在着巨大挑战。这主要是由以下三点原因造成：①催化剂的活性中心具有强路易斯酸性，易于与极性单体中杂原子发生 σ- 配位作用，不易解离，导致烯烃双键的 π- 配位难以进行，进而抑制单体在分子链中插入；②极性单体插入后，极性基团倾向于与活性中心配位形成稳定的环状螯合物，导致烯烃双键配位难以进行；③极性单体插入后，形成的中间体易于发生链转移/链终止反应[124]。因此要实现乙烯与极性单体高效共聚合必须减少上述三种情况的发生。

与前过渡金属及稀土金属相比，后过渡金属亲氧性更弱，对极性官能团的耐受性更好，可以在非极性烯烃与极性烯烃单体共聚时不用对极性基团进行保护，极性单体中双键也能够与极性官能团直接相连，并通过催化剂配体结构的变化对聚合物的结构进行调节，聚合温度和压力等条件也比较温和。20 世纪 90 年代中期，Brookhart 团队开创性地采用以二亚胺为配体的 Ni 或 Pd 的阳离子型催化剂成功实现了乙烯与丙烯酸酯类单体的共聚合，这引起了学术界和工业界的极大兴趣，对该类烯烃聚合催化剂展开了广泛的研究[125]。到目前为止，已发展出水杨醛亚胺类催化剂[126]、膦 - 磺酸类催化剂[127,128]、膦 - 酚类催化剂[129] 等多种类型的后过渡金属催化剂。通过对催化剂的电子效应和空阻效应进行调控，抑制链行走和消除反应的速率，采用后过渡金属催化剂已能够进行乙烯与丙烯腈[130]、丙烯酰胺[131]、醋酸乙烯酯[132]、乙烯基卤素[133]、乙烯基醚[134] 等多种极性单体的共聚合反应。

但是后过渡金属催化剂在催化乙烯与极性单体共聚时也存在着若干问题：①能够同时具备高活性、高聚合物分子量和高极性单体插入比性能的催化体系比较缺乏，催化体系的成本比较高；②与后过渡金属催化体系配套使用的聚合工艺有待开发；③聚烯烃材料性能与极性官能团种类及含量之间的关系尚不明确。因此，要想采用该催化体系实现烯烃与极性单体共聚制备含有极性官能团聚烯烃方面目前需要考虑以下几个方面：一是使用更为廉价且聚合效果优异的镍催化剂替代钯金属催化剂，或者开发有效的贵金属回收方法；二是优化配体及催化剂结构，克服链转移反应和活性中心与极性基团螯合问题，提高反应活性及聚合物分子量；三是研究聚烯烃材料与极性官能团种类及含量之间的关系，为该类型材料用途指明方向；四是开发与催化体系及相应产品配套的聚合工艺，为工业化生产奠定基础。这需要多领域科学家长期不懈共同努力，实现金属催化剂 - 聚合物结构 - 聚合物性能的创新，才能使乙烯与极性单体共聚技术从实验室研究走向工业化应用。

参考文献

[1] Fallwell E L, Anderson A W, Bruce J M. Polymerization of ethylene: CA660869[P]. 1963-04-09.

[2] Brown S J, Swabey J W, Brooke Dobbin C J. Solution polymerization process: US6777509B2[P]. 2004-08-17.

[3] Zboril V G, Brown S J. Control of a solution process for polymerization of ethylene: US5589555[P]. 1996-12-31.

[4] Stevens J C, Timmers F J, Wilson D R, et al. Constrained geometry addition polymerization catalysts, processes for their preparation, precursors therefor, methods of use, and novel polymers formed therewith: EP416815A2[P]. 1991-03-13.

[5] Lai S Y, Tex L S, Wilson J R, et al. Elastic substantially linear ethylene polymers: US5783638[P]. 1998-07-21.

[6] Lai S Y, Wilson J R, Knight G W, et al. Plastic linear low density polyethylene: EP782589B1[P]. 2001-06-20.

[7] Lai S Y, Tex L S, Wilson J R, et al. Elastic substantially linear ethylene polymers: US6136937A[P]. 2000-10-24.

[8] 张腾, 沈安, 曹育才. 聚烯烃弹性体和塑性体产品及应用现状 [J]. 上海塑料, 2021, 49(2): 14-20.

[9] 殷杰. 国内外聚烯烃弹性体系列产品的研发现状 [J]. 弹性体, 2014, 24(6): 81-86.

[10] 李伯耿, 张明轩, 刘伟峰, 等. 聚烯烃类弹性体——现状与进展 [J]. 化工进展, 2017, 36(9): 3135-3144

[11] 蔡小平, 陈文启, 关颖, 等. 乙丙橡胶及聚烯烃类热塑弹性体 [M]. 北京: 中国石化出版社, 2011: 309-322.

[12] 韩书亮, 徐林. 聚烯烃弹性体 (POE) 催化剂研究进展 [J]. 塑料, 2016, 45(5): 114-117.

[13] Friedersdorf C B. Process and apparatus for continuous solution polymerization: US6881800B2[P]. 2005-04-19.

[14] 考斯廷 Q P W, 杜瓦尔 P M, 雷米尔斯 J L. 连续溶液聚合方法: CN107614541B[P]. 2019-08-09.

[15] 叶 R C, 德沃伊 B C, 埃斯瓦兰 V R, 等. 连续溶液聚合的方法和设备: CN105348417B[P]. 2019-03-01.

[16] 柳本泰, 松木智昭, 岩下晓彦等. 烯烃系树脂及其制造方法: CN106133005B[P]. 2018-08-24.

[17] 朴东圭, 林炳权, 河宗周, 等. 乙烯 -α- 烯烃共聚物: CN103122042B[P]. 2015-06-10

[18] 权承范, 咸炯宅, 沈春植, 等. 具有改善的抗冲击性的乙烯共聚物: CN102325810B[P]. 2014-04-09.

[19] 野末佳伸, 川岛康丰, 山田胜大. 乙烯类聚合物组合物及薄膜: CN101679696B[P]. 2013-06-19.

[20] 帕斯卡·卡斯特罗, 路易吉·雷斯科尼, 劳里·胡赫塔宁. 使用第四族茂金属作为催化剂的烯烃聚合的方法: CN103025747B[P]. 2015-10-07.

[21] 韩书亮, 宋文波, 金钊, 等. 一种乙烯共聚方法及乙烯聚合物: CN112724303B[P]. 2022-01-04.

[22] 韩书亮, 宋文波, 李昊坤, 等. 一种乙烯聚合用催化剂和应用: CN112724288B[P]. 2021-12-21.

[23] 王笑海, 王刚, 刘振国, 等. 催化剂组合物、乙烯 -α- 烯烃聚合物及其制备方法: CN109836524B[P]. 2022-03-29.

[24] 郗朕捷, 刘万弼, 王金强等. 一种含三嗪结构的ⅣB族金属配体及其催化剂体系和聚烯烃弹性体的生产方法: CN114133409A[P]. 2022-03-04.

[25] 佟小波, 李彪, 刘龙飞, 等. 一种刚性四氮四齿第四副族金属配合物及其应用: CN113416210A[P]. 2021-09-21.

[26] Dow Global Technologies Inc. Catalyst composition comprising shuttling agent for regio-irregular multiblock copolymer formation: WO2006101595[P]. 2006-09-28.

[27] Arriola D J, Carnahan E M, Hustad P D, et al. Catalytic production of olefin block copolymers via chain shuttling polymerization[J]. Science, 2006, 312(5774): 714-719.

[28] Zintl M, Rieger B. Novel olefin block copolymers through chain-shuttling polymerization[J]. Angew Chem Int Ed, 2007, 46(3): 333-335.

[29] Hustad P D, Kuhlman R L, Carnahan E M, et al. An exploration of the effects of reversibility in chain transfer to metal in olefin polymerization [J]. Macromolecules, 2008, 41(12): 4081-4089.

[30] Kuhlman R L, Wenzel T T. Investigations of chain shuttling olefin polymerization using deuterium labeling [J].

Macromolecules, 2008, 41(12): 4090 -4094.

[31] Dobrynin A V. Phase coexistence in random copolymers[J]. J Chem Phys, 1997, 107(21): 9234-9238.

[32] Arriola D J, Carnahan E M, Devore D D. et al. Catalyst composition comprising shuttling agent for ethylene copolymer formation: WO2005090425[P]. 2005-09-29.

[33] Arriola D J, Carnahan E M, Cheung Y W. et al. Catalyst composition comprising shuttling agent for ethylene multi-block copolymer formation: WO2005090427[P]. 2005-09-29.

[34] Arriola D J, Carnahan E M, Devore D D. et al. Catalytic olefin block copolymers via polymerizable shuttling agent: WO2007035492[P]. 2007-03-29.

[35] Carnahan E M, Hustad P D, Jazdzewski B A, et.al. Control of polymer architecture and molecular weight distribution via multi-centered shuttling agent: WO2007035493A3[P]. 2007-05-01.

[36] Clark T P, Kamber N E, Klamo S B, et al. Multifunctional chain shuttling agents: WO2011014533[P]. 2011-02-03.

[37] Arriola D J, Clark T P, Frazier K D, et al. Dual or multi-headed chain shuttling agents and their use for the preparation of block copolymers: WO2011016991[P]. 2011-02-10.

[38] Hustad P D, Szuromi E, Timmers F J. Dow Global Technologies Inc. Comb architecture olefin block copolymers: US20120083575[P]. 2012-04-05.

[39] Munro J, Hu Y S, Laakso R, et al. Polypropylene-rich blends with ethylene/α-olefin copolymers compatibilized with Intunet[TM] polypropylene-based olefin block copolymers[J]. Proceedings of SPE ANTEC, 2017: 961-966.

[40] Deshpande K, Dixit R. Olefin-based polymers and dispersion polymerizations: WO2012088235A3[P]. 2012-08-23.

[41] Deshpande K, Stephenson S K, Dixit R. Polymerization process and raman analysis for olefin-based polymers: WO2012088217A1[P]. 2012-06-28.

[42] Deshpande K, Dixit R. Ethylene-based polymers prepared by dispersion polymerization: WO2013096418[P]. 2013-06-27.

[43] 张瑀健, 李洪兴, 谢彬, 等. 聚烯烃弹性体的研究现状及进展 [J]. 合成树脂及塑料, 2014, 31(2): 81-84.

[44] 张宇婷, 韩书亮, 吴宁, 等. 水杨醛亚胺合钛催化体系合成聚烯烃弹性体 [J]. 塑料, 2018, 47(5): 117-121, 129.

[45] 金钊, 韩书亮, 李昊坤, 等. 聚烯烃弹性体相对分子质量与特性黏数及熔体流动速率的关系 [J]. 石油化工, 2020, 49(03): 246-249.

[46] 王国栋, 方园园, 宋文波. 丙烯基弹性体催化剂的研究进展 [J]. 石油化工, 2021, 50(9): 960-966.

[47] 彭志宏, 唐昌伟, 张旭文. 丙烯基弹性体对聚丙烯增韧改性的研究 [J]. 合成材料老化与应用, 2015, 44(5): 11-14.

[48] 高新, 冯叶飞. 丙烯基弹性体在薄膜中的改性应用研究 [J]. 塑料包装, 2013, 23(6): 30-32.

[49] 谢忠麟, 吴淑华, 马晓. 高性能特种弹性体的拓展 (一)——三元乙丙橡胶、丙烯基弹性体和乙丁橡胶 [J]. 橡胶工业, 2021, 68(9): 705-717.

[50] Cozewith C, Datta S, Hu W G. Propylene ethylene polymers: US6525157B2[P]. 2003-02-25.

[51] Data S, Srinivas S, Cheng C Y, et al. Polyolefin elastomers with isotactic propylene crystallinity[J]. Rubber World, 2003, (10): 55-67.

[52] Li M T, Pak W S C, Seema K, et al. Blends and sealant compositions comprising isotactic propylene copolymers: US6919407B2[P]. 2005-07-19.

[53] Stevens J C, Vanderlende D D. Isotactic propylene copolymers, their preparation and used: WO03040201[P]. 2003-05-15.

[54] Dmski G J, Rose J M, Brookhart M, et al. Living alkene polymerization: New methods for the precision

synthesis[J]. Prog Polym Sci, 2007, 32(1): 30-92.

[55] Coates G W, Waymouth R M. Oscillating stereocontrol: A strategy for the synthesis of thermoplastic elastomeric polypropylene[J]. Science, 1995, 267(5195): 217-219.

[56] Arriola D J, Carnahan E M, Hustad P D, et al. Catalytic production of olefin block copolymers via chain shuttling polymerization [J]. Science, 2006, 312(5774): 714-719.

[57] 方园园, 于鲁强, 李汝贤. 聚烯烃嵌段共聚物技术的研究进展 [J]. 石油化工, 2014, 43(8): 861-869.

[58] 成振美, 傅智盛, 范志强. 链穿梭聚合的研究进展 [J]. 弹性体, 2018, 28(3): 69-75.

[59] Makio H, Nakayama N, Fujita T. FI catalysts for olefin polymerization and oligomerization [C] //The 21st Annual Conference on: Polyolefins & Elastomers-Asia Leading the Globe. Bangkok: Chemical Market Resources, Inc, 2012: 276-316.

[60] Khariwala D U, Taha A, Chum S P, et al. Crystallization kinetics of some new olefinic block copolymers [J]. Polymer, 2008, 49(5): 1365-1375.

[61] Wang H P, Khariwala D U, Cheung W, et al. Characterization of some new olefinic block copolymers [J]. Macromolecules, 2007, 40(8): 2852-2862.

[62] Shan C L P, Hazlitt L G. Block index for characterizing olefin block copolymers[J]. Macromol Symp, 2007, 257(1): 80-93.

[63] Chemical Market Resources, Inc. Global specialty polyolefins 2008-2013 markets, technologies & trends. I: Ethylene-based specialty polyolefins [M]. Texas: Chemical Market Resources, Inc, 2008: E27.

[64] Chen L, Huang X D, Madenjian L, et al. Infuse™ Olefin Block Copolymers: Unleashing New Opportunities for Asia [C] //The 21st Annual Conference on: Polyolefins & Elastomers-Asia Leading the Globe. Bangkok: Chemical Market Resources, Inc, 2012: 174-204.

[65] Wei X J. Dow releases INTUNE PP-based olefins block copolymers [J]. Modern Plastics Processing Application, 2014, 26(1):16.

[66] Xu J, Eagan J M , Kim S S, et al. Compatibilization of isotactic polypropylene(iPP) and high-density polyethylene(HDPE) with iPP-PE multiblock copolymers[J]. Macromolecules, 2018,(51):8585-8596.

[67] 郭峰, 李传峰, 汪文睿, 等. 环烯烃共聚物的应用 [J]. 现代塑料加工应用, 2016, 28(2): 60-63.

[68] Mol J C. Industrial applications of olefin metathesis[J]. Journal of Molecular Catalysis A Chemical, 2004, 213(1): 39-45.

[69] Bishop J P, Register R A. The crystal-crystal transition in hydrogenated ring opened polynorbornenes: Tacticity, crystal thickening, and alignment[J]. Journal of Polymer Science. Part B: Polymer Physics, 2015, 49(1): 68-79.

[70] Li S, Burns A B, Register R A, et al. Poly(phenylnorbornene) from ring opening metathesis and its hydrogenated derivatives[J]. Macromolecular Chemistry & Physics, 2012, 213(19): 2027-2033.

[71] Widyaya V T, Vo H T, Putra R D D, et al. Preparation and characterization of cycloolefin polymer based on dicyclopentadiene (DCPD) and dimethanooctahydronaphthalene (DMON)[J]. European Polymer Journal, 2013, 49(9): 2680-2688.

[72] Yu S T, Na S J, Lim T S, et al. Preparation of a bulky cycloolefin/ethylene copolymer and its tensile properties[J]. Macromolecules, 2010, 43(2): 725-730.

[73] Hong M, Cui L, Liu S, et al. Synthesis of novel cyclic olefin copolymer (COC) with high performance via effective copolymerization of ethylene with bulky cyclic olefin[J]. Macromolecules, 2012, 45(13): 5397-5402.

[74] Hong M, Pan L, Ye W P, et al. Facile, efficient functionalization of polyethylene via regioselective copolymerization of ethylene with cyclic dienes[J]. Journal of Polymer Science. Part A: Polymer Chemistry, 2010, 48(8):

1764-1772.

[75] Na S J, Wu C J, Yoo J, et al. Copolymerization of 5,6-dihydrodicyclopentadiene and ethylene[J]. Macromolecules, 2008, 41(11): 4055-4057.

[76] Kaminsky W, Engehausen R, Kopf J. A tailor-made metallocene for the copolymerization of ethene with bulky cycloalkenes[J]. Angewandte Chemie International Edition in English, 2010, 34(20): 2273-2275.

[77] Park H C, Kim A, Lee B Y. Preparation of cycloolefin copolymers of a bulky tricyclopentadiene[J]. Journal of Polymer Scienc. Part A: Polymer Chemistry, 2011, 49(4): 938-944.

[78] Hong M, Cui L, Liu S, et al. Synthesis of novel cyclic olefin copolymer (COC) with high performancevia effective copolymerization of ethylene with bulky cyclic olefin[J]. Macromolecules, 2012, 45(13): 5397-5402.

[79] Janiak C,Lassahn P G. Metal catalysts for the vinyl polymerization of norbornene[J]. J Mol Catal A: Chem, 2001, 166: 193-209.

[80] Yi Kong S, Tenney L P, Lane P C, et al. Continuous process for making meltprocessable optical grade ring-opened polycyclic olefin (co)polymers in a single-stage multi-zoned reactor: US5705572[P]. 1998-01-06.

[81] Nishi Y,Ohshima M, Kohara T,et al. Ring-opening polymer and a process for production thereof: US5599882[P]. 1997-02-04.

[82] Grubbs R H, Schwab P, Nguyen S T. High metathesis activity ruthenium and osmium metal carbene complexes: US5831108[P]. 1998-11-03.

[83] Grubbs R H, Wilhelm T E. Thermally initiated polymerization of olefins using Ruthenium or osmium vinylidene complexes: US6107420[P]. 2000-08-22.

[84] Grubbs R H,Schwab P, Nguyen S T. High metathesis activity ruthenium and osmium metal carbene complexes: US6111121[P]. 2000-08-29.

[85] Grubbs R H,Schwab P, Nguyen S T. High metathesis activity ruthenium and osmium metal carbene complexes: US6211391[P]. 2001-04-03.

[86] 田口和典，冈田诚司，角替靖男. 基于降冰片烯的开环聚合物、降冰片烯开环聚合物的加氢产物及它们的制备方法：CN03813157.9[P]. 2003-04-07.

[87] Yi Kong S, Tenney L P,Lane P C, et al. Continuous process for making melt-processable optical grade ring-opened polycyclic (co)polymers in a single-stage multi-zoned reactor: US5439992[P]. 1995-08-08.

[88] Kaminsky W. Polymerization catalysis[J]. Catal Today,2000,62: 23-34.

[89] 谢家明，曹堃，赵全聚，等. 环烯烃共聚物的生产工艺评述 [J]. 化工进展，2006, 25(8):860-863.

[90] 李振昊，荔栓红，陈超，等. 聚烯烃 - 极性聚合物嵌段共聚物最新研究进展 [J]. 高分子通报, 2015, 5: 1-9.

[91] 王素玉，苏一凡，王艳芳，等. 国内外产品的发展及应用 [J]. 石化技术，2005, 12(2): 53-56, 61.

[92] 王卅. 我国 EVA 市场现状及投资分析 [J]. 炼油与化工，2014, 25(2): 38-40, 63.

[93] 李肖夫，李汝贤，宋文波. 离聚物 Surlyn 树脂的研究进展 [J]. 石油化工，2021, 50(8): 834-840.

[94] Ruggeni G, Aglietto M, Petragnani A, et al. Polypropylene functionalization by free radical reactions[J]. Eur Polym J,1983,19(10-11): 863-866.

[95] Borsig E, Capla M, Fiedlerova A, et al. Crosslinking of polypropylene using a system consisting of peroxide and thiourea or its derivatives[J]. Polym Commun, 1990, 31(7): 293-296.

[96] Yanjarappa M J, Sivaram A S. Recent developments in the synthesis of functional poly(olefin)s[J]. Prog Polym Sci,2002,27(7): 1347-1398.

[97] Hackmann M, Repo T, Jany G, et al. Zirconocene/Mao-catalyzed homo and copolymerization of linear asymmetrically substituted dienes with propene. A novel strategy to functional (co)poly(α-olefin)s[J]. Macromol Chem

Phys,1998,199(8): 1511-1517.

[98] Stehling U M, Malmstrom E E, Waymouth R M, et al. Synthesis of poly(olefin) graft copolymers by a combination of metallocene and "living" free radical polymerization techniques[J]. Macromolecules, 1998, 31(13): 4396-4398.

[99] Johnson L K, Mecking S, Brookhart M. Copolymerization of ethylene and propylene with functionalized vinyl monomers by palladium(II) catalysts[J]. J Am Chem Soc, 1996,118(1): 267-268.

[100] Buchmeiser M R. Homogeneous metathesis polymerization by well-defined group VI and group VIII transition-metal alkylidenes: Fundamentals and applications in the preparation of advanced materials[J]. Chemical Reviews, 2000, 100: 1565-1604.

[101] Bielawski C W, Grubbs R H. Living ring-opening metathesis polymerization[J]. Prog Polym Sci,2007,32: 1-29.

[102] Hillmyer M A, Laredo W R, Grubbs R H. Ring-opening metathesis polymerization of functionalized cyclooctenes by a ruthenium-based metathesis catalyst[J]. Macromolecules, 28: 6311-6316.

[103] Alonso-Villanueva J, Vilas J L, Moreno I, et al. ROMP of functionalized cyclooctene and norbornene derivatives and their copolymerization with cyclooctene[J]. Journal of Macromolecular Science. Part A: Pure and Applied Chemistry, 2011, 48: 211-218.

[104] Lehman S E, Wagener K B , Baugh L S, et al. Linear copolymers of ethylene and polar vinyl monomers via olefin metathesis-hydrogenation: Synthesis, characterization, and comparison to branched analogues[J]. Macromolecules, 2011, 40(8): 2643-2656.

[105] Opper K L, Wagener K B. ADMET: Metathesis polycondensation[J]. Journal of Polymer Science. Part A: Polymer Chemistry, 2011,49: 821-831.

[106] Watson M D, Wagener K B. Ethylene/vinyl acetate copolymers via acyclic diene metathesis polymerization. Examining the effect of "long" precise ethylene run lengths[J]. Macromolecules, 2000, 33: 5411-5417.

[107] Baughman T W, van der Aa E, Wagener K B. Linear ethylene-vinyl ether copolymers: Synthesis and thermal characterization[J]. Macromolecules, 2006, 39(20):7015-7021.

[108] Valenti D J, Wagener K B. Direct synthesis of well-defined alcohol-functionalized polymers via acyclic diene metathesis(ADMET) polymerization[J]. Macromolecules, 1998: 31: 2764-2773.

[109] Leonard J K, Wei Y, Wagener K B. Synthesis and thermal characterization of precision poly(ethylene-co-vinyl amine) copolymers[J]. Macromolecules, 2012, 45: 671-680.

[110] 何启新，蒋景岗，高式群. 高压本体法科研与技术开发简介 [J]. 合成树脂及塑料，1985, 3: 31-34, 57.

[111] Purgett M D, Vogl O. Functional polymers. XLIX. Copolymerization of ω-alkenoates with α-olefins and ethylene[J]. Journal of Polymer Science. Part A: Polymer Chemistry, 1989, 27: 2051-2053.

[112] Terao H, Ishii S, Mitani M, et al.Ethylene/polar monomer copolymerization behavior of bis(phenoxy-imine)Tl complexes: Formation of polar monomer copolymers[J]. Journal of the American Chemical Society, 2008, 130: 17636-17637.

[113] Zuo W W, Zhang M, Sun W H. Imino-indolate half-titanocene chlorides: Synthesis and their ethylene (co-) polymerization[J]. Journal of Polymer Science. Part A: Polymer Chemistry, 2009, 47: 357-372.

[114] Yang X H, Liu C R,Wang C,et al.[O-NSR]TiCl₃-catalyzed copolymerization of ethylene with functionalized olefins[J]. Angew Chem Int Ed, 2009, 48(43): 8099-8102.

[115] Yang X H, Wang Z, Sun X L, et al.Synthesis,characterization,and catalytic behaviours ofβ-carbonylenamine-derived [O-NS]TiCl₃complexes in ethylene homo-and copolymerization[J]. Dalton Trans, 2009, 41:8945-8954.

[116] Chen Z, Li J F,Tao W J,et al.Copolymerization of ethylene with functionalized olefins by[ONX]titanium complexes[J]. Macromolecules, 2013, 46(7):2870-2875.

[117] Amin S A, Marks T J. Alkenylsilane structure effects on mononuclear and binuclear organotitanium-mediated ethylene polymerization: Scope and mechanism of simultaneous polyolefin branch and functional group introduction[J]. Journal of the American Chemical Society, 2007, 129:2938-2953.

[118] Liu J, Nomura K. Efficient functional group introduction into polyolefins by copolymerization of ethylene with allyltrialkylsilane using nonbridged half-titanocenes[J]. Macromolecules, 2008, 41:1070-1072.

[119] Schneider M J, Schafer R, Mtilhaupt R. Aminofunctional linear low density polyethylene via metallocene-catalysed ethene copolymerization with N,N-bis(trimethylsilyl)-l-amino-10-undecene[J]. Polymer, 1997, 38:2455-2459.

[120] Nishiura M, Hou Z M. Novel polymerization catalysts and hydride clusters from rare-earth metal dialkyls[J]. Nature Chemistry, 2010, 2:257-268.

[121] Nishiura M, Guo F, Hou Z M. Half-sandwich rare-earth-catalyzed olefin polymerization, carbometalation, and hydroarylation[J]. Accounts of Chemical Research, 2015, 48: 2209-2220.

[122] Wang C X, Luo G, Nishiura M, et al. Heteroatom-assisted olefin polymerization by rare-earthmetalcatalysts[J]. Science Advances, 2017, 3: l-8.

[123] Liu D T, Wang M Y, Wang Z C, et al. Stereoselective copolymerization of unprotected polar and nonpolar styrenes by an yttrium precursor: Control of polar-group distribution and mechanism[J]. Angewandte Chemie International Edition, 2017, 56: 2714-2719.

[124] 简忠保. 功能化聚烯烃合成：从催化剂到极性单体设计 [J]. 高分子学报，2018, 11: 1359-1371.

[125] Johnson L K, Mecking S, Brookhart M. Copolymerization of ethylene and propylene with functionalized vinyl monomers by palladium(Ⅱ) catalysts[J]. J Am Chem Soc, 1996, 118(1): 267-268.

[126] Younkin T R, Connor E F, Henderson J I, et al. Neutral, single-component nickel (Ⅱ) polyolefin catalysts that tolerate heteroatoms[J]. Science, 2000, 287:460-462.

[127] Drent E, van Dijk R, van Ginkel R, et al. Palladium catalysed copolymerisation of ethene with alkylacrylates: Polar comonomer built into the linear polymer chain[J]. Chemical Communications, 2002: 744-745.

[128] Drent E, van Dijk R, van Ginkel R, et al. The first example of palladiiun catalysed non-perfectly alternating copolymerisation of ethene and carbon monoxide[J]. Chemical Communications, 2002: 964-965.

[129] Xin S B, Sato N, Tanna A, et al. Nickel catalyzed copolymerization of ethylene and alkyl acrylates[J]. Journal of the American Chemical Society, 2017, 139: 3611-3614.

[130] Kochi T, Noda S, Yoshimura K, et al. Formation of linear copolymers of ethylene and acrylonitrile catalyzed by phosphine sulfonate palladium complexes[J]. Journal of the American Chemical Society, 2007, 129: 8948-8949.

[131] Skupov K M, Piche L, Claverie J P. Linear polyethylene with tunable surfece properties by catalytic copolymerization of ethylene with N-vinyl-2-pyrrolidinone and N-isopropylacrylamide[J]. Macromolecules, 2008, 41: 2309-2310.

[132] Ito S, Munakata K, Nakamura A,et al. Copolymerization of vinyl acetate with ethylene by palladium/alkylphosphine-sulfonate catalysts[J]. Journal of the American Chemical Society, 2009, 131:14606-14607.

[133] Weng W, Shen Z, Jordan R F. Copolymerization of ethylene and vinyl fluoride by (phosphine-sulfonate)Pd(Me)(Py) catalysts[J]. Journal of the American Chemical Society, 2007, 129: 15450-15451.

[134] Luo S, Vela J, Lief G R, et al. Formation of linear copolymers of ethylene and acrylonitrile catalyzed by phosphine sulfonate palladium complexes[J]. Journal of the American Chemical Society, 2007, 129: 8946-8949.

第八章
聚烯烃的回收利用及其可持续发展

315

高分子材料自问世以来，因具有密度低、易加工、产品美观实用等特点，颇受人们青睐，广泛应用于各行各业。随着高分子材料制品消费量的快速增长，废弃物迅速增加，对环境的影响日趋突出。高分子材料废弃物的处理已成为全球性问题。高分子材料的原料是石油和天然气，都是不可再生资源。近年来，石油原料低成本开采，储量迅速下降，更加速了废旧高分子材料的资源化进程。

20世纪50年代以来，人类已生产83亿吨高分子材料，其中63亿吨成为废弃物。这63亿吨废旧高分子材料中，9%被回收，12%被焚烧，其余79%被埋在垃圾填埋场中或在自然环境中积累[1]。人类还在不断加快高分子材料的生产速度，目前高分子材料产量每年已达到4亿吨，预计到2050年，全球将有120亿吨废旧高分子材料。每年有超过800万吨高分子材料进入海洋，如不加以限制，到2050年，海洋里的高分子材料垃圾将比鱼类还多[2]。

作为化工产品，高分子材料在生产过程中可能产生的环境影响已随着催化剂效率的提高、工艺的改进、控制技术的进步和装置的大型化，变得越来越小，但不断累积的废弃物造成的污染问题却越来越严重。据报道，在工业发达国家的城市固体废物中高分子材料主要为塑料和纺织品，其中塑料废弃物最多，占4%～10%（质量分数）或10%～20%（体积分数），主要来源于包装废物、汽车垃圾和加工废料[1]。

根据国内外最新研究结果，塑料微粒已经对海洋、河流中的生物和饮用水造成污染[3-9]，引起了全社会对塑料污染的关注；2018年10月维也纳医科大学的研究团队更是首次从人类粪便中检出微塑料，确认塑料污染已进入人类的食物链。2022年来自荷兰阿姆斯特丹自由大学领导的研究团队首次在人类志愿者血液中发现了微塑料[10]，解决塑料污染问题刻不容缓。废塑料中主要品种所占百分比分别为：低密度聚乙烯（LDPE）27%；高密度聚乙烯（HDPE）21%；聚丙烯（PP）18%；聚苯乙烯（PS）16%；聚氯乙烯（PVC）7%。以聚乙烯（PE）和PP为代表的聚烯烃材料，占比将近70%[1]。毋庸置疑，聚烯烃材料的回收利用对于解决塑料污染问题起着至关重要的作用。令聚烯烃研究人员略感欣慰的是，在人类血液中尚未发现聚烯烃微塑料[10]。

一般将废塑料回用分为四种（见图8-1）：初级回用、物理回用（二级回用）、化学回用（三级回用）和能量回用（四级回用）。初级回用指工厂内废料的直接回用，处理的必须是干净、未污染的单一种类塑料；能量回用主要是焚烧的形式，会产生影响生态环境的有害气体。本章主要讨论物理回用和化学回用。

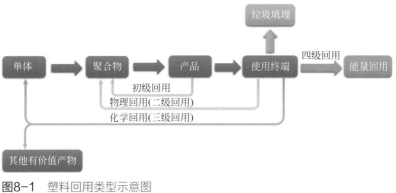

图8-1 塑料回用类型示意图

第一节
聚烯烃的物理回用

物理回用是通过机械转化（不包括化学反应）对废旧高分子材料进行再利用加工来实现循环利用的方法，涉及一系列处理和准备步骤。物理回用是目前最常见且唯一被广泛采用的处理废旧高分子材料的技术方案[11]。一般来说，回用过程的第一阶段包括收集、分类、粉碎、研磨、清洗和将塑料废料干燥成可回收的高分子材料颗粒、粉末或薄片[11]。这方面已有大量的研究，特别是在收集和分类技术方面，如浮选、光学分选、密度分选，电分离等。在第二阶段，回收塑料颗粒、粉末或薄片再经过熔融加工到最终制品。

然而，物理回用后塑料制品性能往往会下降，这严重限制了该方法的适用性和市场需求[12]。导致再生塑料制品性能不理想的因素主要有两个：降解和不相容性[13]。首先塑料在回收加工过程中会因高温和剪切发生热和机械降解[14]；此外在塑料制品使用周期内，长时间的接触空气、接受光照等会使塑料自然降解。第二个因素是聚合物的不相容性。塑料垃圾是不同种类和等级聚合物的混合物，这些聚合物具有特定的聚合度和化学结构，使得混合物不相容。此外，像纸屑等污染物会更加恶化再生塑料的机械性能，影响再生制品的应用。同时，混入可降解塑料也会使回收塑料性能劣化。废旧塑料组分越复杂，污染越严重，就越难以物理回用。然而，在实际应用中却很少有将单个组分完全分离的情况[15]。

为了提高再生塑料的最终性能，目前塑料回收行业已开发和应用了多种可行的物理回用技术[16]。下文将分别介绍分选技术、增容剂技术、填料增强技术和力化学技术等。

一、分选技术

聚合物的不相容性导致不同种类的聚合物熔融共混后会产生相分离，进而影响最终性能。因而，通常情况下，机械回用首先需要进行分选以尽可能得到单一种类的聚合物。分选过程主要基于废旧塑料的形状、密度、尺寸、颜色和化学组成进行。目前，常用的方法有风选法、浮选法、静电分离法、泡沫浮选法、近红外法和 X 射线法。

1. 风选法

在圆筒型风选装置中，密度大的或空气对其阻力小的塑料颗粒克服从下向上吹的风力，而落入下部被回收；而被风力吹起的颗粒可在上部回收。风选法不仅可以根据密度差，而且可以根据形状差别很好地分选碎片和薄膜标签。

2. 浮选法

又称浮沉分离法，是分选碎片的主要方法，通常以水为浮选剂，成本较低[17]。密度小于 $1g/cm^3$ 的聚合物（无填料的 PE 和 PP）会浮在水面，其他常用聚合物会沉入水中，如 PS、聚对苯二甲酸乙二醇酯（PET）、PVC、聚碳酸酯（PC）、丙烯腈/丁二烯/苯乙烯共聚物（ABS）等。同样，可以用密度大于水的液体作为浮选剂进一步分选沉入水底的部分。但是当密度区间有重叠时，浮选法就无法将废塑料完全分离。

3. 静电分离法

虽然从理论上讲这种方法适用于复杂体系，但是目前只有二元混合物得到了较好的结果，比如 ABS/PC、PET/PVC 和 PP/PE[18]。在静电分离过程中，聚合物碎片相互碰撞，导致一个带正电，另一个带负电（或保持中性），随后在电场中以不同的偏移被分开。有些混合体系（如 PP+PE）需要进行预处理（例如电子束辐照）才能很好地分开[11]。

4. 泡沫浮选法

又称选择性浮选分离法，是一种分离具有相似密度废旧塑料的方法[19]。基本原理是使气泡黏附（或不黏附）在特定聚合物的表面，从而使其上浮（或下沉）。此方法需要进行预处理，改变特定聚合物的表面特性。具体来说，对于疏水性的聚合物组合，需要将特定聚合物从疏水变为亲水（也就是"选择性润湿"）；对于部分亲水的聚合物组合，需要增加特定聚合物的亲水性（也就是"选择性疏水化"）[20]。这项技术还在实验室研究阶段，尚未实现工业应用，主要用于分离的主体是 PS、PVC、PET、PC 或聚甲醛（POM）的二元混合物[17]。

5. 近红外法和 X 射线法

近红外法是应用最广泛的塑料自动分选技术，但还是有一些局限性，比如容易发生误判，无法识别复合材料，以及无法识别深色塑料等[21]。X 射线法对于分选 PVC 容器十分有用，因为高氯含量容易被识别[22]。

二、增容剂技术

废旧塑料通常是多种聚合物的混合物，而混合塑料回用前的分拣不仅费时费力，而且很难完全分开。因此，研究如何对仅经过初级分拣的混合废旧塑料进行再加工的方法具有较大的实际意义。

在废旧热塑性塑料熔融共混时，由于不同组分的不相容性，材料机械性能与加工性能急剧下降，因此，需要在体系中加入增容剂来改变不相容塑料组分之间的相容性[23]。聚合物增容剂被设计成和共混物中不相容的聚合物具有特定的热力学相互作用，促使不相容的两种聚合物较好地共混在一体，进而得到稳定的共混物。类似于为稳定不相容的油 / 水混合物而开发的表面活性剂。在不相容的聚合物体系中添加增容剂，并在一定温度下经共混后，增容剂将被分布在两种聚合物之间的界面上，起到降低界面张力、增加界面层厚度、降低分散粒子尺寸的作用，使体系最终形成具有宏观均匀、微观相分离特征的热力学稳定的相态结构[24]。根据增容剂和共混物之间的相互作用特征，可以将用于聚烯烃材料的增容剂分成非反应型和反应型两种。

1. 非反应型增容剂

这类增容剂是由不同种类的聚合物链段组合而成，一部分聚合物链段和基体更相容，其余部分和分散相更相容。这样的增容剂会向界面迁移并降低界面张力。已有使用 PE/iPP 多嵌段共聚物改善 PE 和 iPP 共混物相容性的研究报道，该嵌段共聚物对 PE 和 iPP 两相界面相容性的改善使得 PE 和 iPP 共混物从脆性材料变成了韧性材料[25]。另有研究采用 LDPE-HDPE-PP-PS 共混物模拟市政塑料垃圾，通过混合苯乙烯 / 丁二烯 / 苯乙烯嵌段共聚物（SBS）、乙丙橡胶（EPR）和仲胺类热稳剂（商品名 Dusantox L）制得协同增容体系。LDPE/HDPE/PP/HIPS（25 : 25 : 25 : 25）与 EPR/SBS/Dusantox L（2.5 : 2.5 : 0.5）共混物的冲击强度达 38kJ/m²，远大于未增容样品 LDPE/HDPE/PP/HIPS 的 19kJ/m²。协同增容体系使回用塑料具有较好的抗冲击性能，能满足多种应用场景要求。同时，热稳剂的加入使样品热稳定性得到改善，高于未增容样品。热稳定性的改善提高了回用料的可加工性和服役周期。在加入 1% 炭黑或 0.5% 商品化受阻胺类光稳剂后，样品的光稳性大大提高，可扩展回用料在户外环境下的应用场景[26]。

2. 反应型增容剂

这类增容剂含有可以和分散相形成共价键的反应基团，分子链骨架与基体结构相似，可以发生分子链相互缠结。这种类型增容剂增容后共混物的界面间结合力是最强的。马来酸酐接枝聚丙烯（PP-g-MA）和甲基丙烯酸缩水甘油酯接枝聚丙烯（PP-g-GMA）都属于这种类型增容剂[24,27]。研究报道使用双螺杆挤出机将 PP-g-MA 增容剂与 β- 聚丙烯 / 聚酰胺 6（β- PP/PA6）熔融共混，当 PP-g-MA 加入 β-PP/PA6 的共混物时，PP-g-MA 的马来酸酐基团和 PA6 分子链末端氨基反应，在两相界面形成 PP-g-PA 接枝共聚物，降低了界面张力，提高了界面附着力，减小了共混物中 PA6 相的尺寸[24,27]。

三、填料增强技术

相比在熔融共混时加入增容剂、稳定剂和抗氧剂等方法，填料增强可有效降低成本，提高回用聚烯烃的机械和热力学性能。目前已有多种不同类型的填料成功用于增强回用塑料，例如生物基填料、无机填料、弹性体填料等。

1. 生物基填料

生物基填料有密度低、对加工设备磨损小、成本低等优点，木屑、蔗渣、秸秆等生物基填料已被广泛采用。生物基填料增强的聚烯烃回用料目前已被用于制造地板、家具、汽车内饰件等。不过，不相容性、加工性能和热降解性差是制约生物基填料用于回用聚烯烃增强的主要问题[28]。

由于亲水的有机填料和疏水的聚烯烃材料之间缺乏亲和力，所以两者是天然的不相容体系。通过使用偶联剂可有效改善不相容材料间的界面性能。偶联剂是用于在基体和增强体的界面形成化学连接的化合物，其分子一端与聚合物相紧密结合，另一端官能团与增强体表面反应，以此提高两相的界面间力。PP-g-MA 和马来酸酐接枝聚乙烯（PE-g-MA）等马来酸酐接枝聚合物是最常见的偶联剂。共聚物的酸酐基团可与有机填料表面的羟基反应形成酯键，共聚物主链与聚合物基体极性相近，相互缠结。其他种类的偶联剂，如异氰酸酯类和硅烷类，常被用于天然纤维增强聚合物复合材料[29,30]。

加工性能也是塑料回用一个备受关注的指标。生物基填料粗糙的表面和塑料基体具有较强的相互作用，使得体系黏度较大，导致加工困难且不易分散。文献[31] 利用石蜡作为润滑剂降低体系黏度，有助于分散。实验发现，19%（质量分数）石蜡可以将木质纤维 / 回用 PE（30∶70）体系的熔体流动速率从 0 提高至 11g/10min，且加入石蜡的复合体系具有更好的机械强度。

生物基填料往往耐热性较差，使得复合材料在熔融加工时更容易发生降解。已有文献报道[32]，增强复合材料在回用加工时，基体中的天然纤维会大量断裂，导致材料拉伸强度显著降低。而偶联剂，尤其高分子量和高马来酸酐含量的偶联剂可有效减少热降解。

2. 无机填料

在聚烯烃中加入无机填料会在机械性能、流变性能和热力学性能等方面带来显著改善，甚至较小的加入量即可实现性能大幅提升。无机填料增强回用聚烯烃材料的性能严重依赖填料的尺寸、形状和在聚烯烃基体中的分散情况，同时某种程度上也受填料和基体的界面结合力影响。在不同的加工条件下，聚烯烃与黏土等层状无机填料复合时，可呈现插层或剥离结构。与玻璃纤维和硅酸盐纤维等纤维状填料复合时，复合体系可呈现纤维缠绕结构。与颗粒状填料复合时，可呈现点状分散结构，颗粒状填料有碳酸钙[33]、云母[34]、玻璃珠[35]、滑石粉[36]、银粉[37]、氧化锌[38]、二氧化钛[39]和粉煤灰[40]等。

除了提高机械性能之外，每种填料都有其自身特殊的性能和应用特点。比如，黏土可改善热稳定性和耐火性[41]。银粉具有优异的抗菌作用，二氧化钛可同时赋予复合材料抗菌和抗紫外线性能。滑石粉具有很好的结晶成核作用，可以促进结晶聚合物发生异相成核结晶[42]。在聚烯烃中加入水泥可以提高材料压缩和弯曲强度，降低吸水性，提高耐候性。玻璃纤维是聚烯烃最常见的增强体之一，具有低成本、低密度、高拉伸强度和高耐化学药品性的特点[43]。

有研究报道，采用同向双螺杆挤出机将滑石粉混入回用 HDPE 中，当滑石粉加入量为 20%（质量分数）时，回用 HDPE 复合材料的杨氏模量从 1500MPa 增加至 2700MPa[44]。另有文献报道，利用偶联剂制备了回用 PE/ 碳酸钙复合材料和回用 PE/ 硅酸钙复合材料，在 20% 碳酸钙或硅酸钙加入时，回用塑料的杨氏模量增加了 25%～40%，拉伸强度提高了 15%～20%，断裂伸长率增加了 10%～15%。体系中的填料提高了复合材料的模量，而偶联剂改善了填料和塑料的结合力从而提高了断裂伸长率[45]。

3. 弹性体填料

弹性体填料也是聚合物，在与回收塑料混合后，能有效提高材料韧性和抗冲击性能，但同时又存在副作用，会降低材料拉伸强度和杨氏模量[46]。二元乙丙橡胶（EPR）[47]、聚烯烃弹性体（POE）[15]和三元乙丙橡胶（EPDM）[48]等弹性体常用于改善回用聚烯烃的韧性[49]，但是最终材料的屈服强度、拉伸强度和杨氏模量往往会下降[50]。因此，有时候会再加入无机填料来抵消弹性体填料给材料性能带来的副作用。

有研究报道，采用密炼机将回用橡胶、回用 PE 和硅烷偶联剂处理的粉煤灰混炼制样，当回用橡胶的加入量从 0 提高至 70%，复合材料的拉伸强度从 21.2MPa 下降至 9.8MPa，而断裂伸长率却从 101% 提高至 789%。橡胶的加入量在 15% 时，材料的机械性能达到最佳。当粉煤灰从 0 逐步增加至 50%，15% 橡胶体系复合材料的拉伸强度从 18.2MPa 增加至 21.8MPa，而断裂伸长率却从 383% 急剧下降至 14%[51]。

另有研究报道，采用同向双螺杆挤出机制备了回用 PP/POE/ 碳酸钙复合材料。POE 填料的加入量为 5% 时，复合材料的杨氏模量从 1010MPa 下降至 910MPa，而加入 20% 碳酸钙能将复合材料的杨氏模量从 1010MPa 提高至 1250MPa。最佳的机械性能平衡点配方出现在 10% 的 POE 加入量和 10% 的碳酸钙加入量。研究也发现碳酸钙在加工过程中会加速材料降解，而弹性体填料能使不同组分材料更容易共混加工[15]。

四、力化学技术

由于废旧塑料的降解和不相容性，在回用加工过程中需要加入大量的稳定剂、增容剂和填料，会给废旧塑料回收再利用行业增加较大的成本。力化学技术是一种较好的替代方案，其在不使用添加剂的情况下在聚合物的机械粉碎过程中发生反应性增容。力化学表示因机械力作用而发生的化学变化或物理化学变化。力化学技术包含快速分解和合成、接枝改性、晶型转变等多种反应，具有工艺简单、生态友好等优点，已被广泛关注[52]。

1. 机械球磨法

机械球磨法是指利用高能球磨技术来磨碎回收塑料，使聚合物尺寸显著减小的方法[53]。球磨过程中产生的冲击、压缩、断裂、延展和剪切等机械效果，可诱导塑料颗粒发生分子链断裂和脱氢的发生，从而产生大量的自由基。不同分子链的自由基相互反应，可形成化学交联或偶联[54]。

有研究报道，采用液态二氧化碳（CO_2），与 PP 和 LDPE 的混合物（80∶20）一起球磨。通过球磨过程中产生的自由基之间的反应，PP 分子链接枝了相邻的 LDPE 分子链，制得了接枝聚合物。该接枝聚合物作为增容剂，降低了界面张力，提高了 PP 和 LDPE 两相的界面结合力。通过该力化学法制得了自增容的 PP-LDPE 共混物。该样品冲击强度为 20MPa，比未球磨样品冲击强度提高了 3 倍[55]。

2. 固态剪切粉碎法

固态剪切粉碎法是一种新型连续、一步回收废旧塑料的低温挤出方法[56]。对不相容的废旧塑料施加高剪切力，以使聚合物碳链发生断裂，从而产生大量自由基，形成接枝共聚物。该粉碎的颗粒可通过注塑、旋转模塑、粉末涂覆或与新料共混等方式制备高品质产品[57]。

四川大学徐僖院士和王琪院士团队借鉴中国传统石磨的结构，开发了一种固态剪切研磨设备，该设备通过设计的特殊三维结构可实现分散、粉碎、混合及力化学反应等多种功能。利用该设备，他们研究了固态剪切力化学技术对硅烷交联的 PE 材料解交联的机理。固相剪切过程对交联 PE 进行了选择性破坏，只有 Si—O—Si 的交联结构发生了反应，并未破坏主链结构。所得产物的分子链结构接近于硅烷接枝 PE，而且可以再次进行热塑性加工。经过十次循环处理后的产物拉伸强度和断裂伸长率分别提高了 118.4% 和 330.4%，力学性能得到显著改善[58,59]。

他们采用固相剪切力化学技术制备了具有热塑性加工性能的硅交联 PE 粉末，并将其加入 HDPE 基体中，为该体系提供了交联网络结构，从而抑制了由于分子间相互作用导致的分子链热运动和弛豫。随后通过旋转挤出在离轴方向形成稳定的串晶结构，最终得到环向扭转性能大幅提高的管材，环向扭转强度由纯 PE 的 9.58MPa 提升到 19.58MPa[60]。他们还通过固相剪切力化学技术将过氧化物交联的 PE 电缆粉末用于沥青改性。在剪切研磨过程中交联 PE 胶粉中的交联剂结构被破坏，形成不同分子量的产物，其中的低分子量部分与沥青基体性质相似，可熔融混合成扭曲的连续相结构，剪切过程中极性官能团的降解也改善了电缆粉末与基体的相容性。在两方面的共同作用下改性沥青在 150℃下的黏度由 6.83Pa•s 降至 3.68Pa•s，产品的熔体加工性能及耐热性能显著提高[61]。他们还采用固相剪切力化学技术将含有线型低密度聚乙烯和尼龙的复合包装废弃物制备成片状粉末，与膨胀石墨进行混合，压缩后得到拥有连续石墨三维网络的复合材料。当石墨含量为 36.1%（体积分数）时材料的热导率达到 9.7W/（m•K），电磁屏蔽效能达到 44.8dB，在冷却电子和电磁干扰屏蔽领域有着潜在的应用价值[62]。

第二节
废旧聚烯烃的化学回用

一、化学回用概述

将废塑料通过化学转化或热转化制成小分子烃（气体、液态油或固体蜡）的化学回用法被认为是可以超越物理回用的技术方案，所得产物可以用作燃料或化工原料。化学回用主要分为化学分解法、热裂解法、催化裂化法、氢化裂化法和氧化气化法。

1．化学分解法

化学分解法是通过解聚、水解和化学转化等方法，使聚合物分子链断裂，最终转化成化工原料。缩聚聚合物能够通过化学分解法解聚为最初的单体或者低聚物。如 PET 通过水解、醇解、糖酵解、胺解等方式解聚成对苯二甲酸（TPA）、对苯二甲酸二甲酯（DMT）、对苯二甲酸双羟乙酯（BHET）和乙二醇（EG）。但是由于 C—C 键的无规断裂，以聚烯烃为代表的加聚聚合物却不能通过简单的化学反应分解成单体[63]。

2．热裂解法与催化裂解法

热裂解法在中高温、无氧条件下进行，高温能使聚合物的大分子结构断裂，形成较小的分子，生成单体或者低分子化合物，可以是气体、液体和固体残留[64]。该方法对于难以解聚并且无法物理回用的废旧塑料十分重要，例如混合 PE/PP/PS、多层包装膜和纤维增强复合材料。不同于物理回用，热裂解法可以处理高度污染以及高度不均匀的塑料混合物，从而增加了原料的灵活性，这是热裂解法的主要优势[65]。不过不同的聚合物根据其主要的分解途径会产生完全不同的产物组分。即使某些杂质的少量存在都可能显著影响产品的附加值，例如某些含氧化合物的存在会导致甲醇和甲醛的形成[66]。

废旧塑料裂解回收法基本上需要经过预处理、预融化、热解反应、馏分精制等步骤。其中，以热裂解为核心步骤，具体的细节根据工艺不同有所增减和改变。在热裂解步骤中，加入催化剂即为催化裂解；在热裂解步骤中，加入氢气，即为加氢裂解。

催化裂解法是将废旧塑料与催化剂共混加热，发生裂解、氢转移、缩合等特征反应[67]。催化剂本身的选择性决定了该方法得到的产物分布相比于热裂解法得到的要窄得多，并且可以通过工艺条件来调节产物组成向高附加值的燃料、商品化学品和精细化学品方向移动。此外，催化剂的使用大大降低了反应活化能[68]，降低了整个过程的能耗，从而降低了操作成本。然而，催化裂解法也有其缺点，积碳和无机材料堵塞孔道会使催化剂失活，这就需要对原料进行严格的预处理来保护催化剂[69]。

以制备燃料油为主要目的的废旧塑料回收称为塑料油化法（plastic to oil，PTO）。关于 PTO 的研究可追溯到 20 世纪 90 年代。日本是 PTO 工艺研究最早、开发最多的国家，如川崎重工、三菱重工、富士等大公司开发的 PTO 技术早已达到工业化水平。PTO 工艺主要包含槽式、管式炉、流化床和催化法等。

槽式工艺有聚合浴法（川崎重工）、分解槽法（三菱重工）和热裂解法（三井化学、日欧）等。槽式热分解与蒸馏工艺比较相似：加入槽内的废旧塑料受热分解，当达到一定蒸汽压后，分解产物经馏出口排出槽外，经冷却、分离后得到的油分放入储槽，油品的回收率一般在57%～78%。管式炉热裂解一般适用于单一塑料品种的回收，油品回收率在51%～66%。采用流化床法进行废旧塑料油化研究的有英国的BP、住友重机、日挥-瑞翁和汉堡大学等。流化床热分解废旧塑料时油品的回收率较高，如热分解PP时，可达80%，而且热分解温度较低，适用于废旧塑料混合物的热分解。催化裂解法回收废旧塑料可在较低温度下进行，如日本理化研究开发出的以Ni、Al、Cu金属为催化剂的废旧塑料热分解油化工艺，每千克废旧塑料产油1～1.2L。目前催化裂解技术在废旧资源利用率以及原料使用方面还存在进步的空间：废塑料中较多的杂质会影响催化效果，需在裂解前清除；催化剂大多针对单一塑料，对于成分复杂的塑料裂解催化剂研究较少，需要进一步开发。

除了以上方法，联合碳化物公司的螺杆式油化工艺、德国汉堡大学开发的熔盐反应器油化工艺、德国Union燃料公司开发的加氢油化工艺等都是回收废旧高分子材料的典型工艺。

除了废塑料的单独裂解回收外，废塑料还可以与其他物质共裂解制备化学品。例如废塑料可与生物质共裂解。在生物质制油的过程中，生物质富氧缺氢易使裂解气积碳，降低裂解油产率。塑料可作为供氢原料与其共催化裂解，促进塑料油化。在500℃下进行松果壳与聚烯烃共热解，产物的碳氢含量和热值提高，氧含量降低，性质更类似于燃料油。废塑料还可与油共裂解。重油、减压瓦斯油等对塑料的溶解性能好，传热效率高，与废旧塑料共裂解时，可缩短反应时间，提高液体收率。将PP和重油混合裂解，结焦减少，所得热解产物汽油辛烷值得到提升。聚烯烃热裂解产物以10%（质量分数）的比例与重石脑油混溶作为蒸汽裂解原料，可提高乙烯、丙烯的收率。另外，废塑料还可与煤共同裂解。日本新日铁公司开发废旧塑料与煤共焦化技术，回收能力可达25万吨/年。首钢的焦炉处理废塑料技术在不影响焦炭质量前提下，煤中的废塑料添加量可达4%。

3. 氢化裂解法

氢化裂解法和催化裂解法的主要区别在于是否加入氢气。该过程在约70个大气压的高压氢气下，375～400℃的温度范围进行。首先通过低温裂解使废旧塑料液化并过滤掉无机杂质，随后液体被输送至催化床层，氢气的存在显著提高了产品质量（高H/C比，低芳烃含量）。氢化裂化法处理废旧塑料可以得到高收率的液体石蜡和高质量的石脑油，不生成二噁英等有毒产物，并且可以使用混合塑料作为原料，但是加氢操作成本较高[70]。

4. 氧化气化法

氧化气化法是处理不经预处理的固体废弃物最知名的方法之一[71]。废旧高分子气化技术是近年发展起来的废旧高分子回收、利用的有效技术之一。它利用气化介质（空气、氧气或水蒸气）将废旧高分子分解，以获得混合气体。这些气体可作为生产其他化工产品（甲醇、合成氨等）的原料，也可作为燃料用于高效、低污染的燃气 - 蒸汽联合循环电站发电和供热。美国、欧洲以及日本等均已开始废旧高分子气化工艺的研究，在加压鲁奇炉、高温温克勒和德士古等气化炉上进行了混合废旧高分子气化中试规模的试验。美国 Texaco 公司对气化工艺研究较早，其废旧高分子的碳转化率可达 91%，产品主要成分为一氧化碳和氢气。国内也有不少机构展开废旧高分子气化技术开发，中国科学院山西煤炭化学研究所发明了两段流程气化炉：废旧高分子从气化炉下部加入，在 720 ～ 850℃时热解气化，生成含有焦油的煤气；该煤气经过气化炉上部 850 ～ 920℃的高温区，焦油裂解，即成为不含焦油的煤气。该气体不含高分子烃类物质，水洗后可直接燃烧使用。该方法几乎可以将任何有机原料通过部分氧化转化为含二氧化碳、一氧化碳、氢气、甲烷和其他轻烃的混合气体[72]。就操作成本而言，使用空气作为氧化剂是最便宜的，但是空气需要较高的气体流量，这样使得生产能力降低，分离难度提高，反而不利于整体的成本控制；此外，从环境角度来看，还会产生更大量有害的氮氧化物气体[73]。

二、聚烯烃的裂解

裂解是在隔绝空气环境下加热聚合物材料使之发生化学或热分解的过程，在该过程中，聚烯烃可转化为小分子烯烃，产物可作为燃料或新材料的聚合单体。温度是对于裂解过程影响最大的参数。聚烯烃的裂解通常在 400 ～ 800℃的温度下进行，产物为固体积碳和挥发性组分[74]。挥发性组分可被分离为烃类油、烃类蜡以及不可冷凝的气体。根据不同的裂解温度，裂解工艺大体分为低温、中温和高温裂解。600℃以下为低温裂解，600 ～ 800℃为中温裂解，超过800℃为高温裂解。高温裂解通常产生更多气体产物，低温裂解则产生更多的液体产物。因此，可以通过提高裂解温度使更重的组分裂解为气体产物[75]。通常，聚烯烃在 700℃左右温度热裂解的产物为 C_1 ～ C_4 烯烃和芳香族化合物（苯、甲苯和二甲苯等）的混合物；在 400 ～ 500℃的裂解产物主要为燃料气、烃类油和烃类蜡[76]。

1. 聚烯烃热裂解过程机理

聚烯烃按照自由基机理发生热裂解。大分子链受热在分子链最薄弱的链段位置首先发生热力学不稳定的链段断裂，引发自由基。因此，通常情况下低分子量的链段相较高分子链段而言具有更好的热稳定性[77]。

以 PE 为例，在热裂解过程中发生了如下反应（见图8-2）：通过自由基随机断链形成初级自由基碎片（k_1 过程），这些初级自由基碎片通过 β- 断裂生成乙烯等小分子副产物以及新的自由基（k_2 过程），在温度较高时，这种链端断键生成乙烯的反应发生的概率更大。大部分初级自由基发生重排反应形成稳定的叔碳自由基（PP 无需重排），然后发生 β- 断裂产生乙烯单体，这种断链导致形成新的末端自由基，通过分子间或分子内氢转移使自由基趋于稳定化（$k_3 \sim k_4$ 过程）。由于聚烯烃主链上有大量氢原子，因此主要发生分子内氢转移，经过分子内氢转移，然后 α- 断裂，是产生短链 α- 烯烃的重要步骤（k_5 过程）。通过歧化或自由基耦合发生反应终止，生成烷烃（k_6 过程）[78]。

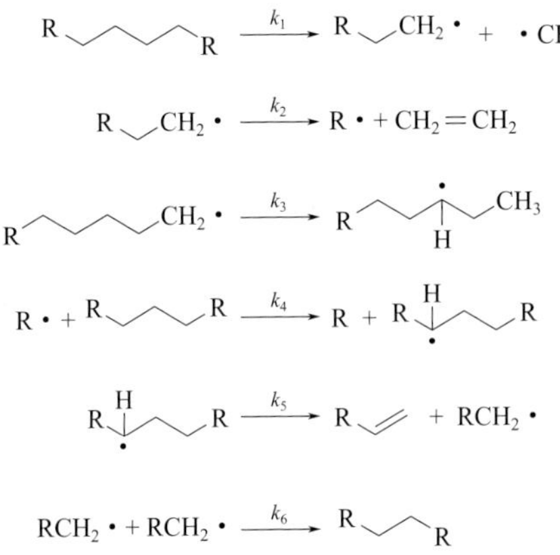

图8-2
聚烯烃热裂解的主要化学反应式

聚烯烃的热裂解产物分布较宽，碳氢化合物组成复杂（含有链烃、环烃及芳烃等多种烃类），分子量分布宽泛（涵盖 $C_5 \sim C_{60}$ 的数十至数百种组分），因而其中高附加值组分选择性差，导致其附加值较低、应用受限。采用热裂解手段处置废聚烯烃的现有工艺中，可以通过调整反应器及热解工况，以蜡、轻烯烃或 BTX（即苯、甲苯及二甲苯）分别作为目标产物[79]。蜡是碳原子数大于 20 的长链烃，碳原子数在 20 ~ 36 之间为轻质蜡（沸点在 300 ~ 500℃ 左右），而碳原子数在 36 以上的则为重质蜡，通常以蜡为目标产物的生产过程要求原料以聚烯烃为主，停留时间短、反应温度适中（500℃ 甚至更低）。生产乙烯、丙烯等轻质烯烃则需要更高的反应温度（通常高于 800℃ 但不高于 950℃）、极高的升温速率以促进塑料的深度裂解，并采用尽可能短的停留时间以抑制其他副反应的发生[80]。

2. 聚烯烃催化裂解过程机理

催化剂的加入与传统热解相比主要有两方面的优点。首先，聚烯烃断链所需温度更低和反应时间更短，且转化率较高。其次也是更重要的，产物的选择性有所提高，这取决于催化剂的孔结构及尺寸，还与其酸中心的强度、比表面积的大小有关。此外，产物收率及组成还与催化剂负载量、进料粒度、载气流速和热解温度有关[81]。

应用于塑料催化裂解的催化剂种类繁多，最为常见的有各类沸石分子筛催化剂（如 ZSM-5、HZSM-5、Y、HY、USY 等）及催化裂化催化剂，此外金属化合物、黏土、赤泥、活性炭等亦被用于废塑料的催化裂解[82]。催化剂的比表面积、孔径分布、表面酸度 / 碱度等性质是影响裂解速率、产物产率及组分分布的主要因素[78]。催化裂解反应涉及自由基机理及正碳离子反应机理等引发的随机断链反应、β– 断裂反应、异构化反应、低聚反应、烷基化反应、氢转移反应、脱氢反应及环化反应等，不同反应机理对上述各反应的选择性因催化剂的催化活性而异。根据文献，聚烯烃催化裂化过程的反应途径如图 8-3 所示[83]。

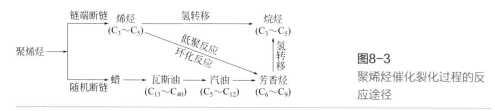

图8-3
聚烯烃催化裂化过程的反应途径

与热裂解相比，塑料的催化裂解产物（主要为裂解油）品质提升显著。具体表现为以大分子烷烃为主要成分的蜡产率显著下降，黏度降低；油相产物分子量降低且馏程分布变窄；氧含量及含氮、磷、硫、溴等的污染物含量有所降低。此外，催化裂解可以显著提高某一类目标产物的选择性，促进高附加值目标产物占比显著增加，为裂解油的进一步应用提供了可能[84]。

目前，系列化学回用技术虽取得了长足进步，但离真正广泛应用、解决塑料污染问题尚有较大差距，亟待出现突破性和颠覆性技术。

第三节
微波技术在聚烯烃回收利用及其可持续发展中的应用

微波是指波长介于红外线和特高频（UHF）无线电波之间的电磁波，具有非常强的穿透能力，其波长在 1m ～ 1mm 之间，所对应的频率为 300GHz ～ 300MHz。微波发生器的磁控管接受电源功率而产生微波，通过波导输送到微波加热器，需要加热的物料在微波场的作用下被加热。微波加热有着传统加热无法比拟的优点。在高频电场（微波）作用下，材料内部的部分极性分子产生位移、偏转以及振荡，分子间发生激烈的相互作用而导致材料内部产生一系列电磁响应，带来温度升高，甚至等离子体现象。

微波技术已在冶金、杀菌、固废处理等领域广泛应用。在废旧高分子材料回收利用方面，微波技术应用也取得了重要进展。近期，多家国外公司相继公布采用微波技术实现化学回用的产业化信息。2021 年 9 月，雀巢墨西哥工厂、英国 Greenback 公司和 Enval 公司联合宣布，将在墨西哥采用微波诱导热解技术建立首个实现食品级塑料包装完全循环的工厂。据称，该技术具有回收混合塑料废物的巨大潜力，能克服这些塑料无法进行物理分离和分类的缺点。2021 年 11 月，美国 Honeywell 公司宣布，一项颠覆性塑料化学回用工艺实现了商业化。他们采用分子转化、热解和污染物管理技术，将废弃塑料转化成聚合物单体，然后用于制造新塑料。同月，日本三井化学公司宣布与 Microwave Chemical 公司联合推出微波技术用于废旧塑料商业化回收，该技术可将复合材料和热固性塑料等难回收塑料直接单体化。

本部分内容将分为物理回用和化学回用两个方面，重点介绍本书作者团队采用微波技术在聚烯烃回收利用及其可持续发展方面的应用结果。

一、物理回用方面

上文提到聚烯烃物理回用存在的主要问题是分类成本太高，如果不慎混入相容性差的材料将出现严重的相分离，会使回收材料的性能大幅度下降，使本来性能会劣化的回收材料性能更差，甚至无法应用。因此，废旧高分子材料物理回用的研究重点是如何回收未经分类或仅经过简单分类的废旧高分子材料混合物。最重要的研究方向之一是开发成本低、性能好的增容剂。此类增容剂需要使回收塑料的性能不降反升，实现升级回收，且成本不能太高。

本书作者团队在基础研究结果启发下，利用微波技术，发明了一种高于聚合物熔点的固相接枝新方法：选择性加热接枝法。采用该方法以 PP 粉料为接枝聚合物，马来酸酐、乙烯基硅烷和乙烯基硅油等为接枝单体，通过微波辐照制备出高性能功能化 PP-g-MA、马来酸钠接枝聚丙烯（PP-g-NaMA）和乙烯基硅油接枝 PP 等功能化 PP 材料，其反应原理如图 8-4 所示[85]。

先将马来酸酐加入 PP 粉料微孔中，再用微波辐照加热。由于 PP 对微波是透明的，而马来酸酐可以被微波加热，在微波辐射下，分散在 PP 球形粉末微孔中的马来酸酐可以被加热到 200℃以上，引起附近 PP 分子叔碳上的氢脱除，产生自由基并引发马来酸酐接枝反应。由于微波只加热马来酸酐，不加热 PP，在足够短的反应时间内，PP 不会熔融，可保持固体形态。由此，可发生高于 PP 熔点的固相接枝反应。反应结束后，未发生接枝反应的马来酸酐可以被洗出。用水洗可得 PP-*g*-MA，用氢氧化钠水溶液洗可得 PP-*g*-NaMA。该接枝方法与传统的熔融接枝法相比，产物不含未反应的单体和引发剂残留；与传统的固相接枝法相比，由于反应温度高，可在不使用引发剂的情况下，短时间内完成接枝反应。更为重要的是，与未接枝的 PP 相比，所得接枝 PP 的性能不降反升（见表 8-1）。

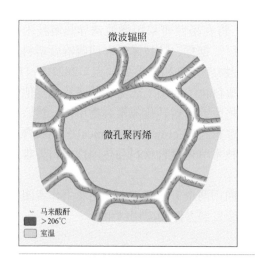

图8-4
高于PP熔点的固相接枝原理示意图

表8-1　高于PP熔点的固相接枝法制备的接枝PP性能

制品	弯曲模量/GPa	Izod缺口冲击强度/（J/m）	热变形温度/℃
PP	1.48	17.1	87.6
PP-*g*-MA	1.57	20.6	93.0
PP-*g*-NaMA	1.70	17.6	99.5
PP+0.1% NA11	1.63	17.0	95.1

　　如表 8-1 所示，PP-*g*-MA 和 PP-*g*-NaMA 的刚性、韧性和耐热性均高于未接枝的 PP，PP-*g*-NaMA 的性能甚至高于添加 0.1% NA11 增刚成核剂样品（PP+0.1% NA11）的性能。这与传统熔融法制备的 PP-*g*-MA 性能变化趋势完全相反。传统熔融法制备的 PP-*g*-MA 由于发生了严重降解，分子量大幅度下降，性能全面变差。如果用于废旧高分子材料回用的增容剂，对回用高分子材料的性能具有较大的负面影响。新方法制备的接枝物分子量不降反升（熔体流动速率不升反降，见表 8-2），原因是生成了长支链（见图 8-5），制备的产物是高熔体强度极性 PP 树脂。如果用于废旧高分子材料回用的增容剂，回用塑料的性能有望不降反升，实现升级回用。

表8-2　PP-g-MA制备过程熔体流动速率（分子量）的变化规律　　　　　　　单位：g/10min

微波加热时间	0	3min	5min	7min	10min	12min
3%马来酸酐用量	60	60	58	55	53	47
5%马来酸酐用量	60	60	55	51	43	42
7%马来酸酐用量	60	58	52	50	41	40

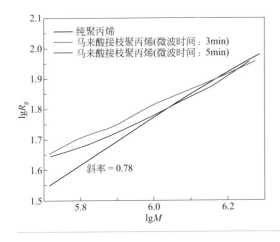

图8-5
PP-g-MA的GPC测试结果

该方法不仅可以接枝吸收微波的单体，也可以接枝吸收微波效果较差的单体。例如，不饱和硅烷的极性（介电常数）比马来酸酐弱很多，单独在微波辐照下，不足以使PP产生自由基。但仅需在接枝过程中用少量氯化钠（NaCl）作为微波吸收材料即可使不饱和硅烷接枝PP反应发生，接枝率可达0.85%。反应结束后，用水可以将NaCl洗掉。显然，选择性加热接枝法是一种可广泛应用的高分子材料接枝新方法，可用于废旧高分子材料物理回用增容剂的制备。

该方法首次实现了在聚合物微孔中接枝，已成功应用于超润湿PP制品的制备。例如，超高水通量PP中空纤维超滤膜的制备[86]，超亲水PP片材、超亲油PP片材和超双亲PP片材[87,88]的制备。有望扩大PP等聚烯烃的应用领域。

二、化学回用方面

本书作者团队在废旧高分子材料高温（不使用传统催化剂）裂解进行化学回用方面进行了探索研究，取得了一定进展。发明了一种高分子基多孔碳复合材料，微波辐照该复合材料时，表面的碳材料产生离域运动的自由电子，这些自由电子可将多孔材料微孔之间的氮气电离为等离子体，从而使之迅速升温，在无氧条件下材料表面温度可达到1000℃以上[89,90]，使与其接触的废塑料快速裂解成富含乙烯、丙烯等化工原料的裂解气。如图8-6所示，在氮气保护下，1g微波高温加热用碳材料用家用微波炉（700W）短短40s处理就能分别使0.5g单一品种的PP粒料、HDPE塑料瓶盖、PET塑料瓶身、线型低密度聚乙烯（LLDPE）薄膜和PS塑料泡沫，以及LLDPE薄膜和PP粒料的混合物都裂解气化，几乎未见残留。

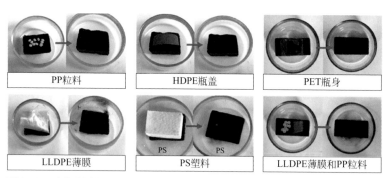

图8-6 废塑料制品微波热解前（左）和微波热解后（右）的照片

为研究裂解气组成，该研究团队还建立了如图8-7所示的连续试验装置[91]，得到的试验结果如表8-3和表8-4所示。表8-3和表8-4分别为采用棕榈油和废塑料油作为PE和PP的进料载体得到的裂解产物组成。

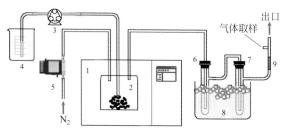

图8-7 连续操作试验装置示意图
1—微波炉；2—石英反应器；3—蠕动泵；4—原料；5—气体流量计；6,7—冷阱；8—冰水浴；9—棉花过滤器

表8-3 连续裂解棕榈油及废塑料测试结果

产物（质量分数）/%	棕榈油	棕榈油+PE	棕榈油+PP
固相（碳）	22.0	14.0	5.4
液相（稠环芳烃）	6.6	8.3	1.1
气相	71.4	77.7	93.5

产物（质量分数）/%	棕榈油	棕榈油+PE	棕榈油+PP
氢气	3.3	1.8	2.1
一氧化碳	15.4	12.9	9.7
二氧化碳	12.8	10.1	7.9
甲烷	24.1	16.0	20.7
乙烷	2.7	3.2	3.2
乙烯	30.2	26.6	32.0
丙烷	0.3	2.0	1.0
丙烯	4.5	15.1	16.1
气相组成			
乙炔	1.8	1.2	1.0
1-丁烯	0.2	1.8	0.1
1,3-丁二烯	0.6	1.4	1.1
苯	1.4	0.2	0.2
其他（含丁烷、丙烯、2-丁烯、异丁烯、丙炔等）	2.7	7.7	4.9

表8-4 连续裂解废塑料油及废塑料测试结果

产物（质量分数）/%	废塑料油与PP之比1:2	废塑料油与PP之比1:1
氢气	3.2	3.0
一氧化碳	0.5	0.6
二氧化碳	0.3	0.5
甲烷	6.1	9.3
乙烷	2.6	4.5
乙烯	16.5	23.9
丙烷	2.1	4.0
丙烯	19.8	31.5
乙炔	1.8	1.1
1-丁烯	46.6	21.1
1,3-丁二烯	0.5	0.7

可以看出，无论采用棕榈油还是废塑料油作进料载体，乙烯和丙烯的总产率都很高，与石脑油蒸汽裂解的产率接近。特别是采用废塑料油作进料载体时，乙烯、丙烯和1-丁烯的总产率最高可达83%，远超预期。值得指出的是，这些只是小试结果，需要放大试验结果的确认。如果这样的结果能够在中试和工业化装

置得到验证，废弃聚烯烃将成为乙烯工业的优质原料。如图 8-8，热解得到的气体产物可以分离得到不同的化工原料，其中乙烯、丙烯等产品可以借助于现有的石油化工技术和装置再次聚合得到全新的聚烯烃树脂；氢气、甲烷和一氧化碳等产物可作为燃料气使用；液态产物多环芳烃和固态产物可用作其他工业的原料或者填料。这一新工艺能够一举两得，不仅可使高分子材料工业摆脱对化石原料的依赖，也可同时解决塑料的"白色"和"绿色"问题。

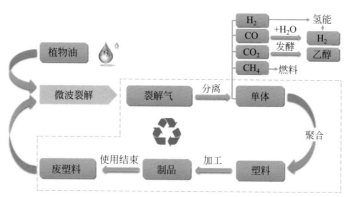

图8-8 同时解决塑料"白色"和"绿色"问题的技术方案（植物油也可以用废塑料所制油品替代）

三、小结

　　目前的回用技术中，物理回用虽然应用最多，但是有明显的局限性。一方面，物理回用无法处理温度敏感的塑料、复合材料和热固性塑料等；另一方面，在回用混合或污染的塑料时，现有的增容剂必须针对特定的废塑料组成进行定制，这在大规模回用时是不切实际的。化学回用虽被看好，但由于经济上不合理和能耗太高等问题目前还未被广泛应用。今后的研究重点应该是开发经济上合理、操作成本低的物理和化学回用技术。物理回用应实现废旧聚烯烃的升级回用，化学回用则应重点开发新型催化裂解技术。

　　从本书作者团队研究结果可以看出，微波技术对于废旧高分子材料的回收利用十分重要，值得深入研究。高于聚合物熔点的固相接枝法（选择性加热接枝法）可接枝不同的反应型单体，有望作为相容剂用于多种高分子材料复合物的物理回用。在化学回用方面，可充分利用等离子体产生的催化作用，实现回收单体的功能化和高值化。值得指出的是，虽然这样的原创技术还需要工业侧线试验或中间试验的验证，但是，一旦实现工业化将对实现聚烯烃产业的可持续发展、构建绿色循环经济模式产生重大作用。

参考文献

[1] Geyer R, Jambeck J R, Law K L. Production, use, and fate of all plastics ever made[J]. Science Advances, 2017, 3(7): e1700782.

[2] MacArthur E. Beyond plastic waste[J]. Science, 2017, 358(6365): 843.

[3] Garcia J M, Robertson M L. The future of plastics recycling[J]. Science, 2017, 358(6365): 870-872.

[4] Wagner M, Scherer C, Alvarez-Muñoz D, et al. Microplastics in freshwater ecosystems: What we know and what we need to know[J]. Environmental Sciences Europe, 2014, 26(1): 12.

[5] Rillig M C. Microplastic in terrestrial ecosystems and the soil?[J]. Environ Sci Technol, 2012, 46(12): 6453-6454.

[6] Horton A A, Walton A, Spurgeon D J, et al. Microplastics in freshwater and terrestrial environments: Evaluating the current understanding to identify the knowledge gaps and future research priorities[J]. Sci Total Environ, 2017, 586: 127-141.

[7] Zubris K A V, Richards B K. Synthetic fibers as an indicator of land application of sludge[J]. Environ Pollut, 2005, 138(2): 201-211.

[8] Kosuth M, Mason S A, Wattenberg E V. Anthropogenic contamination of tap water, beer, and sea salt[J]. PLoS One, 2018, 13(4): e0194970.

[9] Dris R, Gasperi J, Mirande C, et al. A first overview of textile fibers, including microplastics, in indoor and outdoor environments[J]. Environ Pollut, 2017, 221: 453-458.

[10] Leslie H A, van Velzen M, Brandsma S H, et al. Discovery and quantification of plastic particle pollution in human blood[J]. Environ Int, 2022, 163: 107199.

[11] Al-Salem S M, Lettieri P, Baeyens J. Recycling and recovery routes of plastic solid waste (psw): A review[J]. Waste Manage, 2009, 29(10): 2625-2643.

[12] Khan Z A, Kamaruddin S, Siddiquee A N. Feasibility study of use of recycled high density polyethylene and multi response optimization of injection moulding parameters using combined grey relational and principal component analyses[J]. Mater Design, 2010, 31(6): 2925-2931.

[13] Sánchez C, Hortal M, Aliaga C, et al. Recyclability assessment of nano-reinforced plastic packaging[J]. Waste Manage, 2014, 34(12): 2647-2655.

[14] Mbarek S, Jaziri M, Carrot C. Recycling poly(ethylene terephtalate) wastes: Properties of poly(ethylene terephtalate)/polycarbonate blends and the effect of a transesterification catalyst[J]. Polymer Engineering & Science, 2006, 46(10): 1378-1386.

[15] Brachet P, Høydal L T, Hinrichsen E L, et al. Modification of mechanical properties of recycled polypropylene from post-consumer containers[J]. Waste Manage, 2008, 28(12): 2456-2464.

[16] Kabamba E T, Rodrigue D. The effect of recycling on ldpe foamability: Elongational rheology[J]. Polymer Engineering & Science, 2008, 48(1): 11-18.

[17] Wang C-Q, Wang H, Fu J-G, et al. Flotation separation of waste plastics for recycling—A review[J]. Waste Manage, 2015, 41: 28-38.

[18] Reinsch E, Frey A, Albrecht V, et al. Continuous electric sorting in the recycling process of plastics[J]. Chem Ing Tech, 2014, 86(6): 784-796.

[19] Censori M, La Marca F, Carvalho M T. Separation of plastics: The importance of kinetics knowledge in the evaluation of froth flotation[J]. Waste Manage, 2016, 54: 39-43.

[20] Fraunholcz N. Separation of waste plastics by froth flotation——A review. Part I[J]. Miner Eng, 2004, 17(2):

261-268.

[21] Hopewell J, Dvorak R, Kosior E. Plastics recycling: Challenges and opportunities[J]. Philosophical Transactions of the Royal Society B: Biological Sciences, 2009, 364(1526): 2115-2126.

[22] Arvanitoyannis I S, Bosnea L A. Recycling of polymeric materials used for food packaging: Current status and perspectives[J]. Food Rev Int, 2001, 17(3): 291-346.

[23] Chen L, Xu J, Qin Z Y. Crystallisation and mechanical properties of poly(3-hydroxybutyrate-co-hydroxyvalerate)/polypropylene blends[J]. Mater Res Innov, 2014, 18(4): 848-853.

[24] Koning C, Van Duin M, Pagnoulle C, et al. Strategies for compatibilization of polymer blends[J]. Prog Polym Sci, 1998, 23(4): 707-757.

[25] Eagan J M, Xu J, Di Girolamo R, et al. Combining polyethylene and polypropylene: Enhanced performance with PE/iPP multiblock polymers[J]. Science, 2017, 355(6327): 814-816.

[26] Luzuriaga S E, KovářováJ, FortelnýI. Stability of model recycled mixed plastic waste compatibilised with a cooperative compatibilisation system[J]. Polym Degrad Stabil, 2011, 96(5): 751-755.

[27] Lin Z, Guan Z, Xu B, et al. Crystallization and melting behavior of polypropylene in β-PP/polyamide 6 blends containing PP-g-MA[J]. J Ind Eng Chem, 2013, 19(2): 692-697.

[28] Panaitescu D M, Donescu D, Bercu C, et al. Polymer composites with cellulose microfibrils[J]. Polymer Engineering & Science, 2007, 47(8): 1228-1234.

[29] Sobczak L, Brüggemann O, Putz R F. Polyolefin composites with natural fibers and wood-modification of the fiber/filler-matrix interaction[J]. J Appl Polym Sci, 2013, 127(1): 1-17.

[30] Xie Y, Hill C A S, Xiao Z, et al. Silane coupling agents used for natural fiber/polymer composites: A review[J]. Composites. Part A: Applied Science and Manufacturing, 2010, 41(7): 806-819.

[31] Viksne A, Rence L, Kalnins M, et al. The effect of paraffin on fiber dispersion and mechanical properties of polyolefin-sawdust composites[J]. J Appl Polym Sci, 2004, 93(5): 2385-2393.

[32] Fonseca-Valero C, Ochoa-Mendoza A, Arranz-Andrés J, et al. Mechanical recycling and composition effects on the properties and structure of hardwood cellulose-reinforced high density polyethylene eco-composites[J]. Composites. Part A: Applied Science and Manufacturing, 2015, 69: 94-104.

[33] Elloumi A, Pimbert S, Bourmaud A, et al. Thermomechanical properties of virgin and recycled polypropylene impact copolymer/CaCO$_3$ nanocomposites[J]. Polymer Engineering & Science, 2010, 50(10): 1904-1913.

[34] Liang J-Z. Estimation of tensile strength of inorganic plate-like particulate reinforced polymer composites[J]. Polymer Engineering & Science, 2013, 53(9): 1823-1827.

[35] Baldi F, Briatico-Vangosa F, Franceschini A. Experimental study of the melt fracture behavior of filled high-density polyethylene melts[J]. Polymer Engineering & Science, 2014, 54(2): 364-377.

[36] Castillo L A, Barbosa S E, Capiati N J. Surface-modified talc particles by acetoxy groups grafting: Effects on mechanical properties of polypropylene/talc composites[J]. Polymer Engineering & Science, 2013, 53(1): 89-95.

[37] Zou M, Du M, Zhu H, et al. Synthesis of silver nanoparticles in electrospun polyacrylonitrile nanofibers using tea polyphenols as the reductant[J]. Polymer Engineering & Science, 2013, 53(5): 1099-1108.

[38] Omar M F, Akil H M, Ahmad Z A, et al. Static and dynamic compressive properties of polypropylene/zinc oxide nanocomposites[J]. Polymer Engineering & Science, 2014, 54(4): 949-960.

[39] Zohrevand A, Ajji A, Mighri F. Morphology and properties of highly filled iPP/TiO$_2$ nanocomposites[J]. Polymer Engineering & Science, 2014, 54(4): 874-886.

[40] Potgieter H, Liauw C, Velado D. Properties and performance of a simulated consumer polymer waste—coal

combustion byproduct composite material[J]. Polymer Engineering & Science, 2014, 54(6): 1239-1247.

[41] Satapathy S, Nag A, Nando G B. Effect of electron beam irradiation on the mechanical, thermal, and dynamic mechanical properties of flyash and nanostructured fly ash waste polyethylene hybrid composites[J]. Polym Composite, 2012, 33(1): 109-119.

[42] Putra H D, Ngothai Y, Ozbakkaloglu T, et al. Mineral filler reinforcement for commingled recycled-plastic materials[J]. J Appl Polym Sci, 2009, 112(6): 3470-3481.

[43] Kuram E, Sahin Z M, Ozcelik B, et al. Recyclability of polyethylene/polypropylene binary blends and enhancement of their mechanical properties by reinforcement with glass fiber[J]. Polym-plast Technol, 2014, 53(10): 1035-1046.

[44] Sánchez-Soto M, Rossa A, Sánchez A J, et al. Blends of hdpe wastes: Study of the properties[J]. Waste Manage, 2008, 28(12): 2565-2573.

[45] Scaffaro R, La Mantia F P, Tzankova Dintcheva N. Effect of the additive level and of the processing temperature on the re-building of post-consumer pipes from polyethylene blends[J]. Eur Polym J, 2007, 43(7): 2947-2955.

[46] Clemons C. Elastomer modified polypropylene-polyethylene blends as matrices for wood flour-plastic composites[J]. Composites. Part A: Applied Science and Manufacturing, 2010, 41(11): 1559-1569.

[47] Jaziri M, Mnif N, Massardier-Nageotte V, et al. Rheological, thermal, and morphological properties of blends based on poly(propylene), ethylene propylene rubber, and ethylene-1-octene copolymer that could result from end of life vehicles: Effect of maleic anhydride grafted poly(propylene)[J]. Polymer Engineering & Science, 2007, 47(7): 1009-1015.

[48] Bacci D, Marchini R, Scrivani M T. Constitutive equation of peroxide cross-linking of thermoplastic polyolefin rubbers[J]. Polymer Engineering & Science, 2005, 45(3): 333-342.

[49] Dondero M, Pastor J M, Carella J M, et al. Adhesion control for injection overmolding of polypropylene with elastomeric ethylene copolymers[J]. Polymer Engineering & Science, 2009, 49(10): 1886-1893.

[50] Liu Y, Yang W M, Hao M F. Research on mechanical performance of roof tiles made of tire powder and waste plastic[J]. Advanced Materials Research, 2010, 87-88: 329-332.

[51] Satapathy S, Nag A, Nando G B. Thermoplastic elastomers from waste polyethylene and reclaim rubber blends and their composites with fly ash[J]. Process Saf Environ, 2010, 88(2): 131-141.

[52] Guo X, Xiang D, Duan G, et al. A review of mechanochemistry applications in waste management[J]. Waste Manage, 2010, 30(1): 4-10.

[53] Kaupp G. Mechanochemistry: The varied applications of mechanical bond-breaking[J]. Cryst Eng Comm, 2009, 11(3): 388-403.

[54] Liu C-P, Wang M-K, Xie J-C, et al. Mechanochemical degradation of the crosslinked and foamed EVA multicomponent and multiphase waste material for resource application[J]. Polym Degrad Stabil, 2013, 98(10): 1963-1971.

[55] Cavalieri F, Padella F, Bourbonneux S. High-energy mechanical alloying of thermoplastic polymers in carbon dioxide[J]. Polymer, 2002, 43(4): 1155-1161.

[56] Akchurin M S, Zakalyukin R M. On the role of twinning in solid-state reactions[J]. Crystallogr Rep, 2013, 58(3): 458-461.

[57] Lebovitz A H, Khait K, Torkelson J M. Sub-micron dispersed-phase particle size in polymer blends: Overcoming the taylor limit via solid-state shear pulverization[J]. Polymer, 2003, 44(1): 199-206.

[58] Sun F, Bai S, Wang Q. Structures and properties of waste silicone cross‐linked polyethylene de‐cross‐linked selectively by solid‐state shear mechanochemical technology[J]. Journal of Vinyl and Additive Technology, 2018, 25(2):

149-158.

[59] Sun F, Yang S, Wang Q. Selective decomposition process and mechanism of Si—O—Si cross-linking bonds in silane cross-linked polyethylene by solid-state shear milling[J]. Ind Eng Chem Res, 2020, 59(28): 12896-12905.

[60] Sun F, Guo J, Li Y, et al. Preparation of high-performance polyethylene tubes under the coexistence of silicone cross-linked polyethylene and rotation extrusion[J]. R Soc Open Sci, 2019, 6(5): 182095.

[61] Sun F, Yang S, Bai S, et al. Reuse of Pan-milled P-XLPE cable powder as additive for asphalt to improve thermal stability and decrease processing viscosity[J]. Constr Build Mater, 2021, 281: 122593.

[62] Yang S, Li W, Bai S, et al. High-performance thermal and electrical conductive composites from multilayer plastic packaging waste and expanded graphite[J]. Journal of Materials Chemistry C, 2018, 6(41): 11209-11218.

[63] George N, Kurian T. Recent developments in the chemical recycling of postconsumer poly(ethylene terephthalate) waste[J]. Ind Eng Chem Res, 2014, 53(37): 14185-14198.

[64] Angyal A, Miskolczi N, Bartha L. Petrochemical feedstock by thermal cracking of plastic waste[J]. J Anal Appl Pyrol, 2007, 79(1): 409-414.

[65] Vermeulen I, Van Caneghem J, Block C, et al. Automotive shredder residue (ASR): Reviewing its production from end-of-life vehicles (ELVs) and its recycling, energy or chemicals'valorisation[J]. J Hazard Mater, 2011, 190(1): 8-27.

[66] Garforth A A, Ali S, Hernández-Martínez J, et al. Feedstock recycling of polymer wastes[J]. Current Opinion in Solid State and Materials Science, 2004, 8(6): 419-425.

[67] Panda A K, Singh R K. Catalytic performances of kaoline and silica alumina in the thermal degradation of polypropylene[J]. Journal of Fuel Chemistry and Technology, 2011, 39(3): 198-202.

[68] Jia X, Qin C, Friedberger T, et al. Efficient and selective degradation of polyethylenes into liquid fuels and waxes under mild conditions[J]. Science Advances, 2016, 2(6): e1501591.

[69] Miskolczi N, Angyal A, Bartha L, et al. Fuels by pyrolysis of waste plastics from agricultural and packaging sectors in a pilot scale reactor[J]. Fuel Process Technol, 2009, 90(7): 1032-1040.

[70] Ding W, Liang J, Anderson L L. Hydrocracking and hydroisomerization of high-density polyethylene and waste plastic over zeolite and silica—alumina-supported Ni and Ni—Mo sulfides[J]. Energ Fuel, 1997, 11(6): 1219-1224.

[71] Puig-Arnavat M, Bruno J C, Coronas A. Review and analysis of biomass gasification models[J]. Renewable and Sustainable Energy Reviews, 2010, 14(9): 2841-2851.

[72] Heidenreich S, Foscolo P U. New concepts in biomass gasification[J]. Prog Energ Combust, 2015, 46: 72-95.

[73] Wilhelm D J, Simbeck D R, Karp A D, et al. Syngas production for gas-to-liquids applications: Technologies, issues and outlook[J]. Fuel Process Technol, 2001, 71(1): 139-148.

[74] Butler E, Devlin G, McDonnell K. Waste polyolefins to liquid fuels via pyrolysis: Review of commercial state-of-the-art and recent laboratory research[J]. Waste and Biomass Valorization, 2011, 2(3): 227-255.

[75] Kiran N, Ekinci E, Snape C E. Recyling of plastic wastes via pyrolysis[J]. Resources, Conservation and Recycling, 2000, 29(4): 273-283.

[76] Jung S-H, Cho M-H, Kang B-S, et al. Pyrolysis of a fraction of waste polypropylene and polyethylene for the recovery of BTX aromatics using a fluidized bed reactor[J]. Fuel Process Technol, 2010, 91(3): 277-284.

[77] Kumar S, Panda A K, Singh R K. A review on tertiary recycling of high-density polyethylene to fuel[J]. Resources, Conservation and Recycling, 2011, 55(11): 893-910.

[78] Costa P, Pinto F, Ramos A M, et al. Study of the pyrolysis kinetics of a mixture of polyethylene, polypropylene, and polystyrene[J]. Energ Fuel, 2010, 24(12): 6239-6247.

[79] Lopez G, Artetxe M, Amutio M, et al. Thermochemical routes for the valorization of waste polyolefinic plastics

to produce fuels and chemicals. A review[J]. Renewable and Sustainable Energy Reviews, 2017, 73: 346-368.

[80] Predel M, Kaminsky W. Pyrolysis of mixed polyolefins in a fluidised-bed reactor and on a pyro-GC/MS to yield aliphatic waxes[J]. Polym Degrad Stabil, 2000, 70(3): 373-385.

[81] Kaminsky W, Zorriqueta I-J N. Catalytical and thermal pyrolysis of polyolefins[J]. J Anal Appl Pyrol, 2007, 79(1): 368-374.

[82] Bagri R, Williams P T. Catalytic pyrolysis of polyethylene[J]. J Anal Appl Pyrol, 2002, 63(1): 29-41.

[83] Aguado J, Serrano D P, Sotelo J L, et al. Influence of the operating variables on the catalytic conversion of a polyolefin mixture over HMCM-41 and nanosized HZSM-5[J]. Ind Eng Chem Res, 2001, 40(24): 5696-5704.

[84] Syamsiro M, Saptoadi H, Norsujianto T, et al. Fuel oil production from municipal plastic wastes in sequential pyrolysis and catalytic reforming reactors[J]. Energy Procedia, 2014, 47: 180-188.

[85] Wang S, Zhang X, Jiang C, et al. Polymer solid-phase grafting at temperature higher than the polymer melting point through selective heating[J]. Macromolecules, 2019, 52(9): 3222-3230.

[86] Wang S, Zhang X, Xi Z, et al. Design and preparation of polypropylene ultrafiltration membrane with ultrahigh flux for both water and oil[J]. Sep Purif Technol, 2020, 238: 116455.

[87] Wang S, Zhang X, Guo Z, et al. Design and preparation of superwetting polymer surface[J]. Polymer, 2020, 186: 122043.

[88] Wang S, Zhang X, Jiang C, et al. Facile preparation of Janus polymer film and application in alleviating water crisis[J]. Mater Chem Phys, 2020, 240: 122256.

[89] Xu G, Jiang H, Stapelberg M, et al. Self-perpetuating carbon foam microwave plasma conversion of hydrocarbon wastes into useful fuels and chemicals[J]. Environ Sci Technol, 2021, 55(9): 6239-6247.

[90] Liu W, Jiang H, Ru Y, et al. Conductive graphene-melamine sponge prepared via microwave irradiation[J]. Acs Appl Mater Interfaces, 2018, 10(29): 24776-24783.

[91] Jiang H, Liu W, Zhang X, et al. Chemical recycling of plastics by microwave-assisted high-temperature pyrolysis[J]. Global Challenges, 2020, 4(4): 1900074.

缩写符号表

ABS	acrylonitrile-butadiene-styrene copolymer	丙烯腈/丁二烯/苯乙烯共聚物
ADMET	acyclic diene metathesis	无环二烯烃易位复分解
AF4	asymmetrical flow field-flow fractionation	非对称流动场流分级
AFM	atomic force microscope	原子力显微镜
AIE	aggregation-induced emission	聚集诱导发光
aPP	random polypropylene	无规聚丙烯
ASD	asymmetric external donor feeding	非对称外给电子体技术
A-TREF	analytical temperature rising elution fractionation	分析型升温淋洗分级
BA	butyl acrylate	丙烯酸丁酯
BBT	Borstar®bimodal terpolymer	Borstar®双峰三元共聚物
BOPE	biaxially oriented polyethylene	双向拉伸聚乙烯（薄膜）
BOPP	biaxially oriented polypropylene	双向拉伸聚丙烯（薄膜）
CBC	cyclic block copolymer	全加氢苯乙烯/共轭二烯嵌段共聚物
CEF	crystallization elution fractionation	结晶淋洗分级
CGC	constrained geometry catalyst	限制几何构型催化剂
^{13}C NMR	^{13}C nuclear magnetic resonance	核磁共振碳谱
COC	cyclic olefin copolymer	环状烯烃与乙烯的共聚物
COP	cyclic olefin polymer	环烯烃聚合物
CPP	casting polypropylene	流延聚丙烯（薄膜）
CR	cooling rate	冷却速率
CRYSTAF	crystallization analysis fractionation	结晶分析分级
CSA	chain shuttling agent	链穿梭剂
CSTR	continuous stirred tank reactor	连续搅拌釜式反应器
DMON	dimethanooctahydronaphthalene	二甲桥八氢萘
dn/dc	specific refractive index increment	折射率增量
DOW	dow chemical company	陶氏化学公司
DSC	differential scanning calorimeter	差示扫描量热仪
DTBP	di-tertiary-butyl peroxide	二叔丁基过氧化物
DuPont		杜邦（公司）
EAA	ethylene-acrylic acid copolymer	乙烯/丙烯酸共聚物
EBA	ethylene-butyl acrylate copolymer	乙烯/丙烯酸丁酯共聚物
EEA	ethylene-ethyl acrylate copolymer	乙烯/丙烯酸乙酯共聚物
EGBE	ethylene glycol monobutyl ether	乙二醇单丁醚

ELSD	evaporative light scattering detector	蒸发光散射检测器
EMA	ethylene-methyl acrylate copolymer	乙烯/丙烯酸甲酯共聚物
EMAA	ethylene-methacrylic acid copolymer	乙烯/甲基丙烯酸共聚物
EPDM	ethylene-propylene-diene monomer	三元乙丙（橡胶）
EPM	ethylene propylene monomer	二元乙丙（橡胶）
EPR	ethylene propylene rubber	乙丙橡胶
ESCR	environmental stress crack resistance	耐环境应力开裂
ESRF	european synchrotron radiation facility	欧洲同步辐射光源
EVA	ethylene-vinyl acetate copolymer	乙烯/醋酸乙烯酯共聚物
EVOH	ethylene-vinyl alcohol copolymer	乙烯/乙烯醇共聚物
ExxonMobil	exxon Mobil corporation	埃克森美孚公司
FBR	fluidized bed reactor	流化床反应器
FDSC	fractional differential scanning calorimeter	热分级法
FFF	field-flow fractionation	场流分级
FR	flow rate	（流动相）流动速率
FTIR	Fourier transform infrared（spectrometer）	傅里叶红外（光谱仪）
GMA	glycidyl methacrylate	甲基丙烯酸缩水甘油酯
GPC	gel permeation chromatography	凝胶渗透色谱
HBM		1,4,4a,9,9a,10-六氢-9,10(1′,2′)-桥苯亚基-1,4-桥亚甲基蒽
HDCPD	hydrogenated dicyclopentadienide	氢化双环戊二烯
HDPE	high density polyethylene	高密度聚乙烯
HIPS	high impact polystyrene	高抗冲聚苯乙烯
HMW	high molecular weight	高分子量
HOP	heteroatom-assisted olefin polymerization	杂原子辅助烯烃聚合
HPT	high productivity technology	高产率技术
HR	heating rate	加热速率
HSBR	horizontal stirred bed reactor	卧式搅拌床反应器
HTCPD	hydrogenated tricyclopentadienide	氢化三环戊二烯
ICI	imperial chemical industries，Ltd.	帝国化学工业（公司）
IIR	isobutylene isoprene rubber	丁基橡胶
IPC	impact polypropylene copolymer	抗冲聚丙烯
iPP	isotactic polypropylene	等规聚丙烯
ISBM	injection-stretch-blow moulding	注拉吹模塑
IV	intrinsic viscocity	特性黏数
LCST	lower critical solution temperature	最低临界共溶温度
LDPE	low density polyethylene	低密度聚乙烯
LLDPE	linear low density polyethylene	线型低密度聚乙烯
LMW	low molecular weight	低分子量
mCOC	metallocene based cyclic olefin copolymer	茂金属环烯烃共聚物

MCT	mercury cadmium telluride（IR detector）	汞镉碲（红外检测器）
MD	monomer dispersity	单体分散度
MFR	melt mass folw rate	熔体流动速率
mLLDPE	metallocene linear low density polyethylene	茂金属线型低密度聚乙烯
M_n	number-average molecular mass	数均分子量
MTG	methanol to gasoline	甲醇制汽油
MTO	methanol to olefins	甲醇制烯烃
MTP	methanol to propylene	甲醇制丙烯
M_w	mass-average molecular mass	重均分子量
M_z	z-average molecular mass	z均分子量
MZCR	multi-zone circulating reactor	多区循环反应器
NB	norbornene	降冰片烯
NOE	nuclear overhauser effect	核间奥氏效应或核极化效应
OBC	olefin block copolymer	烯烃嵌段共聚物
ODCB	o-dichlorobenzene	邻二氯苯，1,2-二氯苯
PA	polyamide	聚酰胺
PA6	polyamide 6	聚酰胺6，聚己内酰胺
PB-1	poly（1-butene）	聚1-丁烯
PBAT	poly（butylene adipate-co-terephthalate）	聚对苯二甲酸/己二酸丁二醇酯共聚物
PBE	propylene based elastomer	丙烯基弹性体
PBS	poly（butylene succinate）	聚丁二酸丁二醇酯
PBT	poly（butylene terephthalate）	聚对苯二甲酸丁二醇酯
PC	polycarbonate	聚碳酸酯
PDH	propane dehydrogenation to propylene	丙烷脱氢制丙烯
PDI	polydispersity index	多分散指数
PE	polyethylene	聚乙烯
PE100-RC	PE100-raised crack resistance	高耐慢速裂纹增长性能的PE100
PE63，PE80，PE100		按照GB/T 18475定级，最小要求强度MRS分别为6.3MPa、8.0MPa、10.0MPa的聚乙烯（PE）混配料
PE-g-MA	maleic anhydride grafted polyethylene	马来酸酐接枝聚乙烯
PE-RT	polyethylene of raised temperature resistance	耐热聚乙烯
PET	poly（ethylene terephthalate）	聚对苯二甲酸乙二醇酯
PETG	poly（ethylene terephthalateco-1, 4-cylclohexylenedimethylene terephthalate）	聚对苯二甲酸乙二醇酯-1,4-环己烷二甲醇酯
PHA	polyhydroxyalkanoate	聚羟基脂肪酸酯
Phillips		菲利普斯石油公司
PIB	polyisobutylene	聚异丁烯
PLA	poly（lactic acid）	聚乳酸
PMMA	poly（methyl methacrylate）	聚甲基丙烯酸甲酯

PMP	poly（4-methyl-1-pentene）	聚4-甲基-1-戊烯
POE	polyolefin elastomer	聚烯烃弹性体
POF	polyolefin heat shrinkable film	聚烯烃热收缩膜
POM	polyoxymethylene	聚甲醛
POP	polyolefin plastomer	聚烯烃塑性体
PP	polyprolylene	聚丙烯
PPA	polyphthalamide	聚苯二酰苯二胺
PP&A	polyamide and acrylic	聚酰胺和丙烯酸纤维
PP-g-GMA	glycidyl methacrylate grafted polypropylene	甲基丙烯酸缩水甘油酯接枝聚丙烯
PP-g-MA	maleic anhydride grafted polypropylene	马来酸酐接枝聚丙烯
PP-g-NaMA	sodium maleate-g-polypropylene	马来酸钠接枝聚丙烯
PPR	polypropylene random	丙烯无规共聚物
PS	polystyrene	聚苯乙烯
P-TREF	preparative temperature rising elution fractionation	制备型升温淋洗分级
PTT	poly（trimethylene terephthalate）	聚对苯二甲酸丙二醇酯
PUR	polyurethane	聚氨酯
PVC	poly（vinyl chloride）	聚氯乙烯
PVDC	poly（vinylidene chloride）	聚偏二氯乙烯
RCP	resistance to rapid crack propagation	耐快速裂纹扩展
RGT	reactor granule technology	反应器颗粒技术
ROMP	ring opening metathesis polymerization	开环复分解聚合
RT soluble	room temperature soluble	室温可溶物
r-TPO	reactor thermoplastic polyolefins	反应器直接合成热塑性聚烯烃
SAXS	small-angle X-ray scattering	小角X射线散射
SBC	styrene butadiene copolymer	丁苯共聚物
Sb	starch blend	淀粉共混物
SBR	stirred bed reactor	微动（搅拌）床反应器
SBR	styrene butadiene rubber	丁苯橡胶
SBS	styrene-butadiene triblock copolymer	苯乙烯/丁二烯嵌段共聚物
SC	step crystallization	多步降温结晶法
SCB	short chain branch	短支链
SCB/1000TC	short chain branches per one thousand total carbons	每1000个总碳原子含短支链的个数
SCBD	short chain branch distribution	短支链分布
SCG	resistance to slow crack growth	耐慢速裂纹增长
SEBS	styrene ethylene butylene styrene elastomer	氢化丁苯热塑性弹性体
SEC	size-exclusion chromatography	体积排除色谱
SEM	scanning electron microscope	扫描电子显微镜
SGEF或SGF	solvent gradient elution fractionation or solvent gradient fractionation	溶剂梯度淋洗分级或溶剂梯度分级

SGIC	solvent gradient interaction chromatography	溶剂梯度相互作用色谱
sPP	syndiotactic polypropylene	间规聚丙烯
SSA	successive self-nucleation/annealing	逐步自成核退火（热分级）
Surlyn	Surlyn	沙林树脂
Symyx	Symyx	西美克斯（公司）
TBPEH	tert-butyl peroxy-2-ethylhexanoate	过氧化（2-乙基己酸）叔丁酯
TBPIN	tert-butyl peroxy-3,5,5-trimethylhexanoate	过氧化-3,5,5-三甲基己酸叔丁酯
TBPPI	tert-butyl peroxypivalate	过氧化新戊酸叔丁酯
TCB	1,2,4-trichlorobenzene	1,2,4-三氯苯
TCPD	tricyclopentadienide	三环戊二烯
TEM	transmission electron microscope	透射电子显微镜
TGIC	thermal gradient interaction chromatography	热梯度相互作用色谱
TPO	thermoplastic polyolefin	热塑性聚烯烃
TREF	temperature rising elution fractionation	升温淋洗分级
UHMWPEF	ultra-high molecular weight polyethylene fiber	超高分子量聚乙烯纤维
ULDPE	ultra low density polyethylene	超低密度聚乙烯
UCC	Union Carbide Corporation	联合碳化物公司
Upcycling	upcycling	升级回收
VA	vinyl acetate	醋酸乙烯酯
VHMWPE	very high molecular weight polyethylene	特高分子量聚乙烯
VLDPE	very low density polyethylene	极低密度聚乙烯
VOC	volatile organic compounds	挥发性有机化合物
VRC	variable reactor concept	多功能反应器模式
VSBR	vertical stirred bed reactor	立式搅拌床反应器
WAXD	wide-angle X-ray diffraction	广角X射线衍射
XLPE	crosslinked polyethylene	交联聚乙烯
XS	xylene soluble	二甲苯可溶物
β-PP	β-crystalline polypropylene	β-晶型聚丙烯

索引